Henning Genz

Wie die Naturgesetze Wirklichkeit schaffen

Über Physik und Realität

Carl Hanser Verlag

ISBN 3-446-20145-9

Satz: Reinhard Amann, Aichstetten
Druck und Bindung: Franz Spiegel Buch, Ulm
Printed in Germany

Es ist nicht die Aufgabe naturwissenschaftlicher Forschung, über das letzte Wesen der Dinge Aufschlüsse zu suchen. Das Objekt unserer Forschung sind die Vorgänge in der Welt und die Gesetze, welchen sie folgen: das übrige müssen wir den Philosophen überlassen.

(Franz Exner in seinen »Vorlesungen über die naturwissenschaftlichen Grundlagen der Naturwissenschaften«.)

Nicht die Schranke, welche uns das Denken setzt, wollen wir niederwerfen, wohl aber die Schr., welche die Sinne uns setzen.

(Heinrich Hertz in »Die Constitution der Materie«.)

Mein Gebiet ist die Mathematik, nicht die Physik, aber ich denke wie Sie, daß zwischen beiden eine Verbindung besteht. Daß die Physik auf eine nicht berechenbare Zahl führen könnte, wird von den meisten Leuten für unmöglich gehalten. Sollte es aber trotzdem so sein, müßten wir Mathematiker unsere Definition der Berechenbarkeit ändern!!

(Gregory J. Chaitin, private Mitteilung)

In der Abenddämmerung kam ein Mann ins Dorf und sagte, er sei der Prophet. Die Bauern aber glaubten ihm nicht. »Beweise es!«, forderten sie. Der Mann zeigte auf die gegenüberliegende Festungsmauer und fragte: »Wenn diese Mauer spricht [...] glaubt ihr mir dann?« »Bei Gott, dann glauben wir dir«, riefen sie. Der Mann wandte sich der Mauer zu, streckte die Hand aus und befahl: »Sprich, o Mauer!« Da begann die Mauer zu sprechen: »Dieser Mann ist kein Prophet. Er täuscht euch. Er ist kein Prophet.«

(Leicht, aber wesentlich gekürztes Motto von Zülfü Livanellis Roman »Der Eunuch von Konstantinopel«.)

Die exakte Naturwissenschaft [geht] davon aus, daß es schließlich immer, auch in jedem neuen Erfahrungsbereich, möglich sein werde, die Natur zu verstehen; daß aber dabei gar nicht von vornherein ausgemacht sei, was das Wort »verstehen« bedeutet [...].

(Werner Heisenberg in seinem Vortrag von 1953 »Das Naturbild der heutigen Physik«.)

Mehr und mehr hat es sich aber in letzter Zeit herausgestellt, daß die Natur nach einem ganz anderen Plan arbeitet. Ihre Grundgesetze beziehen sich nicht ganz unmittelbar auf eine Welt, die wir uns in Raum und Zeit vorstellen können, sondern diese Gesetze gelten für ein Etwas, von dem wir uns keine anschauliche Vorstellung machen können ohne ganz unwesentliche Züge mit aufzunehmen.

(P. A. M. Dirac im 1930 verfaßten Vorwort seines Buches »Die Prinzipien der Quantenmechanik«.)

Inhalt

Vorwort

Dies Buch soll eine Lanze für den Realismus brechen. Nicht für den naiven Realismus, der in der Physik so erfolgreich ist und für den Physiker von Philosophen immer wieder gescholten werden. Sondern für einen Realismus, der uns, wie der Mathematiker und theoretische Physiker Hermann Weyl 1928 in seinem Buch *Philosophie der Mathematik und Naturwissenschaft* geschrieben hat, »nicht gegeben, sondern *aufgegeben* ist«. Weyl führt uns sogleich in allertiefste Wasser, indem er fortfährt: »Das objektive Weltbild darf keine Verschiedenheiten zulassen, die nicht in Verschiedenheiten der Wahrnehmung sich kundgeben können.« Dies ist ein wichtiges Thema des Buches: Welchen Sinn kann der Unterschied zweier Weltbilder, selbst wenn er uns deutlich vor Augen steht, haben, wenn beide zu denselben experimentell überprüfbaren Aussagen führen? Die Allgemeine Relativitätstheorie mit ihrer gekrümmten Raum-Zeit zu denselben wie eine Theorie mit glattem Raum und glatter Zeit, aber variablen räumlichen Abständen und zeitlichen Intervallen?

Das *Gegebene* ist nicht die volle Wirklichkeit. Indem David Hume unerbittlich den Standpunkt vertrat, daß es das sei, hat er, so Weyl, »das Realitätsproblem erst in seiner ganzen Schwere aufgezeigt«. Wie Kant darauf reagiert hat, soll erörtert werden. Über das Gegebene hinaus führen physikalische Theorien, die zwar erfunden werden, sich aber bewähren und Tatsachen erklären müssen, um dann und dadurch zu Entdeckungen zu werden.

Ohne die Naturwissenschaften ist es unmöglich, die wahre Natur der Dinge, mit denen wir in Kontakt treten, herauszufinden. So, wie sie uns erscheinen, sind die Dinge nicht wirklich beschaffen. Denn ihr Erscheinungsbild wird nicht allein durch sie, sondern auch durch uns bestimmt. Und wir sind ein Produkt der Evolution, zu deren Kriterien dafür, welches ihrer Zufallsprodukte Nachfahren haben wird und welches nicht, die wahre Natur der Dinge sicher nicht gehört. Die Evolution ist vor allem pragmatisch. Um also in die wahre Natur der Dinge Einsicht zu gewinnen, müssen wir Methoden anwenden, deren Erfolg nicht davon abhängt, ob wir zuallererst uns selbst verstehen.

Die Physik ist eine solche Methode. Es soll hier nicht darum gehen, wie Physiker auf ihre Theorien kommen, sondern um deren Signifikanz, wenn sie fertig vorliegen. Erst dann können sie als ganze verstanden und überprüft werden, und nur darum soll es hier gehen. Treten bei Überprüfungen trotz zahlreicher Möglichkeiten dazu keine Widersprüche auf, kann der Theorie der Ehrentitel Naturgesetz verliehen werden. Vorläufig, versteht sich, denn es kann sich immer noch herausstellen, daß die Theorie durch Einschränkungen ihres Gültigkeitsbereichs modifiziert werden muß, daß eine andere, bessere Theorie an ihre Stelle tritt oder daß sie gar insgesamt widerlegt wird.

Was eine Theorie als Naturgesetz taugt, wird an zweierlei gemessen. Erstens an ihrem Potential, Probleme zu lösen und Erklärungen zu liefern. Zweitens daran, wie viele und wie geartete Versuche, sie zu widerlegen, sie übersteht. Besteht sie einen Test nicht, dann mag ihr Erklärungspotential noch so groß sein – sie muß aufgegeben werden. Welche einzelne der Voraussetzungen, die zur Ableitung einer experimentell widerlegten Vorhersage einer Theorie beigetragen haben, ungültig ist, kann natürlich nicht allgemein gesagt werden. Bemerken möchte ich, daß es auch eine nicht gerechtfertigte Annahme über die Nachweisgeräte sein kann, die wir zu der Theorie hinzugerechnet haben.

Naturgesetze behaupten Verknüpfungen von Beobachtungen. Sie sind, zumeist zeitliche, Wenn-dann-Sätze. Nehmen wir das Gesetz der Schwerkraft. Zweifellos besteht dessen harter Kern in Sätzen wie *Wenn ein Objekt im luftleeren Raum 50 Zentimeter tief fällt, erreicht es etwa die Geschwindigkeit 10 Kilometer pro Stunde*. Wahr ist, daß Sätze dieser Art so, wie Physiker sie verwenden, theoriegeladen sind. Wahr ist aber auch, daß sie auf Beobachtungs- oder Basissätze zurückgeführt werden können, die nur die allereinfachsten Eigenschaften der Dinge, wie wir sie beobachten, benutzen. Wir brauchen die wahre Natur eines Zeigers nicht zu kennen, um sagen zu können, wo ungefähr er steht.

Jedes Gesetz der Physik ist objektiv gesehen mit der Gesamtheit der Verknüpfungen von Basissätzen, die es impliziert, identisch. Von der Formulierung des Gesetzes und von sozialen Konventionen ist diese Gesamtheit offenbar unabhängig. Gleichgültig dafür ist auch, welche ontologischen Vorstellungen sich mit verschiedenen Formulierungen des Gesetzes, wenn es sie denn gibt, verknüpfen lassen. Zwei noch so verschieden daherkommende Gesetze sind objektiv gleich, wenn sie dieselbe Gesamtheit von Verknüpfungen implizieren. Das Problem, das dadurch entsteht, ist eines der Ontologie, nicht der Physik.

Selbstverständlich kann das Erklärungspotential zweier Theorien, welche dieselben experimentell überprüfbaren Aussagen machen, verschieden sein. Aber ein objektiv bewertbarer Unterschied ist das nur, wenn die Annahmen der einen Theorie schwächer sind als die der anderen. In dem Fall ist die Theorie mit den schwächeren Annahmen der mit den stärkeren überlegen und sollte diese ersetzen.

In den Verknüpfungen, die ihre Gesetze implizieren, besteht, mehr als in allem anderen, die Realität der Physik. Auf ihnen beruht letztlich auch die durch Basissätze ausdrückbare primitive Realität der Objekte, die wir beobachten. Denn auch sie muß, um verstanden zu werden, auf die verschleierte Realität quantenmechanischer Gesetze zurückgeführt werden. Hiervon sogleich. Vorher aber zu der zentralen These dieses Buches, die für Physiker so selbstverständlich richtig zu sein scheint, daß sie, soweit ich weiß, erst 1993 von Steven Weinberg in seinem Buch *Der Traum von der Einheit des Universums* ausgesprochen wurde: Die Naturgesetze seien »so real wie Stühle«. »Ich plädiere [...]«, so Weinberg auf Seite 53, »für die Realität der Naturgesetze, im Gegensatz zu den modernen Positivisten, die nur das, was sich direkt beobachten läßt, als real anerkennen. [...] Wenn wir sagen, ein Ding sei real, dann drücken wir damit bloß eine Art von Respekt aus. Wir meinen, daß das Ding ernst genommen werden muß, weil es uns in einer Weise beeinflussen kann, die nicht gänzlich unserer Kontrolle unterliegt [...]. Dies gilt [...] etwa für den Stuhl, auf dem ich sitze, was nicht so sehr einen Beweis dafür darstellt, daß der Stuhl real ist, sondern ziemlich genau das ist, was wir *meinen*, wenn wir sagen, der Stuhl sei real.« Weinberg setzt also voraus, daß seine Adressaten die Realität von Stühlen als Objekte der unmittelbaren Wahrnehmung nicht anzweifeln, und selbstverständlich folgen wir ihm darin. Solipsismus als Zweifel an der Existenz einer realen Außenwelt macht jede rationale Diskussion unmöglich und überflüssig. Es geht Weinberg, und uns mit ihm, um die Realität der Naturgesetze, die anzuerkennen all denen schwerfällt, die in ihrer Arbeit nicht mit ihr konfrontiert werden. Ausführlich und kraftvoll vertritt Weinberg die Realität der Naturgesetze in seinem Artikel »Sokal's Hoax« in *The New York Review* vom 8. August 1996 sowie in seiner Antwort auf Leserbriefe in der Ausgabe des Journals vom 3. Oktober desselben Jahres. Ihn und viele andere Wissenschaftler unterscheide, so schreibt er in seiner Antwort, von den »kulturellen und historischen Relativisten [...] nicht der Glaube an die objektive Realität an sich, sondern der Glaube an die Realität der Naturgesetze«. In dem Artikel selbst finden wir den Hinweis, daß es die Erfahrung mit den Gesetzen der Physik war, die ihn davon überzeugt hat, daß die Gesetze so real sind wie Steine. Und: »Was ich damit meine, daß die Gesetze der Physik real sind, ist, daß sie das in ziemlich genau demselben Sinne sind wie die Steine im Feld (was auch immer das bedeuten mag), und nicht in demselben Sinn [...] wie die Regeln des Baseball.«

Professionelle Wissenschaftstheoretiker, denen die Erfahrung von Physikern mit den unerbittlichen Naturgesetzen fehlt, haben nach meinem Eindruck Weinbergs These von der Realität der Naturgesetze, die ich zur zentralen These dieses Buches gemacht habe, entweder nicht zur Kenntnis genommen, oder sie lehnen sie als frivol ab. Martin Carrier, Professor für Philosophie an der Universität Bielefeld, schreibt in seinem Bericht über eine Tagung namens *Welt und Wissen* im September 2001 in Heft Nr. 9 der »Physikalischen Blätter« »[strittig sei] *schließlich* die Vertrauenswürdigkeit der Wissenschaft bei der Aufdeckung der wirklichen Natur*gegenstände* und ihrer Wechselwirkungen« (Hervorhebungen von mir). Dies, nachdem Alan Sokal, im Einklang mit Weinberg und der These dieses Buches, ja vermutlich mit den meisten Physikern, die altertümliche Phlogiston-Theorie der Wärme als »gar nicht falsch, sondern bei Einschränkung auf den ihr angemessenen Erfahrungsbereich [als] näherungsweise korrekt« bezeichnet hat. Carrier kommentiert das so: »Aber diese Erwiderung gibt im Kern die realistische Sache verloren.«

Nein, das gerade nicht. Die Aufgabe der Physik ist es vor allem, die Naturgesetze herauszufinden. Deren Realität ist die Grundlage aller Realität, auch der Realität alltäglicher Objekte wie Steine, Zeiger und Stühle. Sie beruht zweifelsfrei auf der verschleierten Realität der Gesetze der Quantenmechanik. Die Naturgesetze, indem sie zwischen Basissätzen interpolieren, führen theoretische Begriffe wie Potentiale und Objekte wie Quarks und Gluonen ein, die sie weder explizit definieren können noch müssen. Das Problem mit der Existenz von Begriffen wie den Potentialen ist, daß diese nur durch *Ernennung* eindeutig definiert werden können. Wir folgen Hermann Weyl, indem wir in unserem »objektiven Weltbild« realer Dinge kein Ding aufnehmen, das durch ein anderes Ding ersetzt werden kann, ohne daß sich Beobachtbares ändert. Von den Potentialen wissen wir, daß sie diese

Eigenschaft nicht besitzen. Denn bereits die Theorien, in denen die Potentiale auftreten, sagen über sie, daß sie durch Beobachtungen nicht festgelegt werden können. So steht es auch um den absoluten Raum Newtons, dem nach Auskunft seiner Theorie durch Beobachtungen keine Geschwindigkeit zugewiesen werden kann, so daß es unendlich viele gleichberechtigte Räume mit verschiedenen Geschwindigkeiten gibt. Dem objektiven Weltbild können daher nur die Äquivalenzklassen aller Potentiale und aller Räume angehören, die auf dieselben Beobachtungen führen. Aber sind wir wirklich bereit, die Realität von Äquivalenzklassen so anzuerkennen wie die von Steinen oder Naturgesetzen? Nein, derartige Begriffe einer physikalischen Theorie verdanken ihr Auftreten allein ihr, sind Sammelbecken von Eigenschaften, welche die Theorie ihnen zuschreibt. Natürlich enthalten physikalische Theorien auch Begriffe, die durch Basissätze explizit definiert werden können. Deren offensichtliche Realität steht auf denselben Füßen wie die der Objekte, von denen die Basissätze selbst sprechen – Zeiger zum Beispiel.

Ähnlich, aber nicht genauso, steht es um Objekte der Theorie wie Atome, Elektronen, Quarks und Gluonen. Für sie gilt die Quantenmechanik unmittelbar, und die schreibt ihnen Eigenschaften zu, die kein Gegenstand der Anschauung besitzen kann. Ihnen können keine Bahnen im Raum zugeschrieben werden, und sie besitzen mit Konsequenzen, die ohne die Quantenmechanik absolut unverständlich sind, keine Individualität. Zwei Teilchen desselben Typs sind absolut identisch; etwas, das Leibniz mit seiner »Identität des Ununterscheidbaren« für ausgeschlossen erklärt hat. Zu sagen, die Teilchen der Quantenmechanik seien real, vielleicht gar farbig wie Kirschen und Heidelbeeren, kann einen großen heuristischen Wert besitzen. Aber sie *sind* nicht wie irgend etwas, das wir anschaulich begreifen können. Das auch dann nicht, wenn sie sich in der einen oder anderen Hinsicht verhalten, als ob sie das wären. Atome, Elektronen, Quarks, Gluonen und deren Sippschaft beziehen ihre Realität ganz und gar aus der Theorie, in der sie auftreten. Wie die Potentiale und der absolute Raum, bilden auch sie ein Sammelbecken von Eigenschaften, welche die Theorie ihnen zuschreibt, nichts weiter. Von ihnen können wir nicht sinnvoll sprechen, ohne uns die Theorie dazu zu denken, deren Abkömmlinge sie sind. Davon, ob wir sie deshalb für real erklären, hängt nichts Überprüfbares ab. Spannend sind theoretische Ansätze, die es unternehmen, die offenbare Realität von Alltagsdingen auf die verschleierte quantenmechanische ihrer Konstituenten, letztlich also auf die Naturgesetze, zurückzuführen, und dadurch die wahre Natur der Dinge erkennbar zu machen.

Karlsruhe, im Dezember 2001

Henning Genz

1 Prolog

Wenn Gottes und der Menschen Gesetze mit »Du sollst nicht« beginnen, dann deshalb, weil sie übertreten werden können. Naturgesetze aber können nicht übertreten werden, so daß an ihrem Beginn »Du kannst nicht« stehen darf. Kein Planet kann von der Bahn abweichen, die ihm die Gesetze der Beschleunigung und der Schwerkraft zuweisen. Unmöglich ist es auch, eine Maschine zu bauen, die mehr Energie liefert, als sie aufnimmt. So, durch »Du kannst nicht« formuliert, fordern Naturgesetze dazu auf, sie zu *widerlegen*. Wenn das gelingt, hat unser Denken über die Natur einen unwiderruflichen Fortschritt erzielt: Wie es das dann nur vermeintliche Naturgesetz unterstellt, ist die Welt sicher nicht beschaffen. Und wenn die versuchte Widerlegung mißlingt, was wissen wir dann über das Naturgesetz? Es wurde bestätigt, gewiß, aber das bedeutet nur, daß eine gewisse seiner unzähligen Vorhersagen richtig ist. Das Gesetz selbst, wenn es diesen Namen verdient, muß für alle Zeiten und an allen Orten gelten. Wenn es heute nicht gelingt, der Schwerkraft ein Schnippchen zu schlagen, weshalb nicht in einem Monat, in einem Jahr?

Keinesfalls bereits deshalb nicht, weil es bisher niemals gelungen ist. Vertrauen auf die Zukunft, das nur auf immer demselben Verhalten in der Vergangenheit beruht, ist notwendig brüchig. Bertrand Russell hat dies durch die Erwartung eines Huhns illustriert, das Morgen für Morgen von seinem Besitzer gefüttert wurde. Heute aber kommt er und schlägt ihm den Kopf ab. Das Huhn hatte eben nicht verstanden, weshalb es jeden Morgen gefüttert wurde. Hätte es das aber, hätte es wie Hänsel und Gretel im Stall der Hexe statt in Zuversicht in Angst und Schrecken gelebt. Wir *verstehen* aufgrund von Prinzipien und eines Puzzles von Beobachtungen, die sich zu einem Gesamtbild gefügt haben, *weshalb* die Schwerkraft bisher immer so gewirkt hat, wie sie das noch heute tut, und gründen darauf – keinesfalls allein auf ihr bisheriges Wirken – die Zuversicht, daß sie weiterhin so wirken wird. Zu viele Erscheinungen, die sie aus einer gemeinsamen Wurzel erklärt, wären ohne ihr Wirken unabhängig voneinander, entbehrten also der Erklärung. Deshalb unser Vertrauen in die Wirkung der Schwerkraft – genauer: in die Vorhersagen der Theorie irdischer und himmlischer Erscheinungen, welche die Schwerkraft als Begriff enthalten.

Vorhersagen, Erklärungen und die Außenwelt

Die Hauptaufgabe physikalischer Theorien ist nicht, Vorhersagen zu liefern, sondern Beobachtungen zu erklären. Vorhersagen sind unumgänglich zur Überprüfung einer Theorie – sie könnte sich ja als falsch erweisen. Wenn wir unser Vertrauen in eine Theorie aber nur darauf gründen können, daß sie bisher immer recht hatte, sind wir nicht klüger, als es Russels Huhn bis gestern war. Klüger sind wir, wenn wir sehen, wie alles sich zum Ganzen webt. Zwar kann auch dann noch falsch sein, was wir vorhersagen – die Schwerkraft *kann* morgen ihre Richtung ändern –, aber in dem Fall hätten wir etwas gelernt, das über das bloße Aha-Erlebnis des Huhnes hinausginge. Eine Theorie, die nichts erklärt, ist bis zu ihrer Widerlegung bestenfalls ein Duplikat der Natur. Wie ein Orakel können wir sie befragen. Hatte dieses bis heute immer recht, müssen wir fragen, warum das so ist. Wir stellen dann an das Orakel dieselbe Frage wie an die Natur. Warum also nicht gleich an die Natur? Wenn wir, wie Thomas Mann in seinem Josephsroman geschrieben hat, zusehen können, »wie sich die Geschichte selber erzählt«, warum sollen wir sie uns dann von dem Orakel erzählen lassen? Nein, nicht Vorhersagen sind die Hauptaufgabe physikalischer Theorien, sondern es ist die Erklärung von Beobachtungen.

Die Theorie, in der die Schwerkraft als Begriff auftritt, spricht auch von Gewichten und anderen Dingen, die in einem ganz banalen Sinn existieren. Wir wollen in diesem Prolog auch auf einige Ansichten jener eingehen, die, wie der amerikanische Festkörperphysiker David Mermin formuliert hat, an »terminalem Positivismus« leiden und die Existenz einer von den Sinneseindrücken unabhängigen Außenwelt mit ihren Büchern, Stühlen, Stolpersteinen, Planeten und eben auch Gewichten rundheraus leugnen. Als Geisteshaltung hat diese Auffassung namens Solipsismus, die bis zur Leugnung der Existenz der Außenwelt selbst gehen kann – und, um konsistent zu sein, vielleicht sogar gehen muß –, eine lange Tradition. Weil sie aber weder etwas erklärt, noch Vorhersagen macht, die überprüft werden können, gehört sie nicht zu den wissenschaftlichen Theorien.

Verständlicherweise haben aber immer wieder geäußerte Schlagsätze wie die Frage »Gibt es den Mond, wenn keiner hinsieht?«, die das Zentrum der Quantenmechanik zu betreffen scheinen, bei manchen den Eindruck erweckt, daß objektive Kriterien keinen Bestand hätten.

Das ist falsch; aber die Quantenmechanik nötigt uns tatsächlich zu einer genauen Analyse der Frage, welche Aussagen der Physik als objektive Feststellungen über eine real existierende Außenwelt aufgefaßt werden können. Unser Ergebnis wird sein, daß die Naturgesetze eine härtere und klarere Realität besitzen als einige der Objekte, von denen sie sprechen.

Die Skepsis, mit der idealistische Philosophien traditionell Aussagen über eine Außenwelt begegnen, beruht (unter anderem) auf ihrem Wunsch nach sicherer Erkenntnis – und ihrem Glauben, daß sichere Erkenntnis zwar möglich sei, durch Erfahrung aber nicht gewonnen werden könne. So dachte Immanuel Kant, Philosoph, Denker der Aufklärung und ein Berufsleben lang Professor für Logik und Metaphysik in Königsberg, nicht nur, sichere Erkenntnis sei möglich, sondern auch, daß die Wissenschaft sie in der Euklidischen Geometrie des Raumes bereits besitze. Weil er dachte und wußte, daß Sicherheit durch Erfahrung nicht begründet werden kann, mußte er nach den »Bedingungen der Möglichkeit« dafür fragen, daß es gewißlich wahre Aussagen über den Raum gibt, und ist zu dem Ergebnis gekommen, daß der Raum keine objektive Existenz als Außenwelt besitze, sondern ein angeborenes Register – eine »Form der Anschauung« – sei, durch das wir unsere Erfahrungen ordnen. Wir verstehen heute nicht, warum er dachte, es sei unmöglich, daß wir Erfahrungen machen, die sich so *nicht* ordnen lassen – jene Erfahrung zum Beispiel, die in nicht-euklidischen Geometrien möglich ist, daß wir geradeaus sehend unseren Hinterkopf erblicken. Oder daß die Winkelsumme im Dreieck nicht, wie wir in der Schule lernen, 180 Grad beträgt. Daß das nicht so sei, hat bereits wenige Jahrzehnte nach Kant der deutsche Mathematiker Carl Friedrich Gauß für möglich gehalten. Er soll es sogar experimentell überprüft haben. Und zwar dadurch, daß er die Winkelsumme in dem von den Harzbergen Brocken, Hoher Hagen und Inselberg aufgespannten Dreieck bestimmt hat. Diese drei Punkte hat er selbstverständlich nicht durch Strecken an der Erdoberfläche verbunden, sondern durch Lichtstahlen – den, so vermutete er zu Recht, kürzesten Verbindungen in unserem dreidimensionalen Raum. Ist dieser gekrümmt, beträgt die Winkelsumme von Dreiecken in ihm nicht die 180 Grad der Schulmathematik, die nur Dreiecke im flachen euklidischen Raum kennt. Als Winkelsumme hat Gauß 180 Grad gefunden; *so* gekrümmt, daß er mit seinen Instrumenten bei einem so kleinen Dreieck eine Abweichung hätte feststellen können, ist unser Raum nicht. Diese Geschichte mag eine Anekdote sein. Auf jeden Fall aber war Gauß unter den ersten, die die Gesetze der Geometrie nicht als a priori gegeben, sondern als Naturgesetze aufgefaßt haben, die auch falsch sein können. Wir werden sowohl auf Gauß, als auch die Winkelsumme im Dreieck zurückkommen.

Sichere Erkenntnis kann nach Auskunft der idealistischen Philosophie nur auf der sicheren Wahrheit des Ausgangspunktes allen Philosophierens beruhen. Hier, im Prolog, unterdrücke ich die vermeintlichen Wahrheiten, die aus der auf Selbstgewißheit und Selbständigkeit im Denken beruhenden Wahrheit des Ausgangspunktes »Ich denke, also bin ich« der Philosophie des französischen Philosophen, Mathematikers und Naturwissenschaftlers René Descartes folgen sollten. Hören wir statt dessen, was Albert Einstein in seinem Essay »Physik und Realität« über Grundlage und Berechtigung physikalischer Theorien zu sagen hat: »Physik ist ein in Entwicklung begriffenes logisches Gedankensystem, dessen Grundlage nicht durch eine induktive Methode aus den Erlebnissen herausdestilliert, sondern nur durch freie Erfindung gewonnen werden kann. Die Berechtigung (Wahrheitswert) des Systems liegt in der Bewährung von Folgesätzen an den Sinneserlebnissen, wobei die Beziehung der letzteren zu ersteren nur intuitiv erfassbar ist. Die Entwicklung vollzieht sich in Richtung wachsender Einfachheit des logischen Fundamentes. Um diesem Ziel näher zu kommen, müssen wir uns damit abfinden, dass die logische Grundlage immer erlebnisferner und der gedankliche Weg von den Grundlagen bis zu jenen Folgesätzen, welche ihr Korrelat in Sinneserlebnissen finden, immer beschwerlicher und länger wird.« Sinnesdaten sind hier also nicht Sicherheit verbürgende Grundlage der Erkenntnis, sondern eine Überprüfungsinstanz von Theorien.

Wenn Albert Einstein in demselben Essay von der »Setzung einer ›realen Aussenwelt‹« spricht, meint er den Aufbau einer gedanklichen Repräsentation aus »Sinneserlebnissen, Erinnerungsbildern an solche, Vorstellungen und Gefühlen«. Aus deren »sich wiederholenden Komplexen« entstehen Begriffe wie der des »körperlichen Objekts«, die Einstein trotzdem als »freie Schöpfung[en] des menschlichen (oder tierischen) Geistes« ansieht. »Der zweite Schritt besteht darin, dass wir jenem Begriff des körperlichen Objektes in unserem [...] Denken von den jenen Begriff veranlassenden Sinnesempfindungen weitgehend unabhängige Bedeutung zuschreiben. Dies meinen wir, wenn wir dem körperlichen Objekt ›reale Existenz‹ zuschreiben. Die Berechtigung dieser Setzung besteht einzig darin, dass wir mit Hilfe derartiger Begriffe und zwischen ihnen gesetzter gedanklicher Relationen uns in dem Gewirr von Sinnesempfindungen zurecht zu finden vermögen. [...] Jene Begriffe und Relationen, insbesondere die Setzung realer Objekte, überhaupt einer ›realen Welt‹, [haben] nur insoweit Berechtigung, als sie mit Sinneserlebnissen verknüpft sind, zwischen welchen sie gedankliche Verknüpfungen schaffen.« Und weiter: »Dass die Gesamtheit der Sinneserlebnisse so beschaffen ist, dass sie durch das Denken [...] geordnet werden können, ist eine Tatsache, über die wir nur staunen, die wir aber niemals werden begreifen können. Man kann sagen: Das ewig Unbegreifliche an der Welt ist ihre Begreiflichkeit. Dass die Setzung einer realen Aussenwelt ohne jene Begreiflichkeit sinnlos wäre, ist eine der grossen Erkenntnisse Immanuel Kants. [...] Die Welt *unserer Sinneserlebnisse* [ist] begreifbar, und dass sie es ist, ist ein Wunder« (meine Hervorhebung).

Hier sind, wie mir scheint, Albert Einsteins Argumente auf das Riff einer real existierenden Außenwelt gelaufen, die von allen gedanklichen »Setzungen« unabhängig ist, ja diese umgekehrt mitbestimmt. Seinen schönen Satz, das ewig Unbegreifliche an der Welt sei ihre Begreiflichkeit, in dem er offenläßt, *welche* Welt er meint, beziehe ich nicht auf die Welt der Sinnesempfindungen, sondern auf die real existierende Außenwelt, und stimme ihm, so interpretiert, zu. Denn die Gesetzmäßigkeit und damit Begreiflichkeit der Außenwelt hat im Laufe der Evolution diejenige unserer Sinnenwelt festgelegt. Wäre die Außenwelt auf dem Niveau des Lebens vollkommen ungeordnet, hätte sich kein Leben bilden können. Ein Sinnbild der Unordnung ist das Innere eines heißen Gases: Seine Moleküle bewegen sich mit großen Geschwindigkeiten ungeordnet durcheinander, stoßen sich gegenseitig an, und werden von den Wänden des Behälters zurückgeworfen. Strukturen können sich in einer solchen Umgebung nicht erhalten, geschweige denn bilden. Es sei denn, sie besitzen eine Ordnung, die auf stärkeren Kräften als denen beruht, welche die Moleküle auf sie ausüben. Das aber wäre eine Ordnung, die von der Unordnung der Moleküle des heißen Gases, die für die Unordnung auf dem Niveau des Lebens Modell stehen soll, entkoppelt wäre.

Zwar ist der Ursprung der Begreiflichkeit der real existierenden

Außenwelt unbegreiflich. Aber daß diese begreiflich ist, bewirkt dasselbe für die Sinnenwelt. Denn die Sinne haben sich in der Evolution unter dem Einfluß der Außenwelt entwickelt, und das wäre keine Erfolgsstory geworden, wenn dabei deren Ordnung nicht ausgenützt worden wäre. Die für die menschliche Entwicklung folgenreichste Erfindung der Natur war wohl die des Bewußtseins. Wenn wir auch noch nicht wissen, was das Bewußtsein ist und welchen chemischen und/oder physikalischen Prozessen wir sein Wirken verdanken, können wir doch sagen, was es leistet: Es ermöglicht uns eine innere Repräsentation der Welt so aufzubauen, daß wir die Folgen von Handlungen abschätzen können, ohne sie durchzuführen. Vermöge seiner können wir Optionen durchspielen und unser Handeln den Ergebnissen des Spiels anpassen. Etwas Ähnliches leistet die Evolution durch die Entwicklung von Instinkten über Generationen hinweg – langsam und inflexibel. Wenn zu lesen steht, das Bewußtsein sei ein Luxus, den sich die Evolution erlaubt, eine Art Sahnehäubchen, das zu ihren eigentlichen Ergebnissen hinzukommt, so mag das für das Gefühl, Bewußtsein zu besitzen, zutreffen. Aber das Eigentliche des Bewußtseins, eine innere Repräsentation der Welt aufzubauen, die Verstehen und Planen ermöglicht, hat für den Erfolg der Spezies Mensch eine alles überragende Bedeutung. Das Bewußtsein kann in Augenblicksschnelle und flexibel dasjenige leisten, für das die Evolution Generationen und nahezu stabile Verhältnisse braucht. Weil zudem das Bewußtsein aller Menschen in großen Zügen das gleiche ist, können wir uns vermöge seiner in andere Menschen hineinversetzen und über deren Möglichkeiten und Pläne hypothetisch so nachdenken, als seien es unsere eigenen. Das aber will ich nicht ausspinnen, weil es uns zu weit von unserem Thema der physikalischen Naturgesetze entfernen würde.

Die verschleierte Realität der Quantenmechanik

Weil uns die Evolution mit einer inneren Repräsentation der für unser Überleben relevanten Umwelt und ihrer Gesetze ausgestattet hat, überrascht es uns, daß in Teilen der Welt, die den Sinnen nicht unmittelbar zugänglich sind, radikal andere Gesetze gelten. Dem Bewußtsein verdanken wir aber auch, daß wir einige von diesen Gesetzen kennen, und weitere kennen können. Um optimal zu wirken, muß das Bewußtsein nicht nur unter vorhersehbaren, sondern auch unter unvorhersehbaren Umständen arbeiten können. Es muß in der Lage sein, Hypothesen zu testen. Es ist diese Fähigkeit zur Abstraktion, die es ihm ermöglicht, künstliche Welten zu erschaffen und sich in diesen zurechtzufinden – seien es nun die Welten des Schach, der Logik, der Musik, der Literatur, der Mathematik oder der Physik. Damit wir unser Bewußtsein trainieren, muß es uns Spaß machen, dies zu tun. Ganz wie wir als Kinder durch stundenlanges lustvolles Schaukeln unseren Gleichgewichtssinn trainiert haben.

Aus der Welt der Physik ist insbesondere die der Quantenmechanik zu nennen als eine, die unseren Sinnen nicht unmittelbar zugänglich ist, und in der radikal andere Gesetze, ja Prinzipien gelten, als in der vertrauten. Um mit den Seltsamkeiten zurechtzukommen, vor die uns Einsteins Relativitätstheorien stellen, reicht Offenheit gegenüber unvertrauten Aspekten des Vertrauten aus. Unseren Alltagserfahrungen und den auf ihrer Ebene geltenden Gesetzen können wir tatsächlich und offenkundig nicht entnehmen, wie die Welt bei sehr großen Geschwindigkeiten und Abständen sowie bei exotischen Experimenten wie dem Zwillingsexperiment zur Dehnung der Zeit beschaffen ist. Analyse der Sinnesdaten im Gefolge Einsteins hebt dann die Konflikte zwischen den Aussagen der Relativitätstheorien und den Alltagserfahrungen auf. Überwindbar sind sie vor allem, weil Anwendungen der Gesetze der Relativitätstheorien auf Objekte der Alltagswelt von Anwendungen der vertrauten ununterscheidbare Ergebnisse zeitigen. Die berühmte Längenkontraktion der Speziellen Relativitätstheorie, durch die schnelle Objekte für ruhende Beobachter verkürzt werden, wirkt sich auf die schnellsten Projektile der Alltagswelt nur unmerklich wenig aus. Vor allem aber unterscheiden sich die »schnellen« Objekte von den »langsamen« nur dadurch, daß die einen eben schnell sind, die anderen langsam. Nichts spricht dagegen, daß dasselbe Objekt einmal langsam ist, ein andermal schnell.

Hingegen unterscheidet die Objekte der Alltagswelt von denen der Quantenmechanik mehr, als daß die einen groß, die anderen klein sind. Makroskopische Objekte sind ja nicht einfach Vergrößerungen mikroskopischer, sondern sie sind aus, ich bin versucht zu sagen, zahllosen mikroskopischen aufgebaut. Da Atome nicht vergrößert werden können, kann kein Objekt der makroskopischen Welt aus einem mikroskopischen durch Vergrößerung gewonnen werden: Größere Objekte enthalten nicht größere, sondern *mehr* Atome. Setzt man in die Gesetze der Quantenmechanik die Parameter ein, die Objekten der Alltagswelt zukommen, so werden zwar typische quantenmechanische Effekte unbemerkbar klein – in Büchern zur Quantenmechanik wird typischerweise ein Lastkraftwagen im Wellenbild (Abb. 1.1, s. S. 26f.) so beschrieben, als ob er ein großes und schweres Elementarteilchen sei, um dann zu zeigen, daß alle durch den Wellencharakter bedingten Effekte unbeobachtbar klein sind –, aber die Objekte der Alltagswelt, denen diese Parameter zukommen, entstehen aus den einzelnen Teilchen der mikroskopischen Welt dadurch nicht: Ein LKW ist *kein* großes und schweres Elementarteilchen.

Offensichtlich reichen also zur Ableitung der für die Objekte der Alltagswelt geltenden Gesetze die quantenmechanischen Gesetze für einzelne Teilchen nicht aus. Die Gleichungen der Quantenmechanik aber, die für Komplexe aus mehreren Teilchen gelten, sind *nicht* so geartet, daß ihre Vorhersagen für makroskopische Systeme problemlos in die Konsequenzen der für Alltagsobjekte geltenden – besser: durch die Anschauung unterstellten – Gesetze übergingen. Ganz und gar nicht. Erstens ermöglicht die Quantenmechanik die Existenz makroskopischer Systeme aus vielen Teilchen, die Eigenschaften besitzen, die durch die für Alltagsobjekte unterstellten Gesetze nicht beschrieben werden können. Leiter, die dem Fließen von Strom keinen Widerstand entgegensetzen, die sogenannten Supraleiter, bilden das wohl bekannteste Beispiel. Mehr noch: Gälten für sie auch nur die Prinzipien der für Alltagsobjekte unterstellten Gesetze, könnten sie Eigenschaften nicht besitzen, die Experimente mit ihnen offenbaren.

Am klarsten aber tritt die Unvereinbarkeit der quantenmechanischen Gesetze mit den für Alltagsobjekte gültigen Prinzipien bei Experimenten mit nur zwei oder drei Teilchen hervor. Wie weit auch immer das Teilchen *A* eines Paares von dem anderen *B* entfernt sein mag, können beide doch – zweitens – miteinander so verbandelt sein, daß ein Experiment und sein Ergebnis in der Region des Teilchens *A* die Ergebnisse gewisser Experimente in der Region des Teilchens *B* instantan festlegt. Festlegt, wohlgemerkt, nicht nur offenbart, welche diese sein werden. Die reine Offenbarung »hier«, welche Ergebnisse Experimente »dort« haben werden, ist in keiner Weise sensationell.

Schon wenn Hänsel beim Antritt einer Reise nur einen Handschuh eines Paares eingesteckt hat, weiß er bei der Entdeckung, daß dieser ein linker ist, daß der zu Hause verbliebene ein rechter sein muß.

Die Korrelationen, deren Auftreten die Quantenmechanik, inzwischen durch zahlreiche Experimente bestätigt, vorhergesagt hat, können so einfach nicht erklärt werden. Die Realität der Quantenmechanik ist eine verschleierte, die sich allein durch Gesetze offenbart. Die Objekte, von denen die Gesetze der Quantenmechanik sprechen, sind so fremdartig, daß ihnen die Eigenschaften Ort und Geschwindigkeit vertrauter Alltagsobjekte nicht zukommen. Sie werden durch Wellenfunktionen (Abb. 1.1) beschrieben, die für die Ergebnisse der Messungen von Eigenschaften wie Ort und Geschwindigkeit zwar Wahrscheinlichkeiten, im allgemeinen aber keine festen Werte festlegen. Jedes einzelne System der Quantenmechanik besitzt eine durch seine Vorgeschichte bestimmte Wellenfunktion. Verschleiert ist deren Realität, weil – entsprechend einer wichtigen, ihre »friedliche Koexistenz« mit der Speziellen Relativitätstheorie ermöglichenden Eigenschaft der Quantenmechanik – es unmöglich ist, die Wellenfunktion zu ermitteln, die ein einzelnes vorgelegtes Teilchen besitzt. Stehen dem Experimentator hingegen zahlreiche Teilchen, deren Wellenfunktion dieselbe ist, zur Verfügung, *kann* er diese bestimmen. Genauer können wir nun sagen, daß es die Wellenfunktion des Teilchens *B* in seiner Region ist, welche durch das Experiment und sein Ergebnis in der Region des Teilchens *A* instantan festgelegt, ja geradezu erzeugt wird. Das sieht nach einer Nachrichtenübertragung aus, die im Widerspruch zur Speziellen Relativitätstheorie keine Zeit braucht, ermöglicht tatsächlich aber keine, weil die Wellenfunktion des fernen Teilchens *B* von einem Beobachter dort nicht ermittelt werden kann. Wie es ist, wenn praktisch gleichzeitig mit mehreren Paaren von Teilchen *A* und *B* experimentiert wird, ist tief im Formalismus der Quantenmechanik verborgen. Trotzdem sei es gesagt: Nach den Experimenten an den Teilchen *A* besitzen diese auf Gund quantenmechanischer Unsicherheiten *nicht* alle dieselbe Wellenfunktion. Dasselbe gilt damit auch für die Teilchen *B*, so daß instantane Nachrichtenübertragung abermals nicht möglich ist.

Das alles ist starker Tobak für einen Prolog, dessen Ausführungen zur Speziellen Relativitätstheorie und Quantenmechanik nur zeigen sollen, daß und warum Prinzipien, die für allgemeingültig zu halten

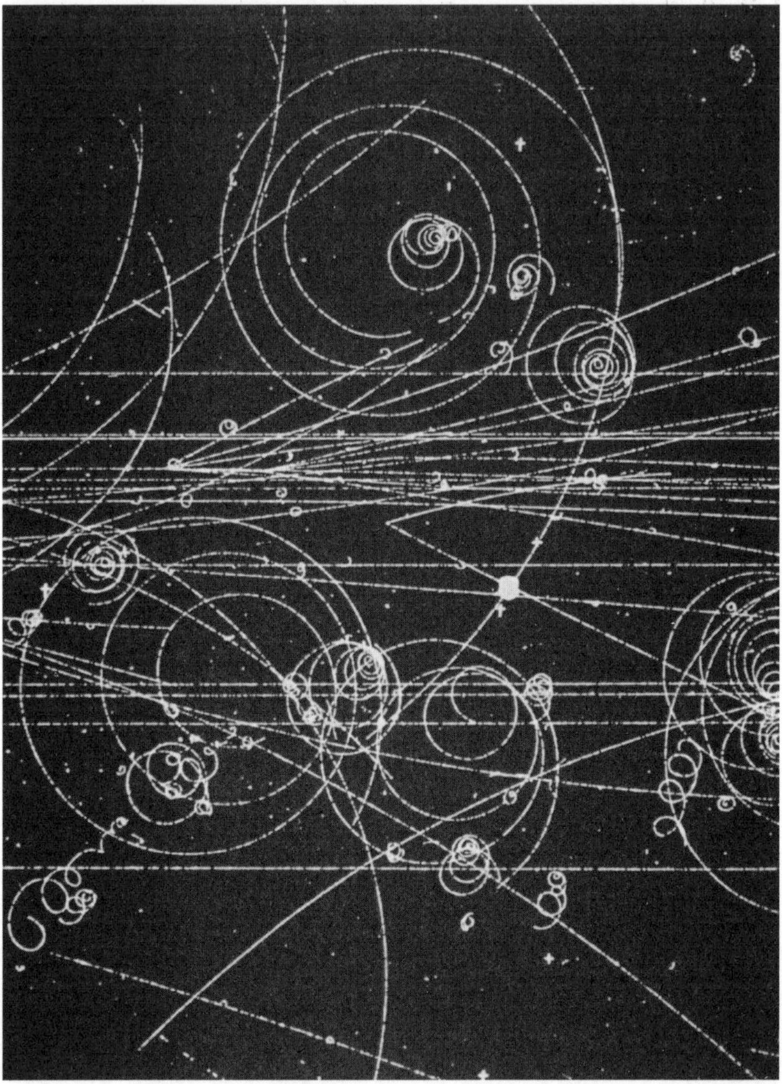

a)

Abbildung 1.1: Der Zustand eines Teilchens der Quantenmechanik wird durch eine »Wellenfunktion« beschrieben. Einem nicht beobachteten Teilchen ordnet sie keine Bahn zu, die es im Laufe der Zeit durchlaufen würde. Insofern gleichen Teilchen der Quantenmechanik Wellen, die ebenfalls Raumgebiete anfüllen. Jede Messung des Ortes des Teilchens ergibt hingegen einen bestimmten Ort als *neuen* Ausgangspunkt einer

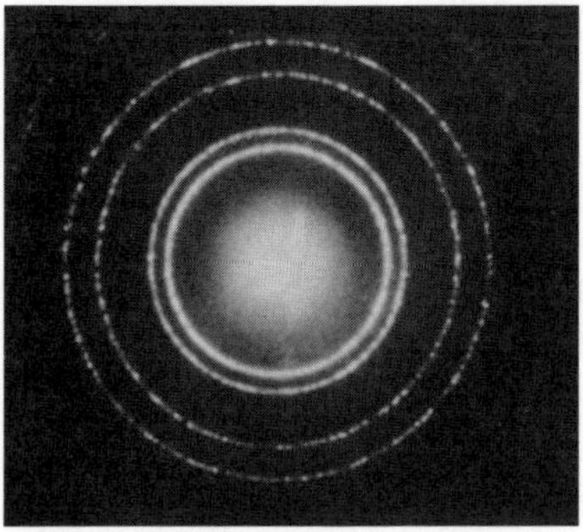

b)

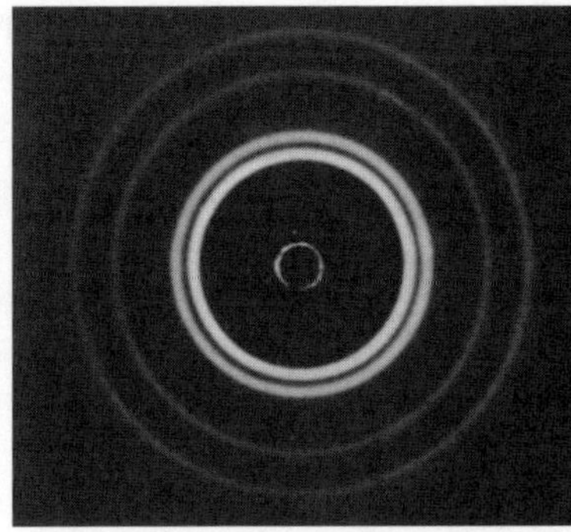

c)

abermals unbeobachteten Bewegung. Ermittelt man also den Ort des Teilchens wieder und wieder in rascher Folge, zum Beispiel durch von ihm ausgelöste Reaktionen in einem Medium, so entsteht die Bahn des *beobachteten* Teilchens. »Wenn wir« – formuliert Max Planck in seinem 1946 gehaltenen Vortrag *Scheinprobleme der Wissenschaft* – »aber das Elektron durch einen Kristall gehen lassen, so zeigt es in dem auf einem Auffangschirm sichtbar gemachten Bild alle Eigenschaften einer gebeugten Lichtwelle.« Während aber einzelne Bahnen wie die in a durch wiederholte Beobachtung *desselben* Teilchens entstehen, wird ein »auf einem Auffangschirm sichtbar gemachtes Bild« wie b durch Beobachtungen *zahlreicher* Teilchen erzeugt, die sich vor und nach ihrem Durchtritt durch den Kristall alle in demselben quantenmechanischen Zustand befinden. Welleneigenschaften von Teilchen treten nur durch Vergleich der Ergebnisse zahlreicher Wiederholungen *desselben* Experimentes hervor. So verstanden, behalten die historischen Annäherungen an die Realität der Quantenmechanik durch »Teilchenbild« und »Wellenbild« ihre Berechtigung; Bilder, die Planck so beschreibt: »Die Frage, ob nun in Wirklichkeit das Elektron ein Korpuskel ist, das zu einer bestimmten Zeit einen bestimmten Ort im Raum einnimmt, oder ob es in Wirklichkeit eine Welle ist, welche den ganzen unendlichen Raum ausfüllt, bleibt [...] so lange ein Scheinproblem, als nicht angegeben wird, mit welcher der beiden Untersuchungsmethoden man das Verhalten des Elektrons prüft.« a zeigt ein nunmehr historisches Foto von den Spuren zahlreicher elektrisch geladener Teilchen, die diese durch Tröpfchenbildung in einer Blasenkammer erzeugt haben. b zeigt Plancks »Auftreffpunkte« zahlreicher Elektronen auf einem Schirm, nachdem sie durch einen Kristall gegangen sind: Das Muster besitzt »alle Eigenschaften einer gebeugten Lichtwelle«. c vergleicht das durch Elektronen erzeugte Muster b mit dem von Röntgenstrahlen, bona fide Wellen, in einem analogen Experiment stammenden.

wir geneigt sind, nicht universell gültig sein müssen. *Unsere* Prinzipien gelten in der Alltagswelt. Sie haben die Entwicklung des Lebens ermöglicht, und wir haben sie zu unserem Vorteil verinnerlicht. Über die Alltagswelt hinaus, oder als ihre Grundlage, können die uns unumstößlich erscheinenden Prinzipien ungültig sein, und sind es auch. Das bedeutet aber nicht, daß die Welten der Quantenmechanik und Relativitätstheorien unbegreiflich sind. Ihre Gesetze beruhen nach allem, was wir wissen, ebenfalls auf Prinzipien, von denen wir nicht wenige bereits herausgefunden haben.

Das Phänomen der Verbandelung oder, wie die technische Bezeichnung lautet, Verschränkung beherrscht zwar die Quantenmechanik aller Teilchen, die sich jemals in Kontakt befunden haben, tritt aber nur unter sehr speziellen, zu dem Zweck herbeigeführten Umständen offen zu Tage. Nur dann nämlich, wenn zwei oder drei, vielleicht auch vier verbandelte Teilchen von allen anderen isoliert sind. Tritt dann ein Teilchen in Kontakt mit einer Meßapparatur, endet die Isolation. Denn Meßapparaturen mit ihren Zeigern sind notwendig aus zahlreichen Teilchen aufgebaut und genügen, wenn sie ihre Arbeit getan haben, den Gesetzen der Alltagsphysik: Zweifel daran, wie die Zeiger stehen, kann es nicht geben. Hierüber besteht Einigkeit. Strittig ist aber – drittens und hauptsächlich –, wie es dazu kommt. Werden bei dem Übergang von der quantenmechanischen zur klassischen Physik die Gesetze der ersteren, die Verbandelung implizieren, außer Kraft gesetzt, oder mitteln sich ihre Konsequenzen bei vielen Teilchen nur irgendwie gegenseitig heraus, so daß sie insgesamt unbeobachtbar klein werden? Besteht die Verbandelung fort, nun zwischen den Teilchen von Meßapparaturen? Und nimmt das niemals ein Ende? Befindet sich die Welt in einem einzigen, alles umfassenden quantenmechanischen Zustand mit einer Wellenfunktion des Universums insgesamt? So weit, daß diese Fragen beantwortet werden könnten, trägt die Quantenmechanik für sich allein nicht. Dazu braucht es auch die Physik des Universums im Großen, die Allgemeine Relativitätstheorie; ebenfalls nicht für sich allein, sondern im Verein mit der Quantenmechanik. Eine Theorie aber, die beide Theorien vereinigte und zugleich experimentell im Detail überprüft worden wäre, gibt es bis heute nicht. Ob die Superstringtheorie, von der die Leser sicher gehört haben, das Potential besitzt, über die Wellenfunktion des Universums Auskunft zu geben, muß sich noch zeigen.

Begreiflichkeit, axiomatisch

Wenn wir mit Albert Einstein in seinem Essay »Physik und Realität«, aus dem die oben angeführten Zitate stammen, fragen, was Begreiflichkeit einer Welt bedeuten soll, deren grundlegende Gesetze den Prinzipien nicht genügen, die uns unumstößlich erschienen, so ist die Antwort erstens, *daß* es überhaupt solche Gesetze gibt, und wir sie herausfinden konnten und können. Die Tatsache der Evolution erklärt, warum uns gewisse Prinzipien als unumstößlich erscheinen, ohne es zu sein. Klar ist deshalb auch, daß physikalische Theorien nicht mit den Begriffen – Einstein nennt sie »primäre Begriffe« – auskommen, welche die Sinne nahelegen. Zwecks logischer Klarheit hat Albert Einstein, und haben Wissenschaftstheoretiker, die Sprache der Wissenschaft in Schichten zerlegt. Die unterste Schicht bilden die Basissätze, durch die den Sinnen unmittelbar zugängliche Sachverhalte, und nur sie, ausgedrückt werden können. Darüber wölbt sich, ebenfalls in Schichten unterteilbar, die Theoriesprache. Ihre Begriffe und Aussagen stehen nicht alle in unmittelbarem Kontakt mit Basissätzen. Insbesondere treten in ihr Begriffe auf, die *nicht* durch Basissätze definiert werden können. Unmöglich ist es auch, die Aussagen der Theoriesprache aus Beobachtungen in ihrer vollen Allgemeinheit »induktiv« abzuleiten. Was sie von sinnlosem Gebrabbel unterscheidet, ist, daß aus ihnen experimentell überprüfbare Basissätze abgeleitet werden können. Die Aussagen der Theoriesprache können wir nur als Axiome auffassen, die einige der in ihnen auftretenden Begriffe durch ihre Verwendung implizit definieren – wie es ja von den Axiomen der Mathematik bekannt ist. Definieren kann aber auch eindeutiges Festlegen bedeuten, wobei Willkür im Spiel sein darf und wird, wenn die Gesamtheit der mit Hilfe des Begriffes abzuleitenden Basissätze Freiheit läßt. Die Energie ist ein solcher Begriff, weil ihr Nullpunkt (Abb. 1.2) beliebig gewählt werden kann, ohne daß von der Wahl experimentell überprüfbare Aussagen abhängen. Bemerkenswert ist, daß, wie wir später sehen werden, durch die *Forderung* nach solchen Freiheiten die Form der zulässigen Theorien erfolgreich wesentlich eingeschränkt werden kann.

Auf jeden Fall können aus der Theoriesprache Basissätze abgeleitet werden, nicht aber folgt umgekehrt die Theoriesprache, wenn sie diesen Namen verdient, aus Basissätzen. Die Theoriesprache ist ein Pro-

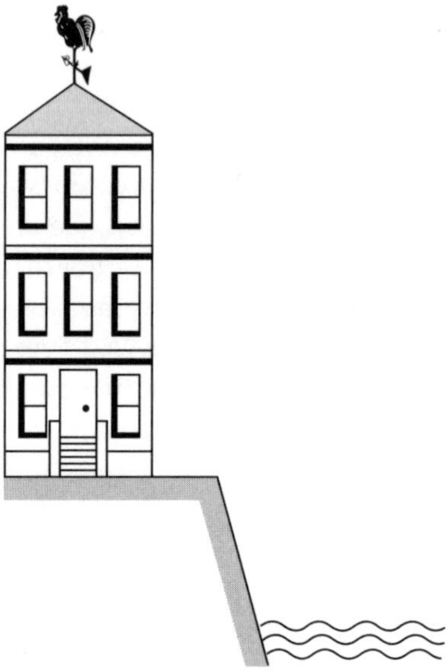

Abbildung 1.2: Daß der Nullpunkt der Energie ohne überprüfbare Folgen beliebig gewählt werden kann, hat Max Planck in seiner Vorlesung *Vom Relativen zum Absoluten* (1924) dadurch illustriert, daß es für den Architekten »ebenso etwa [...] bei dem Bau eines Hauses [...] gar keinen praktischen Sinn hat, nach der Höhe der Stockwerke über dem Meeresspiegel zu fragen, da es auch hier nur auf die Differenzen ankommt«.

dukt menschlicher Phantasie, die sich an Basissätzen bewähren muß. Hören wir wieder einmal Albert Einstein: »Ein Anhänger der Abstraktions- bzw. Induktions-Theorie würde die [...] Schichten ›Abstraktionsstufen‹ nennen. Ich halte es aber für unrichtig, die logische Unabhängigkeit der Begriffe gegenüber den Sinneserlebnissen zu verschleiern; es handelt sich nicht um eine Beziehung wie die der Suppe zum Rindfleisch, sondern eher wie die der Garderobe-Nummer zum Mantel. [...] Wesentlich ist nur die Bestrebung, die Vielzahl der erlebnisnahen Begriffe und Sätze als logisch abgeleitete Sätze einer möglichst engen Basis von Grund-Begriffen und Grund-Relationen darzustellen, die ihrerseits an sich frei wählbar sind (Axiome). Mit dieser Freiheit ist es aber nicht weit her; sie ist nicht ähnlich der Freiheit eines Novellen-Dichters, sondern vielmehr der Freiheit eines Menschen, dem ein gut gestelltes Worträtsel aufgegeben ist. Er kann zwar jedes Wort als Lösung vorschlagen, aber es gibt wohl nur *eines*, welches das Rätsel in allen Teilen wirklich auflöst. Dass die Natur – so wie sie unseren Sinnen zugänglich ist – den Charakter eines solchen gut gestellten Rätsels habe, ist ein Glaube, zu welchem die bisherigen Erfolge der Wissenschaft allerdings einigermassen ermutigen«.

Mit diesen Sätzen unterstellt Albert Einstein die Realität der

Außenwelt, bei der er zunächst nur durch »Setzung« angekommen war, als zweifelsfrei gegeben. Aber inwiefern haben die Sätze und Begriffe der Theoriesprache teil an dieser Realität? Könnten deren Begriffe durch Basissätze definiert, und ihre Sätze aus Beobachtungen abgeleitet werden, die sich durch Basissätze ausdrücken lassen, dann wäre der Status der Theoriesprache derselbe wie jener der Basissätze. So ist es aber nicht. Die Theoriesprache faßt nicht nur Beobachtungen zusammen, sondern verallgemeinert sie auch durch Naturgesetze, deren Gültigkeit sie unterstellt. Wie alle Verallgemeinerungen, können auch die der Naturgesetze zutreffen, müssen das aber nicht, so daß sie *nicht* sicher wahr sind. Wenn es aber keine sicher wahren Verallgemeinerungen gibt, in welchem Sinn kann es dann überhaupt Naturgesetze geben? Was unterscheidet Naturgesetze dann von sinnlosem Gebrabbel? Wodurch können sie von diesem abgegrenzt werden?

Keine Sicherheit, nirgends

Durch die Möglichkeit, aus ihnen Basissätze abzuleiten, die *widerlegt* werden können! Jedes Naturgesetz, das eine Behauptung über den Ausgang eines Experiments macht, setzt sich der Gefahr aus, daß das Experiment, und durch es die Natur, ihm widerspricht. Daß aus Gebrabbel nichts folgt, das widerlegt werden kann, unterscheidet es von sinnvollen Aussagen. Erst der österreichisch-britische Philosoph und Wissenschaftstheoretiker Karl R. Popper hat es gewagt, die Widerlegbarkeit einer Aussage über die physikalische Wirklichkeit zum Kriterium ihres Sinns zu ernennen. Betrachtet man das, was Physiker wirklich tun, mit dem Auge des Wissenschaftstheoretikers – der weiß, daß Naturgesetze nicht bewiesen werden können –, kann man die Versuche der Physiker, ein Naturgesetz zu beweisen, nur als mißlungene Versuche einordnen, es zu widerlegen.

Diese Uminterpretation ihrer Bemühungen, die Popper trefflich mit dem Schlagsatz »Wir wissen nicht, sondern wir raten« zusammengefaßt hat, berührt die eigentliche Arbeit der Physiker überhaupt nicht. Theoretiker erstellen Hypothesen, Experimentatoren testen sie. Natürlich muß eine so globale Charakterisierung der Arbeit von Physikern Fragen offenlassen: Wie steht es um Existenzsätze wie den, daß es weiße Raben oder seltsame Elementarteilchen namens Magnetische Monopole gibt? Objekte in potentiell unendlichen Mengen betreffende Existenzsätze können, so lehrt die Logik, bewiesen, aber nicht widerlegt werden. Und wie sind statistische Annahmen und Annahmen von Experimentatoren über Apparate einzuordnen? Unabhängig aber von allem Kleingedruckten dürfen Naturwissenschaftler den Anspruch, sie müßten ihre Theorien beweisen, seit Popper als unangemessen zurückweisen. Der noch immer ungemein einflußreiche britische Philosoph David Hume hat hervorgehoben, daß jeder Versuch, Annahmen wie die der Kausalität in sichere Wahrheiten umzumünzen, dieselben Annahmen in anderen Gewändern voraussetzen muß, so daß es keine Beweise der Kausalität, sondern nur Zirkelschlüsse geben kann. Aber auch Zirkelschlüsse sind Schlüsse, die Annahmen umformen, und können wie die indirekten Beweise der Mathematiker auf Widersprüche führen – eine Möglichkeit, welche Hume und seine Nachfolger zumindest nicht betont haben. Die Physik unterstreicht den Aspekt, daß die Annahme der Kausalität zahllose experimentell überprüfbare Konsequenzen besitzt, und daß der hohe Rang, den sie unter den Annahmen der Physik einnimmt, auf diesem hohen Grad von Widerlegbarkeit beruht.

Wie die Philosophie Humes, soll sich dies Buch mit der Frage beschäftigen, was wir von den Dingen und den Naturgesetzen wissen können. Es nimmt aber, anders als er, an, daß wir durch die Analyse alltäglicher Beobachtungssätze nichts über die Natur der Erkenntnis lernen können, das über den unmittelbaren Eindruck, den diese Sätze vermitteln, hinausgeht. Weiter wie Hume unterstellt dieses Buch, daß es eine reale Außenwelt gibt, die von unserem Denken, Fühlen und Wissen um sie unabhängig ist.

▷ *Zwischenfrage:* Werden nicht zumindest manche Eigenschaften der Außenwelt erst dadurch geschaffen, daß ein Bewußtsein die Ergebnisse quantenmechanischer Experimente zur Kenntnis nimmt? So habe ich es jedenfalls gelesen.

▷ *Zwischenantwort:* Wessen Bewußtsein, wenn ich fragen darf? Reicht das eines Dreikäsehochs aus, oder ist mindestens das eines Doktors der Physik erforderlich, der überdies hellwach und vollkommen nüchtern sein muß? Nein, in den menschlichen Zellen, und mit ihnen im Gehirn, können, wie in anderen Makrosystemen auch, Einflüsse aus der Quantenwelt Übergänge bewirken, die rückgängig zu machen unmöglich ist, und die deshalb als *Messungen* wirken. Von den Messungen und ihren komplizierten Zusammenhängen mit der Außenwelt wird noch zu sprechen sein. Ob aber eine Messung – die Registrierung eines einzelnen Lichtteilchens zum Beispiel – durch ein Korn in einer Fotoplatte oder in einem menschlichen Auge erfolgt, ist für den Übergang selbst ohne Belang. Insbesondere ist es irrelevant, ob ein Bewußtsein die Registrierung des Lichtteilchens – sozusagen doppelt gemoppelt – zur Kenntnis nimmt. Meine Antwort auf Ihre Frage ist also, daß das menschliche Gehirn bei Fragen nach der realen Außenwelt mit anderen makroskopischen Systemen, die ebenfalls Messungen durchführen können, in eine Reihe gestellt werden muß. Auf die Realität der Außenwelt besitzt das menschliche Bewußtsein genauso viel – besser: genauso wenig – Einfluß wie eine Fotoplatte. Gleichgültig ist sogar, ob der Übergang auf eine ablesbare Verfestigung – Typ Körnchen in der Fotoplatte – führt, oder aber »nur« auf ein Auswaschen von Information durch, zum Beispiel, eine lokale Erhöhung der Temperatur, die anschließend wieder abklingt. Wichtig ist nur, daß der Übergang nicht rückgängig gemacht werden kann. Damit ist auch das »Ablesen« eines Versuchsergebnisses von einem Instrument für den Übergang selbst irrelevant. Denn anders als Verfestigungen können ausgewaschene Informationen nach einer gewissen Zeit nicht mehr wahrgenommen werden. Trotzdem können beide denselben Übergang von der Quantenwelt in die auch nichtquantenmechanisch beschreibbare Welt bewirken.

Die reale Außenwelt, um die es hier mit Hume gehen soll, ist einfach die durch unsere Sinne unmittelbar erfahrene. Jeder weiß, was es bedeuten soll, wenn jemand sagt »Die Sonne geht auf«. Alle Danebenstehenden nicken, sie alle werden geblendet, ihnen allen wird warm. Es ist diese ungeheure Redundanz und Intersubjektivität, die von subjektiven Erfahrungen auf deren objektive Gründe in der Außenwelt schließen läßt – daß sich nämlich tatsächlich eine wärmende Scheibe sichtbar über den Horizont erhebt. Hume aber lehnt jedes »weil« ab und läßt nur die beiden Eindrücke – Wärme und Sichtbarkeit – nebeneinander bestehen. Gewißheit aber, daß diese Eindrücke – ausdrücklich die Mehrzahl! – von derselben Ursache in der Außenwelt herrühren, kann laut Hume auf keine Art und Weise erworben werden. Einzelne Eindrücke geben dem Gehirn Auskunft über die Außenwelt, aber etwelche Zusammenhänge zwischen ihnen stellt das Gehirn selbsttätig her, so daß ihnen keine durch die Außenwelt begründbare Realität zukommt. Zu den Realitäten der Außenwelt, die wir den Sinnen abnehmen, gehören niemals Zusammenhänge wie die zwischen Ursache und Wirkung oder eine gemeinsame Ursache verschiedener Erscheinungen. Ganz schlicht können wir sagen, daß uns die Sinne laut Hume zwar mit Tatsachenwissen versorgen, niemals aber mit Wissen um Zusammenhänge. Diese sind und bleiben Hinzutaten des Gehirns, und wir müssen uns wundern, warum auf ihnen beruhende Handlungen nicht stets im Desaster enden. Originalton Hume: »Hier gibt es also eine Art prästabilierter Harmonie zwischen dem Naturablauf und der Abfolge unserer Vorstellungen, und wenngleich die Mächte und Kräfte, von denen ersterer regiert wird, uns gänzlich unbekannt sind, so haben doch unsere Gedanken und Vorstellungen [...] dieselbe Bahn genommen wie die anderen Werke der Natur. Gewohnheit ist das Prinzip, das diese Übereinstimmung bewirkt hat; sie, die so notwendig ist zur Erhaltung unserer Art und der Regelung unseres Verhaltens, in allen Ereignissen des menschlichen Lebens. Würde nicht die Gegebenheit eines Gegenstandes sogleich die Vorstellung solcher gewöhnlich mit ihm verbundenen Gegenstände erwecken, so wäre unser ganzes Wissen auf den engen Bereich unseres Gedächtnisses und der Sinne beschränkt, und wir wären nie in der Lage gewesen, Mittel den Zwecken anzupassen oder unsere naturgegebenen Kräfte entweder zur Hervorbringung des Guten oder zur Vermeidung des Bösen einzusetzen. Diejenigen, die an der Entdeckung und Betrachtung von *Zweckursachen* Vergnügen finden, haben hier ein weites Feld zum Staunen und zur Bewunderung.«

Erst Darwins Idee der Evolution, etwa einhundert Jahre nach Hume entstanden, hat dessen »Staunen und Bewunderung« durch Verständnis ersetzt. Humes »Harmonie zwischen dem Naturablauf und der Abfolge unserer Vorstellungen« ist offenbar ein Werk der Evolution. Wenn wir diese Harmonie so verstehen, setzten wir nur voraus, daß es eine reale Außenwelt gibt, in der Naturgesetze herrschen, die bewirken können, daß beide – der Naturablauf und die Abfolge unserer Vorstellungen – »dieselbe Bahn genommen haben wie die anderen Werke der Natur«. Und so weiter. »Evolution als Prinzip« statt »Gewohnheit als Prinzip« läßt uns verstehen, was Hume nur feststellen konnte. Seine »Zweckursachen« ersetzt die Theorie der Evolution, die selbst ein bestens bestätigtes – lies: trotz zahlreicher Möglichkeiten dazu nicht widerlegtes – naturwissenschaftliches Faktum ist, durch das blinde Wirken des Zufalls, der immer neue Formen hervorbringt, von denen sich einige in der Umwelt bewähren, diese auch prägen, die meisten aber untergehen. Tatsächlich ein »weites Feld zum Staunen und zur Bewunderung«!

Anders als Hume es tat, müssen wir dahingestellt sein lassen, *worin* die Realität der Gegenstände der Erfahrung besteht. Denn diese könnten das Resultat einer Simulation sein. Aber auch Simulationen sind real. In dem Sinn nämlich, daß ihre wahrgenommenen Ergebnisse auf realen Abläufen beruhen, die den Naturgesetzen genügen. Auch die virtuelle Realität beruht auf physikalischer Realität. Während die erste mit den Naturgesetzen im Widerspruch stehen kann, ist die zweite immer die gute alte Realität selbst. Bildschirme und deren Pixel in ihrem jeweiligen Zustand, ganze Abfolgen von Situationen in Flugsimulatoren, sind zweifelsohne real. Es sind Gesetze der Physik, welche die virtuelle Realität ermöglichen, und wenn deren Wirken im Einzelfall unbekannt sein sollte, kann es doch herausgefunden werden. Die Annahme des Solipsismus, *nur* eigene Vorstellungen seien real, erklärt nichts und ist, da unüberprüfbar, keine wissenschaftliche Annahme. Hingegen *kann* die Annahme, die Naturgesetze seien real und ermöglichten Simulationen, überprüft werden, und gehört daher zu den wissenschaftlichen Annahmen dazu.

Ebenen der Beschreibung

Ich denke, daß auch Physiker, die sich zum Positivismus bekennen, Basissätzen, die Beobachtungen beschreiben, nicht mit ihrer positivistischen Einstellung, die dann wirklich terminal wäre, gegenübertreten. Es mag schwerfallen, zu definieren, was wir meinen, wenn wir von Stühlen, Stolpersteinen, Zeigerstellungen, Zahlen auf dem Bildschirm und Wasserständen sagen, sie seien real. Aber bis zum Beweis des Gegenteils – Popper auch hier! – dürfen wir Objekten wie diesen Existenz zusprechen. Indem wir das tun, folgen wir der »Kopenhagener Interpretation« der Quantenmechanik durch ihren Urvater, Guru und Deuter, den überaus einflußreichen dänischen Physiker Niels Bohr, die

Abbildung 1.3: Meßinstrumente, wie Niels Bohr sie sieht, kennen keine quantenmechanische Unbestimmtheit.

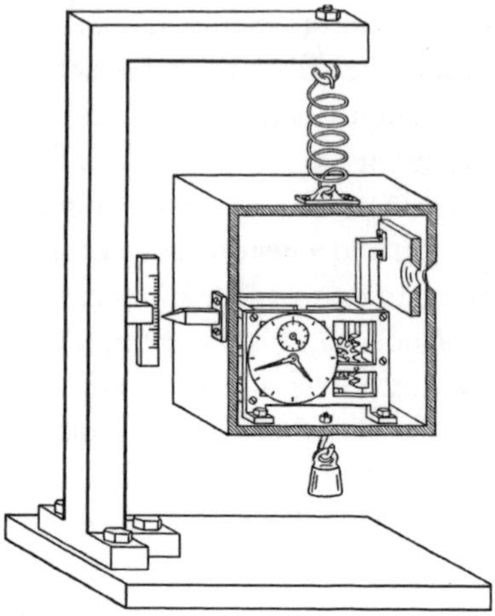

ohne aus der Quantenmechanik folgende Gründe darauf besteht, daß für Meßinstrumente die Gesetze der klassischen, nicht-quantenmechanischen Physik gelten (Abb. 1.3). Anders als Bohrs pragmatische Interpretation der Quantenmechanik, will die heutige Physik die für Meßinstrumente geltenden klassischen Gesetze auf die Gesetze der Quantenmechanik als Grundgesetze unseres Naturverständnisses zurückführen.

Dieser Ausflug in die Hierarchie von Naturgesetzen soll erläutern, worum es hier *nicht* geht: um die Frage, ob ein Naturgesetz *letzte Wahrheiten* in dem Sinn beschreibt, daß es nicht auf tieferliegende Gesetze zurückgeführt werden kann. Eine der erstaunlichsten Eigenschaften der Natur ist ja, daß es Gesetze für Teilbereiche gibt, die unabhängig von allem anderen gelten. Daß, anders gesagt, *nicht* alles mit allem zusammenhängt. Ebenen der Beschreibung *können* abgegrenzt werden, für die Gesetze gelten, in denen nur Begriffe vorkommen, die auf der jeweiligen Ebene definiert sind. Chemiker können in einem wohldefinierten Sinn mögliche von unmöglichen Molekülen allein auf Grund von Wertigkeiten unterscheiden, die einzelnen Atomen zukommen – ohne, darum geht es jetzt, den physikalischen Ursprung der Wertigkeiten in Betracht zu ziehen. Interpretationen der Quantenmechanik wie die oben angedeutete, die den Zusammenhang von allem mit allem behaupten, sind eben das – Interpretationen, die aus der Quantenmechanik selbst nicht folgen. Sie sind, juristisch gesprochen, die *weitestgehenden* Interpretationen der Seltsamkeiten, mit denen uns die Quantenmechanik konfrontiert. Auf jeden Fall gibt es weite Bereiche, auf die sich die quantenmechanischen Verbandelungen nicht spürbar auswirken.

Realität von Objekten und Gesetzen

Unser Thema ist die Realität physikalischer Naturgesetze *auf ihrer Ebene*. Woher die Gesetze kommen, und ob es letztlich überhaupt Naturgesetze gibt, kann offenbleiben. Naturgesetze stellen Verknüpfungen zwischen Basissätzen her, die überprüft werden und selbst als Basissätze ausgesprochen werden können: Wenn der-und-der Basissatz zutrifft, dann jener-und-jener. Real sind die Gesetze, weil und insofern diese Konsequenzen experimentell überprüfbar sind. Am härtesten und klarsten tritt die Realität der Naturgesetze zu Tage, wenn die Natur zu einem vermuteten Gesetz *nein* sagt. Jeder Physiker wird wohl Steven Weinberg zustimmen, wenn er schreibt, daß für ihn die Naturgesetze genauso real seien wie Stühle. Keiner, der Erfahrungen mit der unnachgiebigen Realität von Naturgesetzen gesammelt hat, wird der postmodernen These zustimmen, daß die Naturgesetze, mit denen er sich herumschlägt, nur von den jeweiligen Moden abhängige gesellschaftliche Konventionen seien.

Wie aber steht es um die Realität der Objekte, von denen die Naturgesetze sprechen? Zunächst die Basissätze. Sie fassen, wie bereits gesagt, Sinnesdaten zusammen und bedürfen keiner Interpretation. Aber wie die eigentliche Theorie, die gesetzmäßige Zusammenhänge zwischen Basissätzen herstellt, bilden sie bereits für sich allein ein komplexes System von Aussagen über die Wirklichkeit, das ohne Unterlaß überprüft wird und nur als Ganzes sinnvoll ist. Gewicht gewinnen die Basissätze durch ihre Fülle und Redundanz, die gegenseitige Kontrolle erzwingen. Vor allem die vielfachen Möglichkeiten, bei der Anwendung des Systems der Basissätze auf Widersprüche zu stoßen, ohne daß einer auftritt, läßt darauf schließen, daß sie eine reale Außenwelt abbilden.

Auch die Gesetze einer erfolgreichen, trotz zahlreicher Widerlegungsversuche nicht widerlegten Theorie sind Ausdruck einer in der Außenwelt bestehenden Realität. Das bedeutet für sich allein aber nicht, daß den Begriffen, die in den Theorien auftreten, Objekte entsprechen, die in einem landläufigen Sinn existieren. Physikalische Theorien enthalten eine Fülle von Begriffen, die nicht durch Basissätze definiert werden können. Die Forderung, die zum Beispiel um 1900 der österreichische Physiker und Essayist Ernst Mach, den viele als Namensgeber einer Geschwindigkeitseinheit kennen und der übrigens auch Doktorvater von Robert Musil war, seinem Wiener Kollegen, dem österreichischem Physiker und Vertreter der Atomhypothese Ludwig Boltzmann gegenüber aufgestellt hat, daß alle Begriffe physikalischer Theorien durch Basissätze definiert werden müßten, hat die Physik längst aufgegeben. »Ham se welche gesehen?« war die Frage, mit der Mach Vertretern der Atomhypothese gegenübertrat. Heute könnten wir ihm antworten, daß in der Tat manche Physiker einzelne Atome gesehen haben. Andere Experimente zeigen aber, daß Atome trotzdem keine kleinen Planetensysteme sind – es ist unmöglich, die Summe ihrer Eigenschaften Objekten zuzuschreiben, von denen Basissätze sprechen können.

Die Realität der Begriffe einer Theorie, die nicht durch Basissätze explizit definiert werden können, besteht darin, daß mit ihrer Hilfe Zusammenhänge zwischen Basissätzen abgeleitet werden können, die *ohne sie nicht folgen*. Die technischen Details von Untersuchungen darüber, welche Begriffe einer experimentell überprüfbaren Theorie tatsächlich erforderlich sind, um Zusammenhänge zwischen Basissätzen zu gewinnen, sind kompliziert und gehören nicht hierher. Die wirklich wichtige Frage ist die nach der Überprüfbarkeit einer Theorie insgesamt. Zu jeder erfolgreichen Theorie können ohne Minderung ihres Erfolges Annahmen und Begriffe hinzugefügt werden, welche die Menge der beweisbaren Basissätze nicht erweitern. So konnte Isaac Newton, der wie bereits Thomas Mann und Albert Einstein den Lesern dieses Buches nicht vorgestellt werden muß, zu seiner eigentlichen, experimentell überprüfbaren Mechanik den Begriff eines Absoluten Raumes hinzunehmen, der innerhalb ihrer nicht definiert werden kann und in keinen Beweis eines Basissatzes eingeht. Zur Illustration der Methode können wir weiterhin annehmen, die Planeten seien beseelt, und bei ihren Umläufen erklänge unhörbare Sphärenmusik. Weil und insofern aus ihnen keine Basissätze folgen, richten derartige Zutaten keinen Schaden an. Sie könnten, ohne daß die Theorie an Kraft verlöre, eliminiert werden, müssen das aber nicht. Bereits das Beispiel der Newtonschen Mechanik in Newtons eigener Formulierung zeigt, daß es kein allzu großes Unglück ist, wenn eine Theorie Teile enthält, die weder durch andere Teile definiert werden können, noch in dem Sinn erforderlich sind, daß mit ihnen mehr Basissätze abgeleitet werden können als ohne sie. Den Abscheu terminaler Positivisten vor jedem Fitzelchen Metaphysik teile ich jedenfalls nicht.

Die harte und klare Realität der Naturgesetze wird dadurch nicht beschädigt, daß es schwer bis unmöglich sein kann, den Begriffen, die in ihnen auftreten, real existierende Objekte zuzuweisen. Selbstverständlich – Naturgesetze werden von Menschen entdeckt, so daß der Prozeß der Entdeckung denselben Unwägbarkeiten und gesellschaftlichen Bedingungen unterliegt wie alle anderen Wechselwirkungen zwischen Menschen. Aber hier geht es nicht um den Prozeß, durch den Physiker zu ihren Gesetzen gelangen, sondern um die Gesetze selbst. Es geht auch nicht um den Wettbewerb um die Plätze an den teuren Apparaten, durch die allein heute die fundamentalen Naturgesetze überprüft werden können. Das alles ist Moden unterworfen, von denen aber die Naturgesetze selbst unabhängig sind. Ob wir es wissen oder nicht – im luftleeren Raum brauchen alle Körper für dieselbe Fallstrecke dieselbe Zeit. Unwichtig für diese überprüfbare These ist auch, wie der italienische Physiker und Erneuerer der Naturwissenschaften am Beginn der Wissenschaftlichen Revolution des 16. und 17. Jahrhunderts Galileo Galilei darauf gekommen ist, daß es so sein müsse; das ist seine – möglicherweise unordentliche – Privatsache. Wehren müssen sich die Physiker vor allem dagegen, daß im öffentlichen Bewußtsein, das ja immer noch mehr durch die literarisch-philosophisch-theologische Kultur geprägt ist als durch die naturwissenschaftliche, sich die Vorstellung ausbreitet, die physikalische Forschung ergäbe Naturgesetze, die von Moden abhängen und sich mit den wechselnden Meinungen der Gesellschaft ändern. Wobei zuzugeben ist, daß der Prozeß, durch den die Physiker zu ihren Gesetzen gelangen, von Moden, Meinungen und Machtverhältnissen abhängen kann – die Gesetze selbst aber sind davon unabhängig. Sie besitzen eine Realität, die darin begründet ist, daß die Natur zu ihnen *nein* sagen kann.

Die Welt kann verstanden werden

Wenn es jemals, wie von dem englischen Schriftsteller Sir Charles Percy Snow in seinem einflußreichen Buch »Die zwei Kulturen« aus dem Jahr 1959 angemahnt, eine einheitliche, die literarisch-philosophisch-theologische und die naturwissenschaftliche zusammenfassende Kultur geben sollte, wäre die Überzeugung von der Realität der Naturgesetze der wohl wichtigste Beitrag der Naturwissenschaften zu ihr. Weniger technisch gesprochen geht es um die Einsicht, daß die Welt verstanden werden kann. Sie fordert dazu auf, die Welt tatsächlich zu verstehen. Im Wechselspiel halten Erfolge dieser Bemühung die Überzeugung von der Verstehbarkeit aufrecht und stärken sie. Offenbarung, Mythologie oder Überlieferung sind für den von der Verstehbarkeit der Welt Überzeugten keine Erkenntnisquellen. Die Realität, die in den Naturgesetzen zu Tage tritt, ist eine Eigenschaft der Außenwelt; keinesfalls ist es der Geist, der der Welt vorschreibt, welche Gesetze in ihr bestehen sollen.

Den Gedanken, daß die Welt verstanden werden kann, haben die griechischen Philosophen vor Sokrates in die bis dahin mythologisch geprägte Kultur des Abendlandes eingebracht. Sie haben dadurch die naturwissenschaftliche Kultur begründet – nicht als Weiterentwicklung der alten, sondern als revolutionäre zusätzliche Neugründung. Hoffnung auf eine einheitliche Kultur machen heute sich fortentwickelnde Dialoge zwischen Geistes- und Naturwissenschaftlern auf der Grundlage der gemeinsamen Einsicht, daß es – wie der Kosmologe Paul Davies formuliert hat – eine »reale Außenwelt gibt, die gewisse Regelmäßigkeiten aufweist. Diese Regelmäßigkeiten können zumindest teilweise durch die wissenschaftliche Methode rationaler Untersuchung verstanden werden. Die Resultate der Wissenschaft geben, wenn auch nur unvollkommen, Aspekte der Realität wieder. Folglich sind die Regelmäßigkeiten *wirkliche* Eigenschaften des physikalischen Universums und nicht nur menschliche Erfindungen oder Illusionen.« In der geisteswissenschaftlichen Tradition begründete Überlegungen wie die Poppers tragen zur Klärung von Fragen wesentlich bei, vor die uns die Naturgesetze stellen. Neue und neueste physikalische Entwicklungen haben Diskussionen über die Interpretation der Quantenmechanik erzwungen, zu denen Natur- und Geisteswissenschaftler vergleichbar wichtige Beiträge liefern. Fruchtbare Dialoge zwischen Vertretern der beiden Kulturen im Sinne Snows haben sich über Fragen entwickelt, die emergente Eigenschaften von Systemen betreffen und durch Schlagworte wie Leben, Bewußtsein, Strukturbildung und Chaos gekennzeichnet werden können. Nach meiner Überzeugung ist die wichtigste gemeinsame Grundlage dieser und anderer Bemühungen von Vertretern der traditionell verschiedenen Kulturen die Überzeugung, daß die Welt verstanden werden kann.

2 Perioden und Gesetze

Im Jahr 1887 ist posthum das Buch *Canon der Finsternisse* des österreichischen Astronomen und Geodäten Hofrath Theodor Ritter von Oppolzer erschienen. Eine Karte des Buches (Abb. 2.1) zeigt unter anderem den Weg, den der etwa einhundert Kilometer breite Kernschatten der totalen Sonnenfinsternis vom 11. August 1999 über die Erdoberfläche genommen hat. Tatsächlich enthält Oppolzers Buch die Daten aller 8000 Sonnen- und 5200 Mondfinsternisse, die sich zwischen 1208 v. Chr. und 2161 n. Chr. ereignet haben bzw. ereignen werden. Wie konnte er sie kennen?

Durch Berechnungen, die er mit großer Genauigkeit durchführen lassen konnte, weil ihm viererlei bekannt war. Erstens kennt die Physik (und kannte Oppolzer) seit Newtons bahnbrechendem Werk *Mathematische Prinzipien der Naturlehre* aus dem Jahr 1686 die Naturgesetze für die Bewegungen von Himmelskörpern und deren Konsequenzen sehr genau. Kleine Korrekturen, die für die Berechnung von Finsternissen auf der Erde aber irrelevant sind, folgen aus der Allgemeinen Relativitätstheorie Einsteins. Um Naturgesetze wie die Newtons anwenden zu können, muß zweitens selbstverständlich das zu betrachtende System bekannt sein; in Oppolzers Fall war dies das Sonnensystem. Ist das System bekannt, erlauben die Naturgesetze die Berechnung seines Verhaltens im Laufe der Zeit aus – drittens – der Kenntnis seines Zustands in einem Augenblick. Weil er dies alles kannte, konnte Oppolzer berechnen lassen, wann der Mond zwischen Sonne und Erde getreten ist und treten wird – wann, anders gesagt, eine Sonnenfinsternis *irgendwo auf der Erde* aufgetreten ist oder auftreten wird (Abb. 2.2a). Um aber sagen zu können, *wo* auf Erden sie zu sehen war oder zu sehen sein wird, mußte er außerdem wissen, wie schnell sich die Erde in der Vergangenheit gedreht hat, bzw. sich wahrscheinlich in der Zukunft drehen wird. Diese vielleicht überraschende Frage – ist nicht ein Tag ein Tag? – wird in Kapitel 6 eine kleine Rolle spielen. Für Mondfinsternisse gilt analog das gleiche: Der Schatten der Erde fällt auf den Mond und bedeckt ihn bei einer totalen Mondfinsternis (Abb. 2.2b). Weil aber der Schatten des Mondes bei einer Sonnenfinsternis auf der Erde lediglich einen schmalen, von West nach Ost wandernden Streifen bildet, kann sie nur von jenen beobachtet

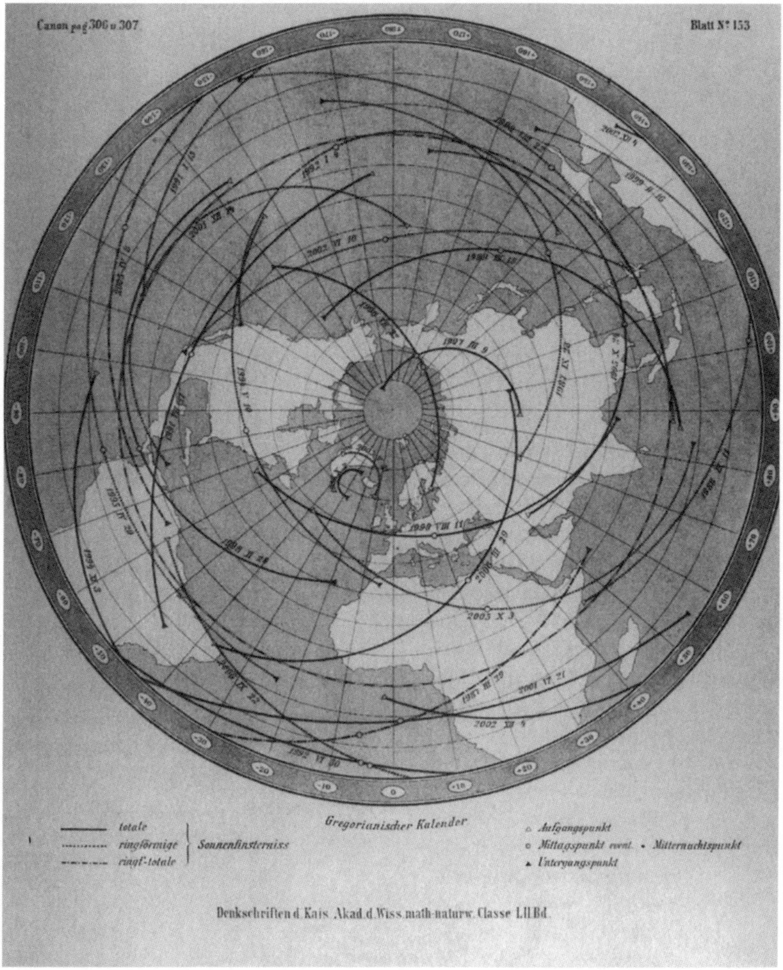

Abbildung 2.1: Die im Jahr 1887 von Oppolzer veröffentlichte Abbildung zeigt unter anderem mit großer Genauigkeit die Bahn des Kernschattens der Sonnenfinsternis vom 11. August 1999 vom Nordatlantik bis zum Golf von Bengalen.

2.2a)

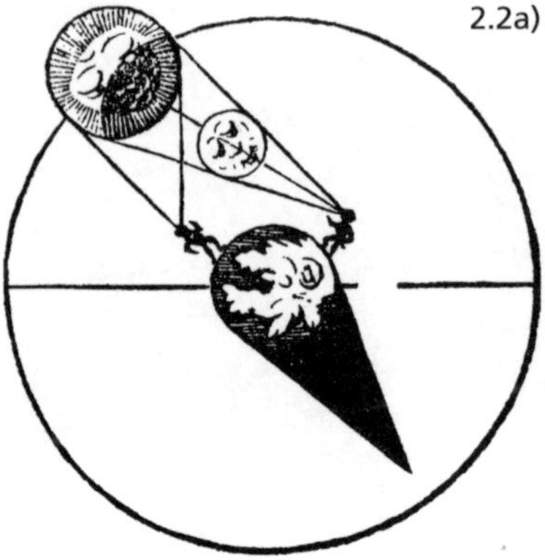

2.2b)

Abbildung 2.2: Beide Abbildungen sind praktisch gleichzeitig entstanden. Der Wittenberger Sacrobosco-Druck von 1545 (Abb. 2.2a) stellt Zustandekommen und Sichtbar- bzw. Unsichtbarkeit von Sonnenfinsternissen höchst eindrücklich dar. Die Entstehung von Mondfinsternissen und die Tatsache, daß alle, die sich zur Zeit der Finsternis auf der »richtigen« Erdhälfte aufhalten, die Mondfinsternis beobachten können, illustriert die aus Abraham bar Chija, *Sphaera mundi,* Basel 1546, stammende Abb. b. Die Abbildungen und die Informationen über ihren Ursprung habe ich der *Geschichte der Astronomie* von Jürgen Hamel entnommen.

werden, die sich in dem Streifen befinden. Hingegen werden alle die Verdunkelung des Mondes bei einer Mondfinsternis bemerken, die ihn als Vollmond sehen würden, wäre er denn sichtbar – alle also auf der »richtigen« Erdhälfte.

Vorstellungen und Vorhersagen der Babylonier

Jetzt soll es darum gehen, daß bereits die Babylonier um 600 v. Chr. recht genau das Auftreten einer Sonnenfinsternis vorhersagen konnten. Dabei wußten sie überhaupt nicht, wie das Sonnensystem beschaffen ist. Zum Beispiel dachten sie, daß der Mond selbsttätig leuchtet, sein Licht also nicht, wie es tatsächlich ist, von der Sonne empfängt. Die Himmelskörper sahen sie für die Himmelskugel bewohnende Götter an. Trotzdem konnten sie einigermaßen genau vorhersagen, wann nach einer Sonnenfinsternis wieder eine mit vergleichbarem Charakter auftreten werde. Aber wie, wenn ihre Vorstellungen von Sonne, Mond, Planeten, Sternen und Erde doch abenteuerlich falsch waren?

Sie konnten es vorhersagen, weil die Vorgänge im Sonnensystem periodisch sind. Aus diesem Grund können wir alle unabhängig von jeder Kenntnis des Warum das Auftreten von Tag und Nacht sowie von Frühling, Sommer, Herbst und Winter vorherwissen. Die Babylonier kannten den »Saros-Zyklus« der Sonnenfinsternisse, laut dem jeweils 6585 Tage und 1/3 Tag nach einer Sonnenfinsternis wieder eine ähnliche auftreten wird.

Die Daten der sichtbaren Bewegungen ihrer Götter in der Himmelskugel haben die Babylonier aufgezeichnet, und es sind die Periodizitäten dieser Daten, die es ihnen erlaubt haben, Vorhersagen zu machen. Thales von Milet (625–547 v. Chr.), der wohl früheste altgriechische Philosoph, hatte – so wird vermutet – Zugang zu den Tabellen der Babylonier und konnte dadurch die Sonnenfinsternis von 585 v. Chr. vorhersagen. Das hat großen Eindruck gemacht; die genauen Orte, von denen aus die Sonnenfinsternis zu sehen sein werde, konnte er zwar nicht kennen, aber sie war – für ihn glücklicherweise – dort zu sehen, wo eine Schlacht zwischen den Lydern und Medern stattfand. Diesen Erfolg des Thales hat der griechische Geschichtsschreiber Herodot (490 bis etwa 430 v. Chr.) so beschrieben: »Als die Lydier und Meder mit gleichem Erfolg gegeneinander Krieg führten, geschah es im sechsten Jahr, während sich ein Zusammenstoß ereignete und die Schlacht entbrannt war, daß der Tag plötzlich zur Nacht wurde. Diese Verwandlung des Tages hatte Thales aus Milet den Ioniern mit Bestimmtheit vorausgesagt, und zwar hatte er als Termin eben das Jahr angegeben, in dem dann die Verwandlung auch tatsächlich sich ereignete.«

▷ *Zwischenfrage:* Periodizitäten erlauben also Vorhersagen ohne Verständnis?

▷ *Zwischenantwort:* Und ohne jede Berechtigung, das Wörtchen »weil« zu verwenden! Wird es etwa Tag, »weil« zuvor Nacht war? Immer folgt der Tag auf die Nacht, aber die Nacht ist in keinem Sinn der »Grund« des Tages. Natürlich kennen wir sowohl den Grund des Tages als auch den der Nacht: Tag und Nacht folgen einander aus einem *gemeinsamen* Grund – nämlich der Drehung der Erde. Weil wir *verstehen*, warum bisher immer Tage und Nächte einander gefolgt sind, und weil es mit diesem Verständnis unvereinbar wäre, wenn sich dies ohne äußeren Grund ändern würde, haben wir gutes Recht zu der Erwartung, daß auch in Zukunft auf jede Nacht ein Tag folgen wird. Unsere besten naturwissenschaftlichen Theorien liefern die jeweils bestmöglichen Erklärungen für Abläufe, und wenn aus diesen Erklärungen Vorhersagen über die Zukunft folgen, haben wir das bestmögliche Recht zu der Erwartung, daß diese Vorhersagen eintreffen werden. Mumpitz wäre es, allein aus früheren Periodizitäten auf zukünftige zu schließen – denken Sie nur an Russels Huhn. Ohne *Verständnis* kann es kein berechtigtes »weil« geben. Manchen Krankheiten gegenüber befinden sich die Mediziner im Zustand der Babylonier gegenüber den Bewegungen der Himmelskörper: Den weiteren Ablauf einer solchen Krankheit können sie als sozusagen über Einzelfälle verteilte Periodizität vorhersagen, nicht aber, ob der vorhergehende Zustand den nachfolgenden bewirkt, oder ob beide mitsamt ihrer Reihenfolge auf einer einzigen, tieferliegenden Bedingung beruhen. Die tatsächlichen Mechanismen solcher von ihnen beobachteten Krankheiten kennen sie nicht, sondern nur deren Erscheinungsformen. Periodizitäten wie die regelmäßige Abfolge von Tag und Nacht sind für Naturwissenschaftler dasjenige, was für Mediziner die Symptome sind. Ohne Einsicht in die Gründe der Symptome und Verständnis ihrer Zusammenhänge kann es keine verläßlichen Vorhersagen geben. Mit ihnen schon; die besten jedenfalls, die überhaupt möglich sind.

▷ *Zwischenfrage:* Also Reduktionismus pur?

▷ *Zwischenantwort:* Nicht unbedingt. Natürlich sind reduktionistische Erklärungen die besten, die es geben kann. Aber Erklärungen auf abgeschlossenen Ebenen – Ebenen der Beschreibung, wie ich sie genannt habe – sind ebenfalls möglich, und auch sie ermöglichen vertrauenswürdige Vorhersagen durch Einsicht und Verständnis. Theorien, die eine solche Form des Verständnisses ermöglichen, heißen in der Physik »phänomenologische« Theorien. Die Lehre von der Wärme gehört hierher; aber nicht nur sie. Eine dritte Form des Verständnisses ermöglichen Systeme, bei denen im Gegensatz hierzu alles von allem abhängt, so daß *keine* Ebenen der Beschreibung abgegrenzt werden können. Das aber so, daß das jeweilige System in dem Sinn *selbstähnlich* ist, daß auf allen seinen Ebenen *dieselben* Gesetze gelten. Kennt man die Gesetze für ein Stückchen eines solchen Systems, kennt man sie dadurch ganz. Die Gesetze für turbulent fließende Ströme sind von dieser Art: Ist Wasser einen Wasserfall hinabgestürzt, haben sich in ihm winzige Wirbel gebildet, die zusammen kleine Wirbel bilden, die wieder mittlere, und so weiter. Alle genügen denselben Gesetzen; das Große entsteht durch Vergrößern des Kleinen! Und auch die berühmte Kochkurve (Abb. 2.3), Urbild aller Fraktale, ist selbstähnlich: Sie entsteht durch Vergrößern eines beliebig kleinen Teiles ihrer selbst.

Wir wissen heute, worauf die Zyklen der Sonnen- und auch Mondfinsternisse beruhen, und es soll weiter unten dargestellt werden. Die Babylonier wußten es nicht. Es hat sie wohl nicht interessiert. Aus ihren Vorstellungen von den Sternbildern und Himmelskörpern als Götter, denen der Obergott Marduk ihre Bahnen am Erdenhimmel und wie sie sie zu durchlaufen haben zugewiesen hatte, konnten sie es sowieso nicht ableiten. Ihre Sache waren die Periodizitäten der Bewegungen am Himmel, und diese waren ihnen so wichtig, daß sie sie sogar in ihren sonst recht blutrünstigen Schöpfungsmythos *Enuma Elisch* aufgenommen haben. Nach der Beschreibung, wie Marduk die Aufrührerin Tiamat erschlagen hat –

Und jetzt schoß er den Pfeil ab, zerspaltete ihr den Bauch,
Ihr Inneres zerschnitt er, zerriß ihr den Leib.
Als er sie so bezwungen, tilgte er ihr Leben aus.
Ihren Leichnam warf er zu Boden, sich darauf zu stellen.

Abbildung 2.3: Um die Kochkurve zu konstruieren, beginne man mit einer beliebigen Strecke a und unterteile sie in drei gleich lange Strecken. Auf der mittleren errichte man ein gleichseitiges Dreieck; die untere Seite hat ihren Dienst getan und wird ausradiert. So entsteht b. Als nächsten Konstruktionsschritt wende man dieselbe Prozedur auf die vier Strecken dieser Abbildung an; das Resultat ist c. Und so weiter. Aus Vergnügen an der so entstehenden Gestalt wurde in d die Konstruktion der Kochkurve um drei Schritte weiter getrieben. Die Kochkurve selbst ist das monströse Gebilde, das nach unendlich vielen Konstruktionsschritten entsteht.

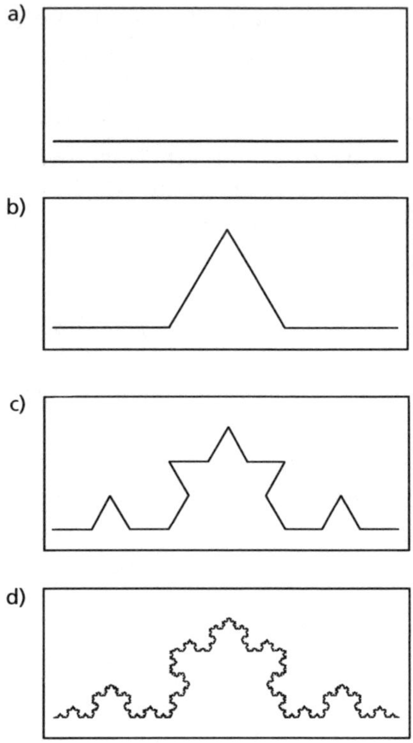

– wendet sich das Gedicht Marduks Konstruktion des Himmels aus Tiamats Leichnam zu und seinen Anweisungen an die Himmelsgötter, wie sie sich zu benehmen haben:

> Er schuf einen Standort für die großen Götter,
> Sternbilder, ihr Ebenbild, die Lumaschi-Sterne, stellte er auf.
> Er bestimmte das Jahr, teilte Abschnitte ab,
> Für zwölf Monate stellte er je drei Sterne auf. Nachdem er die Tage des Jahres eingezeichnet hatte,
> Begründete er den Standort des Nebiru, den Pol des Weltalls, um eine Bahn für sie zu bezeichnen,
> Damit keiner abweicht, keiner sich irrt.
> Parallel dazu zog er die Orte Enlis und Eas.
> Er öffnete Tore durch Tiamats Rippen im Osten und Westen,
> Feste Riegel machte er links und rechts,

In Tiamats Mitte setzte er die Himmelshöhe.
Den Nannar [Mondgott] ließ er erglänzen, vertraute ihm die Nacht an.
Er bestimmte ihn zu einem Nachtschmuck, die Zeit zu bestimmen.
Jeden Monat den Kreis des schwellenden, schwindendes Lichts zu beschreiben.
»Neumond, du Leuchte über dem Land,
Sechs Tage glänze mit Hörnern,
Am siebten Tag mach die Scheibe halb, und wachse noch weiter.
Am Schabattu-Tage stehe gegenüber der Sonne, und so teilst du den Monat von Vollmond zu Vollmond.
Dann schwinde zurück, im abnehmenden dritten Viertel,
Bis drunten am Horizont die Sonne dich erreicht.
Am bulbullu-Tag nähere dich der Sonnenbahn,
Bis deren Schatten über dir liegt.« Dunkel ist dann der Mond.
Am 30. Tag beginnt der Kreislauf aufs neue.
Und so folgt der eine dem andern, unaufhörlich.

Wenn ich die Experten richtig verstehe, haben die Babylonier die mehr als achtzehnjährige Saros-Periode der Sonnen- und auch Mondfinsternisse von 6585 und 1/3 Tagen zwar möglicherweise durch entsprechend lange Beobachtungen entdeckt, wußten aber auch, daß sie nur zwei der ihnen vermutlich bekannten Periodizitäten zu kombinieren brauchten, um bei dem Saros-Zyklus anzukommen. Zur Erklärung greife ich dem Gang meiner Geschichte vor und erinnere die Leser daran, daß Sonnenfinsternisse dadurch entstehen, daß der Schatten des Sonnenlichts, den der Mond sowieso wirft, auf die Erde fällt: Das Sonnenauge zielt sozusagen über den Mond als Kimme auf die Erde (Abb. 2.2a). Wie bei dem ordinären Zielen auf eine Schießscheibe müssen auch bei dem Zielen der Sonne durch ihren Mondschatten auf die Erde *zwei* Richtungen stimmen: erstens die waagerechte, damit der Schatten nicht nach rechts oder links daneben trifft, und zweitens die senkrechte, damit dasselbe nicht für oben oder unten gilt. Die Bewegung des Mondes von der Erde aus gesehen kann – wie jede Bewegung am Himmelsgewölbe – in zwei derartige Bewegungen zerlegt werden, die der Himmelskörper gleichzeitig ausführt: eine waagerechte und eine senkrechte. Die Wahl, welche Bewegungsrichtung wir als waagerecht und welche wir als senkrecht bezeichnen wollen, ist uns bei den Bewegungen der Himmelskörper selbstverständlich freigestellt.

Vorab das Mathematische. Gegeben seien zwei Automaten, deren jeder ein Programm abspult, das sich nach einer gewissen Zeit wiederholt – das des ersten Automaten nach jeweils 2 Minuten, das des zweiten nach 3 Minuten. Das Programm *beider Automaten zusammengenommen* wiederholt sich also alle 6 Minuten – das des ersten, weil dann 3 seiner Perioden vergangen sind, und mit 2 statt 3 gilt dasselbe für den zweiten. Nun besitzen die beiden Bewegungen des Mondes nach »rechts-links« sowie nach »oben-unten« jede für sich eine höchst genau Periodizität – die nach »rechts-links« die des Mondmonats zwischen dunklem Mond und abermals dunklem von 29,530588 Tagen, und die nach »oben-unten« zwischen zwei Durchgängen in dieselbe Richtung durch die Ebene der Bewegung der Erde um die Sonne – die Ekliptik – von 27,21222 Tagen. Der Mond verfinstert die Sonne, wenn *beides gleichzeitig* auftritt, denn dann steht er – so wissen wir heute – als Schattenspender auf einer geraden Verbindungslinie von Sonne und Erde. Damit also nach einer Sonnenfinsternis wieder eine auftritt, die auf diesen Periodizitäten beruht, muß sowohl eine ganze Anzahl von Perioden der Dauer von 29,530588 als auch von 27,21222 Tagen vergangen sein, und das ist zusammen zum erstenmal nach 223 längeren und 242 kürzeren Perioden der Fall. Das ergibt insgesamt mit hinreichender Genauigkeit die bereits erwähnten 6585 und 1/3 Tage, denn 223x29,530588=6585,321 und 242x27,21222= 6585,357, gerechnet in Tagen als Einheit.

▷ *Zwischenfrage:* Verstehe ich richtig, daß es Ihnen in diesem Buch vor allem um die Realität der Naturgesetze geht – verglichen, zum Beispiel, mit der Realität der Objekte, von denen sie sprechen?

▷ *Zwischenantwort:* Ja.

▷ *Zwischenfrage:* Also soll die Astronomie der Babylonier als extremes Beispiel dienen für eine recht genaue Kenntnis von Naturgesetzen ohne jede Kenntnis der Objekte, für die sie – in diesem Fall – gelten?

▷ *Zwischenantwort:* Ja.

Zwei Realitäten

Bis hin zur Erfindung des Fernrohrs im 16. Jahrhundert dürften alle Himmelskundler durch ihre Sinne von den Himmelskörpern im wesentlichen dieselben Typen von Signalen empfangen haben wie die Babylonier. Sieht man nur auf diese Signale und auf die sie verbindenden Wenn-dann-Aussagen vom Typ »wenn heute eine Sonnenfinsternis, dann in 6585 Tagen und 1/3 Tag wieder eine ähnliche«, kommt man nicht darum herum, zwei Realitäten anzuerkennen: erstens eine durch *Beobachtungssätze* vom Typ »Der Schatten des Stabes ist doppelt so lang wie er selbst« oder »Der Mond ist rund« beschriebene, die alle gerecht und billig Denkenden ohne weiteres verstehen, und zweitens eine der Gesetze, die Zusammenhänge zwischen den Beobachtungssätzen herstellen. Selbstverständlich ist kein Beobachtungssatz sicher und kann kein Zusammenhang bewiesen werden. Aussagen über die Natur können sich nur bewähren, aber sie müssen es auch, und *das* ist nicht wenig, sondern viel verlangt. Wir Kinder einer Evolution, die jene bevorzugt hat, die aufrecht gehen und Würfen ausweichen sowie Würfe vollbringen konnten und ein Gehirn besaßen (und besitzen), das Konsequenzen von Handlungen abwägen kann, begegnen auf unserer Ebene wieder und wieder beiden Realitäten, die uns geprägt haben.

BINGO

Wenn Einigkeit über gewisse Eindrücke und deren Beschreibung durch Beobachtungssätze besteht, und zwischen diesen Sätzen zugleich überprüfbare und sich bei Überprüfung bewährende gesetzmäßige Zusammenhänge behauptet werden, stehen wir einer Konstellation gegenüber, für die es keine Bezeichnung gibt und die ich BINGO nennen will. Jedes BINGO umfaßt also zwei Realitäten – erstens die durch Beobachtungssätze beschriebene, und zweitens die der Gesetze, die, wie dargestellt, über die zuerst genannte Realität behauptet werden können.

Diese beiden Formen der Realität, die das Sammeln und Nutzen von Information ermöglichen, haben uns in der Evolution geprägt und sind die Markenzeichen erfolgreicher naturwissenschaftlicher

Theorien. Offensichtlich kommt Darwins Evolutionslehre das Prädikat BINGO zu, aber nicht nur ihr, sondern auch den Standardmodellen der Elementarteilchentheorie und der Kosmologie sowie der Allgemeinen Relativitätstheorie; der Speziellen sowieso. Von den – fast möchte ich sagen – zahllosen Beispielen, die sich auflisten ließen, werden wir einige im Verlauf des Buches kennenlernen. Ein jedes BINGO kann sich natürlich nur auf einen beschränkten und abgrenzbaren Erfahrungsbereich beziehen – bisher leider nicht zugleich auf das ganz Große und das ganz Kleine, deren Verständnis eine Vereinigung von Quantenmechanik und Allgemeiner Relativitätstheorie erfordert. BINGO kann auch nicht wegen einzelner Signale ausgerufen werden, sondern nur auf Grund einer Bewährung – einer Bewährung in einem Meer von Erscheinungen, die alle anders sein könnten als das jeweilige BINGO voraussetzt bzw. impliziert. Betrifft ein BINGO eine sowohl umfassende, als auch Einzelheiten vorhersagende Theorie – die Standardmodelle, eine der beiden Relativitätstheorien Einsteins, oder auch moderne Varianten von Darwins Evolutionslehre –, so muß sich diese Theorie weniger an Hinweisen auf sie als an ihren Erfolgen bei Erklärungen und Vorhersagen messen lassen. Dasselbe gilt verstärkt für Mißerfolge. So hat ein Geisterfahrer auf der Autobahn zwar den Verkehrszeichen nicht entnommen, daß er nicht hätte weiterfahren sollen, aber die Widerstände während der Fahrt zeigen es ihm überdeutlich.

Zu den beiden Realitäten eines jeden BINGO kann eine dritte, höchst fragile hinzukommen: die von Objekten, die den Begriffen entsprechen sollen, die in der Theorie auftreten, welche die unterstellten Zusammenhänge von Beobachtungssätzen abzuleiten gestattet. Und zwar ohne daß es möglich wäre, die fraglichen Begriffe durch Basissätze explizit zu definieren. Raum, Elektron und Potential sind Beispiele für solche Begriffe. Auf sie komme ich zurück.

Es soll in diesem Buch nicht darum gehen, wie Theorien sich in Köpfen bilden, sondern um ihren Status nach ihrer Formulierung und Erprobung. Mich interessiert, was eine Theorie leistet, was sie erklärt. Erklärung ist die vornehmste Aufgabe von Theorien. Daß es so ist, wie eine Theorie sagt, muß überprüfbar – genauer: widerlegbar – sein. Die Entstehung einer Theorie ist oft genug die unordentliche Privatsache eines Forschers. Darüber gibt es reizvolle Berichte, die aber zur Erhellung der Frage nach dem Status des Erreichten nichts beizutragen vermögen. So soll Newton bei der Ruhe unter einem Baum ein Apfel auf den Kopf gefallen sein und ihm dadurch die Idee der universellen Schwerkraft eingegeben haben – wie der Apfel, so der Mond. Wobei er selbst auf die Frage, wodurch er auf seine Theorie gekommen sei, geantwortet hat: »Dadurch, daß ich ohne Unterlaß über sie nachgedacht habe.« Dem Entdecker der chemischen Strukturformel des Benzols, Friedrich August Kekulé, ist diese wohl tatsächlich zuerst im Traum erschienen. Von psychologischem Interesse abgesehen, ist es also offenbar ohne Belang, wie Forscher auf ihre Theorien kommen. Karl R. Popper hat es so gesagt: »Die Frage nach dem Ursprung einer Theorie, wie sie zustande kam – ob durch einen ›induktiven Vorgang‹, wie manche sagen, oder durch Intuition –, mag höchst interessant sein, besonders für den Biographen des Erfinders dieser Theorie, sie hat aber kaum eine Bedeutung für ihren wissenschaftlichen Stellenwert oder Charakter.« Und dann noch dies: »Zur Erweiterung unseres Wissens [...], selbstverständlich des Vermutungswissens oder des hypothetischen Wissens [...], gibt es keinen Weg, der sich von Beobachtung und Experiment herleitet. Beobachtung und Experiment spielen in der Entwicklung der Wissenschaft lediglich die Rolle von kritischen Argumenten. [... Es] gibt im großen und ganzen nur zwei Bedingungen, die eine Theorie einer anderen überlegen machen: Sie erklärt mehr, und sie kann besser geprüft werden – das heißt, sie kann eingehender und kritischer erörtert werden [...]. Es gibt nur ein einziges Kriterium der Rationalität bei unseren Versuchen, die Welt zu erkennen: die kritische Prüfung unserer Theorien. Diese Theorien sind ja selbst nur Vermutung. Wir wissen nicht, wir vermuten nur.« Schlußendlich werden wir fragen, ob in der Natur Prinzipien gelten und welcher Art sie sind – ob mathematischer, logischer oder gar anschaulicher Art, wie sie uns die Evolution eingegeben hat.

Natürliche Ursachen natürlicher Erscheinungen

Götter unterscheiden sich von uns vor allem dadurch, daß sie Dinge tun können, die zu tun uns versagt ist – beliebige, an kein Gesetz gebundene Dinge. Wer sich also, wie die Babylonier, auf Götter als Grund beobachteter Gesetze – »Damit keiner abweicht, keiner sich irrt« – beruft, gibt den Anspruch, daß eine rationale Erklärung möglich sei, von vornherein auf. Dem sind die griechischen Philosophen vor Sokrates nicht gefolgt, sondern sie haben natürliche Ursachen für natürliche Erscheinungen gesucht.

Jetzt aber zurück zu Oppolzer und seinen Berechnungen der Finsternisse. Ihm ging es um die Berechnung von deren Orten und Zeiten, uns dagegen geht es um Finsternisse als ein Beispiel für die Macht und Realität von Naturgesetzen in ihrem Anwendungsgebiet. Schätzt man die gegenseitigen Einflüsse der Himmelskörper durch Newtons Gesetze ab, sieht man sofort, daß Oppolzer sie alle außer Sonne, Mond und Erde bei seinen Berechnungen fortlassen konnte. Diese drei aber bilden ein System, das die Leser dieses Buches genau genug kennen, um das Auftreten einer Sonnen- oder Mondfinsternis zumindest im Prinzip verstehen zu können.

Sonnenfinsternisse, physikalisch

Wir alle wissen, daß die Erde eine sich drehende Kugel ist, die die Sonne umläuft und vom Mond auf einer kleineren Bahn umlaufen wird. Wir wissen auch, daß der Mond nicht selbst leuchtet, sondern zu sehen ist, weil und insofern er von der Sonne beschienen wird. Im allereinfachsten Modell, das Korrekturen wird hinnehmen müssen, verläuft die Bewegung des Mondes um die Erde in derselben Ebene wie die der Erde um die Sonne, und steht die Drehachse der Erde senkrecht auf dieser Ebene. Dann wird der Mond wieder und wieder zwischen die Sonne und die Erde treten; und genauso tritt die Erde wieder und wieder zwischen Sonne und Mond. Im zweiten Fall verdunkelt der Schatten der Erde den Mond, so daß alle, die sich dann auf der Schattenseite der Erde befinden und deshalb den Mond sehen könnten, würde er denn von der Sonne beschienen, eine Mondfinsternis erleben. Im ersten Fall verdeckt der Mond die Sonne zumindest teilweise in den Gebieten, die auf einer von jenen geraden Linien liegen, die durch die Sonne und den Mond hindurchgehen. Genaugenommen ist auch zu berücksichtigen, daß das Licht von der Sonne bis zur Erde eine gewisse Zeit – etwa 8 Minuten – braucht. Das aber ist ein Detail, um das wir uns nicht kümmern wollen, so daß wir sagen können, daß sich Sonne, Mond und Karlsruhe zwischen dem Eintreten der Sonnenfinsternis vom 11. August 1999 dort um 11:12 bis zu ihrem Ende um 13:55 auf einer geraden Linie befunden haben, mit dem Mond zwischen Sonne und Erde.

Es ist ein grandioser und für die Erforschung der Sonne äußerst nützlicher Zufall, daß der Mond von der Erde aus gesehen die Sonne recht genau überdecken kann. Weil beide Himmelskörper für uns etwa dieselbe Größe besitzen, muß das so sein. Tatsächlich ist die Sonne viel größer als der Mond und auch die Erde. Der Zufall, der das Überdecken ermöglicht und Sonne und Mond am Himmel etwa gleich groß erscheinen läßt, ist, daß die Durchmesser von Sonne und Mond in demselben großen Verhältnis – etwa 400 – stehen wie deren Entfernungen von der Erde. Das bewirkt unter anderem, daß der vollständige »Kern-« Schatten des Mondes auf der Erde in jedem Augenblick nur ein ellipsenförmiger Fleck ist; bei der Sonnenfinsternis von 1999 war er zwischen 49 und 112 Kilometer breit.

Wenn wir von »den Ebenen« sprechen, in denen die Erde sich um die Sonne und der Mond sich um die Erde bewegt, nutzen wir den Sachverhalt, daß das System aus Sonne, Mond und Erde aus zwei Teilsystemen aufgebaut gedacht werden kann – ein System »Sonne und Erde« sowie eins »Erde und Mond« –, von denen sich jedes mit großer Genauigkeit so verhält, als existiere der jeweils dritte Himmelskörper nicht. Ganz genau stimmt das nicht, und das mußte Oppolzer bei seinen Präzisionsrechnungen berücksichtigen. Unser allereinfachstes Modell ermöglicht zwar ein grundsätzliches Verständnis des Auftretens von Finsternissen, macht aber eine Reihe von falschen Vorhersagen. Gälte es exakt, müßte etwa jeden Monat einmal eine Sonnenfinsternis auftreten, und sie dürfte nur in einem engen Streifen um den Äquator herum zu sehen sein. Um zu verstehen, daß das nicht so ist, müssen wir einbeziehen, daß die Ebene, in welcher der Mond die Erde umläuft, nicht genau mit der Ebene der Bahn der Erde – der Ekliptik – übereinstimmt, sondern daß beide Ebenen mit einem Winkel von 5,3 Grad schräg zueinander stehen. Genauso steht die Drehachse der Erde nicht senkrecht auf der Ekliptik, sondern ist um 23,5 Grad geneigt. Also fällt der Mondschatten bei einer Finsternis im allgemeinen nicht auf den Äquator, sondern beschreibt, wie die Abb. 2.1 zeigt, komplizierte Bahnen auf der Erdoberfläche. BINGO.

Von geschichtlich verbürgten Sonnenfinsternissen wissen wir, daß sie bei gleichbleibender Drehgeschwindigkeit der Erde anderswo stattgefunden hätten, als sie stattgefunden haben. Ich habe weiter oben gesagt, daß Oppolzers Berechnungen auf den Naturgesetzen Newtons beruhen. Tatsächlich hat er seine Rechenknechte bereits geläuterte Konsequenzen dieser Naturgesetze benutzen lassen – Aussagen wie die, daß die Bahn der Erde um die Sonne eine Ellipse ist, in deren einem Brennpunkt die Sonne steht. Bereits dies Gesetz und andere Gesetze von derselben Art, die aus Newtons Naturgesetzen folgen, haben es Oppolzer ermöglicht, die Zeiten von Sonnenfinsternissen, die irgendwo auf der Erde beobachtet werden können, zu berechnen.

Notwendigkeit und Kontingenz

Wenn der Leser nun zu dem Schluß gekommen sein sollte, daß zur Berechnung von Sonnen- und Mondfinsternissen statt der Newtonschen Gesetze selbst nur gewisse Konsequenzen dieser Gesetze – unter ihnen zwei der drei nach dem deutschen Astronomen Johannes Kepler benannten »Keplerschen Gesetze« – erforderlich sind, so trifft das zu (Abb. 2.4). Kepler hat seine Gesetze aus astronomischen Beobachtungen gefolgert, sie sozusagen vorgefunden, und hat nach Prinzipien gesucht, aus denen er sie ableiten könnte, hat aber keine angeben können. Trotzdem sind seine Gesetze als Konsequenzen von Naturgesetzen selbst Naturgesetze – anders als die zur Berechnung des Auftretens von Sonnenfinsternissen ebenfalls erforderliche Tatsache, daß die Ebene der Bewegung des Mondes nicht mit der Ekliptik zusammenfällt, sondern den bereits erwähnten Winkel von 5,3 Grad mit ihr bildet. Das ist nicht notwendig so, könnte auch anders sein und wäre anders, wenn bei der Entstehung des Sonnensystems und dann des Systems Erde-Mond andere Verhältnisse geherrscht hätten als tatsächlich geherrscht haben. »Notwendig« heißen ganz allgemein jene Eigenschaften eines physikalischen Systems, die allein und bereits aus den für es geltenden Naturgesetzen folgen; »kontingent« jene, die bei denselben Naturgesetzen auch anders sein könnten.

Wenn es nur um das Sonnensystem geht, können wir heute zwischen Tatsachen, die bereits die Naturgesetze festlegen, und anderen, die auch auf der Geschichte des Systems beruhen, klar unterscheiden. Diese Möglichkeit der Entmischung von Ursachen bildet einen der wichtigsten Erfolge der Naturwissenschaften. Sie ist in ihnen selbst verankert – in dem Unterschied nämlich von Naturgesetzen und An-

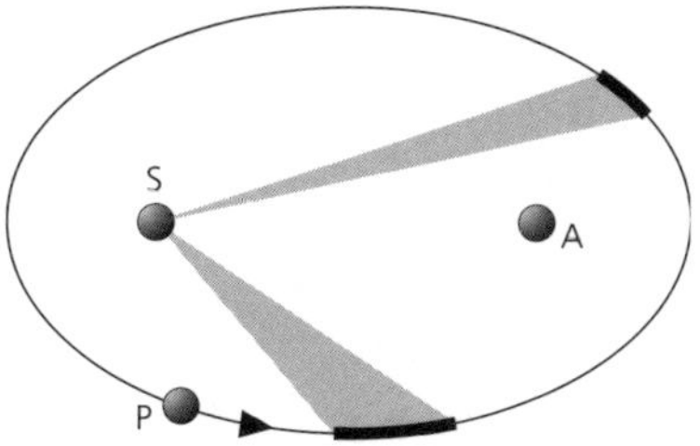

Abbildung 2.4: Das »Erste Keplersche Gesetz« besagt, daß sich die Planeten auf Ellipsen um die Sonne bewegen, in deren einem Brennpunkt die Sonne steht. Zur Erinnerung: Jede Ellipse ist eine ebene Kurve, die zwei Brennpunkte, in unserem Fall der Ort der Sonne und der Punkt A, besitzt. Das »Zweite Keplersche Gesetz« macht eine Aussage über die Geschwindigkeit, mit der ein Planet seine Bahn durchläuft. So nämlich, daß die Verbindungslinie von der Sonne zum Planeten in gleichen Zeiten gleiche Flächen – hier grau unterlegt – überstreicht. Folglich ist er in großer Entfernung von der Sonne langsamer als in ihrer Nähe. Anders als Platon es wollte, ist seine Bahn also erstens keine Kreisbahn, und wird zweitens nicht mit konstanter Geschwindigkeit durchlaufen. Wohl aber mit konstanter *Flächen*geschwindigkeit.

fangsbedingungen. Anfangsbedingungen sind kontingent; Naturgesetze laut ihrer Definition selbstverständlich notwendig. Sie treten zu den rein logischen und mathematischen Aussagen als Schlußregeln hinzu, die nur für das jeweilige System gelten.

Das Pendel als Beispiel

Bevor ich weitergehe und die Anwendung der Begriffe Naturgesetz, System und Zustand auf das Sonnensystem beschreibe, will ich sie durch ein Pendel erläutern. Zunächst das System, also das Pendel selbst. Es handle sich um ein starres Pendel; das ist eine Masse, die durch eine Stange mit einem Aufhängungspunkt verbunden ist (Abb. 2.5). Effekte, die von der Gestalt der Masse, der Luftreibung, der Elastizität der Stange und/oder ähnlichem abhängen, sollen vernachlässigbar klein sein. Dann kann das »System Pendel« durch drei Zahlenwerte – die Anziehungskraft der Erde an seinem Ort, seine Masse und die Länge der Stange – vollständig beschrieben werden. Der »Zustand« des Systems in einem Augenblick benötigt zu seiner Beschreibung zwei Zahlen: die momentane Winkelauslenkung der Pendelstange sowie deren momentane Änderungsgeschwindigkeit, gemessen zum Beispiel in Winkelgraden pro Sekunde. Sind beide als Anfangsbedingung in einem Augenblick bekannt, und wird das Pendel nach

Abbildung 2.5: Die Stange mit der Pendelmasse ist im Schwerefeld der Erde aufgehängt und kann sich um den Aufhängungspunkt ohne Reibungswiderstand in einer vorgegebenen, senkrecht stehenden Ebene beliebig drehen. Verglichen mit der Masse des Pendels soll die Masse der Stange verschwindend klein sein.

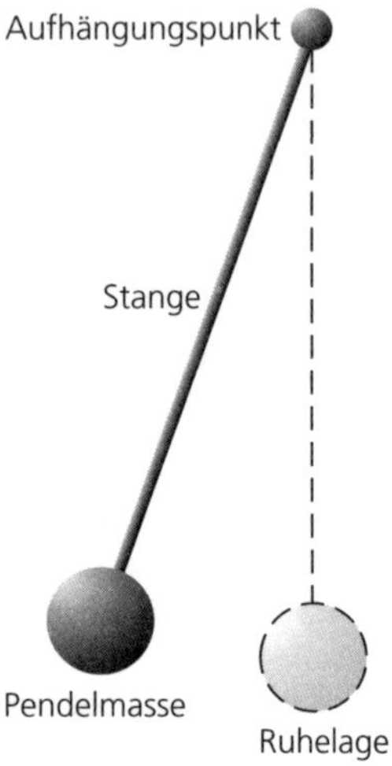

deren Einstellung sich selbst überlassen, kann sein Zustand zu allen späteren Zeiten mit Hilfe der für das Pendel geltenden Naturgesetze berechnet werden: Anfangsbedingung und Naturgesetz legen zusammen das künftige Verhalten des Pendels fest. Während Anfangsbedingungen für sich genommen kontingent sind – es könnten auch andere gewählt werden –, besitzt der Zusammenhang zwischen einer Anfangsbedingung und den späteren Zuständen, die aus ihr folgen, Gesetzescharakter, ist also notwendig. Dies natürlich nur unter Vorgabe des Systems, das verschiedene Zustände annehmen kann - eines Pendels eben auf der Oberfläche der Erde.

Für »Zustand des Pendels zu allen Zeiten« können wir auch »Verhalten des Pendels im Laufe der Zeit« sagen. Wenn es, wie wir angenommen haben, keine Reibung gibt, schwingt das Pendel, einmal in Bewegung gesetzt, bis in alle Ewigkeit. Das In-Bewegung-Setzen des Pendels ist ein Eingriff von außen, der selbstverständlich den für das Pendel geltenden Naturgesetzen nicht genügt. Wenn wir nun aber, statt es in Bewegung zu setzen, ein schwingendes Pendel beobachten, können wir erstens, ohne es merklich zu stören – bei einem Pendel der Quantenmechanik wäre das prinzipiell nicht so! –, seinen augenblicklichen Zustand ermitteln, und zweitens – nun wieder im Einklang mit der Quantenmechanik – aus diesem nicht nur die Abfolge künftiger Zustände berechnen, sondern auch die Abfolge jener, die es bisher durchlaufen hat. Anfangsbedingungen sind, so gesehen, zugleich auch Endbedingungen, auf die durch die Wahl abermals früherer Anfangsbedingungen gezielt werden kann. Folglich kann der Zustand eines Pendels zu allen vergangenen und zukünftigen Zeiten aus seinem Zustand zu einer Zeit berechnet werden; zu allen vergangenen Zeiten natürlich nur dann, wenn es sozusagen als schwingendes Pendel auf die Welt gekommen ist. Für die Zustände, die es durchlaufen wird, gilt Analoges: Bis in alle Ewigkeit gehorcht das Verhalten des Pendels selbstverständlich nur dann den Naturgesetzen, die für es gelten, wenn es – ebenfalls bis in alle Ewigkeit – keinen Eingriff von außen erleiden wird.

Anschaulich klar ist, daß die Kenntnis der Auslenkung des Pendels in einem Augenblick nicht ausreicht, um dessen zukünftiges oder vergangenes Verhalten festzulegen; die Geschwindigkeit der Änderung der Auslenkung muß zumindest hinzukommen. Wenn nämlich ein Szenenfoto von der Bewegung des Pendels dieses in der Ruhelage, also senkrecht herabhängend, zeigt, kann es sowohl in der Ruhelage ruhen, als auch durch sie hindurchschwingen. Davon, was jeweils der Fall ist, hängt das Verhalten des Pendels sowohl vorher als auch nachher entscheidend ab. Daß aber zur Berechnung dieses Verhaltens aus den Naturgesetzen die Auslenkung und die Geschwindigkeit ihrer Änderung ausreichen, zum Beispiel also die Beschleunigung nicht hinzugenommen werden muß, ist gar nicht selbstverständlich. Daß es so ist, daß nämlich die Beschleunigung durch die Naturgesetze und die Parameter »Lage(n)« und »Geschwindigkeit(en)« des Zustands eines Systems festgelegt wird, ist eine der grundlegenden Annahmen aller Naturgesetze Newtonscher Prägung, und damit eines der in seinem Bereich am besten getesteten Naturgesetze überhaupt.

Eine Sonne, ein Planet

Wir wenden uns wieder den Bewegungen der Himmelskörper zu und nehmen an, es gebe nichts als den Planeten Erde und die Sonne und diese sei, verglichen mit der Erde, so schwer, daß sie als dauerhaft ruhend angenommen werden könne. Wenn wir nun mit Kepler fragen, warum sich die Erde auf einer Ellipsenbahn bewegt, in deren einem Brennpunkt die Sonne steht, so können wir mit Newton antworten, das sei so, weil es aus den Naturgesetzen für das räumlich eingegrenzte System Sonne-Erde folgt. In Ansehung der Naturgesetze Newtons ist dies also eine notwendige Eigenschaft der Bewegung der Erde um die Sonne. Wenn wir aber fragen, warum die Bahn gerade diese eine spezielle Ellipse und keine andere, zum Beispiel ein Kreis mit der Sonne im Mittelpunkt sei, schweigen Newtons Naturgesetze sich aus. Die spezielle Ellipse beruht auch auf der Entwicklungsgeschichte des Sonnensystems. Die Ellipsengestalt der Bahn und den Ort der Sonne in ihr verstehen wir also in einem tieferen Sinn, als wir die spezielle Ellipse verstehen. Die letzte ist eine kontingente Eigenschaft der Bahn, soll heißen, sie könnte in Ansehung der Gesetze auch anders sein; die erste ist eine notwendige. Newton kommt das Verdienst zu, als erster zwischen Naturgesetzen und Anfangsbedingungen klar unterschieden zu haben. Manche halten dies sogar für seine größte Leistung.

▷ *Zwischenfrage:* Daß die Konsequenzen von Naturgesetzen in Ansehung ebendieser Gesetze notwendige Eigenschaften von Systemen sind, ist doch eine Tautologie. Muß die eigentliche Frage nicht sein, ob und inwiefern die Naturgesetze selbst notwendig oder kontingent sind?

▷ *Zwischenantwort:* Wir stehen einer Hierarchie von Naturgesetzen gegenüber. Wenn wir sagen, das Naturgesetz von den Ellipsen und ihren Brennpunkten sei notwendig, so können wir seine Notwendigkeit bis hin zu Albert Einsteins Allgemeiner Relativitätstheorie zurückverfolgen; weiter aber nicht. Ihre »eigentliche Frage« umschreibe ich so: Gibt es eine Weltformel, auf die alle Naturgesetze zurückgeführt werden können, und welche Eigenschaften besitzt sie? Bleiben in Ansehung ihrer überhaupt noch kontingente Eigenschaften über, oder kann alles, wirklich alles im Prinzip – natürlich nur im Prinzip! – auf sie zurückgeführt werden? Besitzen auch die Anfangsbedingungen des Universums Gesetzescharakter? Die Weltformel selbst wird nicht notwendig sein, denn andere Welten als unsere *sind* denkbar, aber sie kann gegenüber anderen Formeln durch Eigenschaften ausgezeichnet sein, die jene nicht besitzen.

▷ *Zwischenfrage:* Und die wären? Wodurch könnte uns die endgültige Theorie befriedigender erscheinen als eine schlichte Tatsache?

▷ *Zwischenantwort:* Dadurch, daß wir sie verstehen, sie aus Prinzipien ableiten können. Und durch Starrheit.

▷ *Zwischenfrage:* Starrheit?

▷ *Zwischenantwort:* In einem Interview hat Steven Weinberg einmal bemerkt, die Dramen Shakespeares und Goethes Faust wären auch dann große Dramen, wenn der eine oder andere Vers entfiele oder geändert würde – wie es bei Aufführungen zumeist geschieht. Ganz anders stünde es um die Weltformel. Schon die kleinste Änderung, die nicht auf eine äquivalente Formel führte, würde ihre innere Konsistenz zerstören. Sie wäre in dem Sinn isoliert, daß es in ihrer logischen Nachbarschaft keine Formel gäbe, die ebenfalls eine mögliche Welt beschriebe. Sie wäre, schreibt Weinberg, so »streng [...], daß jeder Versuch einer auch nur geringfügigen Abänderung zu logischen Absurditäten führt« – wie es zum Beispiel negative Wahrscheinlichkeiten wären. »Die endgültige Theorie wäre wie ein Stück feines Porzellan, das man nicht verformen kann, ohne es zu zerbrechen. [...] In diesem Fall würden wir zwar immer noch nicht wissen, warum die endgültige Theorie wahr ist, aber wir würden aufgrund reiner Mathematik und Logik wissen, warum sich die Wahrheit nicht ein klein wenig anders darstellt.« Mir scheint, daß die von dem Wissenschaftstheoretiker Erhard Scheibe geprägte Bezeichnung »starr« für derartige Theorien diese sehr gut charakterisiert.

Man kann sagen, daß die heutige Physik und mit ihr unser heutiges Weltverständnis auf der von Newton eingeführten Unterscheidung von Naturgesetzen und Anfangsbedingungen beruhen. Dieses Begriffspaar kann auch benutzt werden, um den historischen Prozeß der Auffindung von Naturgesetzen zu charakterisieren: Gesetzesaussagen, die folglich nur vermeintliche sind, können auf umfassendere Gesetze zusammen mit Anfangsbedingungen zurückgeführt werden.

Das soll ein Beispiel erhellen. Galileo Galilei hat die Gesetze des freien Falls auf der Erdoberfläche entdeckt; unter ihnen jenes, das sagt, daß im luftleeren Raum alle Körper unabhängig von ihrem Gewicht gleich schnell – genauer: mit gleicher Beschleunigung – fallen. Daß es die Erde gibt, und daß der Fall auf ihr stattfindet, hatte er als Voraussetzung seiner Gesetze hinzunehmen – Erde plus Stein bildeten für ihn nicht nur ein Beispielsystem aus der Menge jener, für die seine Naturgesetze gelten, wie es dann für Newton war. Ob Galilei über die Fallgesetze auf dem Mond nachgedacht und etwas zu ihnen gesagt hat, weiß ich nicht. Für Newton bildeten Erde und Stein zusammen ge-

Abbildung 2.6: Im Weltraum gelten, so wußte Newton, für massive Körper dieselben Gesetze von Anziehung und Beschleunigung wie auf der Erde. Ob ein von V aus parallel zur Erdoberfläche geschleuderter Stein herabfallen oder die Erde als Satellit umkreisen wird, hängt nur von seiner Anfangsgeschwindigkeit ab; den Luftwiderstand vernachlässigt die Abbildung. Die weiter außen gelegenen Bahnen können als die von Satelliten oder gar als Bahn des Mondes um die Erde herum interpretiert werden.

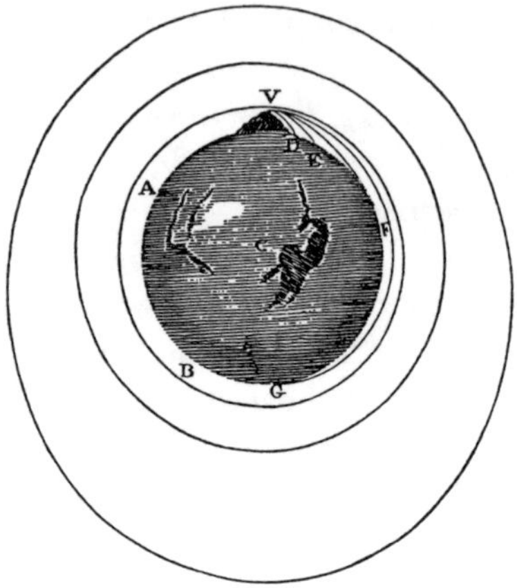

nommen nur eines jener Systeme, für die seine Gesetze gelten. Die von ihm stammende Abb. 2.6 zeigt sehr schön die Auswirkungen seiner Gesetze unter verschiedenen Anfangsbedingungen.

Die leeren Zentren des Sonnensystems

Vor der Himmelskugel der Sterne und ihrer Zeichen als Hintergrund, durchlaufen die Planeten von der Erde aus gesehen komplizierte Bahnen (Abb. 2.7). Für Platon gehörten die Planetenbahnen deshalb zu den Phänomenen, die es zu retten galt. Dies in dem folgenden Sinn: Die oftmals verwirrende Welt der Erscheinungen ist, so Platon, nicht die wirkliche Welt. Die aber gibt es, und in ihr herrscht mathematische Klarheit und Schönheit. Bildlich gesprochen, sind die Erscheinungen nur Schatten der Objekte der wirklichen, »Platonischen« Welt, und es ist die Aufgabe der Philosophen, in die Platonische Welt selbst zu blicken und alsdann zu zeigen, wie es kommt, daß deren Dinge ihre Schatten so werfen, wie wir sie sehen.

Was mathematische Klarheit und Schönheit für die Bewegungen im Himmel bedeutet, glaubte Platon zu wissen: Bewegungen im Kreis mit gleichbleibender Geschwindigkeit. Zur »Rettung der Phänomene« hat er deshalb den Astronomen die Aufgabe gestellt, die Bewegungen der Himmelskörper auf diese »wahren« Bewegungen zurückzuführen. Da sich die Fixsterne von der Erde aus gesehen so bewegen, als seien sie an

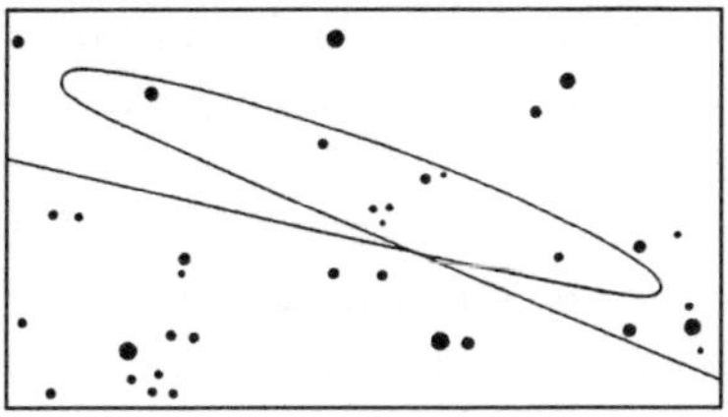

Abbildung 2.7: Schleifenbewegung des Mars, von der Erde aus gesehen. Diese entsteht dadurch, daß die Erde als der der Sonne nähere Planet diese schneller umläuft als der Mars, sie ihn also immer mal wieder überholt. Die Konsequenzen der Tatsache, daß die Bahnen der Planeten nur nahezu in einer Ebene liegen, erörtern wir nicht.

eine sich drehende Kugel um die Erde als Mittelpunkt angeheftet, sprach nichts dagegen, ihre beobachteten Bewegungen mit ihren wahren Bewegungen zu identifizieren – auch wenn beachtet wurde, daß es nicht die Himmelskugel ist, die sich dreht, sondern die Erde.

Sieht man nämlich nur auf die Bewegungen, ist es unmöglich, einen solchen Unterschied auch nur zu definieren. Weiß man, wie weit die Sterne entfernt sind, und weiß man um die Wirkung von Fliehkräften, kann es nur die Erde sein, die sich dreht. Aber von den Bewegungen allein, von ihrer Kinematik, kann es nicht abgelesen werden. Erst die Naturgesetze eröffnen die Möglichkeit, zwischen *relativen* und *absoluten* Bewegungen zu unterscheiden. Newtons absoluter Raum unterscheidet sich von einem materiellen Medium wie dem Äther, der ihn laut der bis etwa 1900 herrschenden Meinung anfüllen sollte, daß Bewegungen mit nach Betrag und Richtung konstanter Geschwindigkeit ihm gegenüber unbeobachtbar sind: Unterscheiden sich die Bewegungen innerhalb eines physikalischen Systems von denen innerhalb eines anderen nur um eine solche Geschwindigkeit, sind entweder die Abläufe in beiden Systemen im Einklang mit den Naturgesetzen, oder in beiden nicht.

Wenn wir von *dem* absoluten Raum sprechen wollen, müssen wir folglich einen nur willkürlich auswählbaren aus einer Äquivalenzklasse absoluter Räume, die sich durch ihre nach Betrag und Richtung konstanten Geschwindigkeiten unterschieden, dazu ernennen. Was das für die »Realität« des Raumes bedeutet, soll erörtert werden. Mit Julian B. Barbour in seinem Buch »Absolute or Relative Motion?« stellen wir fest, daß der absolute Raum unsichtbar ist, so daß er durch Bewegungen allein nicht charakterisiert werden kann. Hat man nur sie, sind *alle* Abläufe gleichberechtigt, die sich durch Wechsel des Standpunktes aus einem ergeben. Gleichberechtig dürfen wir die Bewegungen der Himmelskörper so beschreiben, wie sie einem im absoluten Raum ruhenden Beobachter oder einem auf der Erde, dem Mond, dem Mars oder – für immer hypothetisch – der Sonne erscheinen.

Bezieht man die Naturgesetze in die Betrachtungen ein, gilt das nicht mehr. Erstens gelten für die Bahnen und Geschwindigkeiten der Himmelskörper, wie sie die verschieden stationierten Beobachter registrieren, verschiedene Gesetze. Beginnen wir mit Newtons Gesetzen für die Bewegungen von Himmelskörpern unter dem alleinigen Einfluß ihrer gegenseitigen Schwerkraft, wie sie im Buche stehen. Sie enthalten die Positionen aller Himmelskörper als Variable, und beschreiben die Bewegungen so, wie sie einem im absoluten Raum ruhenden Beobachter erscheinen. Aus diesen erhalten wir die Gesetze für die Bewegungen, die ein Beobachter auf der Erde registriert, dadurch, daß wir erstens die Variablen für die Position der Erde durch deren tatsächliche, durch Newtons Gesetze und die Anfangsbedingungen bestimmte, Positionen in Abhängigkeit von der Zeit ersetzen, und zweitens die Variablen für die Positionen der anderen Himmelskörper durch jene ausdrücken, welche diese von der Erde aus gesehen beschreiben. Dadurch erhalten wir offenbar *andere* Gesetze als die Newtons, und das begründet einen objektiven Unterschied zwischen den Standpunkten beider Beobachter. Doch das ist nicht alles. Newtons Gesetze enthalten die Zeit nicht; sie sind zu allen Zeiten dieselben. In den Gesetzen aber für die von der Erde aus gesehenen Bewegungen der Himmelskörper tritt die Zeit auf: Da zu der Gewinnung der diese Bewegungen beschreibenden Gesetze die Variablen für die Position der Erde durch deren tatsächliche Positionen *in Abhängigkeit von der Zeit* ersetzt wurden, sind diese Gesetze *nicht* zu allen Zeiten dieselben. Anders als Newtons Gesetz aus dem Buche verletzen sie also ein *Prinzip* – das nämlich, daß die Naturgesetze zu allen Zeiten dieselben sind.

Aber zurück zu Platon und seiner Aufforderung an die Astronomen, alle Bewegungen der Himmelskörper durch Kreise zu beschreiben, die mit gleichbleibender Geschwindigkeit durchlaufen werden. Ist unbekannt, daß die Sterne so weit von der Erde entfernt sind, daß von jedem Punkt innerhalb des Planetensystems, auch von dem Ort der Sonne, mit gleichem Recht gesagt werden kann, er sei der Mittelpunkt der Himmelskugel, muß der Eindruck entstehen, *nur* von der Erde als ruhendem Mittelpunkt aus gesehen drehe sich die Himmelskugel mit konstanter Geschwindigkeit im Kreis. Also waren die von der als ruhend angenommenen Erde aus gesehenen Bewegungen der Planeten, unter ihnen die Sonne und der Mond, die Phänomene, die es zu retten galt. Und zwar durch Kreise um die Erde als Mittelpunkt.

Das aber konnte nicht gelingen. Ich beschränke mich auf die Bewegungen von Erde, Mars und Sonne. In allererster Näherung konnte angenommen werden, Mars und Sonne umliefen die Erde mit konstanter Geschwindigkeit auf Kreisbahnen. Aber da waren vor allem die rückwärts gewandten Bewegungen des Mars (Abb. 2.7), die dagegen sprachen, und um diese zu erklären wurde angenommen, daß der Mars gleichzeitig mit seiner Umrundung der Erde Punkte auf dieser Bahn umrunde (Abb. 2.8a), die selbstverständlich nicht die Erde als Mittelpunkt besaßen. Und so weiter. Ein mathematisches Theorem besagt, daß jede Bewegung in Kreise umschreibende Kreise, die selbst wieder Kreise umschreiben usw. zerlegt werden kann.

Allerdings muß, damit dies stets gelinge, der Mittelpunkt des ersten Kreises frei gewählt werden können. Und hier erwies sich für Ptolemäus, der um 100 nach Christus die Kreise Platons mit den ihm zur Verfügung stehenden genauen Himmelsbeobachtungen in Einklang bringen wollte, daß die Erde nicht im Mittelpunkt stehen kann. Zufriedenstellende Übereinstimmung mit den Beobachtungen, und mehr oder weniger auch mit Platons Vorgaben, erreichte er dadurch, daß er drei Orte unterschied (Abb. 2.8b): Erstens den Ort der Erde, zweitens den des Mittelpunkts des ersten Kreises M und drittens den »Ausgleichspunkt« A. Wie in der Abbildung angedeutet, liegen E und A symmetrisch zu M. Von A aus gesehen, rotiert der Punkt C im System des Ptolemäus mit gleichbleibender Geschwindigkeit; die Geschwindigkeit aber, mit welcher der Planet den Punkt C umrundet, ist (entgegen Platon) nicht gleichbleibend. Die Abb. 2.10 weiter unten erläutert die Bedeutung der Ausgleichspunkte A im heliozentrischen System des Kopernikus. Wie kompliziert die Bewegung des Mars unter der Annahme, daß die Erde ruht, tatsächlich ist, zeigt die von Kepler stammende Abb. 2.9.

Ich verlasse die geozentrischen Vorstellungen des Mittelalters, und wende mich dem durch Kopernikus begründeten heliozentrischen System zu. Seit Newton wissen wir, daß beliebige Ellipsen mit der Sonne im Brennpunkt als Bahnen von Planeten auftreten können, aber nur nahezu kreisförmige tatsächlich aufgetreten sind. Daß das so ist, haben Zufälle bei der Bildung des Sonnensystems, um die es uns nicht gehen

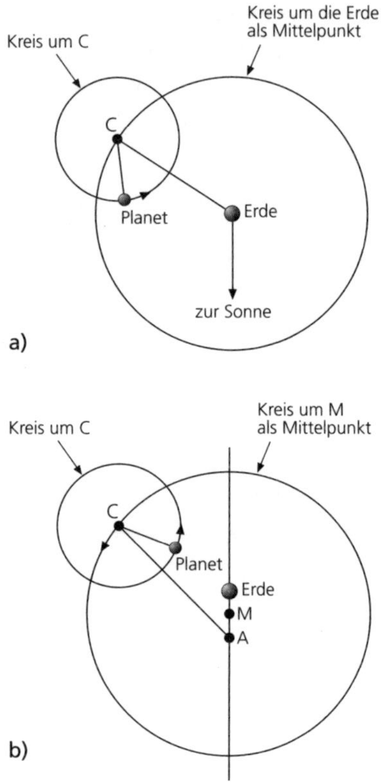

Abbildung 2.8: Bewegungen eines Planeten in zwei geozentrischen Systemen. In beiden bewegt sich der Planet auf einem Kreis um einen Punkt C, der selbst eine Kreisbahn beschreibt. In dem einfachen, aber den Beobachtungen nur ungenau anpaßbarem System von a bildet die Erde den Mittelpunkt des Kreises, auf dem sich der Punkt C bewegt. Im System des Ptolemäus b ist die Erde weder Mittelpunkt dieses Kreises, noch ist die Drehgeschwindigkeit des Planeten von ihr aus gesehen konstant. Das ist sie recht genau von A, dem Ausgleichspunkt, aus gesehen. Der Mittelpunkt M des Kreises ist von A und der Erde gleich weit entfernt.

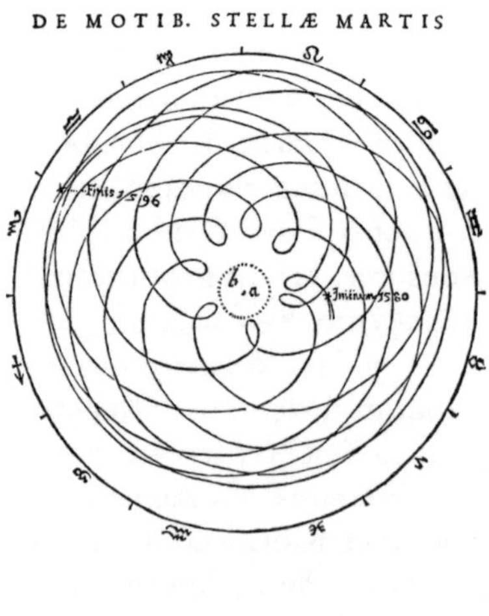

Abbildung 2.9: Die – wie Kepler gesagt hat – Fastenbrezel-Bahn des Mars durch den Fixsternhimmel zwischen 1580 und 1596, von der als ruhend angenommenen Erde aus gesehen. Die Zeichnung Keplers faßt Beobachtungen von Tycho Brahe zusammen.

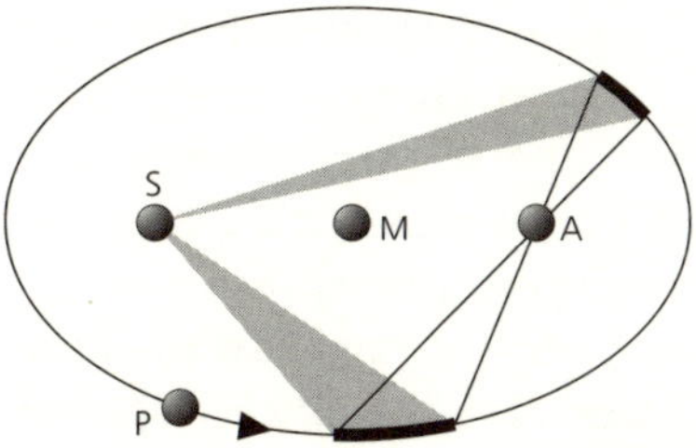

Abbildung 2.10: Weil in der Abb. 2.4 die schraffierten Flächen gleich groß sind, braucht der Planet für die beiden ihnen entsprechenden Teilstücke seiner Bahn dort dieselbe Zeit. Von der Sonne aus gesehen, bewegt er sich also keineswegs mit konstanter Geschwindigkeit. Die Geschwindigkeit, um die es hier nur gehen kann, ist die Winkelgeschwindigkeit, jene Geschwindigkeit also, mit der ein Beobachter seine Blickrichtung dreht, wenn er dem Planet mit den Augen folgt. Gemessen in Grad pro Sekunde, hängt sie offensichtlich vom Standpunkt des Beobachters ab. Für sie zählen nur Winkel, Entfernungen und ihre Änderungen sind für sie irrelevant. In diesem Sinn bewegt sich der Planet für einen – hypothetischen! – Beobachter auf der Sonne um so schneller, je näher er dieser ist. Denn erstens erstreckt sich eine bestimmte Strecke in der Nähe über einen größeren Winkelbereich als dieselbe Strecke in der Ferne, und zweitens und überdies bewegt sich der Planet laut Kepler in Sonnennähe schneller als in Sonnenferne. Wie die Abbildung hier zeigt, besitzt der Planet hingegen von dem Ausgleichspunkt A – dem anderen Brennpunkt der Ellipse – aus gesehen eine nahezu konstante Winkelgeschwindigkeit. Zum Zweck der Verdeutlichung vereinfachen die Abbildungen die tatsächlichen Verhältnisse. Vorauszusetzen ist, daß die betrachtete Bahn nahezu, aber nicht ganz, kreisförmig ist. Diese Voraussetzung ist für alle Planeten mit hinreichender Genauigkeit erfüllt. Der Mittelpunkt des Kreises ist aber weder S, noch A, sondern es ist der Mittelpunkt M auch der Ellipse zwischen ihnen.

soll, bewirkt. Deshalb genügen auch die tatsächlichen Planetenbahnen »um« die Sonne den Forderungen Platons fast, aber nicht ganz. Auch Kopernikus und Kepler haben diese Vorstellungen geleitet. Von den Irrungen und Wirrungen, von denen die Entstehung des nach Kopernikus benannten Systems bis Newton begleitet war, soll hier nicht die Rede sein. Die Abb. 2.10 geht von Gesetzen Keplers aus und demonstriert, daß der Mittelpunkt von Planetenbahnen, die fast, aber nicht genau Kreise sind, in der Mitte zwischen den beiden Brennpunkten der ellipsenförmigen Bahn liegt, und daß die Dreh- oder Winkelgeschwindigkeit, mit der ein Planet seine Bahn durchläuft, von dem Brennpunkt aus gesehen, in dem die Sonne *nicht* steht, fast, aber nicht nahezu konstant ist. Bei Planeten, die eine viel exzentrischere Bahn durchliefen, welche die Naturgesetze erlauben, die aber tatsächlich nicht aufgetreten sind, wäre das alles anders. Von den Vorstellungen Platons bliebe nur eine erhalten – die von der gleichbleibenden Geschwindigkeit des Planeten auf seiner Bahn. Nun aber interpretiert als Flächengeschwindigkeit in dem Sinn, daß die den Planet mit der Sonne verbindende Linie in gleichen Zeiten gleiche Flächen überstreicht. Insgesamt besitzt die Bahn eines jeden Planeten im Sonnensystem zwei Zentren, die aber leer sind: Erstens deren Mittelpunkt M und zweitens den Punkt A, von dem aus gesehen er mit nahezu gleichbleibender Geschwindigkeit rotiert.

Es war ein mühevoller Weg von den Beschreibungen der Bewegungen im Himmel durch die Babylonier, dann durch Ptolemäus, bis zu deren Verständnis durch die Gesetze Newtons. Das war ein Weg, der, beginnend mit unmittelbaren Sinnesdaten, über durch Fernrohre gelieferte, zu der Realität von Körpern, die tatsächlich und wirklich im Himmel schweben, geführt hat.

Nichts hätte den Babyloniern, wohl auch noch Ptolemäus, ferner gelegen als die Frage, wie für Betrachter auf dem Mond oder Mars der Himmel sich darbieten würde. Für sie waren die Himmelskörper Fiktionen, für uns sind sie so real wie Steine.

Wie die Elementarteilchen sind auch die Planeten zunächst einmal »freie Erfindungen des menschlichen Geistes«, die als Begriffe in angenommenen Naturgesetzen auftreten. Aber nichts hindert uns, über sie so zu sprechen, als seien sie Objekte wie Stolpersteine oder Stühle. Über Elementarteilchen können wir, ohne in Widersprüche zu geraten, nicht so sprechen. Kein Problem aber mit den Planeten; der Mond wurde betreten und auf dem Mars sind Automaten herumgekrabbelt. Wir dürfen uns den Mond und die Planeten als klassische Objekte wie Steine vorstellen. Erst durch Newtons Gesetze wissen wir, wie zusätzliche Monde und Planeten sich bewegen werden. Unvorstellbar ist, daß die Babylonier oder Ptolemäus zu den bekannten Himmelskörpern auch nur in Gedanken einen neuen hinzugefügt und ihm kraft ihrer Beobachtungen eine Bahn zugewiesen hätten. Die Gesetze Keplers verbieten zwar Bahnen, die keine Ellipsen um die Sonne als Brennpunkt sind, ermöglichen es aber nicht, die Bahn aus Anfangsbedingungen vorherzusagen. Auch weil sie das ermöglichen, ragen die Gesetze Newtons über alle früheren Systeme weit hinaus. Planeten verhalten sich wie materielle Körper (Abb. 2.6) und deshalb spricht nichts dagegen, daß sie das auch sind.

3 Physikalische Weltanschauungen

Wer ohne naturwissenschaftliche Vorkenntnisse die Welt auf sich wirken läßt, muß den Eindruck gewinnen, daß überall Chaos im Sinn von vollkommener Regellosigkeit herrscht. Um zu den einfachen Naturgesetzen vorzudringen, müssen wir zunächst lernen, von nahezu allem abzusehen, was die Geschehnisse, wie sie sich auf der Erde darbieten, bestimmt. Nur die Himmelserscheinungen unterliegen Regeln, die durch direkte Beobachtungen aufgedeckt werden können und von den Babyloniern aufgedeckt wurden. Deren Erfolge und Mißerfolge bei der Vorhersage von Himmelserscheinungen wie Finsternissen können wir durchaus mit heutigen quantitativen Maßstäben bewerten. Hingegen führt kein nachvollziehbarer Weg von ihren Vorstellungen von den Himmelserscheinungen zu den quantitativen Vorhersagen, die sie von deren Periodizitäten abgelesen haben.

Wenn wir uns nun von den Babyloniern den altgriechischen Philosophen als ihren Nachfolgern zuwenden, treffen wir bei den Fragen, die diese neu gestellt haben, zunächst auf das genaue Gegenteil: Kein quantitativer Erfolg, dafür aber eine gesteigerte Genauigkeit der Argumentation. Sie vermuteten, daß in der Welt Prinzipien gelten, und formulierten diese mit unglaublicher Kühnheit. Als ein Beispiel von vielen führe ich eine von dem bereits erwähnten Thales von Milet stammende These an. Sie besagt, daß es einen Grundstoff gibt, der die ganze Welt ausmacht. Zu diesem Grundstoff ernennt er das Wasser. Die Welt, so Thales, ist ein ganz mit Wasser angefülltes Plenum. Dieser These liegt die naturwissenschaftliche Beobachtung zugrunde, daß Wasser drei Erscheinungsformen – Eis, flüssiges Wasser und Dampf – annehmen kann. Hier also kein zerrissener Leib, den ein Obergott zum Aufbau der Welt ausschlachtet, sondern die Verallgemeinerung realer Beobachtungen ins allerdings Unermeßliche. Ist Thales aber für seine Kühnheit zu tadeln? Zahlreiche erfolgreiche Verallgemeinerungen der Physik beruhen auf *weniger* als drei Beispielen, und George Gamov hat die Methode der Physik, von eins, zwei oder drei auf unendlich zu schließen, durch den Titel »Eins, zwei, drei … Unendlichkeit« eines seiner Bücher trefflich formuliert.

Auf jeden Fall bilden die Phasenübergänge des Wassers von flüssig nach fest oder dampfförmig ein frühes Vorbild für die Denkmöglichkeit der Entstehung von Formen durch Umwandlungen eines Grundstoffs – nicht mehr, aber auch nicht weniger. Sieht man von ihrer Realisierung durch das Wasser ab, sollte Thales' Idee, daß alle Erscheinungen auf einen einheitlichen Grund – zwischen Stoff und Gesetz haben die frühen griechischen Philosophen nicht unterschieden – zurückgeführt werden können, die Naturforschung bis heute beherrschen. Dieses Ziel zumindest im Prinzip zu erreichen, also die berühmt-berüchtigte Theorie von Allem (die TOE, *Theory Of Everything*) auch nur zu formulieren, ist noch immer ein Traum geblieben – »Der Traum von der Einheit des Universums« , wie es der deutsche Titel eines Buches von Steven Weinberg ausdrückt. Neben der Kühnheit von Thales' Annahme, daß es eine solche Einheit gebe und wie sie beschaffen sei, ist auch bemerkenswert, daß sein Entwurf zum erstenmal in der Geistesgeschichte rein physikalisch ist: Zur Erklärung der beobachteten Welt hat Thales nur Annahmen über sie selbst herangezogen.

Euklid als Physiker

Die Bestätigung einer Gesetzeshypothese ist in aller Regel ein quantitativer Erfolg, und dieser blieb nahezu allen von den altgriechischen Philosophen aufgestellten Prinzipien versagt. Genauer müssen wir zwischen der Statik und der Kinematik auf der einen und der Dynamik auf der anderen Seite unterscheiden. Für sich genommen, also ohne die Forderung, sie auf grundlegendere Naturgesetze zurückzuführen, sind die Fragen der Statik die einfachsten naturwissenschaftlichen Fragen überhaupt. Sie schließen die Fragen der angewandten Geometrie ein – zum Beispiel die nach der Summe der Innenwinkel eines Dreiecks. Daß diese 180 Grad beträgt, haben die Griechen nicht einfach als experimentellen Befund hingenommen, sondern sie haben ein in der Geometrie Euklids (um 300 vor Christus) gipfelndes System entwickelt, das ihnen diesen Meßwert als naturnotwendig erscheinen lassen sollte. Wir wissen, daß er das nicht ist, sondern daß es andere Geometrien mit anderen Winkelsummen im Dreieck gibt – und eben deshalb ist unanfechtbar die Frage nach der Winkelsumme im Dreieck eine naturwissenschaftliche Frage, keine Frage also, die bereits die Logik oder die Anschauung beantworten könnte.

Um den »Satz des Pythagoras«, der alsbald abgehandelt werden soll, steht es wie um die Winkelsumme im Dreieck, und genauso steht es um unzählige andere Sätze der Geometrie des Euklid, die auf seinem berühmten Parallelenaxiom beruhen. Dieses Axiom besagt für Punkte und Gerade in der Ebene, daß es für jeden Punkt und jede Gerade, die den Punkt nicht enthält, genau eine Gerade durch den Punkt gibt, welche die gegebene Gerade nicht schneidet (Abb. 3.1a). Was Punkte, Gerade und Ebenen seien, hat Euklid durch Ausdrücke wie *keine Ausdehnung* zu definieren versucht, aber am Ende ist auch sein Axiomensystem nur eine implizite Definition der Objekte, von denen es spricht – zum Beispiel der Punkte und Geraden. Das Axiomensystem stellt fest, in welchen Relationen »seine« Objekte zueinander stehen – das ist alles. Wenn wir vom Axiomensystem zur Physik kommen wollen, müssen wir es interpretieren, also den Punkten, Geraden und Ebenen physikalische Objekte zuweisen. Danach können wir beginnen, experimentell zu untersuchen, ob diese Objekte tatsächlich in jenen Relationen zueinander stehen, welche das Axiomensystem von den Objekten verlangt, die es implizit definiert. Die Naturwissenschaften untersuchen Systeme, nicht aber einzelne Objekte oder Aussagen.

Letzteres ist eine moderne Idee jenseits der Vorstellungen der »alten Griechen«. Jetzt aber zu möglichen Realisationen der »Geraden« des Euklid. Straff gespannte Seile, hintereinander »möglichst gerade« gelegte Bauklötze und Lichtstrahlen gehörten für die Griechen sicher dazu. Sie glaubten zu wissen, was Geraden und Dreiecke sind, und hielten deren Eigenschaften in Naturgesetzen der Statik fest, zu denen wir nur hinzuzufügen haben, daß ihr Gültigkeitsbereich nicht so unbeschränkt ist, wie sie wohl dachten, sondern durch den Gültigkeitsbereich der Euklidischen Geometrie insgesamt begrenzt wird. Damit die Euklidische Geometrie für sie gelte, dürfen die betrachteten Objekte nicht zu ausgedehnt, und darf die verlangte Genauigkeit, mit der die Gesetze der Statik gelten sollen, nicht zu groß sein. Bei Fragen der Gültigkeit der Euklidischen Geometrie wirken Meßgenauigkeit und Ausdehnung zusammen.

Es gibt zahlreiche Beweise des Satzes, daß die Summe der Innenwinkel jedes Dreiecks 180 Grad beträgt. Sie alle benutzen mehr oder weniger verdeckt das Parallelenaxiom; denn der Satz gilt nicht in Geometrien, in denen das Axiom verletzt ist. Der Beweis der Abb. 3.1b zeigt seine Abhängigkeit vom Parallelenaxiom überdeutlich. Gegeben sei das Dreieck mit den dick gezeichneten Seiten. Wir stellen uns vor, daß der Punkt und die Gerade in der Abb. 3.1a so gewählt wurden, daß das Dreieck wie gezeichnet hineinpaßt. Der Beweis nutzt aus, daß die jeweils gleich benannten Winkel übereinstimmen. Dies wiederum folgt für die Winkel α und β daraus, daß Parallelverschiebungen die zwischen Geraden eingeschlossenen Winkel nicht ändern; für die Winkel γ ist es offensichtlich. Also tauchen die Innenwinkel des Dreiecks, angeheftet an den vorgegebenen Punkt, oberhalb der parallelen Gerade wieder auf und ergänzen sich zu 180 Grad – so daß auch die Summe der Innenwinkel im Dreieck ebendiesen Wert besitzt.

Verborgener ist die Benutzung des Parallelenaxioms bei dem Beweis der Abb. 3.1c. Wir stellen uns vor, ein Pfeil werde parallel zu den Seiten des Dreiecks von *A* über *B* und *C* nach *A* zurückgetragen. Damit das geschieht, wird er an *B* um den Winkel $(180-\beta)$ Grad entgegen dem Uhrzeigersinn von der Richtung 2 in die Richtung 3 gedreht; an *C* um $(180-\gamma)$ Grad aus der Richtung 4 in die Richtung 5, so daß er bei der Rückkehr nach *A* in die Richtung 6 zeigt. In die ursprüngliche Richtung 1 zeigt er schließlich wieder, wenn er aus der Richtung 6 um $(180-\alpha)$ Grad gedreht wird. Insgesamt wurde der Pfeil dann um 360 Grad gedreht, so daß gilt $(180-\beta)+(180-\gamma)+(180-\alpha)=360$ Grad oder, umgeschrieben, $\alpha+\beta+\gamma=180$ Grad – was bewiesen werden sollte.

Daß hier das Parallelenaxiom verwendet wurde, zeigt sehr klar die anscheinend harmlose Bemerkung, daß nach einem *Paralleltransport* des Pfeiles auf dem geschlossenen Weg von *A* über *B* und *C* nach *A* zurück, die Richtung des Pfeiles dieselbe geblieben wäre. Wir stellen uns nämlich vor, daß an den Punkten *B* und *C* zwar der Träger des Pfeils seine Bewegungsrichtung wie in der Abb. 3.1c ändert, die Richtung, in welche der Pfeil zeigt, aber dieselbe bleibt (Abb. 3.1d). Ist es da nicht trivial, daß er auch nach der Rückkehr nach *A* in dieselbe Richtung, nämlich 1, zeigen wird?

Trivial ist es nur im Euklidischen Raum! Das soll die Abb. 3.1e erläutern. Angenommen nämlich, der Paralleltransport des Pfeils erfolgt nicht in einer Ebene, sondern in der Oberfläche einer Kugel. Dann, so zeigt die Abbildung, bewirkt der Transport, daß der Pfeil nach der Rückkehr an seinen Ausgangspunkt nicht mehr in dieselbe Richtung zeigt, obwohl er unterwegs immer parallel zu sich selbst geblieben ist, also nirgends gedreht wurde. Die Rolle der Geraden der Ebene spielen in der Kugeloberfläche die Großkreise. Zu den Großkreisen in der

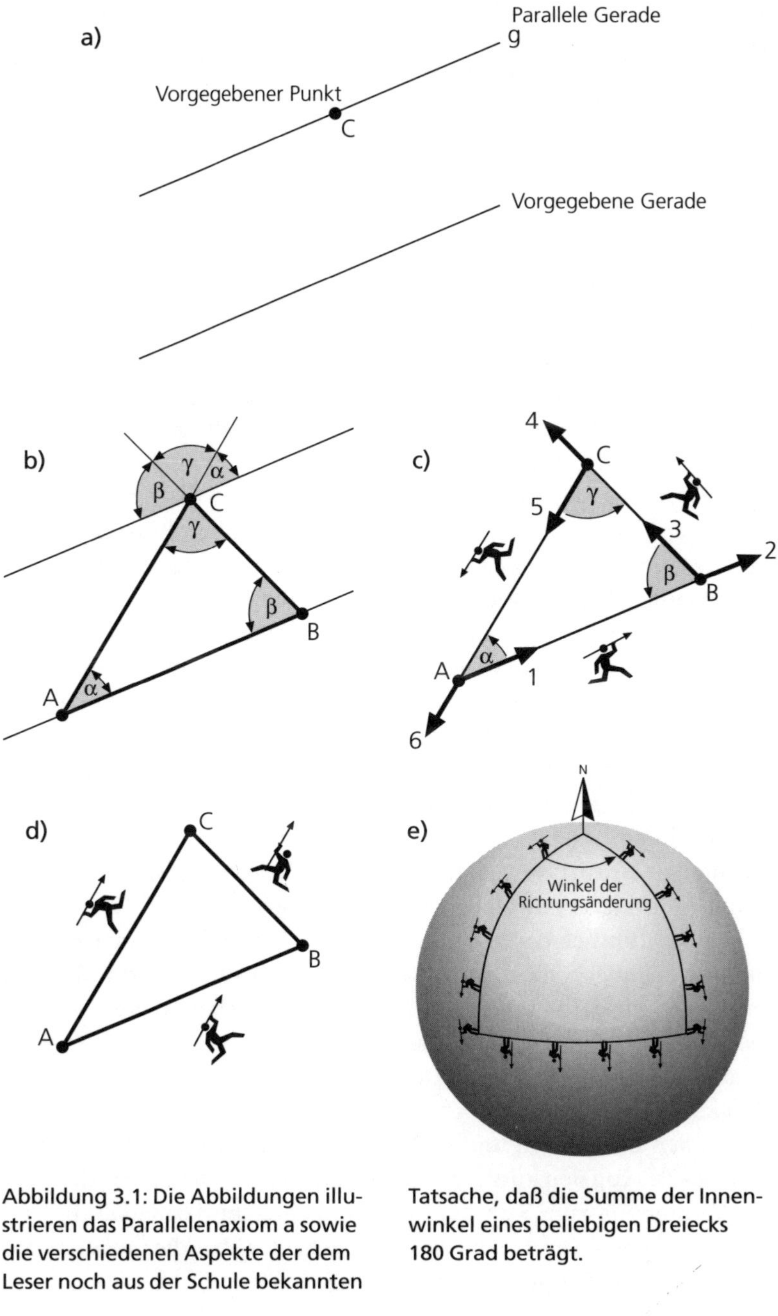

Abbildung 3.1: Die Abbildungen illustrieren das Parallelenaxiom a sowie die verschiedenen Aspekte der dem Leser noch aus der Schule bekannten Tatsache, daß die Summe der Innenwinkel eines beliebigen Dreiecks 180 Grad beträgt.

Abbildung 3.2: Jedes Dreieck, dessen Seitenlängen in dem Verhältnis der Seiten des dargestellten Dreiecks stehen, ist ein rechtwinkliges Dreieck.

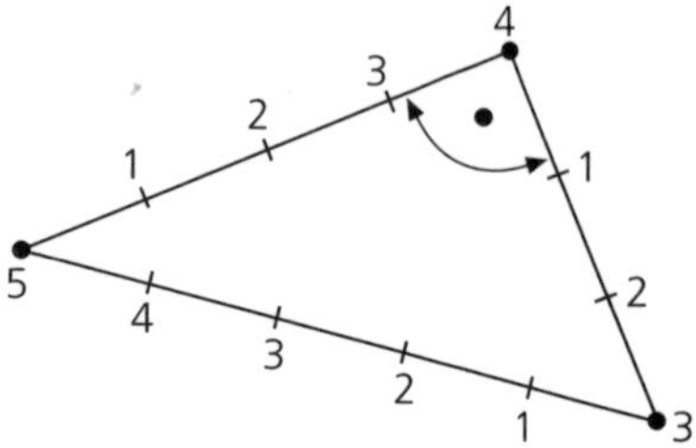

Erdoberfläche zählen die Längenkreise und der Äquator; die Breitenkreise im allgemeinen aber nicht. Auf die Alternativen zur Euklidischen Geometrie, zu denen die Geometrie der Kugeloberfläche gehört, möchte ich weiter unten eingehen: um zu erläutern, daß und inwiefern die Euklidische Geometrie die Geometrie der Welt, in der wir leben, zwar sein kann, aber nicht sein muß.

Wie alle Sätze mit empirischem Gehalt, sind auch die geometrischen Sätze an empirische Voraussetzungen gebunden. Albert Einstein hat das hier Gemeinte einmal so ausgesprochen: »Insofern sich die Sätze der Mathematik auf die Wirklichkeit beziehen, sind sie nicht sicher, und insofern sie sicher sind, beziehen sie sich nicht auf die Wirklichkeit.«

Die Winkelsumme in dem Dreieck der Abb. 3.1e ist offensichtlich größer als 180 Grad. Denn jeder der beiden Winkel am Äquator ist bereits 90 Grad weit. Bereits deshalb ist es gewiß, daß die Aussage über die Winkelsumme im Dreieck empirischen Gehalt besitzt. Sind zudem zwei der drei Innenwinkel eines Dreiecks in der Ebene vorgegeben, legt ihre Summe den dritten als Konsequenz der Geometrie, die experimentell überprüft werden kann, fest. Auch der Satz des Pythagoras, dem ich mich jetzt zuwende, besitzt empirischen Gehalt. Ihn will ich nicht so ausführlich darstellen, sondern mich mit einer seiner Konsequenzen begnügen, die dazu verwendet werden kann – und wohl auch verwendet wurde! –, einen rechten Winkel zu konstruieren. Das ist eine Aufgabe, die zur Erreichung zahlreicher praktischer Zwecke beim Hausbau oder in der Feldvermessung bewältigt werden muß. Man kann sich leicht davon überzeugen, daß die drei Seiten der Abb. 3.2 mit den Längen 3, 4 und 5 Meter ein Dreieck bilden, dessen einer Winkel – der von den kürzeren Seiten eingeschlossene – ein rechter ist. Die Verbindung zum Satz des Pythagoras besteht darin, daß die drei Längen wegen $3^2 + 4^2 = 5^2$ die Aussage des Satzes über die Quadrate der Kathete und der Hypotenusen erfüllen.

Zahlenspiele

Die Schule des Pythagoras, die um 500 v. Chr. in Unteritalien florierte, hat möglicherweise den nach Pythagoras benannten geometrischen Satz nicht entdeckt, sondern übernommen. Zwei weitere Entdeckungen haben sie aber zu Recht bis heute berühmt gemacht. Erstens die der »irrationalen« Zahlen, die dadurch definiert sind, daß sie nicht als Bruch ganzer Zahlen geschrieben werden können. Zum Beispiel ist 1,25 keine irrationale Zahl, weil sie auch als 5/4 geschrieben werden kann. Die Kreiszahl π aber ist eine, und genauso die Wurzel aus 2. Die Pythagoreer waren der Ansicht, daß die Zahlen in dem Sinn die Welt beherrschen, daß alles, was es überhaupt gibt, durch ganze Zahlen ausgedrückt werden kann. Was das im allgemeinen bedeuten soll, ist nicht sehr klar (Abb. 3.3), aber eine Anwendung ist offensichtlich und unabweisbar: Die Längen zweier beliebiger Strecken, die in der Natur auftreten, stehen in einem ganzzahligen Verhältnis zueinander. Diese Auffassung ist bereits an etwas sehr Einfachem gescheitert – an dem Verhältnis der Länge der Diagonale eines Quadrats zu der Länge einer seiner Seiten: Dieses Verhältnis kann *nicht* als Verhältnis zweier ganzer Zahlen geschrieben werden.

Den Beweis dieser geometrischen Tatsache übergehe ich und wende mich dem einen nicht rein geometrischen mathematischen Gesetz der Statik zu, das die Pythagoreer unbestritten selbst entdeckt haben. Es ist das Gesetz, daß musikalischen Harmonien einfache Zahlenverhältnisse entsprechen. Dies waren zuerst einmal Verhältnisse der Längen von beidseitig eingespannten Saiten, die bei ihrem Schwingen Töne der entsprechenden Höhen erklingen lassen. Aber auch andere Musikinstrumente, deren Abmessungen in einfachen Zahlenverhältnissen zueinander stehen, bringen Töne hervor, deren Zusammenklang wir harmonisch nennen. Hier tritt ein Aspekt der Naturgesetze auf, den ich hervorheben möchte: Die große Entdeckung der Pythagoreer, daß den Harmonien Zahlenverhältnisse entsprechen, läßt sich von einem musikerzeugenden System auf andere übertragen, so daß dieses Naturgesetz eine Realität besitzt, die von dem jeweiligen System unabhängig ist (Abb. 3.4).

Von der Philosophie der Pythagoreer ist hier nur noch zu erwähnen, daß sie *eben wegen* der Zahlenverhältnisse, die sie im Kosmos als realisiert ansahen, dem Kosmos eine Seele zugeschrieben haben – in

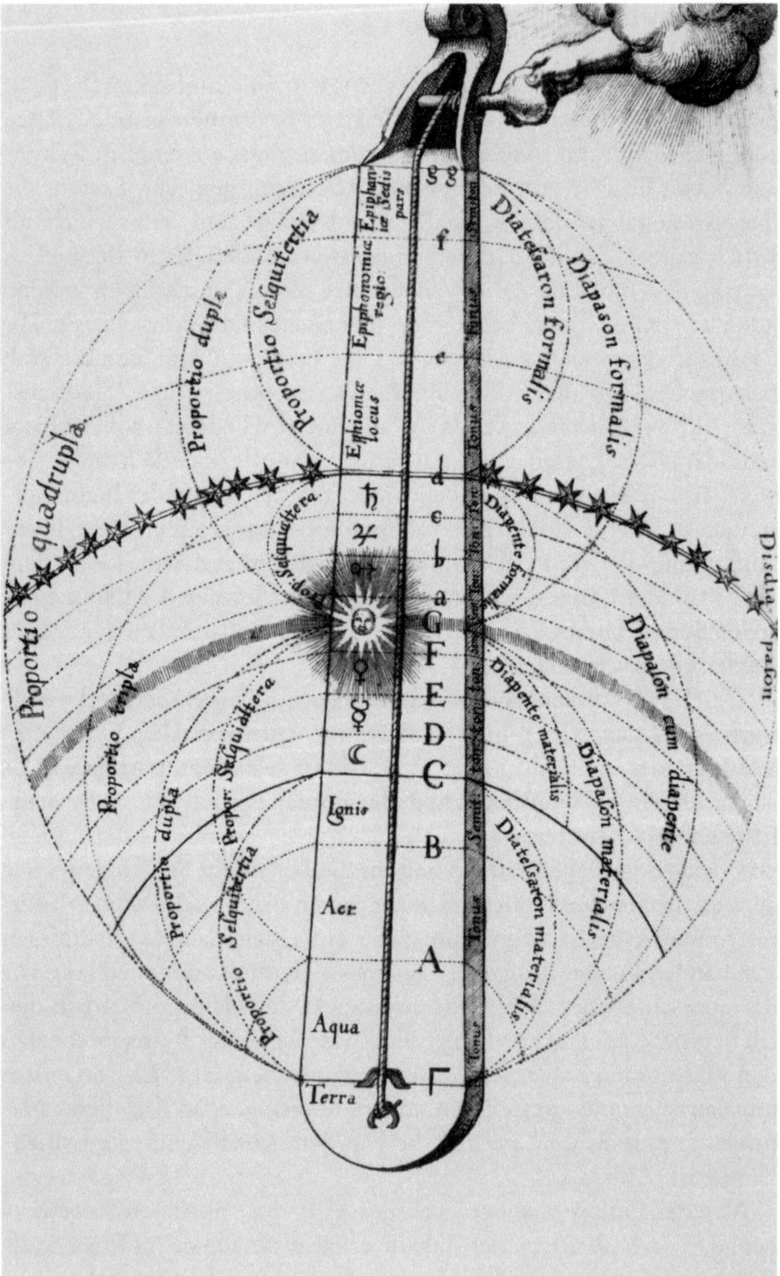
Proportio quadrupla
Proportio dupla
Proportio Sesquitertia
Epiphaniæ Sedis pars
Epiphonomiæ regio
Epiphomæ locus
Diatessaron formalis
Diapason formalis
Diapente formalis
Prop. Sesquialtera
Proportio tripla
Proportio dupla
Propor: Sesquialtera
Proportio Sesquitertia
Proportio
Diapente materialis
Diapason cum diapente
Diapason materialis
Diatessaron materialis
Disdiapason
Ignis
Aer
Aqua
Terra
g
f
e
d
c
a
G
F
E
D
C
B
A
Γ

Abbildung 3.4: Der Holzschnitt »Theorica musice« aus dem Jahr 1492 von Gafurius veranschaulicht dem Pythagoras zugeschriebene Experimente zur Harmonielehre.

Vorahnung auch der Philosophie des Abendlands, die bis hin zur Entstehung des Mechanistischen Weltbilds im 17. Jahrhundert vom Kosmos annahm, er funktioniere wie ein beseeltes Wesen, das aber eben deshalb *nicht* wie tote Materie durch gezielte Experimente experimentell untersucht und durch Zahlen dargestellt werden kann. Zwar nicht zum Verständnis statischer Relationen, wohl aber zu dem von Phänomenen der Veränderung benötigte die abendländische Philosophie die beseelte Natur.

Abbildung 3.3 (links): Die Idee des Pythagoras, daß die Welt ein Muster aus Zahlen sei, erlaubt zahlreiche Interpretationen. Das Muster Platons bildeten die fünf nach ihm benannten regelmäßigen Körper; das Muster Keplers die in den Bahnen der Planeten verwirklichten Harmonien. Die Abbildung entstammt dem Buch »Geschichte des Makrokosmos und Mikrokosmos« des englischen Arztes, Theosophen und Schriftstellers Robert Fludd aus dem Jahr 1617. Die Hand Gottes spannt die Saite des Monochords, das sich über zwei Oktaven von den himmlischen Sphären über das Sonnensystem bis zu den vier Elementen Feuer, Luft, Wasser und Erde erstreckt.

Statik, Kinematik und Dynamik

Die größten mathematischen Fortschritte der Antike bei der Beschreibung der Natur hat der griechische Naturforscher und Mathematiker Archimedes (etwa 287–212 vor Christus) erzielt. Auch die von ihm entdeckten Naturgesetze gehören der Statik an. Zu nennen sind vor allem die Hebelgesetze und die Gesetze des Auftriebs von Körpern, die in Flüssigkeiten eintauchen. Seine Folgerungen beruhen auf Annahmen, die wir gerne als selbstverständlich korrekt hinnehmen würden. Ein Beispiel bildet die Herleitung der Hebelgesetze. Tatsächlich aber verstehen sich die Annahmen des Archimedes nicht von selbst, sondern formulieren Eigenschaften der Welt, in der wir leben, und die wir nur deshalb verinnerlicht haben, weil ebendies – die Möglichkeit, zielgenau zu werfen; auf Würfe rechtzeitig zu reagieren etc. – zu unserem Überleben als Spezies beigetragen hat. Ich denke, zu unserem kollektiven Erbe gehört auch der Satz vom Schwerpunkt: Wir wissen instinktiv, wo ungefähr wir den Stiel eines Besens unterstützen müssen, damit er sich im Gleichgewicht befindet. Hunde, die Stöcke schleppen, haben den Satz vom Schwerpunkt nach meinem Eindruck hingegen nicht verinnerlicht.

Nach den Gesetzen der Statik sind die einfachsten Gesetze der Naturforschung die der Kinematik. Wie die Statik nach den Möglichkeiten der Materie fragt, zu ruhen, fragt die Kinematik nach ihren Möglichkeiten, sich zu bewegen. Beide, Statik und Kinematik, fassen ihre Beobachtungsergebnisse in empirischen Regeln zusammen. Aristoteles hat zudem nach den – wie wir heute sagen – »dynamischen« Ursachen von Bewegungen gefragt. Dabei unterscheidet er zwischen »natürlichen« und »unnatürlichen« Bewegungen. Jedem Körper kommt nach der Physik des Aristoteles, die bis zur Wissenschaftlichen Revolution die beherrschende physikalische Doktrin bleiben sollte, ein gewisser Platz im Universum zu. Der Platz schwerer Körper ist »unten«, der leichter »oben«. Wird ein Körper nicht daran gehindert, strebt er in einer natürlichen Bewegung seinem Platz zu. Wo sie auch sind, »wissen« die Körper doch, wo ihr naturgemäßer Platz ist, und verhalten sich zweckentsprechend. Also steht zumindest diese Information überall abrufbar bereit, ein Nichts, einen absolut leeren Raum kann es nicht geben. Wir heute denken, daß es einen solchen Raum zwar geben kann – einen, dem keine Richtung eingeprägt ist –, daß als

Konsequenz der Allgemeinen Relativitätstheorie ein solcher Raum aber nur einer unter vielen anderen möglichen *mit* eingeprägten Richtungen ist. Im ursprünglichen Sinn des Wortes ist der Kosmos des Aristoteles ein geordnetes Ganzes, von Sinn und Zweck beseelt. Nebenbei sei erwähnt, daß das Weltbild der Atomisten mit den »zufälligen« Bewegungen der Atome den Gegenpol zu dem des Aristoteles bildete.

Bewegt sich ein Körper so, wie es ihm von Natur aus *nicht* zukommt, vollführt er eine unnatürliche Bewegung, und diese bedarf des dauernden Antriebs, damit sie nicht zum Stillstand kommt. Lebewesen unterliegen laut Aristoteles dieser Beschränkung aber nicht. Sie können sich selbständig ohne äußeren Antrieb bewegen, und dabei zudem die Antriebskraft für weitere unnatürliche Bewegungen liefern – zum Beispiel einen Karren ziehen. Wieder erweist sich die Beseeltheit der Natur als Ursache aller Bewegungen. Bewegungen, die für Aristoteles nur Spezialfälle allgemeinerer Veränderungen sind, verwirklichen einen inhärenten Zweck, der nur verstanden werden kann, wenn der Kosmos insgesamt einbezogen wird: Dieser gleicht einem beseelten Organismus, dessen Teile für die Zwecke des Ganzen zusammenwirken. »Bewegung, Natur, Organismus und Teleologie bildeten [...] nur verschiedene Aspekte eines Gesichtspunktes, der Bewegung im Raum, qualitative Veränderung, Wachstum der Lebewesen und die Heilung der Kranken gleichermaßen umfaßte«, formuliert Stanley Jaki in seinem höchst lesenswerten Buch »The relevance of physics« aus dem Jahr 1966.

Die Welt als Organismus

Die Vorstellung der Welt als beseelter Organismus läßt zahlreiche Varianten zu. Der für unser Thema wichtigste Aspekt dieser Auffassung ist, daß gezielte Experimente unter unnatürlich herbeigeführten Bedingungen keinen Aufschluß über die wirklichen Triebkräfte der Abläufe im Kosmos sollen liefern können. In dem Organismus, der den Kosmos bis zur Wissenschaftlichen Revolution darstellen wird, hängt – anders als in wirklichen Organismen – alles von allem ab; er kann nur ganzheitlich verstanden werden. Goethe war ein später, man kann sagen verspäteter Vertreter dieser organismischen Auffassung des Kosmos. Er hat es so gesagt

Wer will was Lebendigs erkennen und beschreiben,
Sucht erst den Geist heraus zu treiben,
Dann hat er die Teile in seiner Hand,
Fehlt leider! nur das geistige Band.

Auf die Frage, wie es tatsächlich um das Universum insgesamt bestellt ist, will ich an dieser Stelle zwar nicht eingehen, wohl aber bemerken, daß die Methode, isolierte Systeme zu schaffen und deren Verhalten experimentell zu erproben, den Erfolg der Wissenschaftlichen Revolution wesentlich mitbestimmt hat. Der Mathematik konnte bei der Auffassung des Kosmos als beseelter Organismus nur eine Nebenrolle zukommen. Zwar hatten Pythagoras und Platon mathematische Prinzipien aufgestellt, die im Kosmos gelten sollten, aber diese ließen gerade wegen ihrer Allgemeinheit keine zahlenmäßigen Anwendungen zu. Die Erfolge der Mathematik in Statik und Kinematik betrafen das Wesen des Kosmos, das in geordneter Veränderung bestand, nur am Rande. Zwar hatte die Kinematik, anders als die Statik, mit Bewegungen zu tun, war wie diese aber auf reine Beschreibungen beschränkt – mochten diese auch noch so aufwendig sein, wie die Bewegungen der Planeten im System des Ptolemäus, und mochten sie auch den Forderungen Platons an die Bewegungen im Himmel genügen. Nein, die Ursachen von Bewegungen lagen tief im Kosmos verborgen, und nur beseelte Wesen konnten Bewegungen aufrechterhalten. Das hatte bereits Ptolemäus so gesehen: Durch mechanische Analogien, wie er seine Beschreibungen der Planetenbewegungen nannte, kann keine wirkliche Einsicht in ebendiese Bewegungen gewonnen werden. Um die Bewegungen der Planeten zu verstehen, soll man, so Ptolemäus, eher an die Bewegungen von Vögeln denken, die auf einem Lebensprinzip beruhen, das in ihnen verankert ist.

Aus ihrer verachteten Rolle sollte die Mathematik in der Wissenschaftlichen Revolution neu auferstehen. Als Bild für die Welt wurde in ihr der unberechenbare Organismus durch die durch und durch berechenbare Uhr ersetzt. Die Mechanik Newtons bildete den frühen, wenn auch zweifelhaften Höhepunkt dieser Entwicklung, der erst in unserem Jahrhundert durch die Relativitätstheorien Albert Einsteins überstiegen werden konnte. Bevor ich aber diese Entwicklungen beschreibe, will ich an Goethes Beispiel die Schwierigkeiten darstellen, welche die neue Weltsicht vor dem Gericht der alten zu bestehen hatte.

Die alte Weltsicht stellen die Äußerungen Goethes zugleich vortrefflich dar.

Als Physiker sah sich Goethe vor allem auf Grund seiner Farbenlehre, die aus ganzheitlichem Geist geboren war. Sie ist, und das wußten bereits Goethes naturwissenschaftlich gebildete Zeitgenossen, abgrundtief falsch. Die Fortschritte der Optik zu seiner Zeit, die auf analysierenden Methoden beruhten und sich in mathematischen Formeln ausdrücken ließen, hat Goethe nicht zur Kenntnis genommen. Ihm reichte zur Ablehnung, daß die Effekte nicht glanzvoll hervortraten, sondern daß sie »geheimnisvoll am lichten Tag« der Natur »mit Hebeln und mit Schrauben« abgetrotzt werden mußten. Festgemacht hat er seine Kritik besonders an Newton und dessen Zerlegung des Lichts mit der Hilfe von Prismen, die ihm als zu unnatürlich vorkam, als daß durch sie das Wesen des Lichts erfaßt werden könnte. Denn: »Der Mensch an sich selbst, insofern er sich seiner gesunden Sinne bedient, ist der größte und genaueste physikalische Apparat, den es geben kann, und das ist eben das größte Unheil der neueren Physik, daß man die Experimente gleichsam vom Menschen abgesondert hat und bloß in dem, was künstliche Instrumente zeigen, die Natur erkennen, ja, was sie leisten kann, dadurch beschränken und beweisen will.« Folgerichtig fährt er fort: »So ganz leere Worte wie die von der Dekomposition und Polarisation des Lichts müssen aus der Physik hinaus, wenn etwas aus ihr werden soll.« Und so: »Das Höchste wäre: zu begreifen, daß alles Faktische schon Theorie ist. Die Bläue des Himmels offenbart uns das Grundgesetz der Chromatik. Man suche nur nichts hinter den Phänomenen: sie selbst sind die Lehre.« Nun ist gerade die Bläue des Himmels die Konsequenz eines einfachen Naturgesetzes: Blaues Licht wird durch die Luft stärker abgelenkt als alles andere sichtbare, so daß von dort, wo die Sonne nicht steht, vor allem blaues Licht auf uns einfällt.

Noch einmal Goethe, nicht als Selbstzweck, sondern als besonders klarer Indikator einer Weltsicht, die zu seiner Zeit seit zweitausend Jahren die Naturwissenschaften beherrscht hatte und nun unterging: »Die große Aufgabe wäre, die mathematisch-philosophischen Theorien aus den Teilen der Physik zu verbannen, in welchen sie Erkenntnis, anstatt sie zu fördern, nur verhindern, und in welchen die mathematische Behandlung durch Einseitigkeit der Entwicklung der neueren wissenschaftlichen Bildung eine so verkehrte Anwendung gefunden hat.«

Nun noch dies: »Als getrennt muß sich darstellen: Physik von Mathematik. Jene muß in einer entschiedenen Unabhängigkeit bestehen und mit allen liebenden, verehrenden, frommen Kräften in die Natur und das heilige Leben derselben einzudringen versuchen, ganz unbekümmert, was die Mathematik von ihrer Seite leistet und tut. Diese muß sich dagegen unabhängig von allem Äußerem erklären, ihren eigenen großen Geistesgang gehen und sich selber reiner ausbilden, als es geschehen kann, wenn sie wie bisher sich mit dem Vorhandenen abgibt und diesem etwas abzugewinnen oder anzupassen trachtet.«

Goethes Polemik gegen Newton unterdrücke ich, weil sie über Goethes Psychologie hinaus irrelevant ist. Aber es finden sich bei ihm auch zahlreiche Invektiven, die sich nicht gegen Newton selbst, aber gegen dessen Auffassungen wenden. Sie sind interessant, weil sie richtig wären, hätte er über sich gesprochen. Das folgende Zitat wird sich auch jenen erschließen, die von den Kriegen Napoleons gegen die Preußen niemals gehört haben: »Die Mathematiker sind närrische Kerle, und sind so weit entfernt, auch nur zu ahnen, worauf es ankommt, daß man ihnen ihren Dünkel nachsehen muß. [...] Übrigens wird mir denn doch bei dieser Gelegenheit immer deutlicher, was ich schon lange im Stillen weiß, daß diejenige Kultur, welche die Mathematik dem Geiste gibt, äußerst einseitig und beschränkt ist. [...] Was die eigentlichen Newtonianer betrifft, so sind sie im Falle des alten Preußen im Oktober 1806. Sie glaubten noch taktisch zu siegen, da sie strategisch lange überwunden waren. Wenn ihnen einmal die Augen aufgehen, werden sie erschrecken, daß ich schon in Naumburg und Leipzig bin, mittlerweile sie noch bei Weimar und Blankenhahn herumkröpeln. Jene Schlacht war schon verloren, und so ist es hier auch. Jene Lehre ist schon ausgelöscht, indem die Herren noch glauben, ihren Gegner verachten zu dürfen.« Nur, daß nicht Newtons Lehre »bereits ausgelöscht« war, sondern die Goethes – der von Aristoteles stammenden animalistischen Weltlehre standen zu Goethes Zeiten nicht mehr nur allgemeine Überlegungen wie die der Vorsokratiker entgegen, sondern konkrete quantitative Erfolge der Mechanistischen Weltauffassung, die sich spätestens seit Galilei durchzusetzen begonnen hatte.

Die Welt als Uhr

Während die Mathematik aus den Hauptströmungen der abendländischen Naturwissenschaften bis zur Wissenschaftlichen Revolution ausgeschlossen war, feierte sie doch Triumphe im Detail. Nennen will ich die Beiträge von Nikolaus von Oresme, dem französischen Physiker, Mathematiker und Ökonomen, der nach dunklen Ursprüngen bis 1382 wirkte. Er hat als erster Zuordnungen graphisch dargestellt und hat – deshalb wird er hier erwähnt – ebenfalls als erster die Welt mit einer Maschine – einer Uhr – statt mit einem beseelten Tier verglichen. Die Gestalt des Himmels und seine Bewegungen erschienen ihm so, »als habe ein Mann eine Uhr konstruiert und laufen lassen, so daß sie sich eigenständig bewegt«. Sein Bild der Welt sollte bis um 1850 Bestand haben; dann lösten die Dampfmaschine und/oder das Billard die Uhr als Modell der Welt ab. Aber *die Maschine* sollte als Bild der Welt zumindest bis zur Allgemeinen Relativitätstheorie und der Quantenmechanik in das 20. Jahrhundert hinein fortbestehen.

Doch wir befinden uns an dieser Stelle in den Zeiten des Umschwungs vom animalistischen zum mechanistischen Bild der Welt. Der Astronom Kepler hat beide Strömungen vereinigt. So schreibt er 1605 »Ich bin sehr mit der Untersuchung der physikalischen Ursachen beschäftigt. Zeigen will ich, daß die Maschine des Universums keinem heiligen und beseelten Wesen, sondern einer Uhr gleicht.« Seine wissenschaftlichen Erfolge gipfelten in den nach ihm benannten Gesetzen. Gehuldigt hat er, der unter anderem (ab Juli 1628) der Astrologe des Feldherrn und Staatsmanns Wallenstein im Dreißigjährigen Krieg war, aber auch einer recht rückwärtsgewandten Naturphilosophie. Sie stand in ständigem Kampf mit seinen Beobachtungen, denn beide wollten nahezu niemals zueinander passen. Taten sie es, brach er in Euphorie aus: »Ich gelangte zu den fünf regelmäßigen Körpern. Hier offenbarte sich endlich sowohl eine umschriebene Anzahl von Körpern, als eine feste Größe der Abstände, und zwar so deutlich, daß ich wegen der noch verbliebenen Abweichungen auf die Vollendung der Himmelswissenschaft rechnen durfte. In diesen eben verstrichenen 20 Jahren wurde sie vollendet. Und siehe, noch immer weichen die Abstände von den regelmäßigen Körpern ab, und noch immer zeigt sich keine Ursache, weshalb die Exzentrizitäten so ganz ungleich unter die Planeten aufgeteilt sind! So hatte ich denn in diesem Weltengebäude

3.5a)

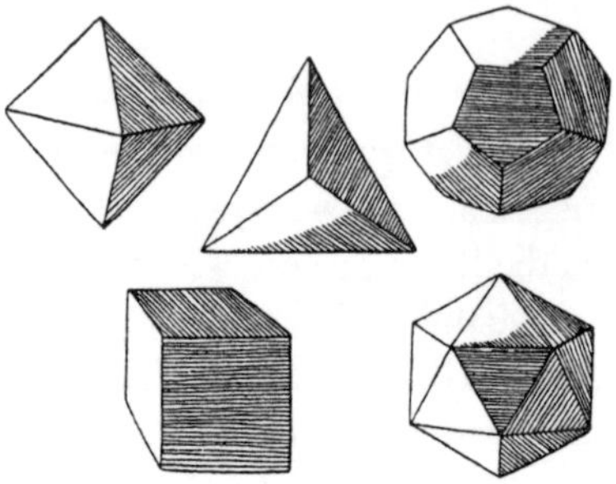

Abbildung 3.5: Die fünf regelmäßigen, nach Platon benannten Körper hat Kepler so ineinandergeschachtelt, daß die Bahnen der sechs Planeten, die er kannte, Kreise in den ihnen eingeschriebenen und umschriebenen Kugeln bilden. Dabei beruft er sich auf Pythagoras, von dem man öfter in den Schulen höre, »weil es ihm nicht unwürdig gedäucht hat, daß der Schöpfer die Eigenschaften der regelmäßigen Körper in der Schöpfung angewendet habe«. Und warum gerade sechs Planeten? »Es bedarf ihrer nicht mehr, als die regelmäßigen Körper Verhältniszahlen aufweisen. Durch sechs Ausdrücke aber ist ihre Zahl erschöpft.«

bloß Werksteine von zierlicher dem Baustoff allerdings angepaßter Gestalt gesucht und nicht gewußt, daß sie der Baumeister vollkommen getreu nach dem *Bilde eines belebten Leibes* [meine Hervorhebung] zugerichtet hatte. [...] Die Harmonien bildeten Nase, Augen und die übrigen Glieder des Bildwerks; die regelmäßigen Körper hatten ihm bloß die erforderliche Menge ungefügen Werkstoffes zugetragen.«

Die »fünf regelmäßigen Körper«, von denen Kepler spricht, sind die Platons (Abb. 3.5a). Was er durch sie verstehen wollte, ist bis heute unverstanden geblieben: Die Anzahl der Planeten, sowie deren Anordnungen, und die jeweilige Exzentrizität ihrer Bahnen. Während seine drei Gesetze notwendige Eigenschaften von Planetenbahnen und den Bewegungen der Planeten auf ihnen beschreiben, lassen sie unendlich viele verschiedene Ausprägungen zu. Nehmen wir nur das erste Keplersche Gesetz (Abb. 2.4): Die Bahn eines jeden Planeten ist eine Ellipse, in deren einem Brennpunkt die Sonne steht. Nun gibt es unendlich viele verschieden große und verschieden geformte Ellipsen mit demselben Brennpunkt, und die Naturgesetze schweigen sich, wie bereits gesagt, darüber aus, welche von ihnen mit Planeten besetzt sind und welche nicht: Das haben, wie bereits festgestellt, die unbekannten und höchst komplizierten Anfangsbedingungen in der Frühzeit des Sonnensystems festgelegt. Selbst wenn wir die Keplerschen Gesetze drastisch vereinfachen und nur Kreise, in deren Mittelpunkt die Sonne

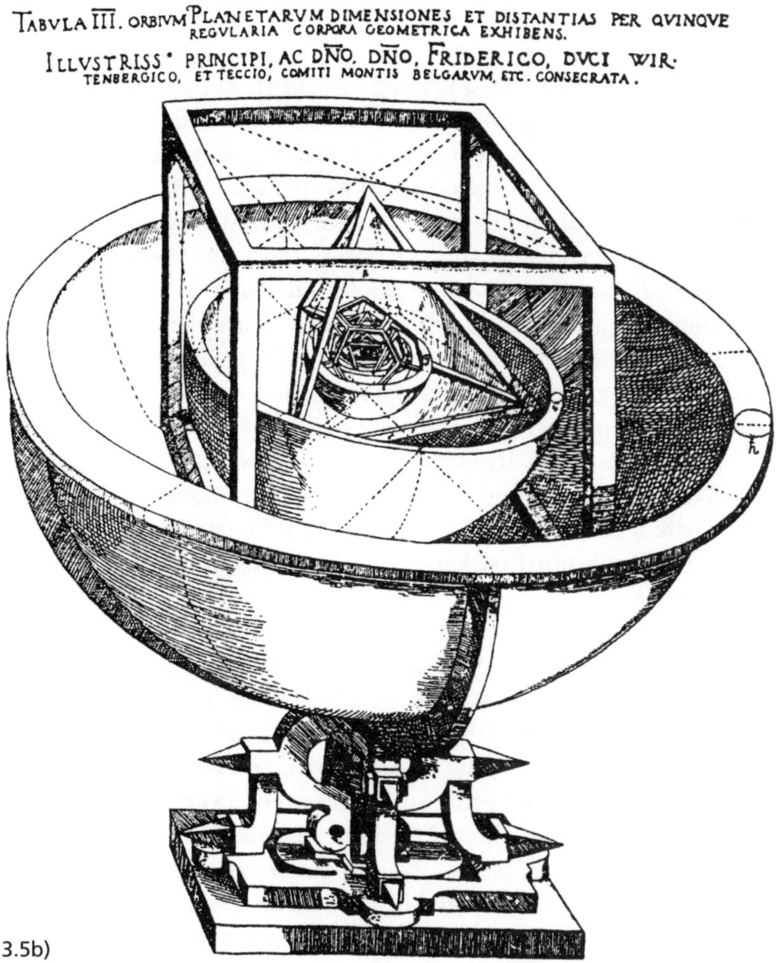

3.5b)

steht, statt der Ellipsen als Planetenbahnen zulassen, verbleiben noch unendlich viele Möglichkeiten, sprich Ebenen der Kreise und Radien. Kepler fragt in diesem vereinfachten Bild nach den Radien der mit Planeten besetzten Kreise, die übrigens alle nahezu in derselben Ebene, der Ekliptik, liegen. Seine Antwort in der Abb. 3.5b begründet er in enger Analogie zu Pythagoras und Platon zweitausend Jahre früher durch die mathematische oder geometrische Harmonie, Symmetrie und Schönheit der so geordneten Erscheinungen.

Rettung der Phänomene

Neu war nach Kepler ab Galilei und insbesondere Newton, daß zwischen den Erscheinungen und den Naturgesetzen, die für sie gelten, klar unterschieden wurde. Während die Entdeckung weiterer Planeten die von Kepler mit Hilfe der Platonischen Körper entdeckte Ordnung zunichte machen mußte und auch gemacht hat, blieben seine Gesetze und die tieferliegenden Naturgesetze Newtons, aus denen sie folgen, von diesen Entdeckungen unbeeinflußt. Die Suche nach den mathematischen und geometrischen Eigenschaften der Phänomene, wie sie sich uns darbieten, ist seit Newton nicht mehr Selbstzweck, sondern hat das Ziel, Erklärungen für sie durch mathematische und/oder geometrische Naturgesetze zu finden. Gesucht wird nach mathematischen Formulierungen der Naturgesetze; die Erscheinungen selbst bilden Manifestationen ihrer Lösungen, und diese können sein, wie sie wollen, ohne daß eine etwaige Harmonie, Symmetrie und Schönheit der Gesetze – nur um diese kann es noch gehen – dadurch beeinträchtigt würde.

▷ *Zwischenfrage:* Sie betonen die Neuheit der Unterscheidung von Naturgesetzen und Erscheinungen zu Beginn der Wissenschaftlichen Revolution. Die Aufgabe aber, hinter den Erscheinungen, wie sie sich uns darbieten, die *wahren* Erscheinungen zu suchen, die vermuteten Gesetzen genügen, hat ja bereits Platon den Astronomen gestellt: Findet die *wahren* Bewegungen der Planeten, die aus Kreisen zusammengesetzt sind, die mit konstanter Geschwindigkeit durchlaufen werden, und leitet aus ihnen die *scheinbaren* unregelmäßigen Bewegungen ab, die auf Erden beobachtet werden! Ist das Forschungsprogramm der Descartes, Galilei, Newton, Huygens und so weiter also nicht einfach eine Erweiterung eines im Wortsinn klassischen Programms?

▷ *Zwischenantwort:* So kann man es sehen, und so ist es gesehen worden. Bei dem klassischen Programm der »Rettung der Phänomene«, auf das Sie anspielen, stehen immer aber nur die Phänomene in Frage, niemals die Gesetze selbst. Die Gesetze – Kreisbahnen, konstante Geschwindigkeiten – werden als vorgegeben betrachtet. Das wahrhaft Neue war um 1600, daß die Gesetze sich nicht mehr von selber verstehen sollten, sondern daß nach ihnen gesucht wurde.

Dieser Unterschied zum Vorhergehenden scheint mir wichtiger als das Gemeinsame. Sieht man davon aber ab, kann man beispielsweise Galileis Verständnis der Fallgeschwindigkeiten verschiedener Körper in das Schema der Rettung der Phänomene einordnen: Die eigentliche gesetzmäßige, terminologisch *wahre* Bewegung ist die des Freien Falls im luftleeren Raum mit derselben Geschwindigkeit für alle Körper. Die beobachtete, terminologisch *scheinbare* Bewegung mit im allgemeinen verschiedenen Geschwindigkeiten beruht auf der Störung der wahren Bewegung durch den Widerstand der Luft, der sich auf leichte Körper stärker auswirkt als auf schwere. Und so weiter. Die Klimmzüge, die es erfordert, Ausdrücke wie *wahre* und *scheinbare* Bewegung der neuen Situation anzupassen, bilden keinen hinreichenden Grund, das Konzept der Rettung der Phänomene auf die Bemühungen der Descartes, Galilei, Newton, Huygens etc. nicht anzuwenden. Der Grund ist vielmehr, daß der Gegenstand der Forschung nicht derselbe geblieben ist: In Frage stehen nicht mehr die Phänomene bei vorab anerkannten Gesetzen, sondern die Gesetze selbst.

Weshalb und woher aber Naturgesetze? Und was beschreiben sie: Die Realität selbst, oder ein mathematisches Modell von ihr? Die Realität selbst, war die entschiedene Antwort der Anhänger der »neuen« Naturwissenschaften der Wissenschaftlichen Revolution, die das Universum als Maschine interpretieren wollten. Denn wenn jemals der Ursprung mathematischer Gesetze klar vor Augen lag, dann der Ursprung jener Gesetze, die mechanische Eigenschaften von Körpern formulieren, die durch Berührung und Stoß miteinander wechselwirken. Die Mathematik galt als Methode – und zwar als die einzig vernünftige! –, um mechanische Relationen auszudrücken. Zuerst kamen die Körper mit ihrer unbezweifelbaren Realität. Aus ihnen ergaben sich dann die mathematischen Naturgesetze, die das Verhalten der Körper beschreiben. Die Erklärungen, wenn auch mathematisch formuliert, waren ihrem Wesen nach mechanisch, und leuchteten eben deshalb so sehr ein, daß sie selbst keiner Erklärung bedurften.

Das jedenfalls war der Standpunkt der Descartes, Galilei, Huygens, Newton und ihrer Mitstreiter bei der Erneuerung der Naturwissenschaften. Als ihr Credo kann der Spruch »Und sie bewegt sich doch!« dienen, mit dem Galilei heimlich seinen Widerruf der Kopernikanischen Lehre, daß die Sonne unbewegt im Mittelpunkt des Planetensystems stehe und von der Erde umlaufen werde, zurückgenommen haben soll. Den Gegenpol bildete die Auffassung, daß die Kopernikanische Lehre zwar zur Rettung der Phänomene geeignet sei, aber keinen realen Sachverhalt zum Ausdruck bringe. So faßte die katholische Kirche die Lehre des Kopernikus auf, die ja ihrer eigenen Lehrmeinung widersprach, und duldete sie. Analoges galt für andere, der Kirche ebenfalls entgegengesetzte naturwissenschaftliche Behauptungen, zum Beispiel für die, daß das Weltall unendlich sei, und daß es in ihm leeren Raum gebe. Hypothetisch und mathematisch konnte bereits im 16. Jahrhundert auch im Widerspruch zur Kirche jeder behaupten, was er wollte. Gefährlich aber war der Schritt von der Behauptung mathematischer Möglichkeiten zu der Behauptung, solche widersprechenden Möglichkeiten seien in der wirklichen Welt realisiert. Der hypothetische Raum mochte unendlich und teilweise leer sein; wer aber wie Giordano Bruno behauptete, die Welt sei tatsächlich unendlich und in ihr gebe es wirklich leeren Raum, setzte sich höchster Gefahr aus: Ob seiner Lehren ist Bruno im Jahr 1600 verbrannt worden. Hören wir, wie Kardinal Bellarmin 1615 in einem Brief an den Karmelitermönch Paolo Antonio Foscarini, der an Bellarmin zahlreiche Fragen gerichtet hatte, die Einstellung der katholischen Kirche zum Kopernikanischen Weltbild zusammenfaßt: »Es scheint mir, daß Ihr und Signor Galilei klug tut, wenn Ihr Euch damit begnügt, nicht absolut, sondern hypothetisch zu sprechen, wie es, wie ich glaube, Kopernikus getan hat. Denn wenn man sagt: unter der Voraussetzung, daß die Erde sich bewege und die Sonne stillstehe, lassen sich alle Erscheinungen besser erklären als durch die Annahme der exzentrischen Kreise und Epizykel, so ist das sehr gut gesagt und hat keine Gefahr, und das genügt dem Mathematiker. Wenn man aber behaupten will, die Sonne stehe wirklich im Mittelpunkt der Welt und bewege sich nur um sich selbst, ohne von Osten nach Westen zu laufen [...], so läuft man damit große Gefahr, nicht nur alle Philosophen und scholastischen Theologen zu reizen, sondern auch unseren heiligen Glauben zu beleidigen, indem man die heilige Schrift eines Fehlers überführt. [...] Es ist nicht die gleiche Sache, zu zeigen, daß die Erscheinungen durch die Annahme gerettet werden, die Sonne sei im Zentrum und die Erde in den Himmeln, als darzulegen, daß die Sonne wirklich im Zentrum ist und die Erde in den Himmeln. Ich glaube, daß der erste

Beweis gelingen mag, aber ich habe schwerste Bedenken, was den zweiten betrifft, und im Zweifelsfalle soll man von der Auslegung der Schrift durch die Väter nicht abgehen.«

Descartes und Newton

Geboren wurde die mechanistische Weltsicht aus der Beobachtung alltäglicher Phänomene, die der direkten Beobachtung zugänglich sind. Ihr Anspruch aber war allumfassend. Um ihn durchzusetzen, wurden *Mikromaschinen* erfunden, die zwar kleiner sein sollten als die direkt beobachtbaren Körper, sonst aber wie sie. Der Erfindungsgabe waren keine Grenzen gesetzt. Als besonders phantasievoll hat sich Descartes erwiesen. Zur Erklärung der Bewegungen der Planeten, der Brechung des Lichts und des Magnetismus hat er die Welt mit Wirbeln von Körperchen angefüllt. Die Abb. 3.6 zeigt vier Beispiele. Die Wirbel der Abb. a sollen bewirken, daß die Planeten sich mit ihren von der Entfernung abhängigen Geschwindigkeiten um die Sonne bewegen. Descartes argumentiert so: »Wir müssen annehmen, daß die ganze Himmelsmaterie, in der die Planeten sich befinden, nach der Art eines Wirbels, in dessen Mitte die Sonne ist, stetig sich dreht, und zwar die der Sonne näheren Teile schneller, die entfernteren langsamer, und daß alle Planeten (einschließlich der Erde) immer zwischen denselben Teilen der Himmelsmaterie bleiben. Dies genügt, um ohne alle Künsteleien die sämtlichen Erscheinungen derselben leicht zu verstehen. Denn so wie man in Flüssen an Stellen, wo das Wasser in sich zurückkehrende Wirbel bildet, einzelne darauf schwimmende Grashalme sich mit dem Wasser zugleich fortbewegen sieht, andere sich aber um die eigenen Mittelpunkte drehen und ihre Kreisbewegung um so schneller beenden, je näher sie dem Mittelpunkte des Wirbels sind, und obgleich sie immer nach Kreisbewegungen streben, doch niemals vollkommene Kreise beschreiben, sondern in der Länge oder Breite etwas davon abweichen, ebenso kann man sich dasselbe bei den Planeten leicht vorstellen, und damit allein sind alle Erscheinungen erklärt.«

Nun ja. Derartige Ableitungen von Naturgesetzen aus mechanistischen Vorstellungen bildeten das Ideal der Periode, die mit der Wissenschaftlichen Revolution um 1600 begann und um 1900 endete. Natürlich hat, wie noch beschrieben werden soll, in den späten Jahren

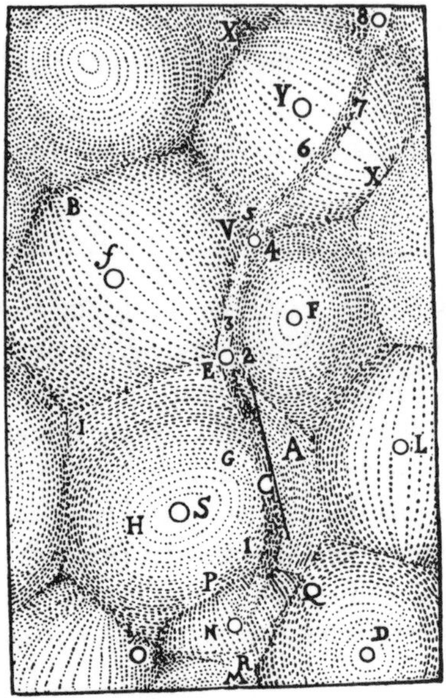

a)

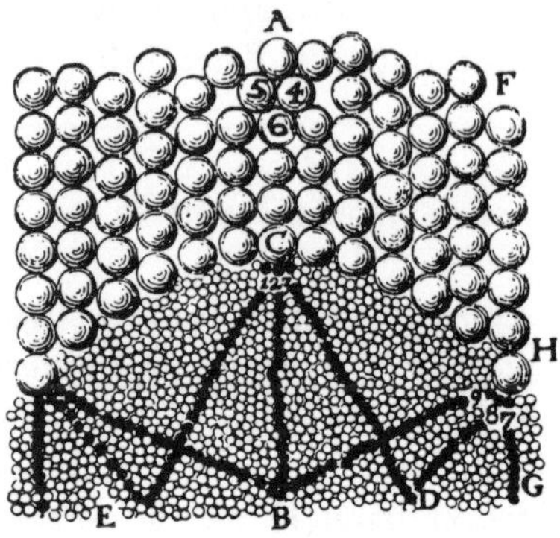

b)

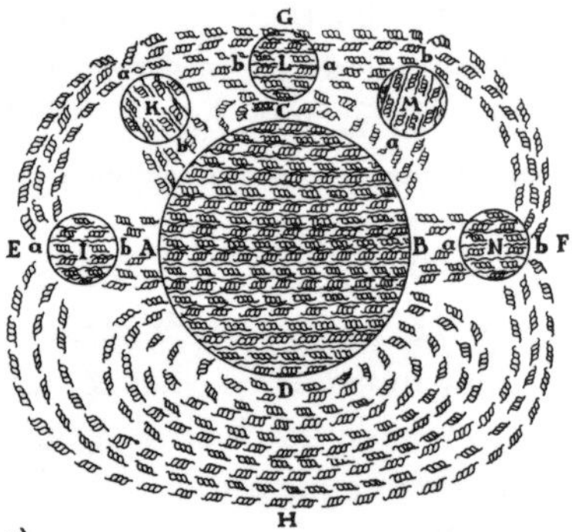

c)

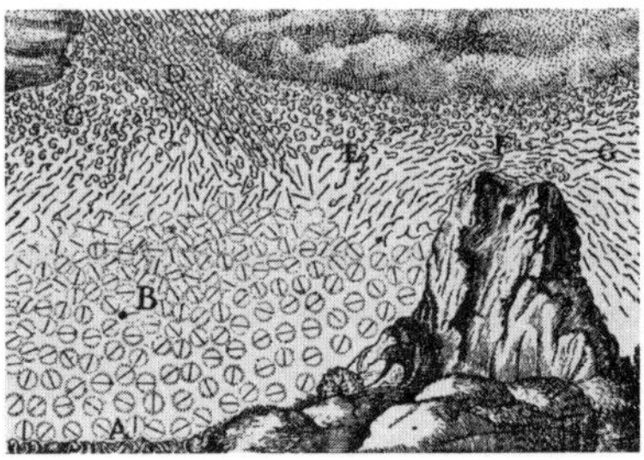

d)

Abbildung 3.6: Die Wirbel feiner Kugeln in a bewirken laut Descartes, daß sich die Himmelskörper so bewegen, wie sie es tun. Das Verhalten von Licht an der Grenzschicht zweier Medien leitet Descartes aus b ab, und c zeigt, wie er sich das Magnetfeld der Erde vorstellt. Deren obere Atmosphäre mit dem Übergang zu »Himmelskügelchen« veranschaulicht d.

der mechanistischen Philosophie die Naivität der Setzungen eines Descartes einem grundsätzlichen Skeptizismus gegenüber mechanistischen Vorstellungen Platz gemacht. Aber das Ideal ist geblieben; und gerade die größte Errungenschaft der Periode der Wissenschaftlichen Revolution, die Mechanik Newtons, entsprach ihm *nicht*. Wieder und wieder unternommene Versuche, Newtons offenbar richtige Gesetze der Schwerkraft auf mechanistische Modelle zurückzuführen, sind allesamt gescheitert. Das hat insbesondere Newton selbst als Mangel empfunden und darauf bestanden, daß er seine Gesetze aus den beobachteten Bewegungen der Planeten, also induktiv abgeleitet hat. Aber wie Descartes mochte er nicht sein; »Hypothesen erfinde ich nicht«, hat er zu dem (auch selbstgestellten) Ansinnen gesagt, er möge eine mechanistische Begründung seiner Gesetze vorlegen.

Was seine Gesetze in einer Periode, die sich von allem Okkulten lösen wollte, vor allem verdächtig machte, war, daß er keinen Mechanismus für die Wirkung der Schwerkraft von Körper zu Körper angeben konnte. An die Behauptung, daß die Erde andere Körper anzieht, hatte man sich seit langem gewöhnt. Laut Newton aber sollten alle Körper alle anderen vermöge ihrer Masse anziehen, und zwar über beliebig große Entfernungen hinweg, ohne daß ein Medium genannt werden konnte, das die Kraft übertrug. Die Wirkung trat laut Newtons Theorie zudem *instantan* ein – wenn sich die Sonne *jetzt* zu einer Zigarre verformt, spürt die Erde die veränderte Schwerkraft ebenfalls *jetzt* und ändert ihre Bahn instantan.

Das mochte niemand glauben, auch wir glauben es nicht, und verfügen seit 1916 über Einsteins Allgemeine Relativitätstheorie, laut derer sich die Wirkungen der Schwerkraft mit endlicher Geschwindigkeit – der des Lichts – ausbreiten. Auch Newton, der in Fragen der Physik der mechanistischen Weltsicht uneingeschränkt anhing, glaubte es nicht, und hat sich in einem Brief an Reverend Dr. Bentley darüber kraftvoll geäußert: »Daß ein Körper über eine Entfernung hinweg durch ein Vakuum hindurch auf einen anderen ohne Vermittlung von etwas wirken sollte, von dem und durch das die Wirkung und Kraft vom einen auf den anderen übertragen würde, ist für mich ein absurder Gedanke« – hat aber die Antwort auf die Frage nach der Natur des Zwischenträgers, »ob materiell oder immateriell, dem Urteil seiner Leser« überlassen.

Geriefte Elementarteilchen?

Rätselhaft wie die Bewegungen der Planeten war seit je auch der Magnetismus. Unerschrocken erklärt Descartes auch ihn durch mechanistische Vorstellungen, die er zu eben diesem Zweck ersinnt. Die Abb. 3.6c zeigt den Strom – wie sein Übersetzer schreibt – »geriefter« Teilchen, der laut Descartes die Erde und ihre Umgebung durchsetzt. Descartes führt zwei Typen geriefter Teilchen ein, die Spiegelbilder voneinander sind, und die er sich »als dünne Säulen vorstellt, die an ihrer Oberfläche drei vertiefte, nach Art der Schneckenhäuser gewundene Rinnen haben«. Hierdurch trägt er der Händigkeit des Magnetismus Rechnung. Nun fällt es ihm leicht, dessen Gesetze aus der angenommenen Realität der gerieften Teilchen sowie der Gänge innerhalb von Magneten, die sie durchströmen, abzuleiten; zum Beispiel so: »Wenn die Pole des Magneten nicht dahin gerichtet sind, wo die gerieften Teilchen herkommen, und wo sie ihm einen freien Durchgang gewähren können, so stoßen diese gerieften Teilchen schief auf diese Gänge und treiben ihn mit ihrer Kraft zur Umwendung in die gerade Richtung so lange, bis er in seine natürliche Lage zurückgekehrt ist. Wo also keine äußere Gewalt es hindert, wird der Südpol des Magneten sich nach dem Nordpol der Erde zu richten [...] « – und so weiter. Bemerkenswert sind auch die Elementarteilchen, die gemäß Abb. 3.6d in der oberen Atmosphäre und im nahen Weltraum angesiedelt sind.

▷ *Zwischenfrage:* Ich frage mich, wie sicher seid ihr Elementarteilchenphysiker euch eigentlich, daß es die Leptonen, Quarks und Gluonen mit den Eigenschaften, die ihr ihnen unterstellt, tatsächlich gibt, und ob sie tatsächlich, wie Sie anderswo schreiben, im Raum herumhuschen, der so leer ist, wie es die Naturgesetze erlauben. Seid ihr wirklich so weit von Descartes entfernt, daß Spott über die Produkte *seiner* Phantasie angebracht ist?

▷ *Zwischenantwort:* Descartes als ein – wenn auch extremer – Vertreter der frühen mechanistischen Epoche macht keinen Unterschied zwischen den Objekten der direkten Wahrnehmung und seinen Teilchen, ob gerieft oder nicht. Beide sind für ihn gleichermaßen real, und die Eigenschaften, die er den Teilchen zuschreibt, treten genauso bei den Objekten der direkten Wahrnehmung auf. Die kritische Frage, wie Elementarteilchen denn ein gerieftes oder kugelförmiges Aussehen besitzen können, stellt er nicht; sie ist aber nicht zu vermeiden und soll unter anderem aus dem Gesichtswinkel des Physikers und Entdeckers der elektromagnetischen Wellen Heinrich Hertz, der 1894 im Alter von nur 36 Jahre starb, dargestellt werden. Die Physiker und Naturphilosophen der frühen mechanistischen Epoche fragen generell nicht, ob ihre Teilchen beobachtet, und welche von deren Eigenschaften nachgewiesen werden können. Beide Möglichkeiten verstanden sich für sie wohl von selbst, und sie setzten ein naives Vertrauen in das Mikroskop, das 1590 in den Niederlanden erfunden worden war. Das Vorgehen war einfach folgendes: Unterstellt wurde die Existenz realer (noch) nicht beobachtbarer Objekte, deren Verhalten bereits durch die auch für die makroskopischen Objekte der direkten Wahrnehmung geltenden Gesetze von Berührung und Stoß bestimmt sein sollte. Das Ziel war, aus dem Verhalten der mikroskopischen Objekte sowie ihrem ebenfalls durch Berührung und Stoß bestimmten Einfluß auf die makroskopischen Objekte *alle* für die letzteren geltenden Naturgesetze abzuleiten. Die Gesetze für Berührung und Stoß verstanden sich sozusagen von selbst; erklären sollten sie Wirkungen wie die Ausbreitung des Lichts und/oder der Schwerkraft. Primär also Objekte mit ihrem als selbstverständlich angenommenen, aus ihrer Gestalt bzw. Ausdehnung folgenden Verhalten; sekundär die darüber hinaus gehenden Gesetze. Heute fragen wir primär nach den Gesetzen – »erst die Theorie entscheidet darüber«, meinte Einstein, »was man beobachten kann« – und sekundär nach den Möglichkeiten, die Gesetze durch Objekte zu implementieren. Die Naturgesetze als Aussagen über die Beziehungen von Basissätzen zueinander sind »realer« als viele der Objekte, deren Existenz ihre Formulierung unterstellt. Aus der logischen Äquivalenz zweier Theorien folgt ihre ontologische zudem nicht: Die Objekte, deren Existenz sie unterstellen, können der logischen Äquivalenz ungeachtet vollkommen verschieden sein. So ist es bei verschiedenen Formulierungen sowohl der Quantenmechanik, als auch der Allgemeinen Relativitätstheorie. Welchen Sinn kann es da haben, die Existenz der Objekte einer Theorie, die nicht durch Basissätze definiert werden können, zu unterstellen?

Descartes' Bravour bei der mechanistischen Interpretation von allem und jedem hat kaum einer seiner Zeitgenossen und Nachfolger besessen. Als Gegenpol ist vor allem der englisch-irische Naturforscher und Chemiker Robert Boyle zu nennen. Dem mechanistischen Credo stimmt er uneingeschränkt zu; aber mit den Details ist er vorsichtig. Für den von ihm erforschten Druck der Luft machte er deren »Feder« verantwortlich, ließ aber offen, worin genau sie besteht. Vielleicht ruhte die Luft ja auf Federn, die den Haaren eines Teppichs glichen und nur auf Druck zurückwichen. Es konnte aber auch sein, daß eine innere Agitation der Bestandteile der Luft dem Zusammendrücken Widerstand leistete. Hiermit hatte er übrigens Recht. Festlegen mochte er sich aber nicht, und dafür findet er unseren Beifall, wenn seine Beiträge auch eben deshalb von seinen Zeitgenossen als nahezu trivial eingestuft wurden. In einem Brief des Jahres 1691 von Gottfried Wilhelm Leibniz – Philosoph, Mathematiker, Naturforscher und Gegenspieler Newtons – an den niederländischen Physiker Christian Huygens lesen wir über Robert Boyle: »In seinen Büchern [...] folgert er nur, was wir sowieso wissen, daß nämlich alles mechanisch abläuft.«

Materie und Bewegung

Die Grundlage des mechanistischen Credos, das Boyle, ohne auf Einzelheiten einzugehen, vertrat, bildeten zwei große Prinzipien – Materie und Bewegung. Die Materie wiederum sollte Gestalt und Größe als einzige Eigenschaften besitzen. Natürlich besitzt die Materie im großen zahlreiche weitere Eigenschaften wie Temperatur, Farbe, Geschmack, Konsistenz und so weiter. Aber den elementaren Teilchen der mechanistischen Epoche kamen diese sekundären Eigenschaften nicht zu, sondern nur die primären, also Gestalt, Größe und Bewegung. Aufgabe der Naturforschung war es, die sekundären Eigenschaften der Materie im großen aus denen der elementaren Teilchen, die eben diese nicht besaßen, abzuleiten. Die primären Eigenschaften aber, die den elementaren Teilchen als einzige zukamen, besaß die Materie im großen ebenfalls – Gestalt, Größe und Bewegung. Eigenschaften, welche die Materie im großen nicht bereits besessen hätte, wurden den elementaren Teilchen nicht zugeschrieben. Daß die Gesetze für das Verhalten dieser Teilchen der menschlichen Einsicht zugänglich sein sollten, beruhte ja gerade darauf, daß sie sich nach Auskunft des mechanistischen Credos wie Verkleinerungen der Materie im großen verhielten, die selbst auch Gestalt, Größe und Bewegung besaß. Den eigentlich naheliegenden Schritt, auch die Gestalt als sekundäre Eigenschaft aufzufassen und sozusagen gestaltlose elementare Teilchen einzuführen, konnte die mechanistische Epoche allerdings nicht gehen. Die Frage, wie die Gestalt eine primäre und irreduzible Eigenschaft sein könne, wurde zwar gestellt, konnte aber nicht beantwortet werden.

Einsichten und Prinzipien

Die mechanistischen Vorstellungen vom Aufbau der Materie haben erst in der zweiten Hälfte des 19. Jahrhunderts zu mathematischen Naturgesetzen – denen der Wärmelehre – geführt. Vor allem waren es neu gewonnene Einsichten in Prinzipien, auf denen die unmittelbaren Erfolge der Wissenschaftlichen Revolution bei der Aufdeckung mathematischer Naturgesetze basierten. Ein solches Prinzip, das Huygens und Galilei mit überwältigendem Erfolg angewendet haben, ist das von der Unbeobachtbarkeit absoluter Bewegung. Wir können es so aussprechen: Ein Beobachter, der sich zusammen mit seinem System ohne sich zu drehen in einer geraden Linie mit konstanter Geschwindigkeit bewegt, kann auf keine Weise durch Experimente, die er an seinem System durchführt, herausbekommen, *wie schnell* er sich bewegt. Die Naturgesetze sind, anders gesagt, von der Geschwindigkeit des Systems, für das sie gelten, unabhängig. Das Prinzip setzt eine Definition dessen voraus, was eine nach Betrag und Richtung konstante Geschwindigkeit sein soll, und diese Frage ist keinesfalls trivial. Huygens und Galilei haben sie pragmatisch und erfolgreich durch die Annahme beantwortet, konstante Geschwindigkeit relativ zur Erdoberfläche sei für ihre Zwecke hinreichend genau auch eine Bewegung mit absolut konstanter Geschwindigkeit. Dies, obwohl sie wußten, daß die Erde sich dreht und auf einer Ellipsenbahn mal schneller, mal langsamer die Sonne umfliegt. Mit Hilfe des Prinzips von der Unabhängigkeit der Naturgesetze vom dem Betrag einer absolut konstanten Geschwindigkeit konnte Huygens so die Gesetze des elastischen Stoßes zweier gleicher Massen ableiten, und konnte Galilei einen von

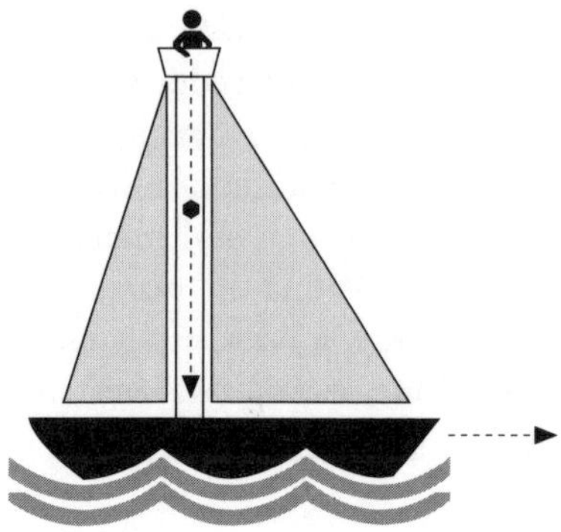

Abbildung 3.7: Weil die Naturgesetze für das Fallen eines Steins von der Geschwindigkeit dessen, der den Stein fallen läßt, unabhängig sind, fällt der Stein auf dem ruhig fahrenden Schiff genauso parallel zum Mast herunter, wie es einer tut, der von der Spitze eines auf der Erdoberfläche stehenden Mastes fallen gelassen wird. Die Einsicht, daß das so ist, besaß Aristoteles nicht, er argumentiert, daß bei bewegter Erde der Stein beim Fall sowohl auf dem Schiff, als auch auf der Erde hinter dem Mast, der sich unterdessen ja weiterbewegt, zurückbleiben müsse – es sei denn, selbstverständlich, das Schiff bewege sich gerade so schnell entgegen der Richtung der Erdbewegung, daß es diese kompensiert. Wenn auch schwer vorstellbar ist, daß nicht bereits Zufallsbeobachtungen vom reibungslosen Ablauf alltäglicher Vorrichtungen auf einem ruhig fahrenden Schiff jeden seit je davon überzeugt haben, daß der Stein parallel zum Schiffsmast herunterfallen würde, hat doch dieses Experiment zuerst der französische Philosoph und Wissenschaftler Pierre Gassendi im frühen 17. Jahrhundert durchgeführt. Galilei haben seine Einsichten in physikalische Prinzipien unabhängig vom Experiment davon überzeugt, daß es so sein müsse. Durch sie konnte er Aristoteles' Einwände gegen die Bewegung der Erde entkräften.

Aristoteles stammenden Einwand gegen die Bewegung der Erde entkräften (Abb. 3.7). Ein weiteres Prinzip, das wir heute so aussprechen, daß kein Perpetuum mobile gebaut werden kann, hat es Huygens ermöglicht, auch die Gesetze des elastischen Stoßes zweier ungleicher Massen abzuleiten.

Ein weiteres neues und folgenreiches Prinzip, das ebenfalls einem von Aristoteles stammenden Diktum widerspricht, ist bei Galilei und Newton das von der Universalität der Naturgesetze: daß nämlich in den Himmeln dieselben Naturgesetze gelten wie auf Erden. Dies Prinzip hat bereits die Abb. 2.6 verdeutlicht. Um es zu überprüfen, hat Galilei Schatten auf dem Mond vermessen, die er durch sein Fernrohr sehen konnte. Sein Ergebnis war, daß der Schattenwurf auf dem Mond denselben Gesetzen genügt wie der Schattenwurf auf der Erde. Heute wissen wir mit sehr großer Genauigkeit, daß überall und zu allen Zeiten dieselben Naturgesetze gelten. Zum Beispiel können wir die Far-

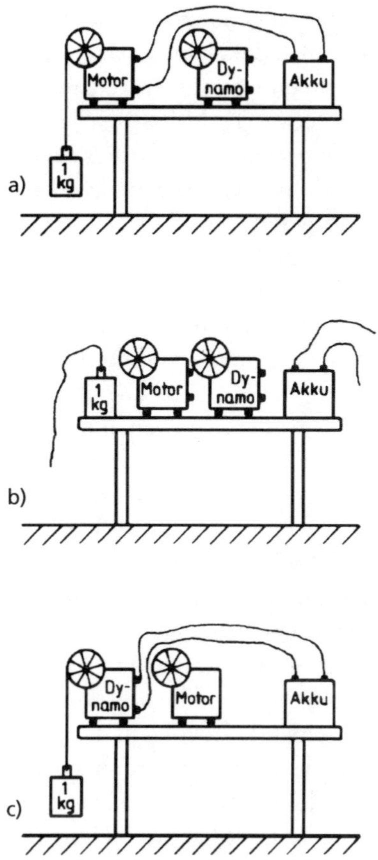

Abbildung 3.8: Die Geräte der Abbildung können unter der Voraussetzung, daß die Schwerkraft nicht zu allen Zeiten dieselbe ist, als Perpetuum mobile verwendet werden. Genauer soll die Schwerkraft an einem Sonntag doppelt so stark sein wie sonst immer. Am Samstag abend, bei noch normaler Schwerkraft, benutzen wir Strom aus dem Akku, um das Gewicht mit Hilfe des Motors vom Fußboden auf den Tisch zu heben. Dort bleibt es stehen, bis wir am Sonntag mittag sicher sein können, daß die Schwerkraft doppelt so stark ist wie normal. Dann hängen wir das Gewicht an den Dynamo und lassen es wieder auf den Fußboden herunter; die elektrische Energie, die der Dynamo dabei liefert – natürlich das Doppelte dessen, was der Motor zum Heben des Gewichtes gebraucht hat, speichern wir im Akku. Am Montag, bei wieder normaler Schwerkraft, hat sich nur eines gegenüber den Verhältnissen am Samstag mittag geändert: Der Akku enthält mehr Energie; das Gewicht steht genau wie anfangs auf dem Boden. Das mechanische System haben wir also nicht verändert, ihm aber Energie entnommen. Daß dies – die Erzeugung von Energie – in der Wirklichkeit unmöglich zu sein scheint, ist ein Indiz dafür, daß sich die Naturgesetze im Laufe der Zeit nicht ändern. Umgekehrt impliziert Unveränderlichkeit der Naturgesetze im Laufe der Zeit den Energiesatz. Die Unmöglichkeit also, eine Maschine zu bauen, die Energie erzeugt oder vernichtet.

ben des Lichts, das von Sternen und Galaxien aus großen Entfernungen zu uns kommt, mit den Farben des Lichts vergleichen, das Atome hier auf der Erde aussenden, und finden, daß die Atome in den weit entfernten Sternen und Galaxien denselben Naturgesetzen genügen wie die Atome hier. Und weil das Licht viele Jahre braucht, um den Weg von dort zur Erde zurückzulegen, konnten wir uns davon überzeugen, daß für die Atome dort auch zu den lange vergangenen Zeiten, zu denen sie ihr Licht ausgesandt haben, eben die Naturgesetze gegolten haben, die heute und hier gelten. Argumente dieser Art reichen bis in die zeitliche Nähe des Urknalls vor (etwa) 15 Milliarden Jahren zurück, und in die zugehörige Entfernung von 15 Milliarden Lichtjahren. Es gibt kein experimentelles Ergebnis, das den Prinzipien widerspräche, daß die fundamentalen Naturgesetze zu allen Zeiten und an allen Orten dieselben sind. Diesen Schluß bekräftigen Argumente der Mathematikerin Emmy Noether, die als Jüdin 1933 aus Deutschland vertrieben wurde und 1935 starb. Eines von ihnen besagt, daß es möglich sein müßte, ein Perpetuum mobile zu bauen, wenn die Naturgesetze *nicht* zu allen Zeiten dieselben wären (Abb. 3.8). All dies läßt aber die *Annahme* zu, daß in Weltgegenden, aus denen uns seit der Festlegung der effektiven Naturgesetze kurze Zeit nach dem Urknall kein Signal erreicht haben kann, andere Naturgesetze – oder dieselben mit anderen Werten der Naturkonstanten – gelten als hier und jetzt.

Am folgenreichsten aber waren die Prinzipien und Annahmen, die Isaac Newton in seinem Buch »Mathematische Prinzipien der Naturlehre« formuliert hat, und aus denen, wie er dort weiterhin zeigt, die heute nach ihm benannten Gesetze für die Bewegungen von Körpern unter dem Einfluß ihrer gegenseitigen Schwerkraft folgen: dieselben Gesetze für den freien Fall von Äpfeln in der Nähe der Erdoberfläche wie für die Bewegungen der Planeten um die Sonne. Eines seiner Prinzipien betrifft den Raum, ein anderes die Zeit, und beide sind grundsätzlichen Bedenken ausgesetzt, auf die hier nicht eingegangen werden soll; das mechanistische Credo verletzten sie jedenfalls nicht. Ganz anders stand es um seine ungemein erfolgreiche Annahme, daß sich Körper aufgrund ihrer Massen gegenseitig anziehen, unabhängig davon, wie weit sie voneinander entfernt sind. Die gegenseitige Anziehung nimmt zwar mit der Entfernung ab, wirkt aber durch Newtons »absoluten« Raum hindurch zumindest zwischen der Sonne und dem von ihr am weitesten entfernten Planeten. Wie konnte das sein?

Okkult, aber erfolgreich: Fernwirkungen

Die Konsternation Newtons und seiner Zeitgenossen über den immensen Erfolg dieser, mechanistisch gesehen, durch und durch unverständlichen Theorie, habe ich zu beschreiben begonnen. Sie führte, so war zu hören, das Okkulte wieder in die Naturwissenschaften ein, die sich gerade davon befreit hatten. Wie es jemandem möglich war, sich über den Erfolg von Newtons Theorien bei der Beschreibung realer Abläufe im Himmel und auf der Erde hinwegzusetzen, ist uns heute unverständlich. Denn dieser Erfolg war eine unbestreitbare und unbestrittene Tatsache. Genauso sind manche heute durch und durch verstandene Theorien der Elementarteilchenphysik Abkömmlinge von Theorien, die zur Zeit ihrer Formulierung zwar keine anerkannte theoretische Basis besaßen, wohl aber die Daten durch neuartige Ideen nahezu perfekt beschrieben. Sie wegen ihrer unsicheren Basis nicht zu beachten war unmöglich, weil doch ihre Schlußfolgerungen im Einklang mit den Experimenten standen. Eben wegen dieses Einklangs haben sich die um 1970 neuartigen Grundideen durchgesetzt und zu dem geführt, was heute das Standardmodell der Elementarteilchenphysik ist.

Wenn wir Jahrzehnte durch Jahrhunderte ersetzen, erging es Newtons Theorien genauso. Kurzfristig auf dieser ausgedehnten Skala überwog die Ablehnung, die sich zum Beispiel in dem von Leibniz erhobenen Vorwurf niederschlug, Newton belebe okkulte Prinzipien wieder und lenke von dem Ziel ab, das Universum vollständig als mechanisches System zu verstehen. Wirkungen, so das mechanistische Credo, konnten nur durch Berührung übertragen werden, aber was sollte in Newtons absolutem Raum, der die Wirkung der Schwerkraft übertrug, wohl was mit dem Ergebnis der Übertragung berühren? Die Wirksamkeit Gottes, die natürlich für die universelle Schwerkraft verantwortlich sein konnte, hat in der Epoche von Newton und Leibniz niemand bestritten. Aber Gott bediente sich, so ein weiteres Credo der Epoche, nur einsehbarer – sprich: mechanischer – Mittel; und gerade an ihnen mangelte es als mögliche Erklärung von Newtons Schwerkraft, für deren Wirken sich alsbald ein Wort einstellen sollte: Fernwirkung.

... und Massen

Aber nicht nur die Fernwirkung bedurfte nach der Meinung der Zeit einer Erklärung durch Berührung und Stoß, sondern auch die dazu gehörige, gleichermaßen okkulte Eigenschaft der Körper, Änderungen ihrer Geschwindigkeit Widerstand entgegenzusetzen; ihre *träge Masse* also, die ohne Erklärung durch die primären Eigenschaften Größe, Gestalt und Bewegung zu ebendiesen hätte hinzukommen müssen. Dasselbe galt für die Ursache der Fernwirkung, daß nämlich die durch sie übertragene Kraft laut Newtons höchst erfolgreicher Theorie auf einer gleichermaßen okkulten Eigenschaft der Körper beruhen mußte – ihrer *schweren Masse*. Da mochte es eine Erschwernis oder Erleichterung des Verständnisses bedeuten, daß die beiden okkulten Eigenschaften *träge* und *schwere* Masse offenbar bei allen Körpern in demselben Verhältnis zueinander standen, sozusagen zwei verschiedene Aspekte derselben Eigenschaft waren; rätselhaft waren die Massen der Körper allemal.

Licht – Teilchen oder Welle?

Die Epoche wollte Naturgesetze nicht nur formulieren, sondern auch einsehen, warum sie gelten, und war zu diesem Zweck zu den abenteuerlichsten mechanischen Erfindungen bereit. Einiges von dem, was Descartes sich ausgedacht hat, habe ich beschrieben. Neben den Fernwirkungen der Schwerkraft bedurfte vor allem die Ausbreitung des Lichts einer mechanischen Erklärung. Zwei grundsätzlich verschiedene, wenn auch heute durch die Quantenmechanik kurios versöhnte Mechanismen bieten sich an. Denkbar ist erstens eine Korpuskulartheorie des Lichts, daß nämlich Licht aus einem Strom von Korpuskeln besteht, welche von der Lichtquelle ausgesandt werden. Zweitens ist denkbar, daß sich das Licht als Welle ausbreitet – Wellen können danach nur Schwingungen von »etwas« sein, wie Wasserwellen Schwingungen des Wassers sind und Schallwellen Schwingungen der Luft. Also mußte es, so das wie selbstverständliche Credo der mechanistischen Epoche, im zweiten Fall ein den ganzen Raum durchsetzendes Substrat geben, das Träger der Lichtwellen war. Denn das Licht kam von den fernsten Sternen zur Erde und durchdrang auch den luftleeren Raum, den der Galilei-Schüler Evangelista Torricelli erstmals 1644

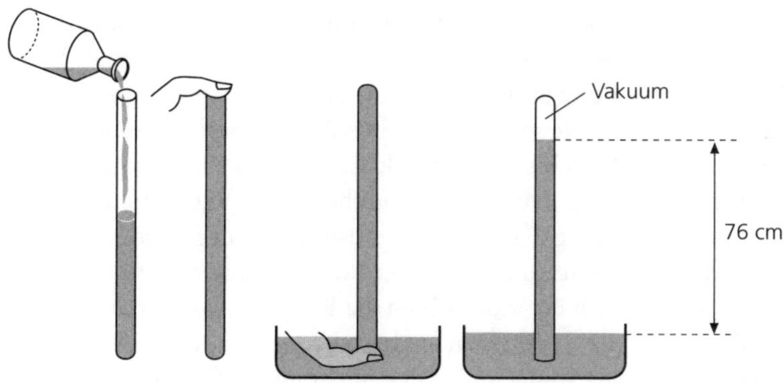

Abbildung 3.9: Das Experiment, durch das Torricelli auf Anregung Galileis gezeigt hat, daß es luftleeren Raum geben kann: Ein gut 80 Zentimeter langes Rohr wird mit Quecksilber gefüllt, zugehalten, mit seiner Mündung in eine Schale mit Quecksilber getaucht und aufrecht gestellt. Wird die Öffnung des Rohres freigegeben, fließt Quecksilber aus ihm in die Schale. Aber nicht alles – der Quecksilberspiegel im Rohr kommt in (etwa) 76 Zentimeter Höhe über dem in der Schale zur Ruhe. Am Ende ist über dem Quecksilber im Rohr ein luftleerer Raum entstanden, an dem es zu hängen scheint. Tatsächlich hängt das Quecksilber nicht am luftleeren Raum, sondern wird vom äußeren Luftdruck, der auf dem Quecksilberspiegel lastet, getragen. Über die Natur des in der Abbildung als Vakuum bezeichneten Raumes läßt sich sicher nur soviel sagen, daß alles, was er außer Quecksilberdämpfen und Ähnlichem enthalten sollte, nur durch das Quecksilber und/oder Glas in ihn hineingekommen sein kann.

oberhalb einer Säule von Quecksilber erzeugt hatte (Abb. 3.9). Als Bezeichnung des alles durchsetzenden Substrats bot sich der Name »Äther« des fünften göttlichen Elements des Aristoteles an, aus dem laut ihm die Himmelskörper gemacht waren. Pneuma nannten die Stoiker, die Philosophen der Stoa, die von Zenon von Kition (um 334–262 vor Christus) begründet worden ist, eine gleichartige Substanz, die allgegenwärtig sein und dadurch die weit voneinander entfernten Welten, an deren Existenz sie glaubten, zusammenhalten sollte. Die Äthertheorien der Physik seit der Wissenschaftlichen Revolution sollten – dann nur noch scheinbare – Fernwirkungen durch mechanische Übertragungen erklären und ersetzen.

Die Korpuskulartheorie hat vor allem Newton vertreten. Daß es einen das Weltall durchsetzenden Äther geben könne, hat er in Frageform in seiner Optik erwogen. Gebe es den Äther, müsse er so dünn sein, daß er den Bewegungen der Himmelskörper keinen merklichen Widerstand entgegensetze. Denn dem sonst unvermeidlichen Erlahmen von deren Bewegungen widersprachen die Erfolge seiner Mechanik. Die Position Newtons gegenüber dem Äther war veränderlich, und er ist nach meinem Eindruck zu keinem endgültigen Schluß gekommen. Jedenfalls aber war das Licht nach seiner Meinung keinesfalls eine Schwingung des Äthers, wenn es ihn denn gab, sondern sollte aus Korpuskeln bestehen, die von der Lichtquelle ausgesandt wurden.

Noch lange nach Newton sollten die Korpuskular- und die Wellentheorie des Lichts nebeneinander bestehen. Zwar konnten Christian Huygens, Thomas Young und andere mehr und mehr Effekte durch die Annahme verstehen, daß Licht sich als Welle ausbreite, aber mit dem vermehrten Wissen wuchsen auch die Anforderungen an den Äther. Die Abb. 3.10 stellt den wohl stärksten direkten Hinweis auf die Wellennatur des Lichts dar: das um 1800 von Young entdeckte Auftreten von Interferenzmustern beim Licht, die denen von Wasserwellen gleichen. Läßt man nämlich Licht durch zwei eng benachbarte Spalte treten (Abb. 3.10a), so lösen auf einem Schirm hinter den Spalten helle und dunkle Streifen einander ab. Etwas Analoges wird beobachtet, wenn Wasserwellen, die durch einen Tupfer angeregt werden, durch zwei Spalte treten. Der Grund für das Auftreten »dunkler« und »heller« Gebiete ist im zweiten Fall offensichtlich: An den dunklen Stellen trifft ein vom einen Spalt ausgehender Wellenberg auf ein Wellental, das vom anderen Spalt ausgeht, so daß sie sich gegenseitig auslöschen. An den hellsten Stellen trifft Wellental auf Wellental oder Wellenberg auf Wellenberg, so daß sie einander verstärken (Abb. 3.10b). Beim Licht mußte es wohl genauso sein.

Die mit den wachsenden Kenntnissen der Eigenschaften des Lichts wachsenden widersprüchlichen Anforderungen an den Äther hielten die Korpuskulartheorie sozusagen künstlich am Leben. Erst die Aufgabe der denknotwendig scheinenden Forderung, daß es im Fall einer Schwingung ein materielles Substrat geben müsse, das schwingt, hat der Wellentheorie zum Durchbruch verholfen – bis 1905 Einsteins Deutung des Lichtelektrischen Effektes durch eine Korpuskulartheorie abermals zu Zweifeln Anlaß gab. Die Auflösung des Puzzles ist schließlich ab 1945 der Quantenfeldtheorie gelungen: Licht breitet sich in Wellenform aus, wird aber emittiert und absorbiert, als ob es aus Korpuskeln bestehe.

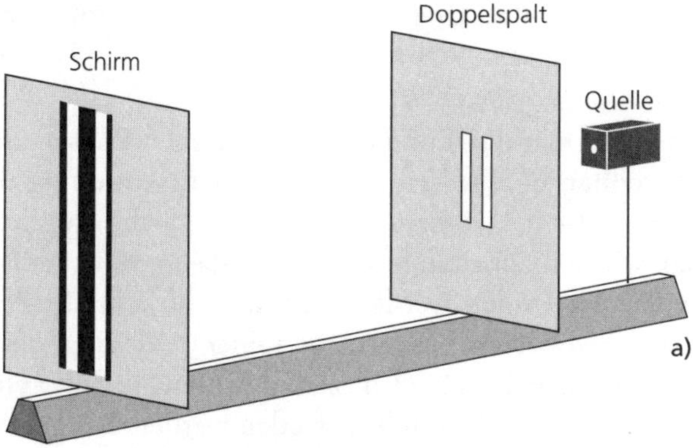

a)

b)

Abbildung 3.10: a Tritt eine von der Quelle ausgehende Welle durch den Doppelspalt, so bilden sich hinter ihm charakteristische Interferenzmuster – helle und dunkle Streifen lösen sich ab. Deren Ursprung soll b erläutern: Einer Serie konzentrischer Halbkreise wurde eine zweite dadurch überlagert, daß beide auf durchsichtige Folie gezeichnet und etwas versetzt übereinandergelegt wurden. Insgesamt hell sind die Gebiete, in denen hell auf hell trifft; alle anderen sind dunkel.

4 Aufstieg und Fall des mechanistischen Weltbilds

Unter dem Titel »Ist das Ende der theoretischen Physik nicht mehr fern?« hat Stephen W. Hawking in seiner Antrittsvorlesung als Professor für Mathematik in Cambridge im April 1980 »die Möglichkeit diskutiert, daß wir in nicht allzu ferner Zukunft eine vollständige vereinheitlichte Theorie finden werden«. Er habe, so schreibt er 1991 im Vorwort zur erweiterten Neuausgabe seiner Vorlesung, damals »geschätzt, die Chancen stünden fünfzig zu fünfzig, daß wir eine solche Theorie vor Ende des Jahrhunderts finden werden. Ich glaube immer noch, daß wir eine solche Theorie in den nächsten zwanzig Jahren finden werden, aber diesmal beginnen die zwanzig Jahre elf Jahre später«. Bekanntlich sind wir noch immer – im Dezember 2001 – nicht so weit.

Ob Hawking in der von ihm so eingeschätzten heutigen Situation einer brillanten jungen Person zu- oder abraten würde, die theoretische Physik als Beruf zu ergreifen, weiß ich nicht. Als der junge Max Planck, der 1900 zum widerstrebenden Pionier der Quantenmechanik werden sollte, seinem späteren Lehrer Philipp von Jolly 1875 seinen Studienwunsch Theoretische Physik vortrug, hat er die Antwort erhalten, es lohne sich nicht mehr, Physik zu studieren. Denn die Physik sei »eine hochentwickelte, nahezu voll ausgereifte Wissenschaft, die nunmehr [...] wohl bald ihre endgültige stabile Form angenommen haben würde«.

Offenbar hat sich von Jolly gründlich geirrt, und es gibt Grund zu der Annahme, daß auch die heutigen von Jollys mit ihrem Glauben an ein nahes Ende der Physik – durch Erfüllung all ihrer kühnsten Träume – unrecht haben.

Festzuhalten ist, die Physik in der zweiten Hälfte des 19. Jahrhunderts war gekennzeichnet durch extreme Widersprüche. Zwar feierte die mechanistische Weltanschauung Triumphe, aber es drängten sich auch Ungereimtheiten und Widersprüche auf, die aus dem Vergleich ihrer Vorhersagen mit einigen wenigen widersprechenden Experimenten folgten. Optimisten wie von Jolly kehrten sie unter den Teppich. Andere aber, wie Heinrich Hertz und der schottische theoretische Physiker James Clerk Maxwell, Geburtshelfer der heutigen Physik durch die nach ihm benannten Gleichungen und »seine« Kinetische Gastheorie, verzweifelten nahezu an ihnen.

Felder

Beginnen wir mit dem Äther. Als physikalisches Konzept hat ihn das Feld abgelöst. Durch die Jahrhunderte hindurch hat sich kein Konzept der Physik so sehr aufgedrängt wie das des Feldes, und ist auch keines von den Konzepten, die das zu Recht taten, so harsch zurückgewiesen worden wie dieses.

Konzeptionell ist ein Feld etwas sehr Einfaches: Jedem Ort und jeder Zeit weist es Zahlen zu. Zum Beispiel bildet die Temperaturverteilung in Deutschland ein Feld. Denn sind eine Zeit und ein Ort vorgegeben, kann von der Temperatur dann und dort gesprochen werden. Das Feld ist die Zuweisung selbst, ihr Inbegriff. Wie die Temperatur, definiert auch die Windstärke ein Feld. Während aber die Temperatur als Funktion von Ort und Zeit durch eine einzige Zahlenangabe charakterisiert werden kann, braucht es für die Windstärke zumindest zwei: eine für die Stärke des Windes, und eine für die Richtung, aus der er weht.

Die Felder, die ich zur Erläuterung des Begriffs gewählt habe, ordnen dem Raum und der Zeit Eigenschaften zu, die mechanisch als Geschwindigkeiten von Molekülen und Atomen da und dort gedeutet werden können. So steht es auch um das Schallfeld: Wenn Schall ertönt, breiten sich Druckwellen im Raum aus, die einwandfreie mechanische Ursachen besitzen – Moleküle und Atome stoßen einander periodisch an und generieren dadurch die Schallwelle, die als Donner auf den Blitz folgt. Diese Vorstellung erklärt auch die Höhen der Töne: Je öfter pro Sekunde eine Schallwelle schwingt, desto höher ihr Ton.

Insoweit, als Abstraktion von etwas Realem, bietet der Begriff des Feldes keine Schwierigkeiten. Was Schwierigkeiten bereitet und zu tieferliegenden Erörterungen Anlaß bietet ist, daß es Felder gibt, die selbst die letzte Realität darstellen, denen also kein wie immer geartetes materielles Substrat zur Existenz verhilft. Es ist wohl offensichtlich, daß mit dem unabweisbaren Auftreten derartiger Objekte in den Theorien der Physik der Begriff der Realität selbst einen grundlegenden Wandel erfahren mußte.

Noch einmal das Licht. Daß es einfach abstrakte Feldgrößen sein könnten, die schwingen, wenn sich Licht ausbreitet, die auf keine materielle Realität zurückgeführt werden können, war für die Physiker der mechanistischen Epoche unannehmbar. Im Gegenteil – ihnen drängte sich die anscheinend bis zu deren Trägern reichende Analogie von Schall und Licht Detail für Detail überzeugend auf. Noch unerschüttert von Zweifeln, schrieb der schweizerische Mathematiker und Physiker Leonhard Euler in seinem 19. populärwissenschaftlichen Brief an die deutsche Prinzessin Markgräfin Friederike Charlotte Ludovika Luise: »Wenn uns nun die Erschütterungen der Luft den Schall verschaffen, was werden wohl die Erschütterungen des Aethers hervorbringen? Ich glaube Ew. H. werden es leicht errathen, daß es das Licht oder die Lichtstralen seyn. Es scheint demnach sehr gewiß, daß das Licht in Ansehung des Aethers eben das ist, was der Schall in Ansehung der Luft; [...]«. Im 27. Brief schreibt er, »daß in Ansehung des Gesichtes die Farben eben das sind, was die hohen und tiefen Töne in Ansehung des Gehörs«.

Der Physik des 20. Jahrhunderts, der nichts weiter übrigblieb, als die Konsequenz zu akzeptieren, daß es eine »Realität« von Schwingungen ohne ein materielles Substrat geben kann, werde ich mich weiter unten zuwenden. Jetzt soll am Beispiel von Heinrich Hertz der Widerstand beschrieben werden, den die Physiker dem Verlust des mechanistischen Weltbilds entgegengesetzt haben: Die Abkehr vom mechanistischen Weltbild war ein Riesenschritt mit grandiosen Konsequenzen. Denn erst die Akzeptanz des Feldes als physikalische Größe, deren Auftreten keiner mechanischen oder materiellen Gegebenheiten bedarf, hat die heutige Physik ermöglicht. Das bereits von Newton mit seinem »Hypothesen erfinde ich nicht« unwillig vorgezeichnete Konzept des Feldes als selbständige Größe sollte es ermöglichen, scheinbare Fernwirkungen als Nahwirkungen von Feldern zu verstehen.

▷ *Zwischenfrage:* Verstehe ich das richtig, daß durch das Konzept des Feldes *alle* – dann nur scheinbaren Fernwirkungen – als Nahwirkungen verstanden werden können? Ich habe gelesen, auch bei Ihnen, daß in der Quantenmechanik Effekte auftreten, die nur als echte Fernwirkungen gedeutet werden können.

▷ *Zwischenantwort:* Genau. Auf diese mit den Namen Einstein, Podolsky, Rosen und Bell verknüpften Effekte gehe ich noch ein. Jetzt geht es um den Übergang von der mechanistischen Weltsicht zu einer mathematisch geprägten.

Wer mit dem Begriff des Feldes vertraut ist, sieht Beispiele überall: Die Geschwindigkeit des Flusses von Ufer zu Ufer, den Neigungswinkel der Gräser einer Wiese, über die der Wind weht, die Geschwindigkeit der Wolken, das Auf und Ab der Punkte einer Geigensaite. Genauso ist die Bugwelle eines Schiffes ein Feld – eine wandernde Deformation der Wasseroberfäche, eine Schwingung letztlich der Moleküle des Wassers auf und ab unter dem Einfluß der Schwerkraft. Ein Feld bildet auch die Ausrichtung von Eisenfeilspänen in der Nachbarschaft eines Magneten (Abb. 4.1). Unbezweifelbar real, wie die Ausrichtung ist, bezieht sie ihre Realität doch nicht aus sich selbst, sondern verdankt sie dem Magneten. Es ist sein magnetisches Feld an ihrem Ort, das die Feilspäne ausrichtet. Wenn wir diesem Feld selbst Realität zuschreiben, so deshalb, weil es in der Sprache der Theorie des Magnetismus als Größe auftritt, für die Gleichungen gelten, die experimentell überprüfbare Konsequenzen besitzen. Diese Gleichungen entscheiden darüber, welche Konfigurationen von Feldern – elektrischen und magnetischen – auftreten können und welche nicht. Aus ihnen folgt, wie und wann sich zeitliche Veränderungen der Felder »hier« auf Felder »dort« auswirken. Die Gleichungen sagen auch, wie die Felder beschaffen sind, die von Quellen ausgehen. Insgesamt unterscheiden sich die Gleichungen für die elektrischen und magnetischen Felder – die Maxwellschen Gleichungen – nur in ihren mathematischen Einzelheiten von den Gleichungen für Größen, die Strömungen von Wasser beschreiben.

Während nun aber diese Größen ihre Realität aus der ihres Substrats, des Wassers, beziehen, sind alle Versuche gescheitert, ein materielles Substrat einzuführen, welches für die elektrischen und magnetischen Felder die Rolle des Wassers spielen könnte. Die Bedeutung des Verzichts auf ein solches Substrat, und die Erklärung der elektrischen und magnetischen – kurz: elektromagnetischen – Felder zur letzten, eigenen Realität kann, wie bereits gesagt, gar nicht überschätzt werden. Unsere Erfahrungen beruhen auf Ereignissen an Orten und zu Zeiten, sowie auf den Objekten, durch welche die Ereignisse mit den Sinnen in Kontakt treten. Wenn wir aber zurückverfolgen, worauf die Ereignisse selbst beruhen und woher sie ihre erfahrbare Realität beziehen, finden wir am Ende, nach Zwischenstufen wie den Theorien der Materie, nur Felder. Es ist das Feld, das sich seine Teilchen schafft, und die Physik weiß, daß Felder, die überhaupt auftreten *können*, das auch immer und überall *müssen* – einen von ihnen freien Raum kann es nicht geben. Felder bilden, wenn man so will, den Äther der heutigen Physik. Nicht als materielles Substrat von Schwingungen, sondern als die Schwingungen selbst: Eine Schwingung ist eine Schwingung ist eine Schwingung. Wegen der Allgegenwart der Felder ist es nicht unerklärlich, daß alle Teilchen desselben Typs, geschaffen von demselben Feld, überall und immer absolut identisch sind. Genauer kennt die Physik endlich viele Typen von Elementarteilchen – unter ihnen das Elektron –, und nur Exemplare von diesen mit absolut denselben Eigenschaften treten in der Natur auf. Alle Elektronen des Weltalls, seien sie in Elementarteilchenexperimenten neu erzeugt oder alt wie die Welt, besitzen als Abkömmlinge desselben Elektronenfeldes dieselbe Masse, die Elektronenmasse der Tabellen. Kein Elektron tritt auf, das »ein bißchen« mehr oder weniger Masse besäße als irgendein anderes Elektron. Dasselbe gilt für Protonen, und die Zuversicht, daß alle Protonen überall und zu allen Zeiten dieselbe Masse besitzen, ermöglicht es im Prinzip, statt der Masse eines in Paris aufbewahrten Materieblocks die Protonenmasse als Massenormal zu verwenden.

Felder als Überträger von Kräften verbessern auch unser Verständnis der Einwirkung von Teilchen auf Teilchen. Daß Newtons Theorie mit der Wirkung von Massen auf Massen ohne Felder, welche diesen Einfluß übertragen hätten, ausgekommen ist, lag vor allem daran, daß sich nach ihr alle Wirkungen instantan ausbreiten. Die Schwerkraft, durch die Massen einander beeinflussen, hängt nach Newtons Theorie nur von deren *gleichzeitigen* Positionen ab. Tatsächlich ist es aber nicht so. Im allgemeinen hat der Körper, von dem eine Kraft auf einen anderen ausgeht, den Ort, von dem sie das tut, bereits verlassen, wenn die Kraft auf den anderen einzuwirken beginnt. Die Kraft, mit welcher die Sonne *jetzt* auf die Erde einwirkt, geht nicht von der jetzigen Position der Sonne aus, sondern ist von jener ausgegangen, die sie vor acht Minuten – so lange, genauso lange wie das Licht, ist »die Schwerkraft« von der Sonne zur Erde unterwegs – eingenommen hat. Gelegentlich wurde versucht, Felder aus ihren Theorien zu eliminieren, also mit den Wirkungen von Teilchen auf Teilchen auszukommen. Das aber hat sich wegen der Notwendigkeit, die Übertragungsdauer einzubeziehen, als äußerst aufwendig erwiesen; verglichen insbesondere mit der Leichtigkeit, mit der Feldtheorien dieser Dauer Rechnung tragen. Eine Theorie, die es erlaubt, »die Schwerkraft« auf ihrem Weg von der

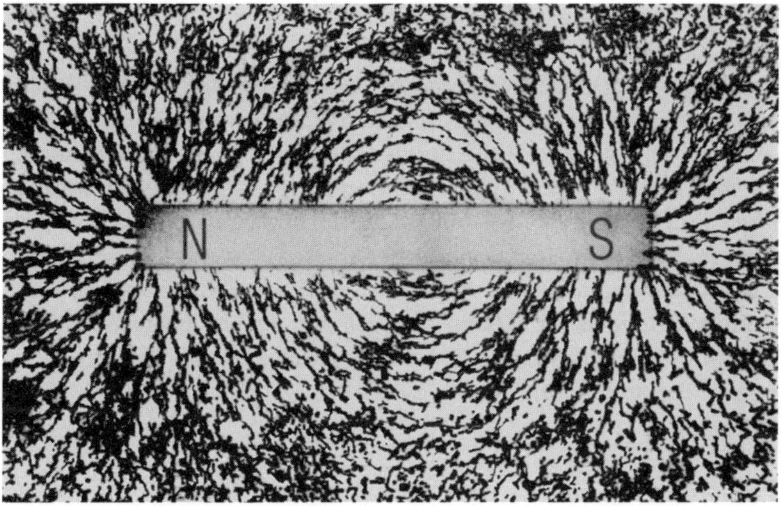

Abbildung 4.1: Die Ausrichtungen von Eisenfeilspänen im Feld eines Magneten bilden selber ein Feld.

Sonne zur Erde zu verfolgen – Einsteins Allgemeine Relativitätstheorie –, ist allemal einfacher und attraktiver, als es eine andere sein könnte, welche die Ursache der Wirkung der Schwerkraft für die Dauer der Übertragung untergehen ließe. Insbesondere kann die Schwerkraft Energie (und Impuls und Drehimpuls) übertragen, so daß eine Theorie, die statt der übertragenden Felder nur Ursache und Wirkung kennen würde, Erhaltungssätze während der Übertragung außer Kraft setzen müßte.

Analoges gilt für alle Felder. Ob sie »existieren«, ist außerhalb der Theorie, die von ihnen spricht, eine sinnlose Frage. Nichts Überprüfbares hängt von der Antwort ab. Die Sprachökonomie gebietet, und die Physik läßt es zu, den Feldern des Magneten, welche die Ausrichtung der Feilspäne der Abb. 4.1 bewirken, Existenz zuzusprechen. Ob aber Michael Faraday, der herausfand, daß sich ändernde magnetische Felder elektrische erzeugen, die von ihm eingeführten magnetischen Feldlinien »entdeckt« oder »erfunden« hat, mag offenbleiben.

Wenn wir, ohne die Theorie zu bemühen, nach dem Status der Felder fragen, so kann dieser nur durch wenn-dann-Sätze beschrieben werden. Auf den umstrittenen Stellenwert solcher Sätze innerhalb der

Logik gehe ich jetzt nicht ein. Ein Feld an einem Ort zu einer Zeit veranlaßt dort und dann angebrachte Probekörper zu gewissen, dem Feld und seiner Stärke entsprechenden Reaktionen – Eisenfeilspäne z.B. dazu, sich auszurichten. Ein Feld ist, so gesehen, eine in Raum und Zeit angesiedelte, zur Realität erklärte *Möglichkeit*, Wirkungen zu tun: *Wenn* Probekörper irgendwann irgendwo plaziert werden, *dann* verhalten sie sich so-und-so. Sieht man von der Theorie und allem ab, dessen »Existenz« sie suggeriert, so ist »das Feld« mit diesem Zusammenhang identisch: Es ordnet den durch »Wenn« eingeleiteten Basissätzen die durch »Dann« eingeleiteten zu. Das Feld *ist* diese Zuordnung – genauso wie Funktionen für die Mathematik Zuordnungen von Zahlen sind.

Nahwirkungen und der Äther

Einerseits: »Alle Physiker sind einstimmig darin, daß es die Aufgabe der Physik sei, die Erscheinungen der Natur auf die einfachen Gesetze der Mechanik zurückzuführen.« Andererseits: »Auf die Frage [...] was ist die Maxwellsche Theorie? wüßte ich [...] keine kürzere und bestimmtere Antwort als diese: die Maxwellsche Theorie ist das System der Maxwellschen Gleichungen.« Zwischen diesen, nahezu gleichzeitigen Äußerungen von Heinrich Hertz liegen Welten. Wie er haben zu jener Zeit Pierre Duhem in Frankreich und Ernst Mach in Österreich und Prag über das Wesen der Physik nachgedacht. Anders aber als er hat keiner von ihnen und ihren Mitstreitern den Umbruch, den die Maxwellsche Theorie bewirkte, bei der eigenen Arbeit berücksichtigen müssen. Und schon gar nicht an ihm mitgewirkt.

Maxwell hat die nach ihm benannten Gleichungen, die nach Auskunft von Heinrich Hertz mit der Maxwellschen Theorie identisch sind, im Jahr 1873 veröffentlicht. Die Gleichungen formulieren eine vereinheitlichte Theorie der Elektrizität und des Magnetismus, die alle damals bekannten elektrischen und magnetischen Erscheinungen als elektromagnetische zusammen beschrieb und neue, alsbald bestätigte Vorhersagen machte: kein sich änderndes elektrisches oder magnetisches Feld ohne ein begleitendes magnetisches oder elektrisches. Das Wechselspiel beider, sich gegenseitig anregender Felder ergab unabweislich, daß sich diese Felder als Wellen im Raum ausbreiten können müssen – und zwar mit einer Geschwindigkeit, die aus Maxwells Gleichungen zusammen mit rein elektrischen und rein magnetischen Messungen folgte, und sich als nahezu identisch mit der bereits damals durch Experimente bekannten Lichtgeschwindigkeit erwies. Also war das Licht eine elektromagnetische Schwingung, und es mußte wohl auch andere Schwingungen derselben Art geben, die unser Auge – für die Physik: zufällig – nicht wahrnehmen konnte. Sie hat Heinrich Hertz im Jahr 1887 erzeugt und nachgewiesen.

Während Newtons Theorie der Schwerkraft keine lokalen Wechselwirkungen kennt, die deren Übertragung von einem Körper zu einem entfernten durch den Raum hindurch bewirken könnten, ist Maxwells Theorie von vornherein eine Nahwirkungstheorie. Nach ihr breiten sich elektromagnetische Wirkungen im Laufe der Zeit als Schwingungen mit der Geschwindigkeit des Lichts von Punkt zu Punkt im Raum aus. Offen lassen die Gleichungen, ob die Wellen autonome Schwingungen oder Schwingungen eines materiellen Mediums sind. Maxwell hat an ein solches Medium namens Äther geglaubt und dabei gewußt, daß gerade seine Gleichungen mit ihren detaillierten Aussagen über die Eigenschaften der elektromagnetischen Schwingungen sowie der Elektrizität und des Magnetismus Anforderungen an dieses Medium stellen, die kein Objekt alltäglicher Erfahrung erfüllen kann. Genauso Heinrich Hertz.

Kein Physiker der Epoche mochte sich von der Vorstellung lösen, daß es ein materielles Substrat gebe, das sich tatsächlich, also aufgrund der Gesetze seiner Mechanik, so verhielt, daß die Folgereaktionen auf der Ebene der elektromagnetischen Felder den Maxwellschen Gleichungen genügten. In der Formulierung von Heinrich Hertz, die Maxwellschen Gleichungen *seien* die Maxwellsche Theorie, klingt an, was nur wenige Jahrzehnte später das entgegengesetzte Credo der Physik sein würde: Real ist, was mit überprüfbaren Konsequenzen in den Gleichungen der Theorie auftritt. Ein materielles Medium wird jetzt nicht mehr gebraucht.

Befragt, was es tatsächlich außerhalb der Sinnenwelt *da draußen* gebe, haben oder hätten Physiker der mechanistischen Epoche ohne Zögern auf materiell-mechanische Substrate wie den Äther verwiesen. Hier ist ein von Leonhard Euler stammendes Beispiel. In einem seiner bereits erwähnten populärwissenschaftlichen Briefe an die Prinzessin Luise schreibt er: Ich darf behaupten, daß »alle Erscheinungen der

Elektrizität eine natürliche Folge vom aufgehobenen Gleichgewichte im Aether sind, so daß überall, wo dieses Gleichgewicht gestöhrt wird, die Erscheinungen der Elektrizität daraus entstehen müssen; oder mit anderen Worten: ich behaupte, daß die Elektrizität nichts anders, als eine Stöhrung im Gleichgewicht des Aethers sey«. Und in seinem Vorwort zu dem 1894 erschienenen Buch »Die Prinzipien der Mechanik« von Heinrich Hertz schreibt der Mathematiker, Physiologe und Physiker Hermann von Helmholtz, daß es nicht mehr zweifelhaft sein kann, »daß die Lichtschwingungen elektrische Schwingungen in dem den Weltraum füllenden Äther sind, daß dieser selbst die Eigenschaften eines Isolators und eines magnetisierbaren Mediums hat«.

Nachdenken *über* Physik

Vor Heinrich Hertz und seinen Zeitgenossen hat die von Philosophen wie David Hume und Immanuel Kant als notwendig erkannte Unterscheidung zwischen dem, was ist – dem Gegenstand der *Ontologie* –, und dem, was wir davon wissen können – dem der *Epistemologie* –, bei Physikern kaum Resonanz gefunden. Sieht man von Newtons Erörterungen in den verschiedenen Ausgaben seiner Prinzipia ab, war »Die Prinzipien der Mechanik« von Hertz das erste Physikbuch mit einer philosophischen Einleitung. Ebenfalls als erster Physiker hat Hertz 1884 eine Vorlesung für – wie wir heute sagen würden – »Hörer aller Fakultäten« über die Grundlagen der Physik gehalten, die, so 1999 der Herausgeber von Hertz' Aufzeichnung für seine Vorlesung, Albrecht Fölsing, eine »Explikation der Grundfragen [der Physik] vor einem philosophisch zu nennenden Hintergrund« gewesen ist.

Hertz war ein höchst produktiver Physiker, der seine Auffassungen vom Wesen der Physik ständig durch die neuesten Entwicklungen, die er mit vorantrieb, korrigieren mußte. Von den beiden anderen zeitgenössischen Protagonisten einer physikalischen Wissenschaftstheorie, denen wir unsere Aufmerksamkeit widmen – Ernst Mach und Pierre Duhem –, war der erste als Physiker mit klassischen Fragen wie der Physik von Strömungen befaßt; eine Maßeinheit für Geschwindigkeiten trägt seinen Namen. Der zweite, Duhem, hat als Physiker ebenfalls klassische Fragen aus den Gebieten Hydrodynamik und Elastizitätstheorie bearbeitet, sich aber insbesondere einen Namen im

Gebiet der Theoretischen Wärmelehre gemacht. Einer der Grundbegriffe dieser Theoretischen Lehre ist die *Energie*, und zwar nicht nur in den beiden klassischen Formen von Bewegungs- und Lageenergie, sondern als abstrakte eigenständige Größe, für die keine mechanische Entsprechung angegeben werden muß. Auf die von Ludwig Boltzmann im Gefolge von Maxwell entwickelte *Kinetische Gastheorie*, die dann doch die Wärmeenergie mechanisch interpretiert hat, und ihre Bedeutung für die physikalische Erkenntnistheorie werde ich noch eingehen. Ihnen allen – Hertz, Boltzmann, Mach und Duhem – war der naive Realismus des mechanistischen Zeitalters abhanden gekommen, und sie suchten nach einer Auffassung, die an dessen Stelle treten könnte.

Positivismus

Aus den Auffassungen Machs sollte sich der Logische Positivismus entwickeln. Nach ihm dient die Wissenschaft allein dem Zweck, »den Zusammenhang der Empfindungen auf ›denkökonomische‹ Weise zusammenzufassen. Die Vorstellung, der Wissenschaft gelinge ein Vorstoß ›hinter die Erscheinungen‹ und zu den ›wirklich‹ existierenden Dingen, ist haltlos. [...] Jeder Bezug auf Ursächlichkeit und Kausalität soll zugunsten des Begriffs der ›funktionalen Abhängigkeit‹ der Erscheinungen aufgegeben werden.« Was, mit Ausnahme der Unterdrückung jeder anthropomorphen Komponente, die Unterscheidung von »Ursächlichkeit und Kausalität« und »funktionaler Abhängigkeit« unterscheiden soll, sehe ich allerdings nicht. Gewiß, mit »Ursächlichkeit und Kausalität« verbinden wir weitergehende Vorstellungen wie die der Lokalität, die besagt, daß Wirkungen sich nicht instantan über Entfernungen hinweg ausbreiten, sondern sacht von Ort zu Ort. Aber diese Vorstellung kann genauso zu jener der »funktionalen Abhängigkeit« hinzutreten. Tatsächlich ist es die Forderung nach Lokalität, die zu der Unterstellung führt, es müsse hinter den Erscheinungen Dinge geben, die diesen Namen verdienen, und die sogar in Ansehung der Täuschbarkeit der Sinne die »wirklich existierenden Dinge« seien.

Die Erkenntnis, die sich zu Zeiten Machs wirklich durchzusetzen begann, war die, daß den Begriffen physikalischer Theorien keine materiellen *Dinge* entsprechen müssen, um sinnvoll zu sein. Das aber war

Machs Sache nicht. Die Theorie hatte sich, so sein Credo, auf (mögliche) Sinneserfahrungen und dasjenige zu beschränken, was durch sie definiert werden kann. Kein leerer Raum also im Sinne Newtons, der Beschleunigungen Widerstand entgegensetzt – es ist dieser Widerstand, den wir schmerzlich erfahren, wenn wir eine Glastür übersehen haben –, sondern die Ursache des Widerstandes ist die Beschleunigung gegenüber den fernen, aber *sichtbaren* Galaxien, die insgesamt definieren, was es bedeutet, zu ruhen oder sich mit gleichbleibender Geschwindigkeit zu bewegen. So wie sinnvolle Begriffe von sinnlosen durch die Forderung nach expliziter Definierbarkeit aus Sinneserfahrungen sollten abgegrenzt werden können, so auch sinnvolle Theorien von sinnlosem Gebrabbel dadurch, daß es möglich sein sollte, alle Aussagen von Theorien zu beweisen. Es ist der *Erfolg* von Theorien, die keiner der beiden Forderungen genügen, der bewirkt hat, daß diese in heutigen Wissenschaftstheorien, die für die Naturwissenschaften Bedeutung besitzen, nicht mehr erhoben werden. Poppers Erkenntnis, daß keine Theorie, die den Namen verdient, bewiesen werden kann, und daß die Möglichkeit, die Theorie zu widerlegen, an die Stelle der Möglichkeit, sie zu beweisen, zu treten hat, ist ein wiederkehrendes Thema dieses Buches. So auch die Einschränkung der Forderung an die Begriffe von Theorien, explizit durch Basissätze definierbar zu sein, auf die minder restriktive Forderung, daß die Begriffe zur Ableitung überprüfbarer derartiger Sätze erforderlich sein müssen. Die Zurückweisung theoretischer Begriffe, denen keine materiellen Dinge zugeordnet werden können, durch den Positivismus war die pessimistische Reaktion auf die vergebliche Suche nach ihnen – nach einem Ding Äther, das diesem Begriff entsprechen konnte, der selbst aber bereits in dem des Felds aufzugehen begann. Daß ein Begriff bei einem Wort der Theorie sei, reichte dem Positivismus nicht aus; ein *Ding* mußte es sein. Die berühmten letzten Worte des »Tractatus logicophilosophicus« des Superpositivisten Ludwig Wittgenstein »*Wovon* man nicht sprechen kann, *darüber* muß man schweigen« (meine Hervorhebung) verstehe ich so, daß das »Wovon« einem Ding, das »Darüber« aber dem Begriff gilt, den man sich davon macht.

Wenn Begriffen einer Theorie auch keine Dinge im landläufigen Sinn zugeordnet werden können, so doch Objekte, deren Eigenschaften durch die Theorie zumindest teilweise festgelegt werden. Ob diese Objekte existieren, ist eine müßige Frage. Als Träger von Eigenschaften besitzen sie aber eine (wenn auch verschleierte) auf die Theorie, in der sie auftreten, bezogene Realität. Ihr Katalog von Eigenschaften kann nun aber so beschaffen sein, daß diese keinem materiellen Objekt zusammen zukommen können. Genau das war und ist gemeint, wenn der Theorie die Fähigkeit abgesprochen wird, zu den wirklich existierenden Dingen hinter den Erscheinungen vorzudringen. Zwei Eigenschaften, die Theorien ihren Feldern zuschreiben, können uns als Beispiel dienen. Wir wissen, daß Felder niemals ganz abwesend sein können. Sie müssen um die ihre Abwesenheit charakterisierende Stärke Null schwanken. In ihrem »Grundzustand« verschwinden sie netto, aber nicht brutto. Daß sie also immer anwesend sein müssen, mag manchen als mögliche Eigenschaft eines materiellen Dinges erscheinen, anderen nicht. Wenn aber materiell, bilden sie ein Medium, dem gegenüber jeder Beobachter eine Geschwindigkeit besitzt, die sich auf die Ergebnisse von Experimenten, die er anstellen kann, auswirkt. Er kann seine Geschwindigkeit gegenüber dem Medium messen, ganz wie ein Beobachter auf einem Schiff seine Geschwindigkeit gegenüber dem Wasser messen kann. Für die Felder in ihrem Grundzustand impliziert die Theorie aber, daß das unmöglich ist: Wenn sich ein Beobachter mit gleichbleibender Geschwindigkeit gegenüber einem Feld in seinem Grundzustand bewegt, kann er auf keine Art und Weise herausbekommen, mit welcher Geschwindigkeit er das tut. Seine Geschwindigkeit gegenüber diesem »Medium« wirkt sich auf kein Ergebnis irgendeines Experiments, das er anstellen kann, aus, so daß es sinnlos ist, von einer solchen Geschwindigkeit auch nur zu sprechen. Das unterscheidet Felder in ihrem Grundzustand von jedem vorstellbarem materiellen Medium. Ist eines anwesend, kann jeder Beobachter seine Geschwindigkeit ihm gegenüber messen. Ein Medium, das die beiden Eigenschaften, immer und überall anwesend zu sein und keine beobachtbare Geschwindigkeit zu besitzen, in sich vereinigt, ist in der Tat ein Medium besonderer Art: Es ist real, aber seine Realität ist keine materielle, sondern die einer Zusammenfassung beobachtbarer Effekte im Begriff einer Theorie.

Der leere Raum, in den Newton die Objekte seiner Mechanik von den Massenpunkten bis zu den Himmelskörpern eingebettet hat, teilt mit den Feldern in ihrem Grundzustand die Eigenschaft, daß eine gleichbleibende Geschwindigkeit ihm gegenüber nicht beobachtet werden kann. Das entspricht den Erwartungen, die wir an einen leeren

Raum stellen, und Newton hätte damit zufrieden sein können, würde seine Theorie nicht auch sagen, daß *Änderungen* der Geschwindigkeit dem leeren Raum gegenüber beobachtbar sind. Auch diese Eigenschaft teilt Newtons leerer Raum mit Feldern in ihrem Grundzustand: Beschleunigungen ihnen gegenüber *sind* beobachtbar. Nämlich durch einen nach den Physikern Davies und Unruh benannten Effekt. Sie haben gezeigt, daß gegenüber dem elektromagnetischen Feld in seinem Grundzustand beschleunigte Beobachter sich in eine Wärmestrahlung eingebettet finden, deren Temperatur mit der Beschleunigung zunimmt. Laut Newtons Theorie sind genauso Änderungen der Geschwindigkeit dem leeren Raum gegenüber durch den Widerstand beobachtbar, den Körper Beschleunigungen entgegensetzen. Kann aber die Änderung einer Größe beobachtbar sein, die selbst nicht beobachtbar ist? Newton hat mit dieser Frage gerungen und keine Antwort gefunden, die ihn oder uns zufriedenstellen könnte. Die mathematische Antwort, daß zwar die *Änderungen von Geschwindigkeiten*, nicht aber die *Geschwindigkeiten selbst* in seinen Gleichungen auftreten, reichte ihm, da nur eine Umformulierung seines Problems, nicht aus. Diese Antwort gehört dem mathematischen Weltbild an, das erst lange nach Newton sein mechanistisches ablösen sollte.

Aber erst die Quantenmechanik in ihrer Kopenhagener Interpretation ließ den Positivismus Triumphe feiern. Niels Bohr und seine Nachfolger haben Konsistenz der Quantenmechanik dadurch erreicht, daß sie diese nicht als physikalische, sondern als logische Theorie interpretierten. Kein Objekt der Quantenmechanik kann, so die Theorie, sowohl einen bestimmten Ort, als auch eine bestimmte Geschwindigkeit besitzen. Die Forderung nach Konsistenz läßt folglich keine Experimente zu, die beide ermitteln könnten. Unterstützt wurde die These, daß cs solche Experimente nicht geben könne, durch Betrachtungen der Möglichkeiten von Apparaten. Bei jedem Versuch, den Ort eines Objektes durch ein Mikroskop zu ermitteln, muß – so ein Resultat – das verwendete Licht dem Objekt einen solchen Stoß versetzen, daß die Geschwindigkeit, die das Objekt vor der Beobachtung besessen hat, nach ihr nicht mehr bestimmt werden kann. Bei dem Mikroskop stimmen also die physikalische und die logische Interpretation der Quantenmechanik überein. Nicht aber bei dem von Einstein und seinen Kollegen Rosen und Podolsky (EPR) vorgeschlagenen, auf S. 106 bereits erwähnten Gedankenexperiment zur Ermittlung sowohl des Ortes, als auch der Geschwindigkeit von Teilchen, das inzwischen in abgeänderter Form auch real mit Ergebnissen, die den Erwartungen von EPR widersprechen und Bohr recht geben, durchgeführt wurde. Das Mikroskop haben EPR durch eine Gedankenvorrichtung vervollständigt, die aus beliebig weiter Entfernung vom Mikroskop sozusagen durch Fernerkundung vermöge der Gesetze der Quantenmechanik die Geschwindigkeit des Objektes ermitteln konnte. Die praktisch gleichzeitig durchführbaren Experimente – das eine zur Ermittlung des Ortes, das andere der Geschwindigkeit – und ihre Ergebnisse konnten einander also nicht beeinflussen, so daß für EPR der Schluß unabweisbar war, daß trickreich eben doch sowohl der Ort eines Objekts, als auch dessen Geschwindigkeit ermittelt werden kann. Das untersuchte Teilchen mußte also einen Ort wie auch eine Geschwindigkeit als, wie sie geschrieben haben, »Element der Realität« besitzen: »Wenn man den Wert einer physikalischen Größe mit Sicherheit voraussagen kann, ohne das betrachtete System zu stören, dann existiert ein Element der Realität, das dieser Größe entspricht.«

Es hat sich herausgestellt, daß es so nicht ist. Bohr in seiner Abwehr des Schlusses von EPR hat vor allem die logische Konsistenz seiner Interpretation der Quantenmechanik verteidigt, die EPR nicht bezweifelt haben. Deren wichtigstem Argument, daß die Experimente an den Gedankenapparaten und deren Ergebnisse aufgrund des sie trennenden Abstandes einander nicht beeinflussen können, stimmt er in abgeschwächter Form zu, indem er sagt, daß eine »mechanische« Störung des einen Systems durch das andere »selbstverständlich« unmöglich sei. Eine nicht mechanische, irgendwie logische, »geisterhafte«, wie Einstein sagen sollte, Störung über eine Entfernung hinweg hält er aber für möglich.

Erst Betrachtungen seit 1964, fast 30 Jahre nach EPR, die von einer kurzen, epochalen Arbeit des irischen theoretischen Physikers und, wie er sich selber genannt hat, Quanteningenieurs John Bell ausgingen, haben gezeigt, wie es wirklich ist und welche Annahmen über die Natur, die als selbstverständlich richtig wir mit EPR anzunehmen geneigt sind, zusammengenommen nicht zutreffen. Die Quantenmechanik ist vermutlich die am besten überprüfte Theorie, welche die Naturwissenschaften hervorgebracht haben, und ich nehme an, daß alle ihre experimentell überprüfbaren Aussagen zutreffen – wie seltsam sie uns auch erscheinen mögen. Auf dieser Basis kann man fragen, was uns die

Quantenmechanik konzeptionell lehrt, oder aber alle Fragen hiernach als sinnlos zurückweisen. Bohrs Positivismus, der nur Zusammenhänge zwischen dem, was von Apparaten wie dem der Abb. 1.3 abgelesen werden und mit ihnen angestellt werden kann, als sinnvoll anerkennt, erwies sich als durchaus legitime Form der Zurückweisung weitergehender Fragen. Aber das läßt offen, ob wir weitergehende Fragen vermeiden *müssen* oder nur *können*. Können Fragen sinnvoll sein, welche die positivistische Einstellung als sinnlos zurückweist? Ich denke, daß das so ist. Die Quantenmechanik lehrt uns etwas über mögliche und unmögliche Einstellungen zur Natur, und wir können zur Kenntnis nehmen, was das ist. Dadurch, daß wir berechnen, was die Quantenmechanik über Experimente zu sagen hat, verstehen wir es genausowenig, wie wir die Experimente selbst ohne Theorie verstehen. Wenn gezeigt werden könnte, daß Bohrs positivistische Einstellung die einzig mögliche ist, hätten wir hierdurch etwas über die Natur verstanden. Aber es kann nicht gezeigt werden, detailliertere Konzeptionen *sind* möglich. Die Quantenmechanik verneint, daß die folgenden drei Erwartungen an die Natur zusammengenommen Bestand haben könnten: Erstens die Lokalität, zweitens der Freie Wille oder, weniger anthropomorph, die Möglichkeit unabhängiger effektiver Zufälle in getrennten Gebieten, und drittens die Gültigkeit des Prinzips der Induktion. Verständnis dessen, was die Quantenmechanik über Experimente zu sagen hat, besteht *auch* im Verständnis davon, wie sie die Gültigkeit dieser drei Prinzipien, deren Definitionen nachgeliefert werden sollen, zusammengenommen ausschließt. Eine abermals tiefere Form des Verständnisses der Quantenmechanik wäre erreicht, wenn es gelingen würde, sie selbst aus Prinzipien abzuleiten, ob diese nun unseren Erwartungen an die Natur entsprechen, oder nicht. So können, wie Albert Einstein es vorgezeichnet hat, die Relativitätstheorien aus Prinzipien gewonnen werden.

Verlust der Naivität

Aber zurück zu Heinrich Hertz und dem Aufstieg und Fall des mechanistischen Weltbilds. Dieses hat im 19. Jahrhundert durch die Wiedergeburt der antiken Vorstellungen von den Atomen seinen ersten wahrhaften Triumph gefeiert. Unbestreitbar konnte das neu entdeckte

Gesetz der chemischen Proportionen am einfachsten dadurch erklärt werden, daß chemisch reine Substanzen Ansammlungen von aus Atomen aufgebauten identischen Molekülen sind. Die Gasgesetze, soweit damals bekannt, konnten aus der Vorstellung abgeleitet werden, daß Gase aus kleinen Kügelchen – Atomen oder Molekülen – bestehen, deren jedes so lange unbehelligt durch den Raum fliegt, bis es mit einem anderen Kügelchen oder der Wand des Gefäßes zusammenstößt. Durch Zusammenstöße ändern die Kügelchen die Richtung und/oder die Geschwindigkeit ihres Fluges so, wie es aus den Gesetzen des elastischen Stoßes folgt. Möglich war auch, daß die Kügelchen sich gegenseitig anzogen oder abstießen, sich vereinigten oder trennten, und daß sie sich in einem Kraftfeld befanden. Die Gleichungen für das Verhalten der Gase, die aus diesen Vorstellungen folgen, erwiesen sich bei experimenteller Überprüfung mit einer allerdings wichtigen Ausnahme, auf die eingegangen werden soll, als korrekt.

Welch ein Triumph des mechanistischen Weltbilds – und zugleich welche Herausforderung! Waren die Atome nichts als verkleinerte Abbilder von Billardkugeln, mußte gefragt werden, wie *sie* denn aufgebaut seien. Und mußte nicht angesichts dieser Erfolge die Aufforderung lauten, alles und jedes mechanisch zu erklären? Heinrich Hertz stimmt zwar zu, tritt aber der naiven Weltsicht entgegen, die damit wie selbstverständlich verbunden ist: Der als selbstverständlich angesehenen *Existenz* der Objekte, die vermöge der ihnen unterstellten Eigenschaften den Aufbau chemischer Verbindungen sowie das Verhalten der Gase zu verstehen gestatteten.

Für die Äther-Vorstellung galt Analoges. Konnten elektromagnetische Wellen, die sich mit der Lichtgeschwindigkeit ausbreiten, Schwingungen eines Äthers sein, der den Bewegungen der Himmelskörper und Atome keinen bemerkbaren Widerstand entgegensetzt? Behielt man die von Substanzen wie Luft oder Wasser bekannten Zusammenhänge zwischen Dichte, Elastizität und Ausbreitungsgeschwindigkeit von Wellen bei, mußte der Äther erstaunliche Eigenschaften besitzen. Bereits Leonhard Euler, der fest an die Existenz und Allgegenwart des Äthers geglaubt hat, wußte um einige dieser Zusammenhänge: »Wir wollen uns vorstellen, die Dichtigkeit der Luft würde so sehr verringert, und ihre Elasticität so sehr vermehrt, daß sie der Dichtigkeit und der Elasticität des Äthers gleich wäre: so würden wir uns alsdann nicht mehr wundern, daß die Geschwindigkeit des Schalls mehrere tausend-

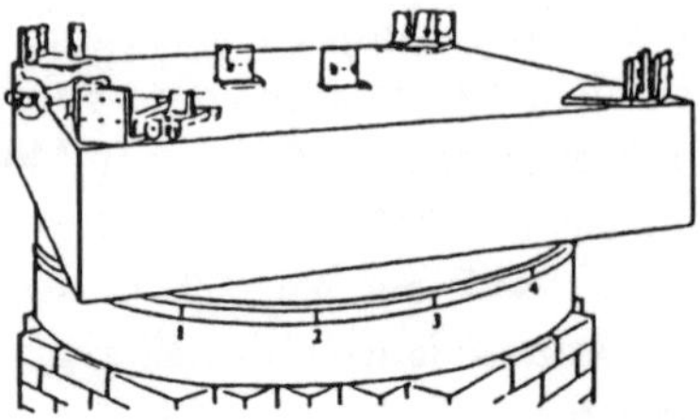

Abbildung 4.2: Wenn das Licht eine Schwingung eines materiellen Äthers ist, muß seine Geschwindigkeit gegenüber einem Beobachter davon abhängen, wie schnell und in welche Richtung sich dieser relativ zu dem Licht bewegt. Im späten 19. Jahrhundert war die experimentelle Technik so weit entwickelt, daß der Einfluß der Geschwindigkeit der Erde auf ihrer Bahn um die Sonne – etwa 30 Kilometer pro Sekunde – auf die Geschwindigkeit des Lichts – etwa 300 000 Kilometer pro Sekunde – bestimmt werden konnte. Wenn sich das Licht im Äther mit der festen Geschwindigkeit von 300 000 Kilometer pro Sekunde ausbreitet, muß seine auf der Erde gemessene Geschwindigkeit von der Richtung abhängen, in die es sich bewegt – ob in die Bewegungsrichtung der Erde, ihr entgegen oder senkrecht zu ihr. Michelson und Morley – die Abbildung zeigt ihre drehbar aufgestellte Apparatur – haben die Geschwindigkeiten des Lichts in verschiedene Richtungen gemessen und nachgewiesen, daß sie von der Richtung seiner Ausbreitung unabhängig ist, auch zu verschiedenen Jahreszeiten, in denen sich die Erde ja in verschiedene Richtungen um die Sonne bewegt. War also die Vorstellung von Licht als Schwingung eines materiellen Äthers richtig, mußte die Erde ihn mit sich führen – ein wahrhaft absurdes Ergebnis.

mal größer würde, als sie jetzt ist.« Die Existenz einer solchen Substanz hielt er offenbar für möglich, wenn auch für *erstaunlich*: »Wenn man demnach fragt, warum das Licht sich mit einer so ungeheuren Geschwindigkeit bewegt, so antworten wir, daß die Ursache in der äußersten Feinheit des Äthers, zusammen genommen mit seiner erstaunlichen Elasticität liege.« Den Äther will Euler übrigens auch für die Wirkungen der Schwerkraft verantwortlich machen; er weiß nur nicht, wie. »Die Körper«, schreibt er, »bewegen sich so, als wenn sie einander anzögen.« Und es scheint »vernünftiger zu seyn, der Wirkung des Äthers die gegenseitige Anziehung der Körper zuzuschreiben, wenn man auch die Art dieser Wirkung nicht einsieht, als zu einer ganz unverständlichen Eigenschaft seine Zuflucht zu nehmen« – gemeint ist die Fernwirkung durch den leeren Raum hindurch, die bereits Newton in seinem Brief an den Reverend Dr. Bentley kraftvoll abgelehnt hatte.

Es ist heute schwer vorstellbar, wie groß der Schritt war, den die Aussonderung des Äthers aus der Vorstellungswelt der Physiker um

1900 bedeutete. Experimentell »abgeschafft« wurde der Äther durch die Messungen der Lichtgeschwindigkeit in verschieden ausgerichteten Apparaten durch die amerikanischen Physiker Albert Abraham Michelson und Edward Williams Morley im späten 19. Jahrhundert (Abb. 4.2). Deren Ergebnis war, daß zumindest der lokale Äther die Reise der Erde um die Sonne mitmachen muß – eine ans Absurde grenzende Folgerung. Ohne die Vorstellung vom Äther kam die Theorie 1905 wieder ins Lot durch Einsteins Spezielle Relativitätstheorie. Zugleich mit der Abschaffung des Äthers als materielles Substrat hat sich der grundsätzliche Wandel der Weltsicht der Physiker vollzogen, um den es hier vor allem geht – das *mathematische* Universum ist an die Stelle des *mechanistischen* getreten.

Äther und Weltanschauung

Die Maxwellschen Gleichungen für Elektrizität und Magnetismus haben die Schwierigkeiten der Äthertheorie bis zur Schmerzgrenze verstärkt. Zugleich aber trat deren Notwendigkeit zur Rettung des mechanistischen Weltbilds überdeutlich hervor. Die Schwierigkeiten hat Heinrich Hertz in seiner bereits erwähnten Vorlesung von 1884 ausführlich beschrieben. Um mit dem internen Widerspruch dessen, was er einerseits physikalisch wußte, andererseits aber mechanistisch interpretieren zu müssen glaubte, leben zu können, hat er eine private Wissenschaftstheorie entwickelt, die zwischen den »Thatsachen der Natur« und den »Schwierigkeiten, welche der menschliche Verstand findet, sie zu begreifen«, unterscheidet. Trotzdem: »Nichts, was Thatsächlich ist, kann nach meiner Auffassung unbegreiflich sein.« Aber: »Wir müssen zugestehen, daß die Existenz von Thatsachen nicht von ihrer Begreiflichkeit abhängt.« Er wiederholt die Betrachtungen Eulers zur Dichte und Elastizität einer Substanz – bei ihm Wasser – und findet, daß er zur Erreichung der Lichtgeschwindigkeit die »Unwahrscheinlichkeiten« so auf Dichte und Elastizität des Äthers verteilen kann, daß dieser 200 000mal dünner sei als Wasser und doch bei der Zusammendrückung einen 200 000mal größeren Widerstand ausübe als dieses, das selbst ja »fast incompressibel« ist. »Nicht ohne Seufzen«, so kommentiert er seine Folgerung, »werden wir uns zu dieser Aussage bewegen lassen, doch haben wir ja gewissermaßen uns verpflichten müssen, das Wörtchen ›unbegreiflich‹ nicht in die Diskussion hineinzubringen.«

Nicht bloß als unbegreiflich, sondern als widerspruchsvoll erschienen Hertz die Konsequenzen einer Eigenschaft des Lichts, die zu Eulers Zeiten noch unbekannt war, die Transversalität der Schwingungen: »Transversalwellen sind nur in festen elastischen Körpern möglich. Nur in [ihnen] entsteht eine Reaction gegen eine gleitende Versetzung der Teilchen gegeneinander, wie sie in Transversalwellen hervorgerufen werden [...] Also, der Äther verhält sich wie ein fester Körper und doch eilen die Planeten durch ihn hindurch [...] ohne auch nur einen Widerstand zu erfahren? Und die zarten Kometen desgleichen! Das ist nicht bloß unbegreiflich, [...] es ist widerspruchsvoll.« Die Transversalität der Lichtwellen (Abb. 4.3), von Etienne Louis Malus im Jahr 1808 entdeckt, war für Hertz nicht einfach eine experimentelle Tatsache, sondern vor allem eine Konsequenz der Maxwellschen Gleichungen, die alles über Elektrizität und Magnetismus Bekannte zusammenfaßten.

Zwar die *eigentliche* Physik – ihr »harter Kern« –, aber nicht ihre »weiche« Interpretation ist für alle Physiker derselben Zeit mehr oder weniger dieselbe. Wenn auch für Hertz die Vorstellung vermittelnder materieller Medien verglichen mit ihren mathematisch formulierbaren Konsequenzen in den Bereich des »als ob« herabgesunken war, so daß er nahe daran war, mathematischen Objekten wie den elektromagnetischen Wellen eine selbständige Existenz zuzusprechen, ist doch die Vorstellung eines Äthers bis weit in das 20. Jahrhundert hinein bestehen geblieben. Hier eine Äußerung des Wiener Physikers Franz Exner in seinen ›Vorlesungen über die physikalischen Grundlagen der Naturwissenschaften‹, die 1919 als Buch erschienen: »Wir können [...] den Begriff des Äthers nicht entbehren. [...] Freilich wird die Existenz des Äthers, namentlich in neuerer Zeit, vielfach bestritten und als überflüssig geleugnet. *Das ist verursacht durch den Unterschied im formalen mathematischen Denken und dem realen physikalischen, je nach Art der Naturbetrachtung.* Wir können den Äther aus unserem begrifflichen Vorrate eliminieren, dann müssen wir aber dem Raume an sich Eigenschaften physikalischer Art zulegen, für die der Physiker lieber ein materielles Substrat voraussetzt. Jene Art der Naturbetrachtung, welche in Form von Gleichungssystemen lediglich eine Natur*beschreibung* zum Endzwecke hat, kann uns nicht dauernd befriedigen.

a)

b)

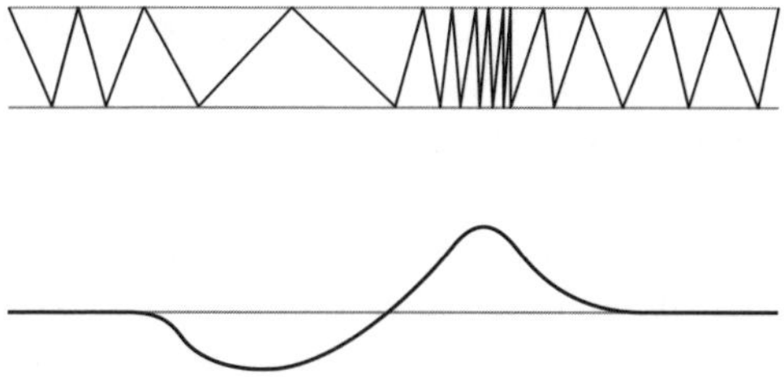

Abbildung 4.3: Die Physik kennt longitudinale a und transversale Wellen b. Bei longitudinalen Wellen erfolgt die Schwingung parallel zur Ausbreitungsrichtung, bei transversalen senkrecht zu ihr. Dichteschwingungen wie die Schallwellen und die Schwingungen einer teilweise gespannten Feder a sind longitudinale, Schwingungen von Membranen, Saiten b und Oberflächenwellen von Wasser transversale Wellen. Damit in einem Medium transversale Wellen auftreten können, muß dieses Verbiegungen oder Scherungen Widerstand entgegensetzen. Bei den Oberflächenwellen von Wasser ist die Schwerkraft die rücktreibende Kraft; bei den Saiten und in anderen Medien beruht sie auf der Festigkeit des Mediums: Ohne Festigkeit keine Transversalwellen. Es ist diese für das Auftreten transversaler Wellen erforderliche Festigkeit des Äther, die Hertz den Glauben an ihn vollends verlieren ließ.

Und wenn sie auch eine Zeitlang am Platze war, so ist gegenwärtig die Forschung mehr auf ein molekular-mechanisches Verständnis der Vorgänge gerichtet. [...] Wenn wir sagen sollen, wie wir den Äther gegenwärtig am besten charakterisieren können, so haben unsere Untersuchungen zu dem Schlusse geführt, daß er wahrscheinlich ein spröder elastischer Körper von hoher Elastizität und sehr geringer Dichte ist.« Physikalisch also kein Unterschied zu Hertz, wohl aber in der Bereitschaft, zur Rettung der mechanistischen Weltsicht keinen Widerspruch dort zu sehen, wo für Hertz einer klar hervorgetrat.

Wir werden Exner noch mehrmals begegnen. Für uns ist er erstens ein Monument einer untergegangenen Naturbetrachtung. Die Hervorhebung des Unterschieds zwischen dem »*formalen mathematischen Denken*« und dem »*realen physikalischen*« in dem Zitat ist meine. Der Satz mit dieser Unterscheidung hebt noch einmal den Umbruch hervor, dem die Physik um 1900 ausgesetzt war. Die Entwicklungen der Physik nach Maxwell und Boltzmann bis zur Zeit seiner Vorlesung 1918, insbesondere die Relativitätstheorien, sind offenbar an Exner vorbeigegangen. Trotzdem verdient er aus (mindestens) drei Gründen unser Interesse. Erstens weil er sehr klar Vorstellungen ausspricht, die nicht unsere sind, denen wir aber unsere gegenüberstellen und sie dadurch verdeutlichen können. Ein Stichwort ist die *Realität* der Gesetze verglichen mit der von Objekten; ein zweites der Unterschied des von Exner angeführten »molekular-mechanischen Verständnisses« und des molekular-*quanten*mechanischen. Drittens, weil Exner wohl als erster die Möglichkeit erwogen hat, *daß es überhaupt keine Naturgesetze* gibt, sondern daß alle Regelmäßigkeiten in der Natur auf den Gesetzen der großen Zahlen, also der Statistik, beruhen. Auf diese Idee, die wichtige Nachfolger gefunden hat, werde ich zurückkommen.

Atome, Moleküle und die Kinetische Gastheorie

Zunächst wieder die Atome, Moleküle und ihr Erklärungspotential. Das Vorgehen der modernen Atomtheorie im 19. Jahrhundert war einfach dies: Unterstellt wurde die Existenz realer (noch) nicht beobachtbarer Objekte, deren Verhalten bereits und allein durch die auch für die makroskopischen Objekte der direkten Wahrnehmung geltenden Gesetze von Berührung und Stoß bestimmt sein sollte. Das Ziel war, aus dem so bestimmten Verhalten der mikroskopischen Objekte sowie ihrem ebenfalls durch Berührung und Stoß bestimmten Einfluß auf die makroskopischen Objekte in einer Art Zirkelschluß die für letztere geltenden Naturgesetze abzuleiten. Leicht modifiziert finden sich diese Sätze schon in der *Zwischenantwort* auf S. 92f. Dort galten sie den Erklärungsversuchen der frühen mechanistischen Physiker für die ihnen ohne derartige Vorstellungen »okkult« erscheinenden Naturgesetze für zumindest scheinbare Fernwirkungen. Das war beim Aufkommen des modernen Atomismus längst obsolet. Eine neue Geltung gewannen diese Vorstellungen aber in der »Kinetischen Gastheorie« von Maxwell, Boltzmann und anderen. In dieser traten die Atome und Moleküle als Vehikel einer Vorstellung von sehr speziellen Systemen auf – von Gasen, vielleicht auch Flüssigkeiten; keinesfalls aber als ein allgegenwärtiges Substrat.

Anders als die Unterstellung, das Universum sei mit Partikeln und/oder Äther angefüllt, konnte die Kinetische Gastheorie von vornherein quantitative Triumphe feiern. Mit einer allerdings wichtigen

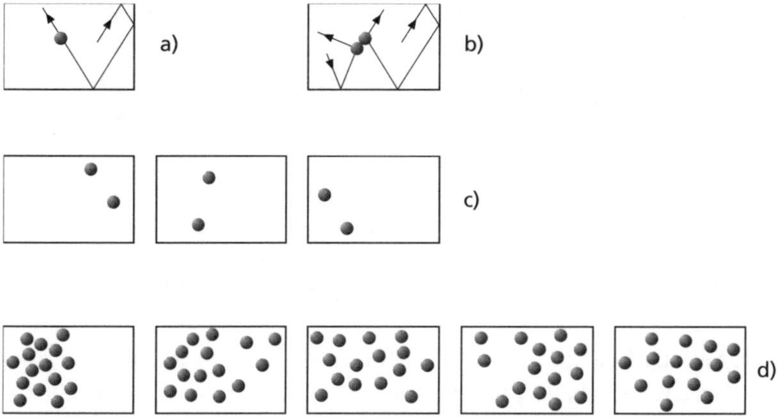

Abbildung 4.4: a Eine Kugel in einem Kasten mit elastisch reflektierenden Wänden und ein Weg, der zeigt, wie sie ihre gegenwärtige Position erreicht haben kann, und wie sie sich weiter bewegen wird. – b Eine zweite Kugel stößt mit der ersten elastisch zusammen. – c Einem Film von nur zwei Kugeln im Kasten, die bei Begegnungen wie in a und b elastisch an den Wänden und aneinander stoßen, kann nicht angesehen werden, ob er vorwärts oder rückwärts läuft. – d Breitet sich ein anfangs eingeschlossenes Gas wie Parfüm aus einem Flakon im Raum aus, wird es sich »niemals« wieder im Anfangsvolumen einfinden.

und folgenreichen Ausnahme, von der zu sprechen sein wird, ergeben sich die Gasgesetze aus der Vorstellung, Gase seien aus winzigen Partikeln aufgebaut, die geradeaus durch den Raum fliegen, bis zwei von ihnen zusammenstoßen oder eines auf eine Wand des Gasbehälters trifft (Abb. 4.4). Was aber impliziert der quantitative Erfolg der Atomvorstellung umgekehrt für die Existenz der Atome als materielle Objekte? Kaum etwas.

Vier Erfolge der Kinetischen Gastheorie und ein Mißerfolg

Ein Beispiel für die Erfolge der Kinetischen Gastheorie ist ihre Antwort auf die Frage, warum Gase beim Zusammendrücken wärmer werden; ein Effekt, den wir alle von der Luftpumpe kennen. Die Abb. 4.5a zeigt, als Kreise dargestellt, dreizehn in ein Gefäß mit beweglichem Stempel eingeschlossene Atome. Diese flitzen (Abb. 4.4) zwi-

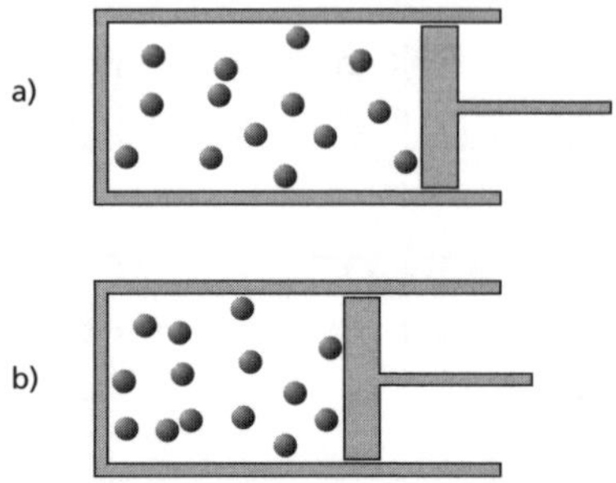

Abbildung 4.5: Ein Gas, das wie in einer Luftpumpe zusammengedrückt wird, heizt sich auf. Der Text erklärt, warum das im Modell der Kinetischen Gastheorie mit elastischen Kugeln als Atomen so ist.

schen elastischen Stößen aneinander und an den Wänden mit konstanten Geschwindigkeiten ungeordnet hin und her; um so schneller im Mittel, je höher die Temperatur ist. Stößt ein Atom auf eine Wand, wird es von ihr reflektiert und übt dabei und dadurch Druck auf sie aus. Als anschauliches Beispiel kann man sich vorstellen, ein offenstehendes Tor werde mit Tennisbällen beworfen. Durch deren Aufprall wird das Tor in Bewegung gesetzt. Steht das Tor fest, prallen die Bälle (nahezu) elastisch von ihm ab und übt jeder Aufprall einen merklichen Druck auf es aus. Weil in dem makroskopischen Gas mit seinen Milliarden Milliarden Millionen Atomen in jeder Sekunde Milliarden Milliarden Milliarden Zusammenstöße zwischen jedem Quadratzentimeter Wand und den Atomen auftreten, scheint der Druck des Gases auf den Stempel ein kontinuierlicher zu sein. Mit der Temperatur muß der Druck bei gleichbleibendem Volumen des Gases offenbar wachsen. Denn je höher die Temperatur, desto höher ist, wie bereits gesagt, im Mittel die Geschwindigkeit der Atome, so daß erstens die Heftigkeit der Stöße und zweitens deren Häufigkeit mit wachsender Temperatur zunimmt. Wird nun der Stempel in den Behälter geschoben (Abb. 4.5b), so bewegt er sich auf die Atome zu, und das bewirkt, daß ihre Geschwindigkeit nach einem Zusammenstoß mit ihm größer ist als vor ihm – die ungeordneten Bewegungen der Atome des Gases werden dann auch im Mittel schneller, das Gas wird wärmer. Denn die Zusammenstöße von Atomen mit Atomen sorgen dafür, daß sich danach die der jeweiligen Temperatur entsprechende Geschwindigkeitsverteilung ausbildet und bestehen bleibt.

In der Kinetischen Gastheorie kann zweitens die von dem italienischen Physiker und Chemiker Amadeo Avogadro im Jahr 1811 aufgestellte Hypothese abgeleitet werden, daß gleiche Volumina von allen

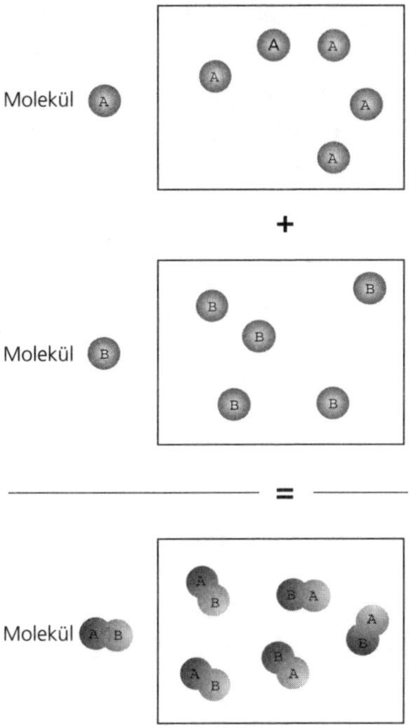

Abbildung 4.6: Wenn auf Grund einer hypothetischen chemischen Reaktion aus je einem Molekül A und B ein Molekül AB entsteht, und wenn die Hypothese Avogadros stimmt, daß die gleiche Anzahl von Molekülen unter gleichen Voraussetzungen an Druck und Temperatur stets dasselbe Volumen einnimmt, wandelt die Reaktion offenbar ein Volumen von A-Gas und eins von B-Gas in zusammen ein Volumen von AB-Gas um.

Gasen bei derselben Temperatur und demselben Druck dieselbe Anzahl von Molekülen enthalten. Durch diese Hypothese konnte Avogadro den experimentellen Befund des Jahres 1808 erklären, daß die Volumina von Gasen, die miteinander chemisch reagieren, *vor* der Reaktion zu jenen *nach* dieser in einfachen ganzzahligen numerischen Verhältnissen stehen (Gesetz von Gay-Lussac). So ergeben ein Volumen Chlorgas plus ein Volumen Wasserstoffgas zwei Volumina Chlorwasserstoff. Den Grund für die einfachen numerischen Verhältnisse erläutert die Abb. 4.6 unter Voraussetzung der Avogadroschen Hypothese durch zwei hypothetische Gase aus Molekülen – besser: Atomen – A und B, die sich zu einem Molekül AB vereinigen: Die Reaktion, die aus einem A *und* einem B ein AB macht, halbiert die Anzahl der Moleküle, so daß unter Annahme der Hypothese von Avogadro aus einem Volumen A *und* einem Volumen B *ein* Volumen AB entstehen muß. Das Gesamtvolumen am Anfang der Reaktion steht also zu dem Volumen am Ende in dem einfachen Verhältnis 2:1.

Wir rechnen die Avogadrosche Hypothese zu den experimentellen

Befunden hinzu und fragen mit Maxwell, ob sie aus der Kinetischen Gastheorie folgt. Durch detaillierte Rechnungen kann er zeigen, daß das tatsächlich so ist – »Ein Resultat«, schreibt er in einem Brief an seinen irischen Kollegen Sir George Gabriel Stokes im Mai 1859, »das zumindest zufriedenstellend ist.« Zuvor hatte er beschrieben, was er zeigen konnte: »Wenn zwei Ansammlungen von Teilchen miteinander wechselwirken, so wird sich im Mittel dieselbe Bewegungsenergie für beide herausbilden, so daß gleiche Volumina von Gasen bei gleichem Druck und gleicher Temperatur dieselbe Anzahl von Teilchen enthalten werden.«

Ein drittes, ihn zunächst überraschendes, am Ende aber einsehbares Ergebnis teilt er Stokes in demselben Brief mit. Es geht um den Ursprung der Reibungskraft, durch die Gase der Bewegung von Körpern in ihnen Widerstand leisten. Maxwell mußte erkennen, daß diese Kraft von der *Dichte* des Gases unabhängig ist: »Vollkommen unerwartet hat sich herausgestellt, daß die Reibung in einem verdünnten Gas genauso groß sein sollte wie in einem verdichteten. Der Grund hierfür ist die in einem verdünnten Gas größere mittlere freie Weglänge, so daß die Reibung über größere Abstände wirkt.« Dieses auch den heutigen unvoreingenommenen Leser überraschende Ergebnis wurde bald nach Maxwells Vorhersage experimentell bestätigt – und war es möglicherweise bereits zuvor durch Experimente von Stokes, von deren Neuanalyse Maxwell in seinem Brief berichtet. Überraschend ist das Ergebnis, weil bloße Intuition vermuten läßt, daß es schwerer sein müsse, einen Block Materie durch ein dichtes Gas mit vielen Molekülen in jedem Kubikzentimeter zu bewegen als durch ein dünnes mit wenigen. Warum und inwiefern das falsch ist, erläutert Abb. 4.7.

Viertens, der Osmotische Druck. Nehmen wir an, daß zwei Gase oder auch Wasser mit und ohne eine gelöste Substanz durch eine Membran getrennt sind, die zwar »kleine« Moleküle durchläßt, »große« aber nicht (Abb. 4.8). Dann werden die »kleinen« Moleküle die Anwesenheit der Membran (nahezu) nicht bemerken und sich über den ganzen Kasten verteilen – nicht aber die großen! Sie verbleiben in dem ihnen ursprünglich zugewiesenen Raum. Nachdem sich Gleichgewicht eingestellt hat, wird der Druck auf beiden Seiten der Membran nicht derselbe sein: Der Druck der »kleinen« Teilchen ist auf beiden Seiten derselbe, aber auf der Seite mit den »großen« Teilchen kommt deren Druck hinzu. Diesen »Osmotischen« Druck ent-

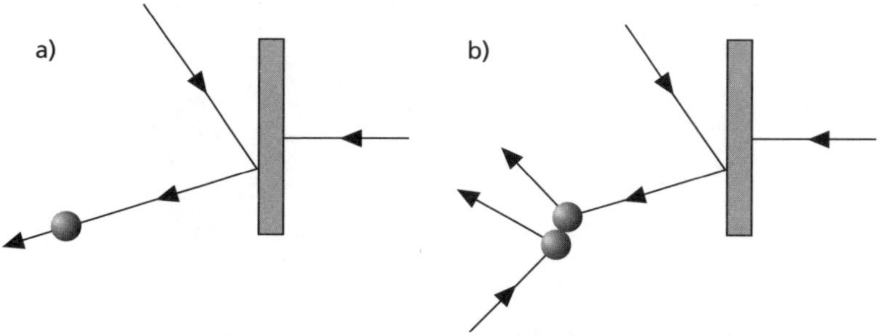

Abbildung 4.7: Die Gaspartikel der Kinetischen Gastheorie sind kleine Kugeln, die bei Begegnungen elastisch aneinander stoßen (Abb. 4.4). Als »mittlere freie Weglänge« ist die Distanz definiert, die eine Partikel im Mittel zwischen zwei aufeinander folgenden Zusammenstößen mit einer anderen Partikel zurücklegt. Diese Distanz ist offenbar um so größer, je verdünnter das Gas ist. Bewegt sich nun ein die Partikel elastisch reflektierender Körper – ein Stempel – durch das Gas, hemmen die Zusammenstöße mit diesem (Abb. 4.5) seine Bewegung, so daß er einen »Reibungswiderstand« erfährt. Dieser Widerstand sollte auf den ersten Blick bei verdünnten Gasen geringer sein als bei dichten. Was aber nicht zutrifft, weil der Stempel die Gaspartikel nicht nur durch a direkte Stöße vor sich her treibt, sondern auch indirekt durch b die Zusammenstöße der Partikel, die von ihm abgeprallt sind, mit anderen Partikeln. Der zweite Effekt bahnt ihm den Weg in einem dichteren Gas effektiver als in einem dünneren und sorgt außerdem dafür, daß direkte Zusammenstöße weniger heftig sind als ohne ihn. Diese Überlegungen verdeutlichen die physikalischen Effekte, auf denen das anfangs überraschende Ergebnis beruht, daß der den Bewegungen von Körpern in einem Gas entgegenwirkende Reibungswiderstand von der Dichte des Gases unabhängig sein muß – was wesentlich zu den triumphalen Erfolgen der Kinetischen Gastheorie beigetragen hat.

falten Salzlösungen in Wasser auf zwei Seiten von Membranen, die Wassermoleküle durchlassen, die Atome des Salzes aber nicht; zum Beispiel im menschlichen Körper.

Wichtig für den Vergleich der Kinetischen Gastheorie mit – zum Beispiel – den Vorstellungen eines Descartes über die Einflüsse seiner fein verteilten Materie auf makroskopische Körper ist, daß die Kinetische Gastheorie auch quantitative Rechnungen ermöglicht, welche mit der angekündigten Ausnahme alle empirisch beobachteten Zusammenhänge zwischen Druck, Temperatur und Volumen eines Gases in

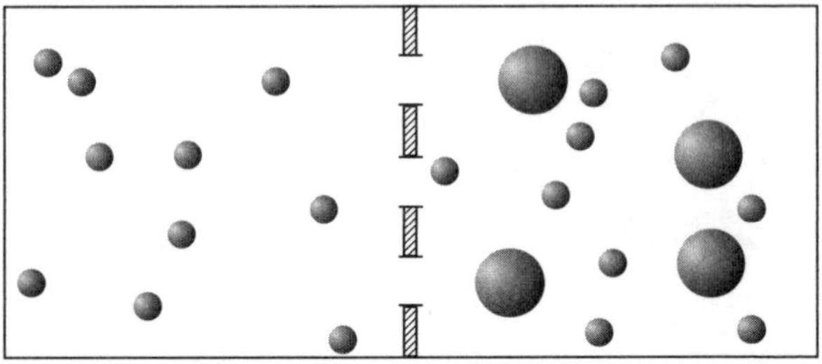

Abbildung 4.8: Die halbdurchlässige Membran in der Mitte können zwar die »kleinen«, nicht aber die »großen« Moleküle überwinden. Deshalb ist der Gasdruck »rechts« größer als »links« – ein Unterschied namens »Osmotischer Druck«.

weiten Grenzen ausgezeichnet wiedergeben. Unmöglich ist es also, diesem Modell eine gewisse Beziehung zur Realität abzusprechen. Was das aber für die Realität oder gar »Existenz« der Atome bedeutet, ist weniger klar. Die Gesetze beschreiben ob ihres quantitativen Erfolgs objektiv gültige Zusammenhänge und bilden insofern einen Teil der Realität. Für die Objekte aber, deren sie sich zur Begründung dieser Zusammenhänge bedienen, von denen sie zwischendurch sprechen, kann kein vergleichbarer Anspruch auf Realität erhoben werden. BINGO also im späten 19. Jahrhundert für die Gesetze der Kinetischen Gastheorie und ihre Übereinstimmung mit den Beobachtungen. Das war unabweisbar – die ominöse Ausnahme, die insbesondere Maxwell beunruhigt hat, natürlich ausgeschlossen. Aufgrund der Mechanik Newtons hatte Maxwell berechnet, wieviel Energie erforderlich sei, um die Temperatur verschiedener Gase um jeweils ein Grad zu erhöhen. Die Ergebnisse widersprachen allem, was er aus Experimenten wußte.

Dies ausgenommen, herrschte Einigkeit über die Erfolge der Kinetischen Gastheorie, keine aber darüber, was von den Atomen selbst zu halten sei. Die Ausnahme, die dem Bild, das die Physiker sich von den Gaspartikeln machen wollten, zu widersprechen schien, beruhte tatsächlich darauf, daß fälschlich die Mechanik Newtons im Bereich der Atome und Moleküle als gültig angenommen wurde. Die Vorstellung von isolierten Gaspartikeln als Bestandteilen der Gase war hingegen richtig; die Rahmentheorie ihrer Eigenschaften falsch. Zweitens litt und leidet die Vorstellung, die letzten Bestandteile der Gase seien verkleinerte Kopien makroskopischer Körper, die denselben Gesetzen wie diese genügen, daran, daß verkleinerte Kopien makroskopischer Körper selbst wieder in verkleinerte Kopien ihrer Bestandteile zerlegt werden könnten, so daß die wahre Natur der Atome der Kinetischen Gastheorie nicht mit dem Bild übereinstimmen kann, das diese sich von ihnen machte.

Die *Innere Energie* eines Gases

Die scheinbar kleine Ausnahme, die aber doch als dunkle Wolke über der Physik des späten 19. Jahrhunderts schwebte, kündigte tatsächlich einen Umsturz ebendieser Physik an – gemeinsam mit drei anderen, berühmteren Seltsamkeiten: der Strahlung der sogenannten Schwarzen Körper, der unverständlichen Bahn des Planeten Merkur (seiner Periheldrehung, deren Details wir übergehen) und den mit dem Äther verknüpften Problemen.

Die eine Größe, die nicht nach den Methoden der nicht-quantenmechanischen Physik, die Maxwell selbstverständlich verwendete, berechnet werden kann, ist die Innere Energie eines Gases, dessen Moleküle vibrieren und/oder rotieren können. Jeder dauerhaft zusammenhängende makroskopische Körper kann beides – sowohl vibrieren als auch rotieren –, so daß bei konsequenter Übertragung der Eigenschaften derartiger makroskopischer Körper auf die Gaspartikel auch ihnen diese Fähigkeiten zugeschrieben werden müssen. Trotzdem berechnete Maxwell zunächst die Innere Energie eines Gases aus Molekülen, die beides nicht können, und fand eine zufriedenstellende Übereinstimmung mit den experimentellen Resultaten innerhalb der damals noch großen Fehler. Er stellt sich vor, Moleküle, die weder vibrieren noch rotieren können, seien kleine Kugeln, denen er die Fähigkeit zu vibrieren offenbar abspricht. Daß sie sich nicht sollen drehen können, ist klassisch gesehen ebenfalls ausgeschlossen, aber für seine Folgerungen reicht es aus, daß kugelförmige Moleküle bei elastischen Zusammenstößen *nicht in Drehung versetzt* werden können – was bei elastischen Stößen klassischer Kugeln tatsächlich unmöglich sein kann. Vorauszusetzen ist nur, daß deren Oberflächen ohne Reibungswiderstand aneinander vorbeigleiten. Weil diese Vorstellung eine nur kleine Idealisierung beim Übergang von makroskopischen Körpern

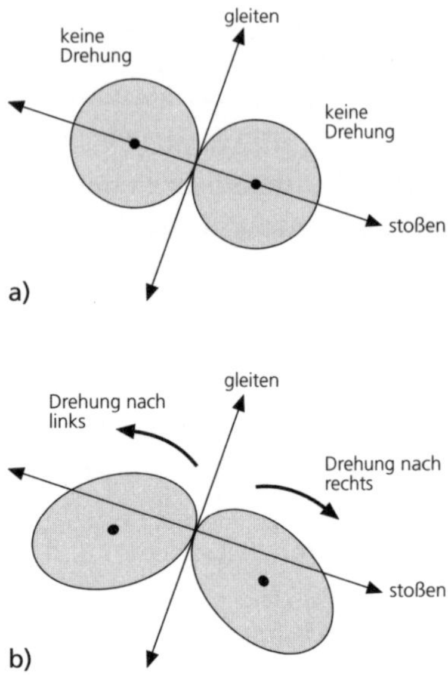

Abbildung 4.9: Wenn in der Ebene zwei Objekte zusammenstoßen, wird ihre weitere Bewegung durch die im Augenblick des Kontakts auftretenden Kräfte bestimmt. Sind die Objekte Kreise, können ihre Oberflächen parallel zu ihrer gemeinsamen Tangente a ohne Widerstand aneinander vorbeigleiten, so daß der Zusammenstoß keine Drehbewegung in Gang setzen oder von dem einen Kreis auf den anderen übertragen muß. Ellipsenförmige Gaspartikel müssen aber zu rotieren beginnen, wenn sie mit einer Partikel desselben Gases zusammenstoßen b. Nur durch Beschluß, wie bei Maxwell, nicht aber tatsächlich kann ein zusammenhängender Körper nach Auskunft der klassischen Physik durch Stöße *nicht* zu schwingen beginnen – wie geformt er auch sei. Denn sowohl die Stöße der Abbildung a als auch die von b wirken deformierend auf die Gaspartikel ein und müssen deshalb, insofern klassische Vorstellungen zutreffen, Vibrationen anregen.

zu den unsichtbaren Molekülen ist, scheint sie akzeptabel. Die Abb. 4.9 vergleicht Zusammenstöße idealisierter Kugeln – Kreise in der Ebene – mit denen genauso idealisierter Ellipsoide – Ellipsen in der Ebene – und kommt zu dem Schluß, daß zwar die Ellipsen, nicht aber die Kreise durch Zusammenstöße in Drehung versetzt werden müssen.

Maxwell wußte natürlich, daß die Voraussetzung kugelförmiger Moleküle nicht allgemein gelten kann. Das zeigt bereits seine Deutung der Volumenverhältnisse von Gasen vor und nach chemischen Reaktionen, die ohne aus mehreren Atomen bestehende Moleküle nicht auskommt (Abb. 4.6). Die Vorstellung, daß allgemein Moleküle aus mehreren Atomen kugelförmig seien, wäre allzu abenteuerlich gewesen. Trotzdem schienen sich alle Gase so zu verhalten, als seien ihre Partikel kugelförmig, so daß das von Maxwell abgeleitete Verhalten

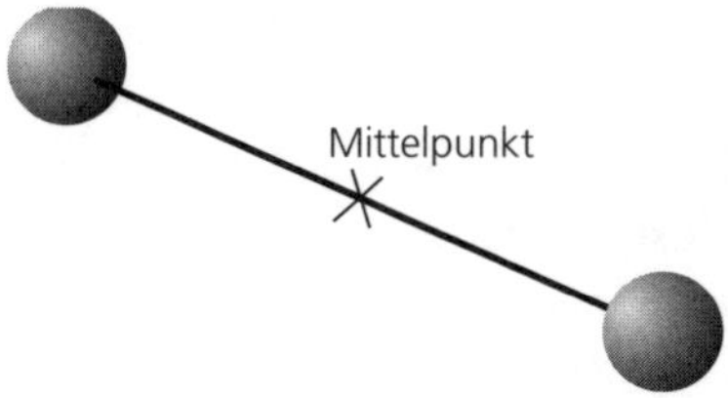

Abbildung 4.10: Ebenes Molekül aus zwei ebenen kreisförmigen Atomen, die durch eine elastisch federnde Achse verbunden sind.

nicht kugelförmiger Moleküle im Experiment nicht auftrat. Wie konnte das sein?

Unabweisbar impliziert die nicht-quantenmechanische Physik, daß jede unabhängige Bewegungsform jedes Moleküls eines Gases im Mittel zu dessen Innerer Energie *denselben* Beitrag liefert. Wird also die Temperatur, und damit die Innere Energie eines Gases durch Heizen erhöht, ist hierfür um so mehr Energie erforderlich, je mehr Bewegungsformen – Translationen, die Parallelverschiebungen des Moleküls als Ganzes, Vibrationen und/oder Rotationen – ihren Anteil an der Inneren Energie einfordern (Abb. 4.10). Sieht man nur auf die Innere Bewegungsenergie, so erfordert jede unabhängige Bewegungsform der 10^{23} Moleküle einer makroskopischen Menge Gas pro Grad Temperaturerhöhung nach Auskunft der nicht-quantenmechanischen Physik etwa die Energie, die es braucht, um siebzig Gramm Masse einen Meter hoch zu heben. Und zwar unabhängig von der Temperatur, von der ausgehend die Temperatur erhöht wird.

Das ist der »Gleichverteilungssatz« der Energie. Ihn hatte Maxwell bewiesen, und er bereitete ihm größtes Kopfzerbrechen. Denn er war mit dem, was er experimentell von den Gasen wußte oder zu wissen glaubte, nicht in Einklang zu bringen. Nehmen wir das zweiatomige Molekül der Abb. 4.10, nun aber im dreidimensionalen Raum statt in der Ebene, und mit Kugeln statt der Kreise. Voraussetzen wollen wir, daß Drehungen um die Achse der Hantel als Drehachse nicht angeregt werden können. Denn bei Drehungen um die Achse herum befinden wir uns in der Situation der Abb. 4.9a – wenn auch erst die Quantenmechanik die endgültige Berechtigung für die Vernachlässigung dieser Bewegungsformen liefern sollte. Wird die Voraussetzung aufgegeben, daß das Molekül um seine Achse herum nicht rotieren kann, werden die Probleme *größer*, als sie mit ihr schon sind. Also kann sich die Hantel um zwei aufeinander senkrecht stehende Achsen durch ihren Mittelpunkt drehen – um eine, bereits aus der Abb. 4.10 bekannte und auf der Papierebene senkrecht stehende, und um eine in der Papierebene. Diese beiden Drehungen sind erstens unabhängig voneinander – jede kann es *ohne die andere* geben –, und zweitens kann jede Drehung mit Ausnahme der um die Hantelachse selbst, die wie gesagt nicht berücksichtigt werden soll, aus ihnen zusammengesetzt werden. Folglich erfordert die Bewegungsform »Rotation« zwei der obigen Energieeinheiten. Die Möglichkeiten der Bewegung geradeaus erfordern drei, weil es im Raum drei unabhängige Richtungen gibt. Dann kommen zwei Einheiten aufgrund der Möglichkeit des Moleküls, entlang seiner Achse zu vibrieren, hinzu. Insgesamt sind nach der klassischen Physik also sieben Energieeinheiten zur Erhöhung der Temperatur eines Gases aus 10^{23} Hanteln um ein Grad erforderlich – sieben verglichen mit den drei, die denselben Effekt bei einem Gas aus kugelförmigen Partikeln bewirken.

Nun schloß bereits zu Maxwells Zeiten das Experiment einen Energiebedarf von sieben Einheiten für die Erhöhung der Temperatur eines Gases aus zwei Atomen um ein Grad klar aus. Fünf Einheiten sind bei den zu Maxwells Zeiten durchführbaren Experimenten der richtige Wert. Er ergibt sich, wenn bei der Berechnung des Energiebedarfs zweiatomiger Moleküle die Bewegungsform »Vibration« fortgelassen wird. Mir scheint, daß Maxwell erstens, wenn er von »Translationen und Rotationen« bei nicht kugelförmigen Molekülen spricht, die Vibration mit meint, und daß er zweitens nur die Resultate für kugelförmige Moleküle – also drei Einheiten – als experimentell bestätigt ansieht. Er schreibt, er habe »durch die Herleitung einer notwendigen Beziehung zwischen der Translations- und der Rotationsbewegung aller nicht kugelförmigen Teilchen gezeigt, daß diese keinesfalls einer bekannten Relation [...] genügen können«. Die »bekannte Relation« faßt die experimentell innerhalb der Fehlergrenzen bestätigten Resultate seiner »Dynamischen Theorie« *für kugelförmige Moleküle* zusammen, und widerspricht jener für nicht kugelförmige. Trotzdem schwört er der Kinetischen Gastheorie nicht ab, sondern stuft sie nach zahlreichen detaillierten Rechnungen nur herab – von einer geradezu Descartschen Theorie mit konkreten Bildern zu einer »Analogie«, die »zwischen der mathematischen Theorie von Zusammenstößen harter elastischer Teilchen [...] und den bei Gasen beobachteten Phänomenen« bestehe. Natürlich wäre ihm Übereinstimmung in allen Punkten statt des »als ob« einer Analogie lieber gewesen, und wir können uns vorstellen, daß Kritiker ihm das Versagen seiner Vorstellungen wieder und wieder vorgehalten haben. In trüber Stimmung schreibt er 1860 selbst, daß das »experimentell widerlegte Ergebnis der dynamischen Theorie die ganze Hypothese [der Kinetischen Gastheorie] umwirft – wie zufrieden stellend die anderen Ergebnisse auch sein mögen«.

▷ *Zwischenfrage:* Und hatte er damit nicht recht? Denn widerlegt ist widerlegt! Dafür brauchen wir uns nicht einmal auf Popper zu berufen – das sagt uns bereits der gesunde Menschenverstand. Wo kämen wir hin, wenn uns jeder ohne Angabe von Gründen vorschreiben könnte, welche Teile seiner Theorie wir ernst nehmen dürfen und sollen, und welche nicht! Es wird gesagt, Einstein habe die Einführung »seiner« Kosmologischen Konstante als »die größte Eselei« seines Lebens bezeichnet und sie zurücknehmen wollen. Allerdings ohne jeden theoretischen Grund. Die wechselvolle Geschichte dieser Konstante – erst sollte sie für Einstein die Unveränderlichkeit des Kosmos, an die er glaubte, ermöglichen, dann war sie wegen der beobachteten Expansion des Universums, die er durch ihren Ausschluß hätte vorhersagen können, als Einsteins Eselei in Verruf geraten, und heute wird sie vielleicht doch wieder gebraucht, um die neu beobachtete *beschleunigte* Expansion des Universums zu erklären – diese Geschichte der Kosmologischen Konstante zeigt, daß Widerruf ohne Widerlegung in den Naturwissenschaften bedeutungslos ist. Einsteins Rücknahme »Wenn schon keine quasistatische Welt, dann fort mit dem kosmologischen Term« ist bedeutungslos angesichts der Möglichkeit eines solchen Terms, die seine Arbeiten begründet haben. »Alles, was die Theorie erlaubt, gibt es auch« ist ein Wahlspruch, an den ich wohl nicht erinnern muß. Weil jede Theorie für sich eine Einheit bildet, können aus ihr nicht Teile herausgebrochen werden, ohne daß sie zusammenbricht.

▷ *Zwischenantwort:* Mit Popper müssen wir zwischen dem unterscheiden, was er im Titel seines wohl einflußreichsten Buches die »Logik der Forschung« nennt und der *Psychologie* der Forschung. Bestandsaufnahme und Bewertung des Erreichten sind die Ziele von Poppers Logik der Forschung; und vom Erreichten ist in der Tat jede Theorie ausgeschlossen, die experimentell widerlegte Konsequenzen besitzt. Ihr wahrer Gegenstand kann nur die endgültige

Theorie von Allem sein, über die das letzte, große BINGO gesprochen werden soll. Hingegen ist die Forschung, wie sie Beteiligte sehen – eine Sammlung von Momentaufnahmen aus verschiedenen Blickwinkeln –, Gegenstand der Psychologie der Forschung. In sie fließen Bewertungen ein, die je nach Geschmack diesen oder jenen Aspekt einer Theorie als wichtig anerkennen oder zurückweisen. Gemünzt ist die Psychologie der Forschung auf Theorien im Entstehen, und für sie gelten andere Maßstäbe als für die abgeschlossenen. Die Rigorosität eines »Widerlegt ist widerlegt« ist gegenüber unfertigen Theorien nicht angebracht. Maxwell wollte seine Vorstellung, daß Gase aus – notabene unsichtbaren – Partikeln bestehen, in eine Theorie einbetten, die sich als unermeßlich erfolgreich erwiesen hatte, die Mechanik Newtons. Diese führte mit einer anscheinend nebensächlichen Ausnahme, der »Periheldrehung des Merkur«, die beobachteten Bewegungen der Planeten um die Sonne auf ein verblüffend einfaches Gesetz zurück – ein Gesetz, das offenbar auch auf der Erde gilt und dort unter anderem die Bewegungen von Wurfgeschossen festlegt (Abb. 2.6). Ist also Maxwells Kinetische Gastheorie Unsinn, und triumphiert weiterhin die Klassische Mechanik Newtons? Zu dieser Folgerung sah sich Maxwell in seinen dunklen Stunden gezwungen. Es sollte sich aber herausstellen, daß es umgekehrt ist: Das über Newtons Theorie gesprochene große BINGO hat sich nämlich als voreilig erweisen. Im Bereich der Atome und Moleküle, in dem Newtons Theorie durch die Quantenmechanik ersetzt werden mußte, haben sich Maxwells Vorstellungen als richtig herausgestellt. Während also die Logik der Forschung abgeschlossene Theorien zurückweist, wenn sie einen experimentell widerlegten Basissatz implizieren, kann ein so rigider Maßstab an probeweise vorgeschlagene Theorien nicht angelegt werden. Bei ihnen geht es darum, wie sie sich empirisch und/oder im Reigen anderer Theorien behaupten; im Rahmen also der jeweiligen wissenschaftlichen Diskussion. Die Anwendung von Poppers Kriterium der Widerlegbarkeit auf eine nicht abgeschlossene Theorie setzt voraus, daß diese zuvor dadurch künstlich zur abgeschlossenen gemacht wurde, daß *alles*, was zur Ableitung von Basissätzen beiträgt, zur Theorie hinzugerechnet wird; zu Maxwells Kinetischer Gastheorie also Newtons Theorie. Obwohl logisch einwandfrei, würde eine solche Anwendung von Poppers Kriterium in der Praxis wissenschaftlicher Diskussionen nur in Sackgassen führen. Was hätte es gebracht zu sagen, daß *entweder* Maxwells Kinetische Gastheorie *oder* Newtons Theorie falsch sein muß? Überhaupt nichts. Auf die Quantenmechanik hätten hiervon ausgehende Forschungen sicher nicht geführt. Es war weise, den Widerspruch bestehen zu lassen, und auf von außen kommende Klärung zu warten. Wie es auch weise war, Newtons Theorie nicht bereits deshalb abzulehnen, weil sie keine Periheldrehung zuließ – im Gegensatz zu der tatsächlichen Bewegung des Planeten Merkur. Poppers Kriterium ist untauglich zur Einschätzung der *Praxis* einer sich entwickelnden Wissenschaft. Denn diese besitzt stets ein Standardmodell – ein Paradigma – als Basis der Verständigung. Abgelöst werden kann dieses nur durch ein anderes Standardmodell, nicht durch eine Ansammlung von Einzelheiten, auch wenn sie ihm widersprechen. Wobei »ablösen« nicht für »widerlegen« steht, sondern für eine Eingrenzung des Geltungsbereichs. Einsteins Relativitätstheorien haben die Auffassungen Newtons nicht widerlegt, sondern ihre Gültigkeitsgrenzen aufgezeigt. Von jeder Theorie mit möglicher Ausnahme der endgültigen, von der man bis jetzt nur träumen darf, ist von vornherein klar, *daß* ihr Gültigkeitsbereich beschränkt ist, und der schließt alles ein, worin sie erfolgreich überprüft wurde. Wenn die Grenzen einer Theorie bekannt werden, wird sie dadurch vervollständigt, nicht widerlegt. Ihre Grenzen gehören zu ihr. Spricht die Logik der Forschung ihr BINGO zu einer als abgeschlossen geltenden Theorie, muß sich erst noch erweisen, wie umfassend und wie dauerhaft es ist.

Tatsächlich handelt es sich, wie wir heute wissen, bei dem Ausnahmeverhalten von Maxwells »nicht kugelförmigen Molekülen« nicht um eine nebensächliche Anomalie, sondern um einen Widerspruch zu *dem* zentralen Theorem der Statistischen Mechanik, dem Gleichverteilungssatz der Energie. Denn nicht nur *können* alle möglichen Bewegungsformen der Gaspartikel an der Gesamtenergie beteiligt sein, sondern, so das von Maxwell bewiesene Theorem, sie *müssen das sogar im Mittel alle gleichermaßen*. Jedenfalls nach der klassischen, nichtquantenmechanischen Physik, die Maxwell als einzige zur Verfügung stand.

Der *Gleichverteilungssatz der Energie*, klassisch und quantenmechanisch

Vom heutigen Wissen aus gesehen, sind die theoretischen und experimentellen Kenntnisse zur Zeit Maxwells und Boltzmanns gering. Wir wissen, daß aufgrund der Quantenmechanik die Möglichkeiten der Gaspartikel, sich zu drehen und/oder zu vibrieren, mit fallender Temperatur aussterben – ein sowohl theoretisch bestens begründeter, als auch experimentell hervorragend abgesicherter Sachverhalt. Nehmen wir die Vibrationen, bei denen die Quantenmechanik sich in der Regel deutlicher auswirkt als bei den Rotationen. Die Möglichkeit der Gaspartikel, sich ohne Drehung und Vibration in drei unabhängige Richtungen geradeaus zu bewegen, wird von der Quantenmechanik überhaupt nicht beeinflußt. Erläutern möchte ich den Unterschied klassischer und quantenmechanischer Vibrationen an dem in der Abb. 2.5 bereits eingeführten Beispiel – dem Pendel. Das ist möglich, weil sowohl die nicht-quantenmechanische klassische als auch die quantenmechanische Physik über »kleine« Schwingungen aller schwingungsfähigen Gebilde im wesentlichen dieselben Aussagen machen. Bei einem Pendel ist klar, welche Schwingungen »klein« sind: Jene, die es nur wenig aus seiner in den Abb. 2.5 und 4.11a eingezeichneten Ruhelage fortführen. Nun kann ein Pendel der klassischen Physik fortwährend regungslos senkrecht herunterhängen; zumindest dann, wenn keine äußeren Störungen auf es einwirken. In diesem Zustand ist seine Energie offenbar so klein wie überhaupt möglich. Wir ernennen sie zur Energie Null und bemerken, daß in diesem Zustand auch die Bewegungsenergie – weil regungslos – und die Lageenergie – weil senkrecht hängend – des Pendels beide ebenfalls so klein wie möglich, also Null, sind. Ein Pendel der Quantenmechanik kann hingegen nicht fortwährend regungslos herunterhängen: In seinem Zustand niedrigster Energie zittert es, wie durch die Abb. 4.11b symbolisch dargestellt, um seine Ruhelage herum. Das ist eine Konsequenz der quantenmechanischen Unschärferelation zwischen Ort und Geschwindigkeit, deren Konsequenz, daß kein Teilchen gleichzeitig einen bestimmten Ort und eine bestimmte Geschwindigkeit besitzen kann, bereits erwähnt wurde.

Dieses Zittern, das auch »Nullpunktsunruhe« heißt, bedeutet aber nicht, daß das Pendel reale Schwingungen in dem Sinn vollführt, daß

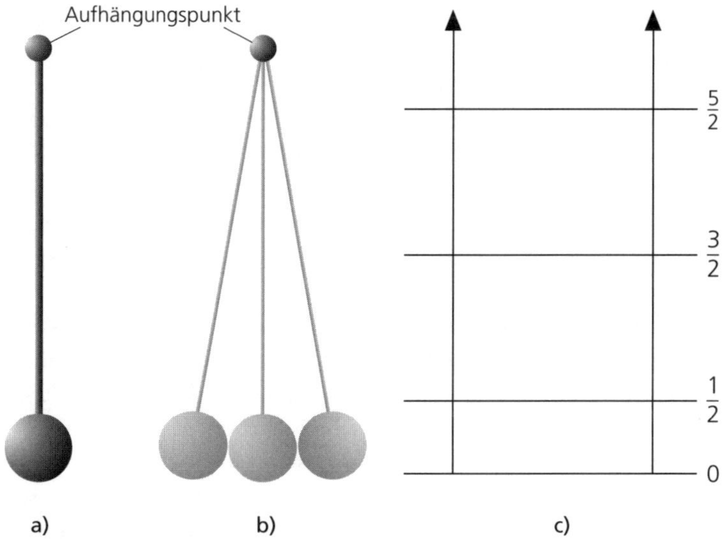

Abbildung 4.11: Pendel der klassischen Physik können a regungslos für alle Zeiten senkrecht herunterhängen; Pendel der Quantenmechanik können das nicht, sie zittern b in ihrem Zustand niedrigster Energie, der a entspricht, virtuell um die Ruhelage a herum. Nur die halbzahligen Energiewerte der Leiter c kann die Schwingungsenergie eines Moleküls nach Auskunft der Quantenmechanik annehmen.

es – wie das klassische Pendel bei seinen Schwingungen – seinen Zustand dauernd ändert; im Gegenteil. Besitzt das quantenmechanische Pendel sowenig Energie wie überhaupt möglich, befindet es sich in einem bestimmten Zustand, eben seinem Zustand niedrigster Energie, der sich im Laufe der Zeit nicht ändert. Dieser Zustand ist mit jenem des klassischen Pendels zu vergleichen, in dem es andauernd senkrecht herunterhängt, seinen Zustand im Laufe der Zeit also ebenfalls nicht ändert. Das Zittern des quantenmechanischen Pendels wird dementsprechend als »virtuelle« Anregung bezeichnet, zur Unterscheidung von den tatsächlichen Anregungen, die das quantenmechanische Pendel ebenfalls besitzt, und die mit den Schwingungen des klassischen Pendels um seine Ruhelage zu vergleichen sind.

Nun kann jedes klassische Pendel offenbar *beliebig kleine*, und damit beliebig energiearme, Schwingungen um seine Ruhelage ausführen – und genau das ist der Grund für die Schwierigkeiten der nicht-quantenmechanischen Kinetischen Gastheorie mit den schwingungsfähigen Molekülen. Je kälter das Gas, desto kleiner die mittlere Bewegungsenergie seiner Moleküle. Diese kann so klein sein wie sie will, auf jeden Fall werden die Moleküle laut nicht-quantenmechanischer Physik durch Stöße zu Schwingungen angeregt. Denn beliebig kleine Schwingungen erfordern zu ihrer Anregung beliebig wenig Energie. So daß die Schwingungen auch bei von beliebig niedrigen Temperaturen ausgehenden Temperaturerhöhungen ihre zwei Energieeinheiten einfordern.

Ganz anders bei den schwingungsfähigen Molekülen nach der Quantenmechanik. Das Zauberwort für das Verständnis ist hier wie dort Energie. Weil das Pendel der Quantenmechanik in seinem Zustand niedrigster Energie um seine klassische Ruhelage herum zittert, kann in diesem Zustand *weder seine Bewegungs- noch seine Lageenergie minimal* sein. Die Lageenergie wäre minimal – nämlich Null –, wenn das Pendel senkrecht herunterhängen würde. Dann aber könnte es aufgrund der Unschärferelation keine bestimmte Geschwindigkeit besitzen. Wir müßten uns vorstellen, daß es in demselben Augenblick durch die senkrechte Stellung mit beliebig großer Geschwindigkeit nach der einen oder anderen Seite schwingt, statt in ihr zu verharren. Folglich wäre dann seine Bewegungs- und mit ihr seine Gesamtenergie als Summe aus Lage- und Bewegungsenergie beliebig groß – größer jedenfalls als in seinem Zustand mit minimaler Gesamtenergie. Die Bewegungsenergie des Pendels ist minimal – ebenfalls Null –, wenn es ruht; egal, in welcher Winkelstellung. Nun ergibt die Unschärferelation mit vertauschten Rollen von Lage- und Bewegungsenergie dasselbe wie zuvor: Die Summe beider ist nicht so klein, wie sie es klassisch bei Unabhängigkeit beider Energieformen sein könnte. Im Zustand niedrigster Gesamtenergie des Pendels gehen dessen Lage- und Bewegungsenergie einen Kompromiß derart ein, daß jede für sich zwar nicht minimal, ihre Summe aber eben das ist – so klein, wie überhaupt möglich. Diese minimale »Grundzustands«-Energie des Pendels der Quantenmechanik hängt nur von dessen Frequenz ab. Sie ist, genauer gesagt, zu ihr proportional, mit der Hälfte von Plancks berühmtem Wirkungsquantum als Proportionalitätskonstante.

Die Pointe der Geschichte für die Kinetische Gastheorie: Nicht nur liegt die geringste mögliche Energie eines schwingungsfähigen Moleküls einen endlichen Abstand oberhalb der klassischen Minimalenergie, sondern es bilden auch alle anderen Energiewerte, die das Molekül vermöge seiner Schwingungen annehmen kann, die Stufen einer Leiter, die endliche, zur Schwingungsfrequenz proportionale Abstände voneinander besitzen (Abb. 4.11c). Klar also, daß bei niedrigen Temperaturen die dann geringe Bewegungsenergie der Moleküle eines Gases nicht dazu ausreicht, ein schwingungsfähiges Molekül zu Schwingungen anzuregen. Dann nämlich nicht, wenn die der Temperatur entsprechende Energie einzelner Moleküle wesentlich geringer ist als die Energielücke, welche den Zustand niedrigster Energie (Zahlenwert 1/2 in Abb. 4.11c) des Moleküls von dessen erstem angeregten Zustand (Zahlenwert 3/2) trennt. Folglich verhalten sich bei hinreichend niedriger Temperatur alle schwingungsfähigen Moleküle so, als könnten sie nicht schwingen; insofern also wie die kugelförmigen Moleküle Maxwells. Bei den Molekülen aller Gase, die zu Maxwells Zeiten untersucht worden waren, ist bereits die Zimmertemperatur »hinreichend niedrig«. Experimente mit Gasen bei deutlich tieferen Temperaturen wurden erst viel später angestellt. Rotieren aber können die meisten Moleküle, von deren Gasen Maxwell wußte, auch nach Auskunft der Quantenmechanik bereits bei Zimmertemperatur. Doch Vibrationen und Rotationen galten Maxwell gleich; erst die Quantenmechanik hat ja den Unterschied der minimal möglichen Anregungsenergien beider Bewegungsformen aufgedeckt. Skylla für Maxwell also das voll anregbare Molekül; Charybdis das kugelförmige, das weder rotieren, noch vibrieren kann; dazwischen konnte er nichts kennen. Das Experiment neigte eher der Charybdis zu, und das macht uns seine Äußerungen verständlich, daß das Experiment nur kugelförmige Moleküle als Gaspartikel zulasse. Übrigens ist mit der Vorstellung, die Maxwell haben mußte, daß die Moleküle von Gasen der Mechanik Newtons unterworfene klassische Gebilde seien, jede Abhängigkeit der zur Erhöhung der Temperatur um ein Grad erforderlichen Energie von der Temperatur unvereinbar.

Nur für Gase aus kugelförmigen Gasteilchen, die weder schwingen noch rotieren können, besitzt die Mechanik Newtons dieselben Konsequenzen wie die Quantenmechanik. Die Teilchen solcher Gase sind notwenig einzelne Atome. Bei den Temperaturen, bei denen zu Maxwells Zeiten Untersuchungen durchgeführt werden konnten, rotieren die Moleküle aller anderen Gase sowohl tatsächlich, als auch nach beiden Theorien. Nun gibt es kein Gas, das Maxwell hätte kennen können, dessen Teilchen einzelne Atome wären, das sich also tatsächlich so verhielte, wie er es für erwiesen ansah. Denn nur Edelgase – sie gehen überhaupt keine Verbindung ein – treten als Gase aus unverbundenen Atomen auf. Diese aber wurden erst nach Maxwells Tod durch den schottischen Chemiker Sir William Ramsay ab 1894 entdeckt und rein dargestellt.

Um ein Molekül zu Schwingungen anzuregen, ist nach der Quantenmechanik zumindest die Energie erforderlich, die dem Energieunterschied der ersten Anregungsstufe (3/2) und der Stufe der niedrigsten Energie (1/2) entspricht (Abb. 4.11). Bewegen sich die Moleküle so langsam, daß die bei Zusammenstößen umgesetzte Energie geringer ist als dieser Energieunterschied, können Schwingungen also nicht angeregt werden und diese Bewegungsform trägt zur Inneren Energie des Gases nicht bei. Folglich stirbt, anders als es Maxwell für möglich halten konnte, der Beitrag der Schwingungsenergie zur Inneren Energie auch eines nicht kugelförmigen Moleküls bei niedrigen Temperaturen aus: Pendel der Quantenmechanik können keine »beliebig kleinen« Schwingungen ausführen. Bei Wasserstoff- und Sauerstoffgas, deren Moleküle aus jeweils zwei Atomen bestehen, ist dieser Energieunterschied so groß, daß er erst bei Temperaturen weit oberhalb der Zimmertemperatur seinen Einfluß zu verlieren beginnt. Je größer die Masse der Atome eines Moleküls, desto geringer ist dieser Unterschied, so daß er bei Jodgas, dessen Moleküle aus zwei Atomen Jod mit jeweils der 53fachen Masse des Wasserstoffatoms bestehen, bereits bei Zimmertemperatur bedeutungslos geworden ist: Jodgas verhält sich dann im wesentlichen wie ein klassisches Gas aus zwei Atomen. Daß nicht-quantenmechanisches Verhalten bei »schweren« Objekten eher zu erwarten ist als bei leichten, scheint geradezu selbstverständlich – die allgemeingültige Quantenmechanik *muß* einfach für Planeten dasselbe implizieren wie die klassische Mechanik. Wie aber tut sie das? Vergleiche quantenmechanischer und klassischer Verhaltensweisen haben gezeigt, daß deren Unterschiede tatsächlich erstens auf verschiedenen Massen beruhen – deren Einflüsse können durch Verbesserungen der Meßtechnik offengelegt werden –, zweitens aber auch auf Unterschieden der Zahl der inneren Bewegungsmöglichkeiten »schwerer« Objekte verglichen mit denen »leichter«. »Schwere« Objekte sind ja im allgemeinen aus *mehr* Atomen aufgebaut als »leichte«, so daß die Zahl der inneren Bewegungsmöglichkeiten eines Objektes mit dessen Masse im allgemeinen ansteigt. Auch dies ist ein Grund dafür, daß das eigentlich quantenmechanische Verhalten schwerer Körper ihrem klassischen, nicht-quantenmechanischen im allgemeinen ununterscheidbar ähnlich sieht.

Was Grundlagenforschung bewirkt

Erst die Quantenmechanik sollte Maxwells Dilemma auf unvorhersehbaren Wegen auflösen. Kein Nachdenken über das Rätsel der Kinetischen Gastheorie hätte das jemals vermocht. In aller Regel wird Grundlagenforschung auf Erkenntnisfortschritte und praktische Konsequenzen führen, die nicht vorhergesehen werden können. Wenn wir fragen, worauf unser heutiges Leben, verglichen mit einem Leben vor – sagen wir – 150 Jahren vor allem beruht, kann unangezweifelt nur die naturwissenschaftliche Grundlagenforschung hervortreten. Die Konsequenzen der Entdeckung und des Verständnisses der Elektrizität sind an prominentester Stelle zu nennen. Dann die der Entdeckung der elektromagnetischen Wellen sowie die der Röntgenstrahlen 1895, die ebenfalls auf der Elektrizität beruht. Die Quantenmechanik hat sich aus ersten, durch Planck 1900 begründeten Anfängen, deren Grundlagen er selbst bezweifelte, zur wohl bedeutendsten Anwendungswissenschaft entwickelt – Computer, die digitale Nachrichtentechnik und Kernspintomographen beruhen auf ihr.

Tatsachen und Hypothesen

Daß die mikroskopischen Modelle von Gasen ob ihrer Erfolge ernst genommen werden mußten, gab Anlaß, neu über die Realität von Objekten der Theorie nachzudenken, die den Sinnen nicht zugänglich sind. Ein Ansatz war der von Ernst Mach, die Physik als Wissenschaft von den Beziehungen zwischen Eindrücken »*A, B, C,*... « aufzufassen, welche die Sinne von der Außenwelt empfangen. Als fehlgeleitet hat er Versuche angesehen, bei der Analyse der Eindrücke aus ihnen eine selbständige Außenwelt aufzubauen, also von den Sinnen abzusehen. Einer Außenwelt, die den Sinnen nicht direkt zugänglich war, hat er die Existenz abgesprochen. »Ham se welche gesehen« soll, wie bereits gesagt, seine Standardfrage nach den Atomen gewesen sein, wenn deren Existenz im Gespräch behauptet wurde. In einem Vortrag vor der Kaiserlichen Akademie der Wissenschaften am 29. Mai 1886 stimmt Ludwig Boltzmann mit den Worten »Wir erschließen die Existenz aller Dinge bloß aus den Eindrücken, welche sie auf unsere Sinne machen« Ernst Mach zunächst zu, fährt aber fort: »Einer der schönsten Triumphe der Wissenschaft ist es deshalb, wenn es uns gelingt, die Existenz einer großen Gruppe von Dingen zu erschließen, welche unserer Wahrnehmung größtenteils entzogen sind; so gelang es den Astronomen [...] die Existenz zahlloser Himmelskörper zu erschließen [...]. Was der Astronomie in größtem Maßstab, ist ähnlich auch im allerkleinsten geglückt. Alle Beobachtungen weisen übereinstimmend auf Dinge von solcher Kleinheit, daß sie nur zu Millionen geballt unsere Sinne zu erregen vermögen. Wir nennen sie Atome und Moleküle.« Zu ihnen wenig später: »Über die Beschaffenheit aber der Atome wissen wir noch gar nichts und werden auch solange nichts wissen, bis es uns gelingt, aus den durch die Sinne beobachtbaren Tatsachen eine Hypothese zu formen.«

Tatsächlich waren und blieben die Vorstellungen von den Partikeln der Gase irrelevant verglichen mit den Gasgesetzen, für deren Herleitung sie Modell stehen mußten. Könnte es da nicht sein, daß bereits auf dem Niveau der Atome die Statistik regiert? Daß es keine individuell gültigen Stoßgesetze gibt, sondern daß die einzelnen Stöße nur insofern gesetzmäßig ablaufen, als sie insgesamt und im Mittel auf die makroskopischen Gasgesetze führen? Erwin Schrödinger, der österreichische Physiker, Mitbegründer der Quantenmechanik und Nobelpreisträger von 1933, hat nach Exner auf diese Möglichkeit um 1930 in zwei Publikationen hingewiesen. Ja, es ist sogar – so Schrödinger – ohne Schaden für die Resultate möglich, die Objekte mit ihren Bahnen im Raum durch hypothetische Objekte zu ersetzen, deren Positionen Zeitschritt für Zeitschritt ausgewürfelt werden. Schrödinger will also nicht die einzelnen Objekte, die Atome, und mit ihnen die Kinetische Gastheorie abschaffen, sondern »nur« die für sie unterstellten deterministischen Naturgesetze. Der amerikanische theoretische Physiker John Archibald Wheeler stößt in dasselbe Horn, wenn er fragt, ob es *überhaupt* Naturgesetze gibt: Könnten nicht alle beobachtbaren Abläufe durch das Zusammenwirken von Einzelereignissen entstehen, die selbst keinem Gesetz genügen, zusammen aber den Gesetzen der (quantenmechanischen) Statistik, und so auf Gesetze für die beobachtbaren Abläufe führen, die fälschlich für originäre Naturgesetze gehalten werden?

Triumph des Atomismus

Es ist erstaunlich, daß die Grundvorstellungen des von den altgriechischen Naturphilosophen Leukipp (geb. um 475 vor Christus) und Demokrit (um 460 bis um 370 vor Christus) eingeführten Atomismus sich bei aller Fundamentalkritik schließlich als unerschütterlich stabil erweisen sollten. Descartes wollte mit seinen feinen Teilchen nicht die Materie, sondern die Kräfte – Gravitation und Magnetismus – erklären. Die Materie selbst sah er als ein raumerfüllendes Kontinuum an, deren Abrieb die feinen Teilchen waren. Diese Vorstellung konnte keinen Bestand haben; sie mußte mit jener von den Kräften untergehen. Seither haben sich zwar immer wieder die Theorien geändert, in welche die Vorstellung von den Partikeln eingebettet wurde, aber die Vorstellung selbst, daß die Materie aus Partikeln aufgebaut sei, hatte Bestand. Was Maxwell für ein Versagen seiner Vorstellung vom Aufbau der Gase ansehen mußte, war tatsächlich ein Versagen der als sakrosankt angesehenen Newtonschen Theorie. Schrödinger wollte, wie beschrieben, die Gesetze abändern oder negieren, denen die Gaspartikel gehorchen; aber an der Vorstellung, daß Gase Ansammlungen von Partikeln seien, zweifelte er nicht. Nach Robert Boyle, der nur sehr vorsichtig formulierte und dafür getadelt wurde, war der Schweizer Mathematiker, Anatom, Botaniker und Physiker Daniel Bernoulli einer der frühesten Vertreter der Vorstellung von »Gasen aus Partikeln«. Wie er sich die Gase dachte, zeigt sehr klar die seinem Buch »Hydrodynamica« von 1738 entnommene Abb. 4.12a. Anders als die Abb. 4.12b, die der Phantasie eines Modellbildners entsprungen ist und den Aufbau von »harten und scharfen« Gegenständen a la Demokrit zeigen soll, verzichtet Bernoullis Darstellung auf alle Details außer dem einzig wichtigen: daß Gase und Flüssigkeiten Ansammlunge von Partikeln sind. Der deutsche Physiker Werner Heisenberg, Hauptakteur in der Entwicklung der Quantenmechanik und Nobelpreisträger von 1932, hatte wohl Bilder wie das der Abb. 4.12b vor Augen, wenn er zu Darstellungen in einem Physikbuch, mit dessen

Abbildung 4.12: Daniel Bernoulli hat sich, wie die von ihm stammende Abbildung a zeigt, vorgestellt, »daß Gase aus zahllosen kleinen Atomen bestehen müßten, die sich in ständiger rascher Bewegung befinden und dabei gegen die Wände des Behälters prasseln«. Obwohl seine Vorstellungen grundsätzlich richtig sind, versagen sie doch im Detail. Unglaublich ins Detail geht das den Vorstellungen von Leukipp und Demokrit nachempfundene Atommodell von S. Hladky der Abbildung b: »Spitze und eckige Atome mit Haken und Ösen sollen harte und scharfe Gegenstände bilden.«

a)

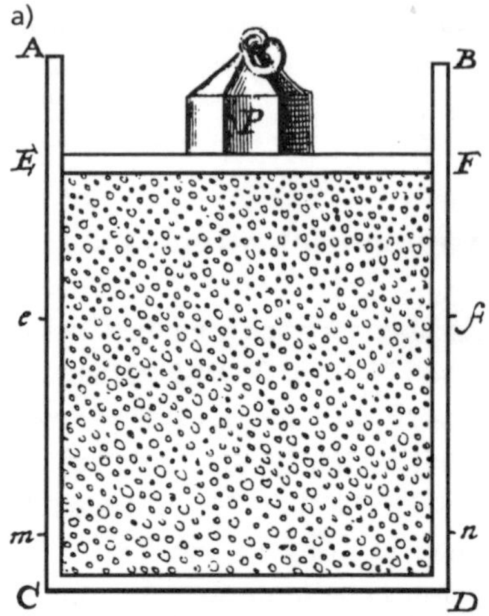

b)

Hilfe er am Max-Gymnasium in München um 1920 die Physik lernen sollte, bemerkt: »Einige Atome hingen jeweils in Gruppen zusammen, und zwar waren sie durch Haken und Ösen, die wahrscheinlich die chemische Bindung darstellen sollten, miteinander verknüpft. [...] Wenn die Atome so grob anschauliche Gebilde sind, wie das Buch uns glauben machen wollte, wenn sie eine so komplizierte Gestalt haben, daß sie sogar Haken und Ösen besitzen, dann können sie unmöglich die kleinsten unteilbaren Bausteine der Materie sein.« Atome also abermals ja, aber wie sollen sie Kräfte aufeinander ausüben, und wie können sie selbst unteilbar sein? Die Vorstellung von den Atomen hat alle diese Kritiken überstanden, und am Ende mußten sich stets nur die weitergehenden Modellvorstellungen zurückziehen. Richard P. Feynman hat es auf einer der ersten Seiten seiner Vorlesungen über Physik so gesagt: »Wenn in einer Sintflut alle wissenschaftlichen Kenntnisse zerstört würden und nur ein Satz an die nächste Generation von Lebewesen weitergereicht werden könnte, welche Aussage würde die größte Information in den wenigsten Worten enthalten? Ich bin davon überzeugt, daß dies die Atomhypothese [...] wäre, die besagt, daß alle Dinge aus Atomen aufgebaut sind ...« Weiter geht es mit anschaulichen Details zu dieser Hypothese, die einen realistischen Standpunkt Feynmans offenbaren, der aber von ihm selbst weiter unten zugunsten der Quantenmechanik abgeleugnet wird. In der heutigen Physik haben Felder die Atome zwar nicht als Bausteine der Materie, wohl aber als Grundgrößen ersetzt.

Heinrich Hertz und die Atome

Auch Heinrich Hertz hat sich in seiner Vorlesung von 1884, also um etwa dieselbe Zeit wie Ludwig Boltzmann, mit den philosophischen und physikalischen Problemen der Vorstellung von den Atomen auseinandergesetzt. Er ist dabei zu Folgerungen gekommen, die für den Übergang von der mechanistischen zur mathematischen Weltsicht charakteristisch sind. Ihm geht es nicht um Maxwells Probleme mit dem klassischen Gleichverteilungssatz der Energie, sondern um die Vereinbarkeit der anschaulichen Vorstellungen von Atomen mit deren Aufbau. Er stellt zunächst fest, daß die »Grundanschauung« von den Gasen als »Gewimmel schnell bewegter, sich kreuzender Körperchen« ein großes Erklärungspotential für die Beziehungen zahlreicher physikalischer Eigenschaften zueinander besitzt, welche »scheinbar gar nichts miteinander zu thun haben und auf ganz verschiedenen Gebieten der Physik liegen«. Dadurch ermutigt, fragen Physiker nach den Eigenschaften der Atome, und »die Natur giebt uns eine Fülle von Antworten, sie sagt uns: so und so geschwind bewegen sich die Atome, so viele sind in einem cbcm, so und so groß ist demnach ihr Gewicht, so und so oft stoßen sie zusammen, dies ist ungefähr ihre Größe, diese Atome sind nahezu punktförmig, jene haben wir uns als complicirte Systeme zu denken, usw«. Natürlich gibt – so sagen wir heute – die Natur diese Antworten nur innerhalb eines vorausgesetzten theoretischen Rahmens, der sich keinesfalls von selber versteht. Schrödingers Hinweis, daß nicht einmal deterministische Gesetze zur Ableitung der Gesetze der Kinetischen Gastheorie erforderlich sind, und daß die Körper, aus denen die Gase bestehen, keine Bahnen im Raum besitzen müssen, zeigt überdeutlich, wie theoriegeladen jedes System ist, das die anscheinend allereinfachsten Eigenschaften der Atome experimentell zu bestimmen gestattet. Natürlich ist es Hertz, genau wie Boltzmann, klar, daß die unterstellte Natur der Atome und der für sie geltenden Gesetze für die Ableitung der Gasgesetze eine zwar hinreichende, keinesfalls aber notwendige Voraussetzung ist: Die Gasgesetze folgen aus gewissen unterstellten Eigenschaften der Atome, nicht aber umgekehrt deren Eigenschaften aus den Gasgesetzen. In einem weiten Rahmen können die Atome sein, was sie wollen, und sich verhalten, wie sie wollen, und noch immer folgen dieselben, experimentell bestätigten Gasgesetze.

Was also ist der harte Kern dessen, was uns die Gültigkeit der Gasgesetze über die Atome sagt? Daß auch die Gasgesetze als Naturgesetze nur Hypothesen – wenn auch, in ihrem Anwendungsbereich, bestens bestätigte – sind, soll uns nicht kümmern. Wir fassen die Gasgesetze einfach auf als Zusammenfassung experimenteller Ergebnisse und fragen, was die Bestätigung der den Atomen geltenden Hypothesen durch sie über ebendiese Hypothesen aussagt – und müssen mit Boltzmann und Hertz schließen: wenig. Mit bemerkenswerter Klarheit arbeitet Heinrich Hertz nun aber heraus, daß und inwiefern dieses Wenige zwar nicht für den Philosophen, wohl aber für den Physiker das Wichtigste umfaßt. Dem Philosophen unterstellt er, daß die für ihn wichtigste Frage die sei, wie er sich die Atome vorzustellen habe – welche Gestalt sie besitzen, ob die Materie den Raum eines Atoms stetig oder unstetig anfüllt, ob die Atome teilbar seien oder gar nur »derjenige Raum, welchen die von einem punktförmigen Kraftzentrum ausstrahlenden Kräfte erfüllen«; eine wahrhaft prophetische Unterstellung! – und läßt den Philosophen keinen Fortschritt in der Frage erkennen, wie ein letzter Bauteil gedacht werden kann. Denn: »Die Atome, von denen ihr [Physiker] redet, sind offenbar kleine, aber nicht unendlich kleine und nicht untheilbare Körper, einem hinreichend geschärften Blick würden sie nicht mehr klein sein, und für einen solchen würden daher alle ursprünglichen Fragen mit unverminderter Schwierigkeit fortbestehen.«

Hertz läßt den Physiker entgegnen, daß der Philosoph nicht dieselben Ziele verfolge wie er: »Ich untersuche die Thatsachen der Natur, und Du untersuchst die Schwierigkeiten, welche der menschliche Verstand findet, sie zu begreifen. [...] Und der Werth, den die Erkenntnis einer Thatsache hat, wird nicht beeinträchtigt durch die Schwierigkeit, welche der Verstand findet, sie begrifflich widerspruchsfrei zu formulieren.« Nach einigem Hin und Her über die Frage, ob einzelne Atome und Ätherwellen den Sinnen direkt zugänglich sein könnten, wendet sich Hertz im Fall der Atome dem Thema zu, das wir in diesem Buch zu einem der unsern gemacht haben: In welchem Sinn können wir von den Eigenschaften und der Realität der Objekte sprechen, die in den Naturgesetzen auftreten? Und tritt diese Frage nicht vollständig in den Hintergrund gegenüber jener nach der Realität der Naturgesetze selbst? Heinrich Hertz: »Jede sinnliche Vorstellung von den Atomen schließt eine Absurdität ein, jede Übertragung der sinnlichen Eigenschaften der Materie auf die Atome einen logischen Fehler. Was aber bleibt schließlich dann übrig? [...] Zunächst bleibt immer noch etwas übrig, wenn wir alles Gedachte fortlassen. Es bleibt übrig ein System von begrifflich definirten Größen, welche unter sich und mit den makroskopischen Eigenschaften der Materie durch streng mathematisch formulirte Beziehungen verbunden sind; ist es nicht erlaubt, dieselben um ihrer selbst willen zu betrachten und ihnen vorstellbare Bedeutungen beizulegen, so behalten sie doch ihren Werth als Hülfsgrößen um jener Beziehungen willen. Ist es mir also z. B. nicht erlaubt, im eigentlichen Sinne von dem Durchmesser eines Atomes zu reden, so behält doch das, was ich den Durchmesser eines Atomes für ein bestimmtes Gas nenne, seine Bedeutung: es ist eine Länge, mit deren Hülfe ich eine Beziehung zwischen Wärmeleitfähigkeit eines Gases, seiner inneren Reibung, seiner Dielektricitätsconstanten und seinem Lichtbrechungsvermögen aufzustellen vermag. – Ich kann auf diese Weise die Atome überhaupt als mathematische Hülfsfiction auffassen. Ich kann mich darauf beschränken, es als meine Aufgabe zu betrachten, die sinnlich wahrnehmbaren Thatsachen möglichst einfach zu beschreiben, alles, was über die sinnliche Wahrnehmung hinausgeht, ist dann

Fiction, die der Beschreibung dient und den Zweck hat, diese Beschreibung zu vereinfachen.« Die Physik führt, anders gesagt, Hilfsobjekte ein und findet, daß sich physikalische Systeme so verhalten, »als ob« sie aus diesen Hilfsobjekten zusammengesetzt seien.

Nun könnte der Leser den Eindruck gewinnen, Heinrich Hertz habe nicht nur Aspekte der Vorstellungen von den Atomen geleugnet, sondern sogar deren Existenz. Das ist nicht so. Wir werden weiter unten theoretischen Konstrukten begegnen, deren materielle Existenz weitaus schwereren Zweifeln ausgesetzt ist als die der Atome. »Die Physik«, so schreibt Hertz weiter, »kann sich darauf beschränken, die Sache so anzusehen [...] aber sie ist nicht gezwungen, sich so zu beschränken. Es ist eine allgemeine und nothwendige Eigenschaft des menschlichen Verstandes, daß wir uns die Dinge weder anschaulich vorstellen noch sie begrifflich definiren können, ohne ihnen Eigenschaften hinzuzufügen, die in ihnen an sich durchaus nicht vorhanden sind.« Nicht die Tatsachen, sondern die Beschränkungen des menschlichen Verstandes verleiten also im Fall der Atome dazu, das Kind mit dem Bade auszuschütten – die Existenz der Atome selbst, statt nur einige Details der Vorstellungen von ihnen zu bestreiten.

Hier die Schlußsätze von Heinrich Hertz in dieser Sache: »Die Übertragung der Eigenschaften der sinnlich wahrnehmbaren Körperwelt auf die letzten Bestandteile derselben ist erlaubt, wenn wir uns nur klar sind, was in diesen Eigenschaften als das Wesentliche gelten soll – es sind dies stets nur Größenbeziehungen – und was in ihnen nur zugesetzt wird, um eine Vorstellung möglich zu machen. Vorher nannten wir diese Übertragung eine naive, jetzt, nachdem wir gesehen, in wie weit sie zulässig ist und wo sie zu Irrthum leiten kann, dürfen wir uns gegen diese Bezeichnung verwahren.«

Aber auch den heuristischen Wert einer möglichst konkreten Vorstellung von den Atomen schätzt Hertz hoch ein: »Wir werden aber sogar einen wesentlichen Vorteil gewinnen, wenn wir zu den wesentlichen Eigenschaften der Atome solche addiren, welche sie unserer Phantasie recht klar vor Augen stellen. Wir können dann unsere Phantasie auch anrufen, um zu entscheiden, wie sich diese Atome unter einfachen Verhältnissen bewegen werden. Denn dadurch, daß unser Vorstellungsvermögen beständig die Bewegungen der sichtbaren Körper in sich aufgenommen hat, kann es dieselben auch ohne Rechnung ziemlich gut beurteilen« – so lange und insofern natürlich nur, wie die mikroskopischen Körper in ihrem Verhalten den makroskopischen zumindest einigermaßen entsprechen.

Hertz' Wissenschaftstheorie, die aus diesen Zeilen spricht, ist die eines Physikers. Anders als zahlreiche philosophische Wissenschaftstheoretiker spricht Hertz nirgends von der Auffindung physikalischer Theorien, sondern nur von ihrer Relevanz, nachdem sie so oder so aufgefunden wurden. Das liegt wohl daran, daß er als Physiker dem Prozeß der Auffindung selbst ausgesetzt war und ihn so erlebt hat, wie er vermutlich tatsächlich ist – als unordentliche Privatsache; als Traum, als Offenbarung: »War es ein Gott, der diese Zeichen schrieb?«

▷ *Zwischenfrage:* Danke für das ausführliche Privatissimum in Kinetischer Gastheorie. Wenn ich recht orientiert bin, gehört diese nicht mehr zum Vordergrund der aktuellen Forschung?

▷ *Zwischenantwort:* Natürlich nicht. Um ihrer selbst willen habe ich sie ja auch nicht diskutiert, sondern sie soll Modell stehen für die Interpretation von Naturgesetzen durch »Dinge«, die der direkten Wahrnehmung *nicht* zugänglich sind – wie heute die Elementarteilchen oder gar die virtuellen Teilchen, die den leersten Raum, den die Physik kennt, bevölkern. Atome *haben* wir inzwischen gesehen – nicht im Sinne Machs mit eigenen Augen, aber immerhin so, daß die Einflüsse *einzelner* Atome auf Meßfühler es erlauben, ihnen Orte zuzuweisen. Einzelne Atome können für beliebig lange Zeiten in Fallen gesperrt und beobachtet werden; und so weiter. Trotzdem sind die Atome keine verkleinerten Billardkugeln, also keine klassischen Objekte, sondern ihr Verhalten genügt der Quantenmechanik, so daß es zum Beispiel als Konsequenz der Unschärferelation unmöglich ist, ihnen mit beliebig großer Genauigkeit gleichzeitig einen Ort *und* eine Geschwindigkeit zuzuweisen. Übrigens genügt *alles* Verhalten der Quantenmechanik, und wir werden darüber zu sprechen haben, wie bei den Objekten unserer unmittelbaren Anschauung die typischen Effekte der Quantenmechanik in einer Art Rauschen untergehen. Das grundsätzliche Problem der Existenz von Dingen, die der direkten Anschauung nicht zugänglich sind, ist also bei den Atomen dasselbe wie bei den Elementarteilchen und den virtuellen Teilchen. Wenn man den Kenntnisstand der Boltzmann, Mach, Hertz und Maxwell von den Atomen voraussetzt, gleicht ihr Verhältnis zu diesen recht genau unserem Verhältnis zu den Elementarteilchen und den virtuellen Teilchen bei unserem Kenntnisstand. Deshalb können wir, was diese Forscher zu den Fragen der Realität geäußert haben, in unsere Diskussionen einbringen. Und mit demjenigen, wovon sie sprechen – mit den Atomen und Molekülen – dürften auch Sie vertrauter sein als mit den Quarks, Gluonen und Leptonen. Daher der breite Raum, den ich der Kinetischen Gastheorie eingeräumt habe. Wie sich die Gase für Hertz so verhalten haben, »als ob« sie aus Atomen und Molekülen mit bestimmten klassischen Eigenschaften zusammengesetzt seien, verhalten sich die Systeme der Quantenmechanik so, »als ob« der Raum mit virtuellen Teilchen und Wellen angefüllt sei. »Realität« verdanken sie allein der Theorie, in der sie ihre Rollen spielen.

Noch einmal die Mathematisierung des Weltbilds

Ich wende mich wieder der Mathematisierung des Weltbilds ab dem späten 19. Jahrhundert zu. Mit seiner bereits zitierten Äußerung, »die Maxwellsche Theorie ist das System der Maxwellschen Gleichungen«, hat sich Heinrich Hertz wohl als erster von der Forderung abgewandt, diese Gleichungen aus den Eigenschaften eines vorgestellten materiellen Substrats namens Äther abzuleiten. Die unterstellten detaillierten Eigenschaften der Atome, aus denen die Kinetische Gastheorie folgt, hat er nur als Vehikel zur Formulierung eines Systems von »begrifflich definirten Größen« aufgefaßt, welches den eigentlichen Inhalt der Vorstellung von den Atomen ausmacht. Das Primat der Dinge über die Gesetze war damit gebrochen und der Weg frei für die entgegengesetzte Auffassung – daß am Anfang die Naturgesetze stehen. Zu ihnen gehört eine Liste der elementaren Dinge, die es geben kann, und sie sagen auch, welche Dinge, bis hin zu den komplexesten Systemen und den Galaxienhaufen, aus diesen aufgebaut werden können.

Ich beeile mich, einem Eindruck entgegenzuwirken, der aus diesen Zeilen sprechen könnte, daß ich nämlich der Auffassung, es gebe eine reale Außenwelt, skeptisch gegenüberstünde. Im Gegenteil – ich schließe mich ausdrücklich der Auffassung an, daß es eine reale Außenwelt gibt und daß sie Regelmäßigkeiten aufweist, die der wissenschaftlichen Untersuchung zugänglich sind. Diese Regelmäßigkeiten sind offenbar *wirkliche* Eigenschaften des Universums und nicht nur menschliche Erfindungen oder Illusionen. Denn wie sonst ließen sich die Übereinstimmungen aller gerecht und billig Denkenden – um es politisch inkorrekt zu sagen: aller nicht Verrückten – in den Erfahrungen des Eierkochens, des Fliegens sowie der Verläßlichkeit des Niedersitzens auf einem Stuhl erklären? Warum besteht zwischen allen Mitgliedern einer Runde Einigkeit darüber, ob ein Buch auf dem Tisch liegt, wenn nicht deshalb, weil dort tatsächlich ein Buch liegt oder nicht liegt? Woher also die intersubjektive Übereinstimmung über Sinneserfahrungen und ihre Zusammenhänge, wenn nicht daher, daß sie alle gemeinsame Ursachen in der Außenwelt, die es folglich gibt, besitzen? Welches genau diese Ursachen sind, mag für immer verborgen bleiben, aber daß sie bei allen gemeinsamen Erfahrungen vorhanden sind, scheint mir unabweisbar.

Daß in der Welt mathematisch formulierbare einfache Naturgesetze gelten, ist eine Tatsache, die sich – anders als die, daß ein Buch auf dem Tisch liegt, wenn das so ist – uns nicht aufdrängt. Natürlich, die Himmelskörper. Aber diese mit ihren Periodizitäten schienen frühen Beobachtern nicht von dieser Welt zu sein. Um manche Gesetze der Statik und des Wurfes wissen wir instinktiv, weil unser Erfolg als Spezies davon abhängt. »Eine«, hat Ernst Mach formuliert, »gewisse instinktive Kenntnis der Beharrung einer eingeleiteten Bewegung wird wohl keinem normalen Menschen fehlen.« Aber von der instinktiven Kenntnis, in der uns manche Tiere zweifelsohne übertreffen, ist es ein weiter Weg bis zur bewußten Kenntnis oder gar der mathematischen Formulierung eines Naturgesetzes. Die Gültigkeit gerade der *einfachen* Naturgesetze drängt sich nicht auf. Denn damit sie das Geschehen bestimmen, müssen erst die Voraussetzungen dafür geschaffen werden. Diese Voraussetzungen gehören zu den Naturgesetzen dazu; sie – die Naturgesetze – sind Wenn-dann-Sätze: *Wenn* eine Röhre keine Luft enthält, *dann* fallen alle Körper in ihr gleich schnell, will sagen, mit derselben Beschleunigung. Weil diese Voraussetzung im Alltag niemals erfüllt ist, war es Galileo Galilei um 1600 vorbehalten, die Gültigkeit dieses Gesetzes hinter den sich aufdrängenden ganz anderen, da von der Luftreibung mitbestimmten, Erscheinungen zu entdecken.

5 Mathematik und Physik

»Gott«, so die berühmte Feststellung des englischen Physikers Sir James Hopwood Jeans, »ist ein Mathematiker.« Sir James wiederholt damit nur, was Galileo Galilei bereits dreihundert Jahre früher mit den Worten »Das Buch der Natur ist in mathematischer Sprache geschrieben« ausgedrückt haben soll. Diese Einstellung zur Natur kann bis zu dem altgriechischen Philosophen Pythagoras im 6. Jahrhundert vor Christus zurückverfolgt werden. Der hat mit seinem Glauben an eine magische Beziehung der Mathematik zur Realität viele Nachfolger gefunden, unter ihnen Platon sowie, viel später, den Neuplatoniker Plotin (etwa 205–270) sowie dessen Kritiker, obwohl selbst ein Neuplatoniker, Iamblichus (gestorben um 330). Von Iamblichus stammt der Satz, die Mathematik sei »das Prinzip von allem, das im Kosmos beobachtet werden kann«. Dementsprechend kennzeichnet er die Mathematik als »vorhersagekräftige Wissenschaft von der Natur« und will die Objekte der beobachtbaren Welt dadurch deuten, daß »die Dinge der Mathematik als Ursachen vorangestellt werden. [...] Ich denke«, so folgert er, daß »alles in der Natur und in der Welt des *Wandels* [meine Hervorhebung] mathematisch angegangen werden kann.«

The unreasonable effectiveness of mathematics in the natural sciences

Kritisches Nachdenken darüber, inwiefern und warum die Mathematik zur Beschreibung der Natur geeignet sei, hat ernstlich erst 1960 das Wort »unreasonable« im Titel des Essays »The unreasonable effectiveness of mathematics in the natural sciences« des in Ungarn geborenen amerikanischen theoretischen Physikers und Nobelpreisträgers von 1963 Eugene P. Wigner in Gang gesetzt. Von den Übersetzungsvorschlägen »unvernünftig, unbillig, unmäßig, übermäßig, unzumutbar, übertrieben« für »unreasonable«, die ich aus verschiedenen Quellen zusammengetragen habe, scheint mir keiner die Bedeutung des Wortes in Wigners Titel zu treffen. Besser als es eine Übersetzung wie zum Beispiel »Die unbegründbare Effektivität der Mathematik in den Naturwissenschaften« kann, drückt Wigners Zusammenfassung kurz vor dem Ende seines Essays aus, was der Titel – zunächst nur für die Physik – besagt: »Daß die Sprache der Mathematik für die Formulierung der Gesetze der Physik geeignet ist, ist ein Wunder und eine großartige Gabe, die wir weder verstehen, noch verdienen.« Wigners Schlußsatz überträgt dann diese Feststellung als Hoffnung auf die Physik der damaligen Zukunft, und von ihr auf alle Naturwissenschaften: »Für diese Gabe sollten wir dankbar sein und hoffen, daß sie in der Forschung der Zukunft weiterwirken und zu unserer Freude und vielleicht auch zu unserer Verblüffung weitere große Felder des Wissens einbeziehen wird.«

Ist ein physikalisches System vorgegeben, erfordert die Berechnung seines Verhaltens im Laufe der Zeit nicht nur die Kenntnis der mathematischen Gesetze, die für es gelten, sondern auch der Bedingungen – Anfangsbedingungen –, unter denen es sich selbst überlassen wird. Sie unterliegen keinem Gesetz, sondern reflektieren entweder die Geschichte des Systems oder den Willen des Experimentators, herauszufinden, wie sich das System unter den von ihm gewählten Bedingungen verhält. Daß das so ist, weiß der Wigner des Essays selbstverständlich, aber mit ihm dürfen wir spekulieren, ob nicht möglicherweise auch die Anfangsbedingungen gewisser physikalischer Systeme – insbesondere des Universums insgesamt – aus Gesetzesaussagen folgen. Hier müßte es um die Mathematik derartiger Bedingungen gehen – ein müßiges Thema, weil wir nicht einmal wissen, ob es solche Bedingungen gibt.

Wigner bei seiner Diskussion der Mathematik von Naturgesetzen spricht lange und viel von den Gesetzen selbst, und ihren Formulierungen durch Gleichungen, kaum aber von der Effektivität der Mathematik bei dem Versuch, das Verhalten von Systemen aus den Gleichungen, die für sie gelten, tatsächlich zu berechnen. Dieser Aspekt ist unter dem Namen »Chaos« seither neu hinzugetreten.

Naturgesetze, Systeme und Anfangsbedingungen

An den Beispielen Pendel und Planetensystem habe ich oben die Begriffe Naturgesetz, System und Anfangsbedingungen diskutiert. Die Voraussetzungen, die zu einem Naturgesetz gehören, definieren die Systeme, für die es gilt. Genauer sollte ich jedem Naturgesetz sein eindeutig bestimmtes *physikalisches* System zuordnen. Das meine ich so (und erbitte Verzeihung für die Pedanterie): Wenn wir in der Umgangssprache von einem System sprechen, sehen wir recht willkürlich von gewissen Unterschieden ab und berücksichtigen andere. Zum Beispiel hängt es vom Kontext ab, ob zwei Systeme, die sich nur durch die Farben ihrer Bauteile – eine rote Feder statt einer blauen – unterscheiden, als verschiedene Systeme oder als gleiche anzusehen sind. Bildet das Zimmer einer Hotelkette »hier« dasselbe System wie dasselbe Zimmer »dort«, oder nur ein gleiches? Und wie ist es mit dem Stuhl, auf dem ich sitze, am 16. 7. 2001 um 8:45 Uhr, verglichen mit demselben Stuhl um dieselbe Zeit übermorgen? Und wie steht es um die Pendeluhr hinter mir? Bildet sie morgen dasselbe System wie heute um dieselbe Zeit, oder ein gleiches? Und spielt es hierfür eine Rolle, daß zwar die Zeiger gleich stehen, das Gewicht aber gesunken ist?

Auf jeden Fall bilden ein Stein und eine Feder in der Nähe der Erdoberfläche für die Umgangssprache zwei verschiedene Systeme. Nicht aber für das Gesetz Galileis vom freien Fall im luftleeren Raum! Sind dessen qualitative Voraussetzungen – eine luftleere, senkrecht stehende Röhre mit einem Ding, das fallen kann – erfüllt, ist keine weitere Angabe zur Festlegung des *physikalischen* Systems, für welches Galileis Gesetz gilt, möglich oder erforderlich. Wenn wir das Gesetz in einen größeren Rahmen einordnen wollen, können wir die Fallgesetze auf irgendwelchen Himmelskörpern statt nur auf der Erde zusammen betrachten, zum Beispiel zusätzlich das auf dem Mond. Aber dann bilden ein Stein auf der Erde und einer auf dem Mond nach Galileis Fallgesetzen *verschiedene* physikalische Systeme. Denn zur Definition eines den Fallgesetzen unterworfenen Systems gehört die Stärke der von dem jeweiligen Himmelskörper ausgehenden Anziehung dazu.

Allgemein treten in den Naturgesetzen zwei Typen von Größen auf. Erstens jene, die das physikalische System definieren, für welches das Naturgesetz gilt, und zweitens die Beschreibungen der Zustände, die dieses annehmen kann. Bei Körpern im freien Fall wird der jeweilige Zustand durch die Höhe und die Geschwindigkeit des Schwerpunkts des Körpers festgelegt. Aus den Werten dieser beiden Zustandsvariablen zu einer Zeit folgen deren Werte zu allen Zeiten – genau wie beim Pendel, bei dem die Werte von Winkelauslenkung und deren Änderungsgeschwindigkeit zu einer Zeit die Werte beider zu allen Zeiten festlegen. Daß dieser Zusammenhang beim freien Fall – und auch beim

Pendel – für beliebige Werte der Massen der dem Gesetz unterworfenen Körper derselbe ist, können wir gleichberechtigt als dessen Voraussetzung oder Konsequenz betrachten. Auf jeden Fall bildet diese Unabhängigkeit eines der bedeutendsten Naturgesetze. Es ist sowohl Grundlage als auch Konsequenz der Allgemeinen Relativitätstheorie.

So einfach die Aussage, daß in der Natur mathematisch formulierbare Gesetze gelten, daherkommt, so komplex ist sie. Für ein abgeschlossenes System bedeutet sie, daß die Werte der Zustandsvariablen zu einer Zeit deren Werte zu allen Zeiten festlegen. Das für das System geltende Naturgesetz, das dafür sorgt, werden wir im allgemeinen zwar nicht kennen, aber – so unser Credo – es gibt es, und mit ihm auch das zugeordnete physikalische System mit seiner Unterscheidung von Systemparametern und Zustandsvariablen. Ein System heißt abgeschlossen, wenn es keinen äußeren Einflüssen unterliegt. Das wird so sein, wenn das System gegen die Außenwelt abgeschirmt ist, oder so groß, daß es außerhalb seiner nichts gibt, es also das Universum insgesamt ist. Ist das System nicht abgeschlossen, besitzt die Forderung, daß in der Natur mathematische Naturgesetze gelten, für sich allein keine Konsequenzen.

▷ *Zwischenfrage:* Also gelten für Systeme der Quantenmechanik, die für die Ergebnisse von Experimenten ja nur Wahrscheinlichkeiten impliziert, keine mathematischen Naturgesetze? Oder treten in der Quantenmechanik Wahrscheinlichkeiten als Zustandsvariable auf?

▷ *Zwischenantwort:* Nein, die Zustandsvariablen der Quantenmechanik sind zwar nicht die Orte und Geschwindigkeiten der nicht-quantenmechanischen Physik, aber auch nicht die Wahrscheinlichkeiten der Ergebnisse von Experimenten, sondern recht abstrakte, komplexwertige Funktionen namens Wellenfunktionen (vgl. Abb. 1.1). Doch für diese gelten bei abgeschlossenen Systemen durchaus dieselben Konsequenzen der Naturgesetze wie für die klassischen Zustandsvariablen: Ist die als Zustandsvariable eines quantenmechanischen Systems dienende Funktion zu einer Zeit festgelegt, dann dadurch und vermöge der für das System geltenden Naturgesetze zu allen Zeiten. Während nun aber in der nicht-quantenmechanischen Physik die Forderung der Abgeschlossenheit es nicht prinzipiell ausschließt, daß ein Beobachter durch vorsichtige Eingriffe in das System dessen Eigenschaften erkundet, ohne es nennenswert zu stören, ist das bei Systemen der Quantenmechanik anders: *Keine* Eigenschaft eines solchen Systems, die nicht bereits dessen Vorgeschichte festlegt, kann ein Beobachter überprüfen oder gar ermitteln, ohne das System so sehr zu stören, daß es sich nach der Messung in einem unkontrollierbar anderen Zustand befindet als vor ihr. Folglich können Systeme der Quantenmechanik, an denen Messungen vorgenommen werden, im allgemeinen keine abgeschlossenen Systeme sein – der Beobachter, der Messungen durchführt, und seine Meßapparatur stehen grundsätzlich außerhalb des Systems. Rechnet man sie aber zu dem System hinzu, entsteht ein insgesamt so kompliziertes System, daß über dieses bisher keine verläßlich überprüfbaren Aussagen gemacht werden können. Aber ich würde Wetten darauf abschließen, daß auch für das System aus Beobachter *und* ursprünglichem System zusammengenommen die Gesetze der Quantenmechanik für abgeschlossene Systeme gelten – daß also auf der Stufe der Wellenfunktionen die Naturgesetze ohne Einschränkung deterministisch sind. Zugegebenermaßen birgt diese Einschätzung Probleme für andere Aspekte der quantenmechanischen Naturgesetze.

Konsequenzen mathematisch formulierbarer Naturgesetze

Selbstverständlich ist es nicht, daß in der Natur mathematisch formulierbare Naturgesetze gelten; es ist zunächst nur ein Glaube. Beziehungen zur Erfahrung gewinnt er dadurch, daß wir einige dieser Gesetze kennen. Daß wir sie kennen können, ist ebenfalls nicht selbstverständlich. Selbst die einfachsten Naturgesetze könnten uns für immer verborgen sein; unmöglich könnte es sein, sie aufzufinden und dadurch den Glauben an umfassende mathematische Naturgesetze zu entwickeln. Die Möglichkeit zur Erkenntnis von Naturgesetzen hängt von einer Reihe von Voraussetzungen ab, die zwar in »unserem« Universum zumindest bis zu einem gewissen Grad erfüllt sind, aber nicht erfüllt sein müssen. Dafür muß es erstens möglich sein, Systeme so zu isolieren, daß für sie einfache Gesetze gelten. Damit zum Beispiel das einfache Gesetz des freien Falls im luftleeren Raum hervortrete, muß es zumindest in Gedanken möglich sein, vom Einfluß der Luft abzusehen. Allgemeiner setzt die Erkenntnis von Naturgesetzen voraus, daß nicht alles von allem abhängt; sonst wäre es unmöglich, zwar etwas zu wissen, nicht aber alles.

Zweitens setzt die Möglichkeit der Erkenntnis von Naturgesetzen voraus, daß wir die Konsequenzen vermuteter Gesetze ermitteln und mit der Erfahrung vergleichen können. Dazu brauchen wir die Mathematik. Sie gestattet es, experimentell überprüfbare Konsequenzen mathematischer Naturgesetze zu berechnen, setzt diesen Bemühungen aber auch Schranken. Nehmen wir zunächst drei Systeme, bei denen es uns die Mathematik ohne Einschränkung erlaubt, die Konsequenzen der für das jeweilige System unterstellten Naturgesetze für dessen Verhalten zu berechnen und mit dem tatsächlichen Verhalten zu vergleichen. Erstens der freie Fall. Sind die Anfangslage und die Anfangsgeschwindigkeit des im luftleeren Raum frei fallenden Objekts vorgegeben, legt das von Galilei aufgefundene mathematische Naturgesetz für den freien Fall die Lage des Objekts zu allen späteren Zeiten fest. Zur Überprüfung, ob das Gesetz korrekt ist, müssen wir demnach aus ihm und den vorgegebenen Anfangswerten die zeitliche Entwicklung der Lagen des Objekts berechnen und mit der tatsächlichen Entwicklung vergleichen. Probleme ergeben sich hierbei nicht; zur Berechnung reicht einfachste Schulmathematik aus, und auch die experimentelle Bestimmung der Lage des Objekts als Funktion der Zeit ist leicht möglich. Der Vergleich bestätigt Galileis Gesetz. Genauer sollte ich sagen, daß der Vergleich das Gesetz Galileis nicht widerlegt, obwohl er das könnte.

Analoges gilt – zweitens – für die Schwingungen eines Pendels. Die Berechnung der Zustandsvariablen als Funktionen der Zeit aus ihren Anfangswerten und dem für sie geltenden Gesetz ist beim Pendel zwar aufwendiger als beim freien Fall im luftleeren Raum, aber durch ein Computerprogramm immer noch mit jeder angestrebten Genauigkeit leicht möglich. Der Vergleich des tatsächlichen Ablaufs mit dem berechneten ergibt Übereinstimmung. Als drittes Beispiel für eine ohne wesentliche Probleme mögliche Überprüfung eines Naturgesetzes an einem einfachen System, für das es gelten soll, wählen wir Newtons Gesetze für zwei Himmelskörper, zum Beispiel die Erde und die Sonne. Auch in diesem Fall bestätigt – widerlegt bisher nicht – der Vergleich von berechnetem und beobachtetem Verhalten die Gültigkeit des unterstellten Gesetzes. Beachten müssen wir aber, daß Newtons Gesetze tatsächlich nicht auf *zwei* Himmelskörper beschränkt sind, sondern für beliebig viele gelten sollen. Also stehen wir vor der Aufgabe, diese Gesetze für drei oder mehr Himmelskörper zu überprüfen. Dabei ergeben sich nicht nur praktische, sondern auch grundsätzliche mathematische Probleme.

Himmlisches Chaos

Denn bei drei oder mehr Himmelskörpern kann auftreten, was bei zweien unmöglich ist – mathematisches, deterministisches Chaos. Newtons Gleichungen für die Zustandsvariablen sind auch bei drei und mehr Himmelskörpern einfach, aber ihre Lösungen sind es im allgemeinen nicht. Wie stets bei den Naturgesetzen, legen die Werte der Zustandsvariablen zu einer Zeit auch in diesem Fall deren Werte für alle Zeiten fest. Die Himmelskörper nähern wir durch massive Kugeln an, die sich nicht drehen können. Dann treten als einzige Zustandsvariable die Lagen und Geschwindigkeiten der Mittelpunkte der Kugeln auf. Weiter wollen wir annehmen, daß die Himmelskörper so klein sind, daß sie bei ihren Bewegungen nicht zusammenstoßen, und daß es außer ihnen im Universum nichts gibt. Dann bestimmen in der Tat Newtons Gesetze das Geschehen. Die Probleme, um die es sogleich gehen soll, sind grundsätzlicher und nicht experimenteller Art. Deshalb dürfen wir annehmen, als allmächtige Experimentatoren könnten wir die Himmelskörper an beliebigen Orten mit beliebigen Geschwindigkeiten im Raum aussetzen. Dies getan, übernehmen Newtons Gesetze das Regiment und legen die Bahnen der Himmelskörper und die Geschwindigkeiten, mit denen sie sie durchlaufen, für alle künftigen Zeiten fest. Dabei ist zu beachten, daß wir den Himmelskörpern zu Anfang zwar faktisch und physikalisch gewisse Orte und Geschwindigkeiten zuweisen, wir diese aber nicht genau kennen. Unsere Kenntnis ist immer mit Fehlern behaftet, so daß eine genaue, unendlich viele Stellen nach dem Komma weit reichende Kenntnis eines tatsächlichen Ortes oder einer tatsächlichen Geschwindigkeit unmöglich ist. Dem entsprechend ist es auch unmöglich, ein Objekt an einer exakt vorgegebenen Stelle auszusetzen; etwa an einer mit der x-Koordinate exakt 1.

Wie jede Kenntnis von Größen, die beliebige Werte aus einem Kontinuum von Werten annehmen können, ist unsere Kenntnis der Orte und Geschwindigkeiten der Himmelskörper jedenfalls fehlerhaft. Das ist nicht nur am Anfang der Bewegung so, sondern auch zu allen späteren Zeiten, zu denen wir sie zur Überprüfung von Rechnungen aufgrund der Gesetze Newtons und der Anfangsbedingungen in Erfahrung bringen wollen. Letzteres wirkt sich auf die hier anzustellenden Betrachtungen aber nicht aus, so daß es uns allein um die unvermeidlichen Anfangsungenauigkeiten zu gehen hat.

Unter unseren Annahmen durchfliegen die Himmelskörper ihre durch die Naturgesetze und die wirklichen, wenn auch nur ungenau bekannten, Anfangsbedingungen festgelegten Bahnen. Um herauszufinden, ob die Gesetze Newtons dieselben Bahnen und dieselben Geschwindigkeiten ergeben, verwenden wir die Mathematik. An dieser Stelle tritt nun der für den Vergleich der Rechnung mit dem Experiment wichtige Unterschied zwischen Systemen mit zwei und solchen mit mehr als zwei Himmelskörpern auf. Nehmen wir an, wir führen die Berechnung des Verhaltens des betrachteten Systems zweimal durch mit Anfangsbedingungen, die sich nur wenig voneinander unterscheiden. Frage: Um wie viel werden die berechneten Orte – auf sie wollen wir uns beschränken – zu späteren Zeiten voneinander abweichen? Oder, wenn wir das Ergebnis einer Berechnung mit einer ein wenig fehlerhaften Vorgabe der Anfangswerte von Orten und Geschwindigkeiten mit dem tatsächlichen Ablauf vergleichen – wie groß wird die Abweichung des berechneten Verhaltens vom beobachteten im Laufe der Zeit werden? Nicht-chaotisch heißen Systeme, bei denen anfangs kleine Abweichungen im Laufe der Zeit klein bleiben; chaotisch jene, bei denen das nicht so ist, bei denen also die Abweichungen im Laufe der Zeit beträchtlich anwachsen.

Ob wir nun zwei Rechnungen miteinander vergleichen, oder beobachtetes Verhalten mit berechnetem, oder eine Beobachtung mit einer anderen – bei chaotischem Verhalten wachsen die aus kleinen Unterschieden der Anfangsbedingungen oder der Rundungsfehler folgenden Abweichungen der Verhaltensweisen so überaus stark und rasch an, daß bereits nach kurzer Zeit die eine Bahn mit der anderen keine Ähnlichkeit mehr aufweist. Zur Illustration sei noch einmal das Verhalten zweier Himmelskörper mit einem Verhalten verglichen, das bei mehr als zweien auftreten kann (Abb. 5.1). Die Bahnen von zwei Himmelskörpern führen entweder vom Unendlichen ins Unendliche – eine Möglichkeit, die wir nicht erörtern wollen –, oder bilden Ellipsen um ihren Schwerpunkt als Brennpunkt, von dem wir annehmen düra)

b)

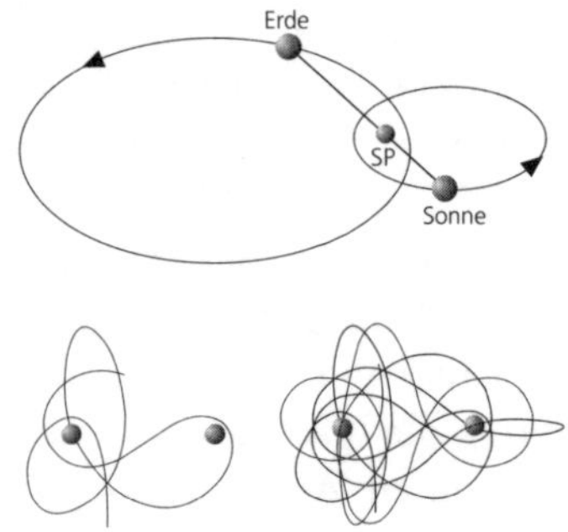

Abbildung 5.1: Die Abb. 2.4 hat die Bewegungen zweier Himmelskörper veranschaulicht, von denen einer – die Sonne – so schwer ist, daß seine Bewegung von der des anderen – der Erde – nicht merklich beeinflußt wird. Der schwere bewegt sich folglich mit konstanter Geschwindigkeit auf einer geraden Linie, und es konnte angenommen werden, daß er ruht. Genauer genommen a umlaufen beide Himmelskörper ihren Schwerpunkt SP auf Ellipsenbahnen mit ihm als Brennpunkt, und er ist es, der ruht. Bei dem System Sonne-Erde ist der Schwerpunkt mit dem Mittelpunkt der Sonne nahezu identisch, so daß die Gleichsetzung beider in der Abb. 2.4 nahezu berechtigt war. Die ersten beiden Gesetze Keplers können von dieser Abbildung auf die Bahnen der einzelnen Himmelskörper um ihren Schwerpunkt in a übertragen werden. Während, wie im Text beschrieben, die geordneten Bahnen von a und die Geschwindigkeiten, mit denen sie durchlaufen werden, bei wenig verschiedenen Anfangsbedingungen gleichbleibend wenig voneinander abweichen, kann das bei den drei Himmelskörpern anders sein: Anfangsbedingungen mit nahezu denselben Anfangsgeschwindigkeiten und Anfangsorten führen bereits nach kurzer Zeit auf vollkommen verschiedene Abläufe. Bereits die Bewegung eines leichten Himmelskörpers im Schwerefeld zweier schwerer b, die selbst an der Bewegung nicht merklich teilnehmen, bildet ein Beispiel: Der leichte Himmelskörper taumelt auf einer Bahn, die niemals periodisch wird, zwischen den schweren hin und her. Selbst wenn er nahezu denselben Punkt mit nahezu derselben Geschwindigkeit noch einmal durchläuft, weist die nachfolgende Bahn mit der vorherigen bereits nach kurzer Zeit keine Ähnlichkeit mehr auf.

fen, daß er ruht (Abb. 5.1a). Die Gestalten der Ellipsen – wie rund sie sind – und die Geschwindigkeiten, mit denen sie durchlaufen werden, hängen selbstverständlich davon ab, an welchen Orten und mit welchen Geschwindigkeiten die Bewegungen der Himmelskörper gestartet wurden. Wenn die Orte und Geschwindigkeiten am Anfang zweier Abläufe sich nur wenig unterscheiden, dann bleibt es im Laufe der Zeit so. Stets gelten die Gesetze Keplers, von denen die beiden ersten bereits unabhängig von allen Details der Anfangsbedingungen dafür sorgen, daß die beiden Himmelskörper in einer Ebene verbleiben und ihren Schwerpunkt auf mathematisch einfachen, sozusagen geordneten Bahnen mit vorhersehbaren Geschwindigkeiten umlaufen. Bei mindestens drei miteinander durch die Schwerkraft wechselwirkenden Himmelskörpern kann es aber ganz anders sein: Statt ihre Bewegungen auf geordneten Bahnen periodisch zu wiederholen, taumeln die Himmelskörper regellos durcheinander (Abb. 5.1b). Zwar gelten auch für sie die Gesetze, aus denen die Keplers folgen – die Erhaltung von Energie, Impuls und Drehimpuls –, aber diese sind nicht mehr mächtig genug, die Bahnen zu ordnen: Sehr verschiedene Bahnen können aus nahezu denselben Anfangsbedingungen hervorgehen. Aus identisch denselben Anfangsbedingungen aber nicht. Denn die Gleichungen für die Bewegungen auch beliebig vieler Himmelskörper sind deterministisch. Und das bedeutet, daß aus gleichen Bedingungen dasselbe folgt. Bei Chaos muß aber nicht auch aus ähnlichen Bedingungen Ähnliches folgen.

▷ *Zwischenfrage:* Das Sonnensystem besteht aus deutlich mehr Himmelskörpern als nur zweien, zeigt aber kein chaotisches Verhalten. Wie verträgt sich das mit dem, was Sie sagen?

▷ *Zwischenantwort:* Präziser hätte ich sagen sollen, daß chaotische Systeme zwar in gewissen Bereichen von Anfangslagen und Anfangsgeschwindigkeiten ein nach kurzer Zeit einsetzendes chaotisches Verhalten zeigen, aber nicht notwendig in *allen* Bereichen. Sind insbesondere die Bahnen der Himmelskörper mit den großen, das Verhalten des Systems bestimmenden Massen anfangs weit voneinander entfernt, wird chaotisches Verhalten, wenn überhaupt, erst nach langer Zeit auftreten. Auszuschließen ist Chaos aber auch dann nicht. Auftreten wird es, wenn kleine gegenseitige Einflüsse der Himmelskörper einander aufschaukeln. Zur Zeit ist das Sonnensystem jedenfalls stabil, und wird das noch lange bleiben: Die »inneren« Planeten werden noch mindestens 10, höchstens aber 100 Millionen Jahre in etwa auf ihren Bahnen verbleiben. Als das Sonnensystem sich gebildet hat, waren die Bewegungen in ihm sicher chaotisch. Erst die Konzentration seiner Massen in den Planeten und der Sonne, alle in großen Entfernungen voneinander, hat die Ausbildung regulären Verhaltens ermöglicht. Würde sich die Erde chaotisch einmal der heißen Sonne nähern, dann wieder in die kalten Weiten des Weltalls entweichen, hätte sich kein Leben, wie wir es kennen, bilden können.

Numerisches zum Chaos

Wenn wir eine gewisse Genauigkeit des Ergebnisses der Entwicklung eines physikalischen Systems vorgeben, können wir fragen, wie genau die Anfangsbedingungen eingestellt werden müssen, damit das Ergebnis nach einer gewissen, ebenfalls vorgegebenen Zeit nicht ungenauer ausfällt als vorgegeben. Systeme, für die deterministische Naturgesetze gelten, zeichnet aus, daß eine Antwort immer möglich ist. Bei deterministischen, nicht chaotischen Systemen erfordert eine für die Ergebnisse verlangte Genauigkeit zudem nur eine vergleichbar große der Vorgaben. Bei zwar deterministischen, aber chaotischen Systemen, erfordern bereits bescheidene Genauigkeitsforderungen an die Resultate sehr enge an die Vorgaben.

Es ist insbesondere die Abhängigkeit der für eine vorgegebene Genauigkeit der Ergebnisse zu verlangenden Genauigkeit der Anfangsbedingungen von der Spanne zwischen dem Zeitpunkt der Vorhersage und dem der Ergebnisse, die chaotisches Verhalten von nicht chaotischem zu unterscheiden gestattet. Hiervon jetzt (Abb. 5.2). Wird die Spanne zu kurz vorgegeben, können beide Verhaltensweisen durch das beschriebene Verfahren nicht unterschieden werden. Nicht chaotisches Verhalten zeichnet aus, daß die für eine vorgegebene Genauigkeit der Ergebnisse einzuhaltende Genauigkeit der Vorgaben von der Spanne in etwa unabhängig ist. Bei chaotischem Verhalten ist es hingegen so, daß die Genauigkeit, mit der das Ziel erreicht werden soll, eine Genauigkeit des Zielens erfordert, die mit der Zeitspanne überaus rasch anwächst. So zum Beispiel, daß jede Verlängerung der Zeitspanne um eine Sekunde die erforderliche Genauigkeit des Zielens verdoppelt. Was das nach 63 Sekunden bedeutet, veranschaulicht die Anekdote des Sassa Ebn Daher, der nach Auskunft des vergnüglichen Buches »Geheimnisse der Zahl und Wunder der Rechenkunst«, das 1876 erschienen ist, das Schachspiel erfunden hat: »Es soll nämlich dem Erfinder dieses Spiels von einem indischen Fürsten das Anerbieten gemacht worden sein, sich eine Belohnung zu erbitten, worauf dieser um die Summe Weizenkörner bat, welche man erhält, wenn auf das erste Feld des Schachbretts 1, auf das zweite 2, auf das dritte 4 und so fort immer auf jedes folgende der 64 Felder doppelt soviel Körner gelegt würden als auf das vorhergehende. Der Fürst war erstaunt über die bescheidene Forderung und gab Auftrag, daß dies Geschenk sofort

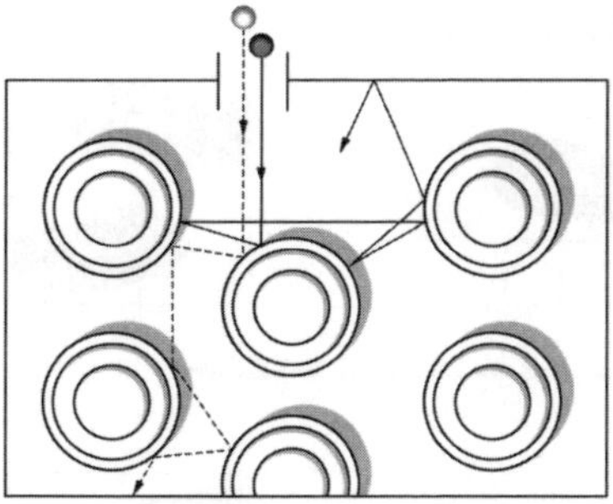

Abbildung 5.2: Empfindliche Abhängigkeit eines Ablaufs von seinen Anfangsbedingungen bedeutet, daß zwei Abläufe, deren Anfangsbedingungen sich nur wenig unterscheiden, bereits kurze Zeit nach dem Start keine Ähnlichkeit miteinander mehr aufweisen. Ein eindrucksvolles physikalisches Beispiel bildet das Billard der Abbildung. Eine kleine Verschiebung des Auftreffpunktes der Kugel auf einen zylinderförmigen Poller bewirkt nicht nur eine ihr entsprechende kleine Verschiebung der nachfolgenden Bahn, sondern verändert auch deren Winkel zur Einfallsrichtung. Es ist dieser zweite Effekt, der den Ablauf empfindlich von seinen Anfangsbedingungen abhängen läßt.

verabfolgt würde. Er staunte aber bald noch mehr, als sich herausstellte, daß das ganze Land nicht imstande sein würde, so viel Weizen zu liefern. Es würde nämlich eine Anzahl herauskommen, die sich nur durch eine zwanzigziffrige Zahl darstellen läßt und für die uns demnach schon die Vorstellung fehlt. Dächte man sich alles feste Land der Erde gleichmäßig damit bedeckt, so würde die Höhe der so aufgeschichteten Weizenkörner 9 Millimeter groß sein.«

Ein schwerlich physikalisches, dafür aber illustratives Modell einer chaotischen Entwicklung ist das eines Teigs, den ein Bäcker wieder und wieder ausrollt, zerschneidet und umordnet. Die Abbildung 5.3a zeigt die Deformationen, die ein dem Teig eingeprägtes Muster durch die ersten zwei Schritte erleidet. Um die Wirkung von Wiederholungen der Transformation numerisch verfolgen zu können, stellt die Abbildung 5.3b die Entwicklung des Ortes einer Markierung unter vier Transformationen in ihrem Teigstück dar. Die Abbildung vereinfacht dadurch, daß die senkrechte Breite des Teigs beim Ausrollen dieselbe bleibt. Sei die Markierung zunächst 0,35092 Zentimeter vom linken Rand des 1 Zentimeter langen Stückes Teig – eines Plätzchens – entfernt. Durch das Ausrollen werde dieser Abstand um den Faktor 10 auf 3,5092 Zentimeter verlängert. Nach dem sich anschließenden Zer-

5.3 a)

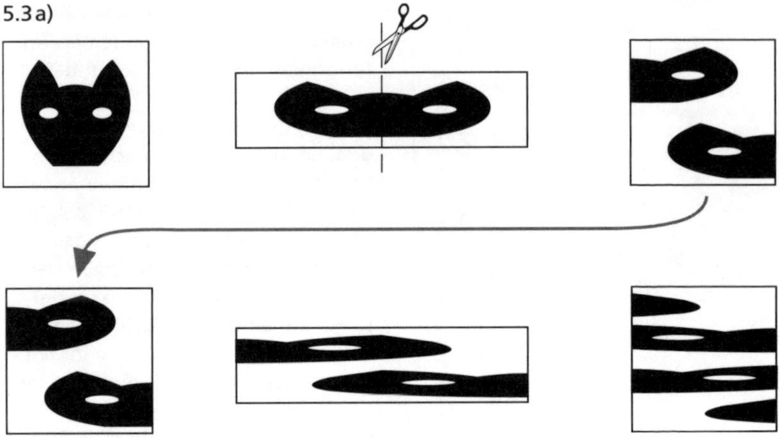

5.3 b)

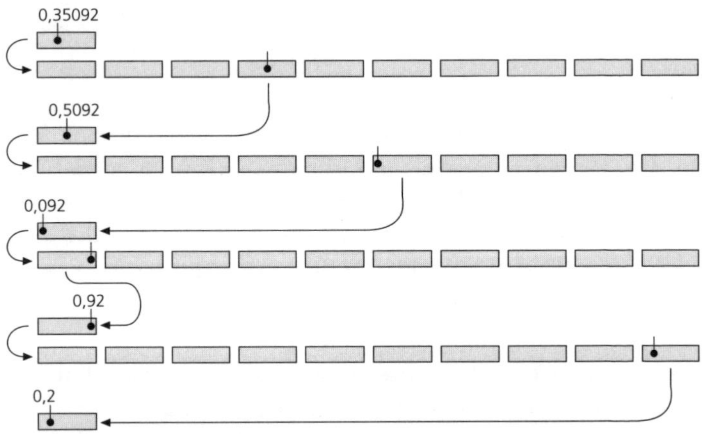

Abbildung 5.3: Bei der Bäckertransformation a wird ein quadratisches Stück Teig zunächst so ausgerollt, daß die Fläche dieselbe bleibt: Die waagerechte Länge wird mit einem Faktor – hier zwei – multipliziert, die senkrechte Breite durch denselben Faktor geteilt. Dann wird der Teig wie dargestellt durchschnitten und wieder zu einem Quadrat zusammengefügt. Wiederholungen der Prozedur ergeben Bilder, die mehr und mehr verschlüsselten Fernsehbildern gleichen. Umkehrbar ist die Bäckertransformation jedenfalls, so daß das ursprüngliche Bild aus seinen Verzerrungen unter mehreren Transformationen zurückgewonnen werden kann. Wie im Text beschrieben, stellt b die Lage eines einzelnen Punktes in seinem jeweiligen Teigstück dar bei vierfacher Anwendung einer vereinfachten Transformation.

teilen des Teigs in zehn gleiche Stücke befindet sich die Markierung im vierten Stück, vom linken Rand 0,5092 Zentimeter entfernt. Wieder wird ausgerollt, zerschnitten und ausgesondert; die Abbildung zeigt drei Zyklen dieser Prozedur, die mathematisch so beschrieben werden kann, daß die Entfernung der Markierung vom linken Rand ihres jeweiligen Plätzchens erst mit 10 multipliziert und dann die Stelle vor dem Komma durch 0 ersetzt wird: Aus 0,35092 ist so erst 3,5092 und dann 0,5092 entstanden. Durch die nächsten Zyklen entsteht aus der 0,5092 zunächst über die 5,092 die 0,092, aus ihr über die 0,92 dieselbe 0,92, und so weiter. Kennt man von der Ausgangszahl eines Zyklus nur die erste Ziffer hinter dem Komma, so weiß man von dem Ergebnis nur, daß es zwischen 0,000 ... und 0,999 ... liegen wird. Soll davon die erste Ziffer hinter dem Komma feststehen, muß eine Genauigkeit von gut und gern 10% des Mittelwertes 0,5 verlangt werden. Als Genauigkeit, mit der für dieses Ergebnis die Ausgangszahl bekannt sein muß, erhalten wir folglich etwa 1% ihres Mittelwertes 0,5. Um nach dem zweiten Zyklus eine Genauigkeit von 10% zu erreichen, muß die Ausgangszahl bis auf 0,1% Ungenauigkeit bekannt sein. Und so weiter: Die für 10% Genauigkeit des Ergebnisses einer Folge von Zyklen zu verlangende Genauigkeit der Ausgangszahl wächst mit jedem Zyklus um den Faktor 10.

Das Doppelpendel

Nach dem Mehrkörperproblem der Himmelsmechanik (Abb. 5.1b) und dem Billard der Abb. 5.2 wende ich mich einem weiteren, oft diskutierten Beispiel für physikalische Systeme zu, die chaotisches Verhalten zeigen – dem Doppelpendel. Seine Bereiche regulären und chaotischen Verhaltens lassen sich besonders leicht verstehen. Zunächst das Doppelpendel selbst (Abb. 5.4): Es besteht aus zwei starren Pendeln mit Längen und Massen, die verschieden, aber auch gleich sein können, und deren eines wie das gewöhnliche Pendel der Abb. 2.5 an einem gewissen Punkt drehbar befestigt ist. Das zweite Pendel hängt an der Pendelmasse des ersten wie dieses selbst am festen Aufhängungspunkt. Wichtig ist, daß die Pendel um ihre Aufhängungspunkte frei rotieren, sich also auch überschlagen können. Das kann in der Computersimulation des Verhaltens der Pendel natürlich leicht er-

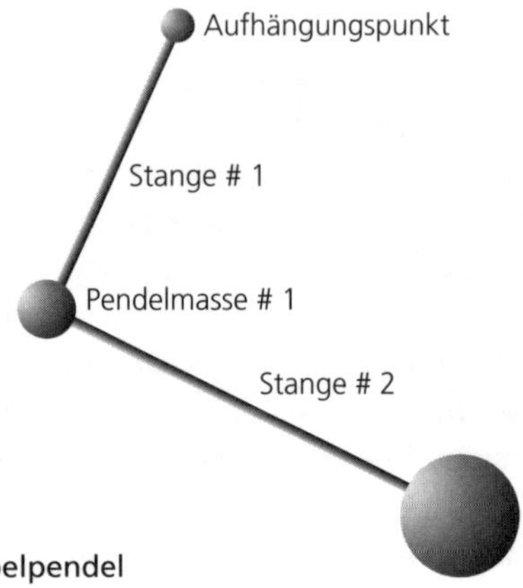

Abbildung 5.4: Das Doppelpendel

reicht werden; in der Realität durch eine sinnreiche Vorrichtung, die bewirkt, daß die Pendel zwar parallel zueinander, aber nicht in derselben Ebene schwingen.

Angenommen nun, wir lenken beide Pendel um wenige Grade aus der senkrechten Ruhelage aus und lassen los. Unter einer solchen Anfangsbedingung werden sie langsam und regulär hin und her schwingen. Sie tauschen zwar Energie aus, so daß einmal das eine, dann das andere stärker schwingt, aber das ganze Verhalten bleibt regulär. Insbesondere kann sich keines der beiden Pendel überschlagen, weil wir die Anfangsauslenkungen so klein gewählt haben, daß die Energie dazu nicht ausreicht. Zweitens versetzen wir dem einen Pendel einen tüchtigen Stoß. Ist dieser so stark, daß sich eines der beiden Pendel überschlagen kann, setzt chaotisches Verhalten ein. Insbesondere kann ein Pendel so schwingen, daß es sich nahezu, tatsächlich aber nicht überschlägt. Mit nur einem bißchen mehr Schwung hätte es sich überschlagen, so daß kleine Unterschiede der erreichten Winkelgrade in dem Fall sehr verschiedene künftige Verhaltensweisen bewirken. Wenn sich das Pendel überschlagen hat, wird das Verhalten des Doppelpendels weiterhin und selbstverständlich ganz anders sein, als wenn das nicht geschehen ist. Da die kleinen Unterschiede der vor der Entscheidung erreichten Winkelgrade offenbar auf kleine Unterschiede in den Anfangsbedingungen zurückgeführt werden können, besitzen nahezu dieselben Ursachen sehr verschiedene Wirkungen – Chaos regiert.

Reguläres und chaotisches Verhalten

Chaotisches Verhalten also bei großen Auslenkungen, reguläres bei kleinen. Das ist nicht bei allen Systemen so, aber bei vielen. Je mehr Bewegungsmöglichkeiten ein physikalisches System besitzt, desto leichter kann chaotisches Verhalten angeregt werden. Ist – man nehme nur das Doppelpendel – die dem System insgesamt zur Verfügung stehende Energie über mehrere Bewegungsformen verteilt, werden alle seine Teile sich regulär bewegen. Nutzt das System dann aber die durch deren Wechselwirkungen sich ergebende Möglichkeit, einen Großteil seiner Energie auf wenige Bewegungsformen zu konzentrieren, wird dies zu vereinzelten großen Auslenkungen führen, und das ermöglicht Chaos: Unvorhersehbar ist sowohl, ob und wie sich die Energie von vielen auf wenige Bewegungsformen konzentrieren wird, als auch wie die wenigen sie an die vielen zurückgeben werden. Verfügt ein System, wie ein einzelnes ebenes Pendel, über nur eine Bewegungsform, gibt es solche Möglichkeiten offenbar nicht, und die Bewegung ist auch bei großen Auslenkungen, sogar bei mehrmaligem Überschlag, regulär: Anders als beim Doppelpendel, sind beim einfachen Pendel die Gebiete der Anfangsbedingungen mit und ohne Überschlag voneinander klar abgetrennt. Damit chaotisches Verhalten auftreten kann, müssen also mindestens zwei Bewegungsformen zur Verfügung stehen – je mehr es sind, desto verbreiterter ist Chaos; man denke nur an die Atome in Gasen –, so daß die Isolation von Systemen es erleichtert, Chaos zu vermeiden. Daß in der Natur nicht alles von allem abhängt, bedeutet zugleich, daß Chaos zwar auftreten kann, aber nicht muß.

Wenn die Umstände, unter denen die tatsächlich geltenden Naturgesetze wirken, nur kleine Bereiche regulären Verhaltens physikalischer Systeme zulassen würden, und wenn es insbesondere unmöglich wäre, Systeme so weit zu isolieren, daß sie ein reguläres Verhalten zeigen, könnten wir die Naturgesetze vermutlich nicht kennen. Aber zugleich gäbe es »uns« dann wohl auch nicht. Denn wenn jedes Räuspern und jedes Fingerschnippen, jeder entfernte Flügelschlag eines Falters unabschätzbare Folgen haben müßte, wäre geordnetes Leben nicht möglich. Der Erfolg der Zufälle, auf dem die Evolution beruht, setzt eine zumindest mittelfristige Beständigkeit der Umwelt voraus. Wenn was heute ein Vorteil ist, sich morgen oder spätestens übermorgen als

Nachteil erweisen muß, kann es keine Höherentwicklung geben. Die Evolution setzt eine Balance zwischen erfindungsreichem Chaos und bewahrender Ordnung voraus, die es ohne ein reguläres Verhalten zumindest in gewissen Bereichen nicht geben kann.

Vom irregulären Chaos eines allein durch den Zufall – den Fall eines Würfels, das Klicken eines Geigerzählers – bestimmten Verhaltens unterscheidet das hier beschriebene Chaos vor allem, daß es aus deterministischen Gleichungen folgt: Die Anfangswerte jeder Entwicklung legen deren Endwerte fest. Als Konsequenz sind die Abfolgen von Werten, welche die einzelnen Rechenschritte im Chaos produzieren, nicht vollkommen unabhängig voneinander, sondern erlauben die Konstruktion universeller Zahlen, die bei allen chaotischen, durch deterministische Gleichungen bestimmten Abläufen gleich herauskommen. Hier ins Detail zu gehen würde uns zu sehr von unserem eigentlichen Thema – den Naturgesetzen selbst, ihren Lösungen nur am Rande – fortführen.

Gültigkeitsbereiche

Es gelten also in der Natur mathematische Naturgesetze, und wir kennen einige von ihnen. Diese besitzen Anwendungsbereiche und eingeschränkte Genauigkeiten, die zu den Gesetzen dazugehören. Arg pathetisch, aber nicht falsch ist es deshalb, wenn wir von den Gesetzen Newtons und Maxwells als *ewigen Wahrheiten* sprechen. Genauer spricht nichts von dem, was wir wissen, dagegen, diese Gesetze so aufzufassen. Korrekturen schränken zwar die Anwendungsbereiche der Gesetze ein, heben ihre Gültigkeit aber in ihren Bereichen nicht auf. Wir wissen heute, daß die Gesetze Newtons und Maxwells aus den umfassenderen Gesetzen der Allgemeinen Relativitätstheorie (Newton) bzw. der Quantenelektrodynamik (Maxwell) durch Näherungen folgen, die in den Anwendungsbereichen der Gesetze berechtigt sind. Genauso denken wir, daß die heute bekannten Gesetze Annäherungen an die fundamentaleren darstellen, die wir aufzufinden suchen.

Gelegentlich werden die wissenschaftlichen Revolutionen, die in der Terminologie des eminent einflußreichen Wissenschaftshistorikers Thomas S. Kuhn, Paradigmawechsel heißen, als Argument dafür herangezogen, daß es keinen objektiven wissenschaftlichen Fortschritt gibt. Den aber gibt es. Natürlich werfen Paradigmawechsel wie die von der klassischen Physik zur Quantenmechanik und Relativität unsere *Vorstellungen* von der Realität über den Haufen. Aber diese Vorstellungen gehören nicht zur Wissenschaft selbst, sondern zu ihrer Psychologie. Der objektive wissenschaftliche Fortschritt besteht darin, daß der Anwendungsbereich der Gesetze, über welche die Wissenschaft insgesamt verfügt, durch die Erkenntnis gewachsen ist und weiter wächst, so daß die vor dem Paradigmawechsel allein bekannten Gesetze Näherungen von neu gewonnenen, umfassenderen sind.

Weil wir einige Naturgesetze kennen, ist klar, daß wir sie kennen können. Worauf diese Gesetze selbst beruhen, wissen wir aber nicht. Offensichtlich gelten sie auf unserer Benutzeroberfläche der Natur. Doch es könnte so sein, daß, wie von Exner, Schrödinger und Wheeler erwogen, es auf einem fundamentalen Niveau überhaupt keine Gesetze gibt. Wenn das zuträfe, wären die Gesetze, die wir kennen, keine Naturgesetze im eigentlichen Sinn, sondern statistische Gesetze wie die der Kinetischen Gastheorie. Diese zeichnet vor »eigentlichen« Naturgesetzen insbesondere aus, daß wir ihren Ursprung, eben weil sie statistische Gesetze sind, verstehen können. Genauso wie wir verstehen, daß bei vielen Würfen einer Münze (nahezu) gleich oft Kopf wie Zahl auftritt. Gesetze ohne Gesetz, wie Wheeler sie genannt hat, wären die statistischen Gesetze trotzdem nicht. Denn auch die Gesetze der großen Anzahlen müssen nicht so sein, wie sie sind. Eine Sache ist es, zu sagen, daß gewisse Größen gleichmäßig über gleiche Intervalle verteilt sind; eine im allgemeinen andere, daß an Stelle der Größen Funktionen von ihnen so verteilt sind – die Quadrate positiver Zahlen etwa statt ihrer selbst. Auch die Annahme der Gleichverteilung für etwelche Größen ist folglich gleichbedeutend mit der Unterstellung eines Gesetzes unbekannter Herkunft.

Die Welt als Zahl

Ohne Zweifel bilden die positiven ganzen Zahlen das grundlegendste Konzept, das zu bilden die Evolution uns ermöglicht hat. Zählen zu können ist nützlich, weil es in der Welt etwas zu zählen gibt. Erst aus diesem Grund ist Zählen aber auch möglich. Denn wenn es nichts zu zählen gäbe, bildeten die ganzen Zahlen bestenfalls ein abstraktes Konzept ohne Anwendung auf die Welt. Letztlich sind es die Gesetze der Physik, die das Zählen und die mit ihm verbundenen Operationen der Arithmetik – addieren, subtrahieren, multiplizieren und teilen – ermöglichen. Das tritt besonders klar hervor, wenn wir einen Computer diese Rechenoperationen ausführen lassen. Dessen Funktionieren beruht zweifelsohne auf den Gesetzen der Physik. Er ist sinnreich so konstruiert und programmiert, daß er aufgrund der physikalischen Gesetze ebendies kann – rechnen. Eine kleine Überlegung lehrt, daß auch uns erst unsere Hardware – das Gehirn – und dessen Software das Rechnen ermöglicht. Immer sind es die Gesetze der Physik, die etwas ermöglichen oder – dies sparen wir uns für später auf – unmöglich machen. Zur Illustration wollen wir uns vorstellen, das Universum enthielte nur kontinuierlich sich ineinander umwandelnde fließende Gebilde – Wolken –, nicht lokalisierbar und nicht identifizierbar. Dann bildeten die ganzen Zahlen und das Rechnen mit ihnen nur eine abgeleitete, abstrakte Idee, die bestenfalls über Umwege physikalisch implementiert werden könnte. Lebten wir in einer Wolkenwelt, hätte uns die Evolution sicher nicht die dann nutzlose Fähigkeit zu zählen eingegeben – wenn es »uns« denn gäbe, und wenn »wir« uns dann hätten entwickeln können.

Die uns von der Evolution mitgegebene Fähigkeit zu zählen reicht nur bis drei oder vier. Weiter zählen und mit beliebig großen Zahlen rechnen können wir erst vermöge der menschlichen Kultur, nicht bereits vermöge der Evolution. Die Unterscheidung zwischen Evolution und Kultur beruht auf verschiedenen Formen der Verankerung. Fortschritte der Evolution werden genetisch, die der Kultur bei gleichem genetischem Material durch die Kultur selbst – wir dürfen auch sagen: durch Überlieferung – verankert. Die Kultur wirkt auf die durch ihre Teilnehmer erreichten Fortschritte wie ein Sperrad, das Rückwärtsentwicklungen wenn nicht verhindert, so ihnen doch Widerstand entgegensetzt. Aber auch der Fortschritt der Kultur beruht auf ihr selbst, nicht also auf etwelchen genetischen Veränderungen, die nach dem historischen genetischen Fortschritt, den das Auftreten des Homo sapiens bedeutete, eingetreten wären. Unsere Gene sind noch immer die der Mammutjäger, von denen wir abstammen. Wenn wir die letzten Jahrtausende ansehen, ist dies offensichtlich. Um ein extremes Beispiel zu nehmen, ist es außerhalb der Menschenwelt unvorstellbar, daß in einer Renaissance jahrhundertealte Vorstellungen neu aufgegriffen werden. Eben das hat statt irgendwelcher genetischer Veränderungen die Überlieferung getan.

▷ *Zwischenfrage:* Heißt das nun also, daß dasjenige, was Menschen von Tieren unterscheidet und uns Möglichkeiten eröffnet, die diese nicht besitzen, keine genetische Grundlage besitzt?

▷ *Zwischenantwort:* Natürlich nicht. Behauptet wird aber, daß *alle* typisch menschlichen Möglichkeiten auf *nur einem* genetischen Fortschritt beruhen. Diese These vertritt der Leipziger Anthropologe Michael Tomasello in einem höchst lesenswerten Buch über die kulturellen Ursprünge des menschlichen Erkennens. Daß mir als anthropologischem Laien die Argumente des Buches einleuchten, bedeutet natürlich kaum etwas. Mir geht es denn auch mehr um die Übertragung eines Grundgedankens der These Tomasellos auf Computerprogramme als um die These selbst. Laut Tomasello ist die Zeit von rund einer Million Jahren, in der sich die Entwicklung der typisch menschlichen Möglichkeiten aus tierischen Anfängen vollzogen hat, für eine genetische Entwicklung viel zu kurz. Das mag so sein; ich kann es nicht beurteilen. Der eine genetische Fortschritt, der nach Tomasello bei einer Vorform des Menschen eingetreten ist und der zu dem allen anderen Menschenformen überlegenen Homo sapiens führte, hat zugleich auch die Möglichkeit der Identifikation mit anderen Artgenossen geschaffen: die Fähigkeit, sich in diese hineinzuversetzen und deren vermutete Gedanken zu denken. Mir leuchtet ein, daß ein solcher genetischer Fortschritt, wenn er einmal erreicht wurde, zu rasanten und sich anhäufenden kulturellen Fortschritten führen wird – Fortschritte in allem, was das Verständnis anderer ermöglicht und durch es gefördert wird. Sprache also und Aufgabenteilung, Mathematik, Geld, Musik, Jurisprudenz und öffentliche Bibliotheken. Und daß einige dieser neu eröffneten Möglichkeiten der Art, die sie besitzt, Überlebensvorteile bieten, die zur Verdrängung anderer Vorformen des heutigen Menschen geführt haben können. »Soziale Institutionen und Übereinkünfte entstehen aus und werden erhalten durch gewisse Wechselwirkungen und Denkweisen von Menschengruppen. Keine andere Tierart verhält sich oder denkt so.« Auch unser kausales Denken ist für Tomasello aus unserer im Tierreich einmaligen

Möglichkeit entstanden, Artgenossen zu verstehen: »Die einmalige menschliche Fähigkeit, äußere Ereignisse durch vermittelnde Absichten oder kausale Kräfte zu verstehen, ist zuerst in der Entwicklung der Menschheit aufgetreten und hat es Einzelnen ermöglicht, das Verhalten ihrer Artgenossen vorherzusagen und zu deuten. Später wurde diese Fähigkeit dann zur Erklärung des Verhaltens unbelebter Objekte verwendet.« Die Eindeutigkeit dieser Reihenfolge darf bezweifelt werden. Bei allem Respekt vor Tomasellos Buch, ist es wohl doch plausibler, daß sich beide Fähigkeiten Hand in Hand entwickelt haben.

▷ *Zwischenfrage:* Und wo bleibt der Computer?

▷ *Zwischenantwort:* Daß Computer bei all ihren Rechenfähigkeiten uns »dumm« zu sein scheinen, liegt auch daran, daß ihnen menschliche Erfahrungen fehlen. Hätte ein Computer ein Bewußtsein, so wäre es das, ein Computer zu sein. Gelungen ist es, Rechnern in beschränkten Kunstwelten Erfahrungen zu übermitteln, die sie in die Lage versetzen, sich in diesen Welten intelligent zu verhalten. Etwa so, wie auch Tiere intelligentes Verhalten zeigen können. Tomasello konnte nach meinem Eindruck die typisch menschlichen, auf – sagen wir – *einsichtiger Kommunikation* beruhenden intelligenten Verhaltensweisen von den auf den ersten Blick verwandten tierischen abgrenzen. Wie schon gesagt, führt er das Auftreten einsichtiger Kommunikation auf einen einzigen genetischen Schub zurück, der es dem Homo sapiens ermöglicht hat, sich in die Lage von Artgenossen zu versetzen und zu erkennen, was diesen an Einsichten fehlt, die er selbst besitzt. Woraus das Bedürfnis, Artgenossen auf Auffälligkeiten aufmerksam zu machen, abgeleitet werden kann. Dies ist ein Bedürfnis, das Kinder ab ihrem neunten Monat besitzen, vorher aber nicht, und Tiere gar nicht. Menschen fassen Mitmenschen als Wesen auf, die ebenfalls Absichten besitzen, und können eben deshalb, abstrakt gesagt, hypothetisch denken. Was, so können wir denken, würde ich in der Lage einer anderen Person tun? Und sie können dann auf dem Ergebnis dieser Überlegung als Grundlage Folgerungen für ihr eigenes Verhalten ziehen. Computer, oder genauer Programme, können das bisher nicht. »Counterfactuals« heißen in der englischen Literatur Annahmen, die Tatsachen widersprechen oder gar in sich widersprüchlich sind. Wir *können* sinnvoll über Konsequenzen von Counterfactuals reden, aber einen den Computern verständlichen Sinn konnten wir ihnen bisher nicht geben. Das Äquivalent des evolutionären Schubs, der zum Homo sapiens geführt hat, konnte bisher keinem Programm durch seine Schöpfer mitgegeben werden. Programme können sich zwar – auch auf verschiedenen Rechnern – »parallel« zusammentun, um Probleme effektiver zu lösen, aber kein Programm besitzt irgendeine Form von Einsicht davon, daß die Programme, mit denen es zu tun hat, Programme wie es selbst sind. Bevor es gelingen kann, wahrhaft intelligente – einsichtige – Computer zu bauen, muß deren Programmen wohl diese Form des gegenseitigen Verstehens eingegeben werden können. Ansätze hierzu finden wir bei versuchsweisen Nachbauten des Gehirns, den »Neuronalen Netzen«, die in der Praxis allerdings zumeist nicht gebaut, sondern durch Programme simuliert werden, die auf konventionellen Computern laufen. Daß eine sogenannte Turing-Maschine, der Prototyp aller konventionellen Computer, auch zu alledem befähigt ist, was ein Neuronales Netz kann, wurde bereits 1943 bewiesen. Von der Turing-Maschine wird noch zu berichten sein (Abb. 5.6).

Menschen, nicht aber Tiere und – bisher – auch nicht Computer besitzen eine innere Repräsentation ihrer Welt, die sie manipulieren können. Nur wir verfügen über Regeln, die uns hypothetisches Denken ermöglichen. Mit der Frage »Was wäre, wenn ...« können wir Hypothesen aufstellen und in Gedankenexperimenten deren Konsequenzen erproben. Diese Fähigkeit des Gehirns zur dreifachen Repräsentation – der Umwelt, der Regeln und des Selbst – erfordert die ganze Komplexität, die es besitzt. Billiger als durch komplexe Systeme sind diese Leistungen des Bewußtseins nicht zu haben, und die Tatsache, daß die Natur den hohen Preis gezahlt hat und zahlt, den die Entwicklung und der Erhalt solcher Systeme kosten, ist ein Indiz für deren Nutzen. Ich bin davon überzeugt, daß umgekehrt alle hinreichend komplexen Systeme, unter ihnen künftige Computer, Bewußtsein entwickeln können und auch werden, wenn sie die Möglichkeit erhalten, durch Rückkopplung mit ihrer Umwelt sich selbst zu ihrem Vorteil umzubauen. Was »Vorteil« jeweils bedeutet, hängt von dem System und der Umwelt ab, in der es sich zu behaupten gilt, und kann von der realen physikalischen Umwelt einer Fledermaus bis zu der Umwelt der Programme eines Neuronalen Netzes reichen, das es für einen Vorteil anzusehen gelernt hat, möglichst verläßlich Elementarteilchen den Spuren zuzuordnen, die diese in Nachweisgeräten hinterlassen haben. Was Bewußtsein wirklich ist, wissen wir nicht und werden wir vielleicht niemals wissen. Aber ich bin sicher, daß wir es erkennen, wenn es auftritt: Als emergente Eigenschaft eines komplexen Systems, das sich in seiner Umwelt zu behaupten hat, und dies durch Rückkopplung tut. Ob nun organisch oder anorganisch, sammeln und verwerten solche Systeme Informationen, was ihnen die Bezeichnung IGUSe – *Information Gathering and Using Systems* – eingetragen hat.

Zählen und Rechnen bei Kindern und Tieren

Was das alles für die Zahlen und das Zählen bedeutet? Nehmen wir zunächst das Rechnen von 1 bis 4. Das können (manche) Tiere auch. Sowohl Kleinkinder als auch Tiere erkennen, ob durch Hokuspokus hinter einem Schirm die erwartete Zahl von Objekten der Begierde vermindert oder vermehrt worden ist. Worum es geht, erzählt der britische Astrophysiker und Autor zahlreicher populärwissenschaftlicher Bücher John D. Barrow in »Warum die Welt mathematisch ist« in der Form einer Anekdote: »Ein Bauer wollte eine Krähe schießen, die regelmäßig auf einen Turm auf seinem Land geflogen kam, um von dort in sein Korn zu gehen. Sobald aber der Bauer mit seiner Flinte zu dem Turm kam, flog die Krähe davon. War er wieder fort, kam sie zurück. Frustriert von diesen Versuchen, die Krähe loszuwerden, dachte er sich eine List aus. Damit die Krähe zurückkäme, während er noch am Turm war, ging er zusammen mit einem Freund zum Turm. Die Krähe flog weg, und wenig später ging der Freund fort, während der Bauer blieb. Die Krähe kam nicht zurück. Das nächste Mal ging er mit zwei Freunden, die einer nach dem anderen gingen: wieder keine Krähe. Dann versuchte er es mit dreien: wieder nichts. Dann ging er mit vier Freunden, die wiederum einer nach dem anderen fortgingen. Diesmal kam die Krähe zurück und der Bauer konnte sie schießen. Die Krähe hatte einen Sinn für Zahlen, der es ihr erlaubte, die Anzahl der Personen zu kontrollieren. Bei Vier aber verschwamm die Zahl in ein ungewisses Gefühl für viele.«

Den Hokuspokus hinter einem Schirm, der den Sinn für Zahlen bis 3 von Kleinkindern und Tieren wissenschaftlich erhärtet, beschreibt

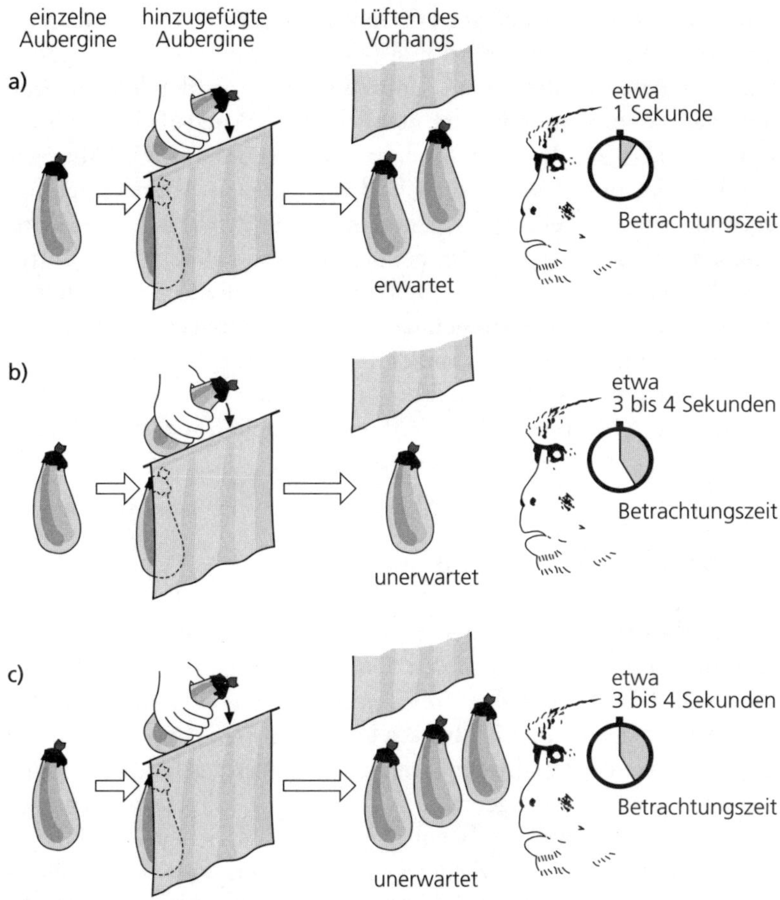

Abbildung 5.5: Magisches Theater für Rhesusaffen

der Professor für Psychologie und Neurowissenschaft an der Harvard Universität Marc D. Hauser in einem Artikel der Zeitschrift »American Scientist«. Sein Experiment mit auf der Insel Cayo Santiago von Puerto Rico lebenden Rhesusaffen stellt die dem Artikel entnommene Abb. 5.5 dar. Gemessen wurden die Zeiten, während derer die Affen die Szenen in den jeweils dritten Abbildungen betrachteten. Die Entstehung der Szenen zeigen die jeweils ersten und zweiten Abbildungen: Eine Aubergine wird vor einem Affen als Zuschauer von einem

Vorhang verdeckt, sodann wird für ihn sichtbar eine zweite Aubergine zur ersten hinzugefügt. Wird nun (Abb. 5.5a) der Vorhang gelüftet, sieht der Affe sich die beiden dadurch sichtbar werdenden Auberginen, mit deren Anwesenheit er möglicherweise (und als Ergebnis des Experiments) gerechnet hat, für etwa eine Sekunde an. Wird hingegen durch Hokuspokus hinter dem Vorhang, für den Affen unsichtbar, entweder eine Aubergine fortgenommen (Abb. 5.5b) oder eine dritte hinzugefügt (Abb. 5.5c), so findet der Affe die sich ihm nach Lüften des Vorhangs bietende Szene weitaus interessanter; er sieht sie sich nämlich drei bis vier Sekunden lang an. Hauser faßt seine Ergebnisse so zusammen: »Dic Affen scheinen 1+1=2 zu verstehen, sowie 2+1=3, 2-1=1 und 3-1=2, aber nicht 2+2=4.« Analoge Experimente mit fünf Monate alten Kindern statt der Affen und Puppen statt der Auberginen haben analoge Ergebnisse gebracht.

Kultur als Überlebenshilfe

So weit die offenbar durch genetische Evolution geschaffene Möglichkeit, bis drei oder vier zu zählen. Darüber, ob auch der Begriff einer Zahl wie drei als abstrakte Gemeinsamkeit von drei Körnern, drei Hammerschlägen, drei Lichtblitzen und der dritten Ampel nach rechts genetisch verankert und/oder Tieren zugänglich ist, gehen die Meinungen auseinander. Die allgemeine menschliche Intelligenz ist sicher genetisch verankert, die sprachliche mehr als die mathematische. Höhere Mathematik, die mit dem Zählen ab fünf beginnt, müssen wir willentlich lernen, während die Sprache uns zufliegt. Sprache kommt vor der Mathematik, weil ihre Beherrschung bereits unter den primitivsten aller Umstände einen Entwicklungsvorteil bietet: Einen Pilz beschreiben und von ihm sagen zu können, daß er Magenweh verursacht, ist allemal nützlicher, als zum Zweck derselben Mitteilung auf ihn und den Magen unter schmerzhaften Grimassen zeigen zu müssen.

Ob wir nun Tomasello folgen oder nicht, bietet Intelligenz einen Überlebensvorteil. Seit Entwicklung unserer Art, seitdem also Fortschritte bis heute nicht mehr genetisch verankert werden konnten, ist es die kulturelle Verankerung, die Überlebensvorteile liefert. Zu nennen ist hier auch die Fähigkeit des Betrügers, besser rechnen zu können als der Betrogene. Seit Beginn der menschlichen Kultur ist der

Überlebensvorteil der Fähigkeit, Summen zu bilden, mehr und mehr hervorgetreten. Ob es um die Anzahl der Ochsen, oder um Zinseszins geht, der bessere Rechner besitzt ihn. So und nur so verstehen wir die Entwicklung der Fähigkeit zu elementarem Rechnen über vier hinaus. Warum gibt es dann aber Meister der Reinen Mathematik, die doch zu den Überlebensvorteilen des Rechnens nicht beiträgt? Die Fähigkeit, zu beweisen, daß es keine größte Primzahl gibt, mag ihrem Träger in ausgewählten Kreisen wohl einen privaten Vorteil bieten, aber entwicklungsgeschichtlich war dieser Vorteil ohne Belang. Wieder ist es die Kultur, die derartige Fortschritte aufnimmt und weitergibt. Nach meiner Überzeugung ist der *Spaß* an der intellektuellen Weiterentwicklung die Kraft, die diese letztlich antreibt. Dieser Spaß, so kann ich mir vorstellen, wurde zusammen mit der Fähigkeit zu einsichtiger Kommunikation in unserer Frühzeit genetisch verankert. Denn wenn es Spaß macht, auf eine Auffälligkeit hinzuweisen, ist der Spaß doch wohl am größten, wenn das Verdienst für ihr Auftreten dem Hinweisenden zukommt. Oder auch – à la Herostrat, der um des Aufsehens willen einen Tempel angezündet hat –, wenn nicht das Verdienst, so doch das Spektakel. Herostrate werden wie selbstverständlich kulturell geächtet und, wenn möglich, bestraft. Denn ihre Form des Spaßes an Auffälligkeiten kann die Uhr der kulturellen Fortschritte zurücksetzen.

Ein beispielhafter kultureller Fortschritt, der nur durch eine Vernichtung der menschlichen Kultur zurückgenommen werden könnte, besteht in der Vereinigung von Arithmetik und Geometrie durch Descartes um 1600. Das von Descartes ersonnene »Cartesische Koordinatensystem« wird heute wie selbstverständlich beim Schiffeversenken sowie in Börsenberichten zum Auftragen der Kurswerte als Funktionen der Zeit verwendet. Hier implizieren Zahlen geometrische Kurven. Dies und das Umgekehrte – das Ablesen von Zahlen von Kurven – hat Descartes ersonnen. Der Nutzen dieser Möglichkeiten der Beschreibung hat sich bis heute »unendlich« oft erwiesen. Genauso erweist sich die Kenntnis, daß es keine größte Primzahl gibt, heute als nützlich bei der Codierung von Nachrichten durch Primzahlen. Primzahlen sind übrigens alle Zahlen über 1, die nur durch 1 und sich selbst ohne Rest geteilt werden können. Also ist 2 die kleinste Primzahl. Auch 7 ist eine Primzahl, nicht aber 6, weil 6 durch 2 (nebenbei auch durch 3) ohne Rest geteilt werden kann.

▷ *Zwischenfrage:* Wie beweist man, daß es keine größte Primzahl gibt?

▷ *Zwischenantwort:* Oh, sehr einfach durch einen Widerspruchsbeweis: Die Annahme, daß es eine größte Primzahl – oder, äquivalent, nur endlich viele Primzahlen – gibt, erweist sich dadurch als unhaltbar, daß sie es ermöglicht, eine Zahl zu konstruieren, die erstens eine Primzahl, und zweitens größer als die als größte angenommene ist. Zur Illustration wollen wir vorab annehmen, 7 sei die größte aller Primzahlen – was sie natürlich nicht ist, denn auch 11 ist eine, und größer als 7. Dann bilden wir das Produkt aller Primzahlen, die es gibt – unter unserer Annahme sind das 2, 3, 5 sowie 7 –, und zählen 1 dazu. Dadurch erhalten wir $2 \times 3 \times 5 \times 7 + 1 = 210 + 1 = 211$, und das ist wieder eine Primzahl. Bereits aufgrund ihrer Konstruktion ist klar, daß diese Zahl durch keine der Primzahlen 2, 3, 5, 7 ohne Rest geteilt werden kann. Denn teilen wir 211 zum Beispiel durch 7, so erhalten wir $211/7 = (2 \times 3 \times 5 \times 7 + 1) / 7 = 2 \times 3 \times 5 + 1 / 7 = 30 + 1/7$. Weil es aber größere Primzahlen als 7 gibt, kann nicht bereits aufgrund der Konstruktion der 211 als »Produkt aller Primzahlen bis 7 plus 1« ausgeschlossen werden, daß es eine Primzahl gibt – die dann natürlich größer als 7 wäre –, durch die 211 geteilt werden kann. Das ist zwar tatsächlich nicht so, 211 *ist* eine Primzahl, aber das Beispiel $2 \times 3 \times 5 \times 7 \times 11 \times 13 \times 17 + 1 = 510511 = 19 \times 26869$ zeigt, daß es nicht so sein muß. Übrigens ist auch 19 eine Primzahl, und außer 2, 3, 5, 7, 13, 17 gibt es keine kleinere Primzahl als 19.

▷ *Zwischenfrage:* Sie haben benutzt, daß eine Zahl, die durch keine Primzahl ohne Rest geteilt werden kann, selbst eine Primzahl ist?

▷ *Zwischenantwort:* Ja, wenn wir die Sonderrolle der 1 nicht beachten. Nun zum Beweis, daß es keine größte Primzahl gibt. Gäbe es eine größte, könnten wir das Produkt *aller* Primzahlen bilden und 1 hinzuzählen und erhielten nach dem bereits gesagten eine Primzahl, die größer wäre als die als größte angenommene. Und das ist ein Widerspruch, so daß es keine größte Primzahl geben kann.

▷ *Zwischenfrage:* Doch wohl nur unter der Voraussetzung, daß alle anderen gemachten Annahmen widerspruchsfrei sind?

▷ *Zwischenantwort:* Ja. Die anderen Annahmen gehören aber zum Fundus der Zahlentheorie, und es ist ein Credo der Mathematiker, daß diese widerspruchsfrei sei – wenn sie es auch nicht beweisen können, und außerdem wissen, daß ein Beweis nicht erbracht werden kann.

▷ *Zwischenfrage:* Gödel, nehme ich an.

▷ *Zwischenantwort:* Ja.

Zwischenbericht

Am Anfang unserer kulturellen Evolution stand das Ergebnis der genetischen, daß wir von den materiellen Dingen sprechen und bis vier zählen können. Von den Errungenschaften der kulturellen Evolution sollen hier nur die interessieren, die damit begonnen haben, daß wir nicht nur von den Dingen selbst, sondern auch von ihren wechselseitigen Abhängigkeiten sprechen und diese in naturwissenschaftlichen Theorien zusammenfassen können. Seit den Überlegungen des Aristoteles zur Logik hat sich mehr und mehr auch die Art und Weise, in der wir von den Dingen sprechen, zum Gegenstand unseres Interesses erhoben. Wir sprechen nicht nur von den materiellen Dingen in logischen und mathematischen Sprachen, sondern auch über die Sprachen selbst. Je entfernter von den materiellen Dingen der Gegenstand unseres Interesses ist, desto formaler die Sprache, in der wir über ihn sprechen – bis hin zu dem abstrakten Kalkül der formalen Logik.

Dabei hat sich eine Vielzahl von Überraschungen – logischen Paradoxien – ergeben, die auch für unser Thema, die Naturgesetze, wichtig sein könnten. Auch Naturgesetze, die auf Prinzipien zurückgeführt werden können, müssen zum Zweck ihrer Auswertung in der Sprache der Mathematik formuliert werden, so daß Aussagen *über* Logik und Mathematik auch die Physik betreffen. Auf einige von ihnen werden wir eingehen, obwohl derartiges in der Physik bisher nicht virulent geworden ist: Anzeichen dafür, daß für physikalische Berechnungen Fragen entschieden werden müssen, die durch kein systematisches Verfahren entschieden werden können, sind bisher nur in der Quantenkosmologie aufgetreten.

Vorangetrieben wird die Physik durch die Entdeckung von Tatsachen und Rechenweisen, die bald nach ihrer Entdeckung jeder Eingeweihte nachvollziehen kann, sowie durch Argumente und Einsichten. Argumente der Physik *unterstellen* Eigenschaften der Realität und schreiten fort, wie das Argumente eben tun – mal durch Demonstrationen an der Tafel, mal mit Hilfe des Computers, mal aber auch durch rhetorische Fragen des Typs »Wie könnte es anders sein«? Die große Richtung, in welche die Reise gehen soll und nach Art der Andernacher Springprozession auch geht – zwei Schritte vor, einer zurück –, ihr Fluchtpunkt, ist die Realität. Nicht eine Realität der Dinge, sondern die der Naturgesetze, verstanden als Aussagen über Zusammenhänge von Basissätzen. Schlußendlich ist es die menschliche Einsicht, die über dem Formalismus steht und dadurch in der Lage ist, Probleme zu formalisieren und zu lösen. Dies alles dient einem einzigen Ziel – der *Erklärung* durch Prinzipien.

Es hat sich herausgestellt, daß Gott kein Mathematiker ist, der irgendwelche der unübersehbar vielen abstrakten mathematischen Möglichkeiten für uns implementiert hat, sondern daß er – mit allem Respekt – ein *Prinzipienreiter* ist. Denn in unserer Welt scheinen einfache, wenn auch unanschauliche und unserer Erwartung konträre Prinzipien zu gelten, deren mathematische Formulierungen mit triumphalem Erfolg experimentell überprüft wurden. Warum allem Anschein nach die verschleierte Realität tiefliegender Gesetze durch Prinzipien beschrieben werden kann, die zwar den uns durch die Evolution eingegebenen widersprechen, wohl aber durch uns formuliert, verstanden und zum Zweck der Erklärung eingesetzt werden können, ist ein Rätsel. Die Methoden des Denkens, die tatsächlich von den Gesetzen der Physik abhängen und in Alltagsumständen eben deshalb diesen entsprechen, müssen bei ihrem Vorstoß im Gefolge der Physik auf das ganz Große und das ganz Kleine erstaunlicherweise nicht modifiziert werden – keine »dreiwertige« oder irgendwie anders modifizierte Logik erhebt ihr schreckliches Haupt –, sondern sie müssen nur auf neue unanschauliche Prinzipien angewendet werden, um weiterhin die Natur erfolgreich zu beschreiben. Es könnte durchaus anders sein. Eine erfolgreiche physikalische Theorie könnte einen Meßwert so definieren, daß er durch die Theorie zwar eindeutig festgelegt wird, aus seiner Definition zugleich aber folgt, daß er nicht berechnet werden kann.

Ausgespart werden soll hier die unter Namen wie Intuitionismus, Konstruktivismus und Formalismus bekannt gewordene Kritik an den Beweismethoden der herkömmlichen Mathematik – zum Beispiel an der Methode des indirekten oder Widerspruchsbeweises, durch die wir gezeigt haben, daß es unendlich viele Primzahlen gibt. Und auch auf eine andere viel diskutierte Frage soll nicht eingegangen werden. Nämlich auf die, ob die Theoreme der Mathematik Entdeckungen oder Erfindungen sind. Im ersten Fall sollen wir uns vorstellen, es gebe eine Platonische Welt der Mathematik, in welche die Mathematiker Einsicht haben und aus der sie Theoreme, die dort hangen, zu uns herunterholen. Im zweiten Fall wären die Einsichten, die Mathematiker zweifellos besitzen, Einsichten in eigene Konstruktionsmöglichkeiten – bevor ein Mathematiker einen Beweis führte, gab es dann das von ihm erstmals bewiesene Theorem, bestehend aus Voraussetzung, Behauptung und Beweis, in keiner Weise. Niemandem ist wohl klar, welche überprüfbaren Aussagen zur Unterscheidung dieser beiden Auffassungen von der Mathematik dienen könnten, und das macht viel vom Reiz des Streits aus.

Ich denke – und das ist eine mir wichtige These –, daß auch die Aussagen der Logik und Mathematik auf der Physik beruhen: Jeder Beweis ist ein physikalischer Prozeß, und folglich ist es die Physik, die sagt, was bewiesen werden kann und was nicht. Die Platonische Welt der mathematischen Theoreme mag es geben. Ohne Beweise wüßten wir von ihr aber nichts. Genauer können wir von dieser Welt nur dasjenige wissen, was in unserer Welt bewiesen werden kann, was, anders gesagt, die Physik zu beweisen gestattet. Auch die Mathematik und die Logik gehören demnach zu den Erfahrungswissenschaften und haben teil an der allgemeinen Unsicherheit.

Davon, daß es in den Erfahrungswissenschaften keine Sicherheit geben kann, hat uns Popper überzeugt. Mit ihm wissen wir auch, daß ein Mangel an Sicherheit eine Wissenschaft nicht untergehen läßt, sondern auf eine durchaus interessante Weise ihren Charakter verändert. Wenn nun die Mathematik und die Logik unter die Erfahrungswissenschaften eingereiht werden müssen, bedeutet das einen großen Schritt hin zu einer erneuten Vereinheitlichung der Wissenschaften. Bis vor gut 100 Jahren wurde die Mathematik als Erfahrungswissenschaft in dem Sinn aufgefaßt, daß nicht nur ihre logischen Methoden, sondern auch ihre Axiome und deren Konsequenzen, insbesondere die Euklidische Geometrie, für selbstverständlich wahr gehalten wurden. Das hat sich geändert – ohne daß sich geändert hätte, was Mathematiker wirklich tun.

Zu einem Ahnherrn des Gedankens, daß anerkannte logische Methoden nicht unbedingt auf wahre Zusammenhänge führen, möchte ich Albert Einstein ernennen. In seinem Vortrag »Geometrie und Erfahrung« von 1921 hat er das Verhältnis von Mathematik und Wirklichkeit durch den bereits zitierten Satz (vgl. Kapitel 3) »Insofern sich die Sätze der Mathematik auf die Wirklichkeit beziehen, sind sie nicht sicher, und insofern sie sicher sind, beziehen sie sich nicht auf die Wirklichkeit« zusammengefaßt. *Eine* Auffassung der »Sätze der Mathematik« in dieser Aussage ist, daß zwar der von ihnen hergestellte *Zusammenhang* von Axiomen und Folgerungen sicher ist, die Axiome selbst aber, und mit ihnen ihre Konsequenzen, unsicher sind. Als Beispiel kann abermals die Geometrie dienen. Laut einer zweiten möglichen Interpretation, erklärt Einstein mit seinem Satz den *Zusammenhang* zwischen den vorausgesetzten Axiomen und ihren Konsequenzen – Voraussetzungen, welche die logischen Formen des Schließens nicht einmal erwähnen – für nur bedingt gültig: Euklids Axiome könnten zwar gelten, ihre allgemein anerkannten Konsequenzen aber nicht besitzen. Diese Interpretation unterstützt ein merkwürdiger Schlenker im selben Vortrag Einsteins, den ich hervorheben möchte: »Es kann nicht wundernehmen, daß man zu übereinstimmenden logischen Folgerungen kommt, wenn man sich über die fundamentalen Sätze (Axiome) sowie *über die Methoden geeinigt* hat, mittels welcher aus diesen fundamentalen Sätzen andere Sätze abgeleitet werden sollen.« Es mag sein, daß Einstein seine Skepsis gegenüber der unbedingten Gültigkeit vermeintlich rein logischer Sätze nur getarnt hervortreten lassen wollte. Die These, daß die Gültigkeit von Sätzen der Logik und Mathematik die Gesetze der Physik voraussetzt, findet sich neben zahlreichen Ansichten, denen ich nicht zustimme, bereits in dem 1997 erschienenen Buch »The Fabric of Reality« des in Oxford arbeitenden Theoretischen Physikers David Deutsch.

Denknotwendigkeiten?

Ach, die Denknotwendigkeiten, auch Gesetze des Denkens genannt. Sie werden oft unterstellt, wenn es darum gehen soll, Schlüsse zu begründen. Nun gibt es tatsächlich angeborene Intuitionen zu logischen und/oder physikalischen Fragen. Daraus, daß eine Intuition angeboren ist, folgt aber nicht, daß sie immer recht hat. Zur Begründung der Autorität einer angeborenen Intuition läßt sich bestenfalls anführen, daß ihr gemäß zu denken und zu handeln in unserer Entwicklungsgeschichte einen evolutionären Vorteil geboten hat. Denknotwendigkeiten als angeborene Intuitionen fassen zusammen, was für die Evolution förderlich und hilfreich war. Sie sind pragmatisch erfolgsorientiert und lösen Probleme, vor die sich die Menschheit in ihrer Evolution gestellt sah; »tieferliegende«, aber folgenlose Wahrheiten berücksichtigen sie nicht. Ob die Problemlösungen der Evolution darauf beruhen, daß das eine Ereignis Ursache des anderen ist – der Sonnenaufgang die Ursache der Helligkeit –, oder beide wie die Abfolge von Tag und Nacht eine gemeinsame Ursache besitzen, ist für sie bedeutungslos. Denn für die Evolution zählt nicht, *warum* gewisse Einsichten erfolgreich sind, wenn sie es nur sind. Bedeutungslos ist auch, ob ein richtiger Schluß auf dem Denken oder der Anschauung beruht. Denken und Anschauung gehen in den Denknotwendigkeiten eine enge Verbindung ein. Bis heute beruhen diese auf den in der Entwicklungsgeschichte genetisch verankerten Einsichten und damit auf deren sachlichen Voraussetzungen. Es sollte also nicht überraschen, wenn Denknotwendigkeiten jenseits dieser Voraussetzungen keine gültigen Konsequenzen besitzen.

Das Reich der Denknotwendigkeiten ist das Alltagsleben, in dem der Mensch das Maß aller Dinge ist. Wir haben uns so entwickelt, daß wir das sind, und haben keinen Grund zu erwarten, daß auf unseren Denknotwendigkeiten beruhende Schlüsse außerhalb der Alltagswelt, insbesondere in den Welten des ganz Großen und des ganz Kleinen, Gültigkeit besitzen. Im Gegenteil. Ein Vorfahr, dem auf einem Ast sitzend die allgemeine quantenmechanische Unsicherheit durch den Kopf gegangen wäre, und der deshalb künftig Äste gemieden hätte, wäre im Nachteil gewesen gegenüber allen, die weiterhin gedankenlos Äste als Sitzgelegenheiten gebrauchten – er wäre wohl kein Vorfahr geworden. Es gibt, wie festzustellen wir bereits Gelegenheit hatten, Ebenen der Beschreibung, auf denen Gesetze gelten, die zwar auf den Gesetzen tieferer Ebenen beruhen, die aber dessenungeachtet autonom sind in dem Sinn, daß sie keiner Begründung ihrer Gesetze und Deutung ihrer Begriffe und Objekte durch die der tieferen Ebene bedürfen, um erfolgreich angewendet zu werden. Alles, was wir auf unserer Benutzeroberfläche der Natur und ihrer Gesetze wahrnehmen, bedarf zwar schlußendlich der Quantenmechanik, um verstanden zu werden. So konnten wir aber bisher nur idealisierte Systeme, insbesondere eigene Artefakte verstehen. Selbst die Eigenschaften der

Moleküle nahezu aller Stoffe, aus denen wir bestehen und die uns umgeben, verstehen wir nur im Prinzip durch die Quantenmechanik, genaugenommen also nicht. Trotzdem behaupten wir uns prächtig und entwerfen Medikamente, die wirken.

Einsichten, Beweise

Unsere Einsicht hat sich so entwickelt, daß ihr die gesetzesartigen Relationen auf der Alltagsebene des frühen Menschen zugänglich sind. Unterschieden, ob deren Grundlage eine physikalische oder logische war und ist, hat die Evolution nicht. Dadurch, daß wir sie zu Denknotwendigkeiten erklären, können wir die nach Auskunft der Philosophen und Wissenschaftstheoretiker auf »reiner Logik« beruhenden »analytischen« Sätze über die wirkliche Welt also nicht begründen. Die bereits eingeführte These, daß diese Sätze tatsächlich auf physikalischen Eigenschaften beruhen, die auch anders sein könnten, spricht der Platonischen Welt der Mathematik und Logik die Existenz nicht ab. Behauptet wird aber, daß wir unabhängig von den physikalischen Naturgesetzen nichts von dieser Welt wissen können. Daß also vermeintlich rein logische Beweise, die über die Platonische Welt Auskunft geben sollen, nicht nur auf den Strukturen jener Welt, sondern auch auf den Gesetzen unserer Welt beruhen. Als zögerlichen Zeugen dieser Auffassung habe ich Einstein benannt, als Kronzeugen David Deutsch.

Den Nutzen des Zählenkönnens sowohl für die biologische als auch für die kulturelle Evolution habe ich angesprochen. Physik und Logik gehen beim Zählen einen Bund ein, dessen genaue Natur für die Evolution bis hin zum Auftauchen der ersten Mathematiker offenbar irrelevant war. Für die Physik stehen beim Zählen die Finger, für die Logik steht das Konzept der Anzahl – die Übertragbarkeit also einer Anzahl Finger auf eine Anzahl Schafe – im Vordergrund. Nach dem Zählen kommt das Rechnen, und auch hier treten zunächst Physik und Logik zusammen auf. Es ist eine Konsequenz der Naturgesetze, daß zwischen beiden keine – oder nur einsehbare; ein Schaf *muß* sich verlaufen haben – Widersprüche auftreten. In einer Wolkenwelt wären Zählen und Rechnen nutzlos, oder würden einander gar zu widersprechen scheinen. Algorithmen des Rechnens, die Kinder in der Grundschule eingetrichtert bekommen, sind Programme zum Beweis von Sätzen über Zahlen. Löst ein Kind eine Hausaufgabe wie die Berechnung des Produkts 2458 x 324 durch das bekannte Untereinanderschreiben, betätigt es sich als Computer, der gemäß einem vorgegebenen Programm Daten bearbeitet. Ich habe den Verdacht, daß kaum ein Kind weiß, *warum* die Vorschriften zur Berechnung von Summen und Produkten das physikalisch richtige Ergebnis liefern, das sich beim Anhäufen von Klötzchen ergeben würde. Kein Unterschied hier also zwischen einem Menschen und einem Computer. Was das Kind schreibt und dem Lehrer abliefert, ist das unvollständige *Protokoll* eines physikalischen Prozesses namens Beweis.

... und Protokolle

Man muß genau hinsehen, um den Unterschied zwischen Beweisen und ihren Protokollen überhaupt zu entdecken. Dann kann man fragen, ob es Beweise geben kann, die kein Protokoll erlauben. Sieht man auf praktische Möglichkeiten, gibt es bereits von Computern aufgrund von Programmen durchgeführte Beweise, deren Überprüfung aufgrund eines Ausdrucks – Protokolls – durch einen Menschen mehr Zeit als dessen Lebenszeit beanspruchen würde. Also kann nur das Programm überprüft werden; ob der Computer, ein den Gesetzen der Physik unterworfenes Gebilde, tut, was er aufgrund des Programmes tun soll, kann mit mathematischer Sicherheit nicht überprüft werden. Bei konventionellen Computern eröffnen sich hier keine prinzipiellen Probleme, die darüber hinausgingen, daß zur Überprüfung mancher anerkannter Computerbeweise *Generationen* von Mathematikern erforderlich wären. Wohl aber bei Quantencomputern, deren Prozesse nur dann so ablaufen, wie sie sollen, wenn der Ablauf durch keine Beobachtung gestört wird. Niemals kann aus prinzipiellen Gründen ein Quantencomputer ausdrucken, was er getan hat, um zu einem bestimmten Ergebnis zu gelangen. Aber es kann überprüft werden, ob er seine Aufgabe erfolgreich bewältigt hat. Zum Beispiel können Quantencomputer, anders als konventionelle Computer, zumindest im Prinzip in kurzer Zeit die Zerlegung einer großen Zahl in ihre Primzahlfaktoren liefern. Kein Ausdruck kann je das Verfahren eines Quantencomputers hin zu seinem Ergebnis beschreiben. Die Überprüfung des Ergebnisses einer Primzahlzerlegung ist jedoch eine triviale Aufgabe, die jeder bessere Rechner meistern kann: Multipliziere einfach die Ergebnisse der Zerlegung miteinander und sieh nach, ob das Produkt mit der vorgegebenen Zahl übereinstimmt. Konventionelle Methoden der Verschlüsselung von Nachrichten beruhen auf dieser Asymmetrie der Zerlegung einer Zahl in Primzahlfaktoren und deren Wiederaufbau aus diesen Zahlen durch einfachste Produktbildung. Ob es in den Wolkenwelten Beweise geben kann, bleibe dahingestellt. Protokolle aber, nicht zerfließende Protokolle, kann es in ihnen nicht geben.

Physik und Logik

Was nun die Vermischung von Physik und Logik bei anderen Problemen als denen des Rechnens betrifft, ist vor allem die Geometrie zu nennen. Die Intuition von den kürzesten oder schnellsten Wegen über Flächen aller Art auf der Erdoberfläche müssen Jäger wie Gejagte gleichermaßen verinnerlicht haben. Für das Überleben kann es abermals nicht darauf angekommen sein, inwiefern die Erfolge und Mißerfolge eines Verhaltens auf der Logik bzw. inwiefern sie auf den Gesetzen der Physik beruhten. Nach Aristoteles' Identifikation von Satzformen oder Schlußweisen, die unabhängig von allen Naturgesetzen bereits aus Gründen der Logik nur auf wahre Aussagen führen sollten, hat es wie beschrieben Euklid in seiner Geometrie unternommen, die Inhalte von den Schlußweisen zu trennen. Das bedeutete aber nicht, daß die Inhalte als weniger verläßlich angesehen wurden als die Schlußweisen. So dachte noch Immanuel Kant, daß die inhaltlichen Axiome der Euklidischen Geometrie mitsamt dem Parallelenaxiom genauso sicher wahr seien wie die durch die logischen Schlußweisen hergestellten Zusammenhänge der Geometrie. Für Kant *gab es* also sichere Erkenntnis, und die Geometrie Euklids bildete ein Beispiel. Ein anderes bildete Newtons Auffassung von der Zeit, die er in seinen hier mehrfach erwähnten Prinzipia so charakterisiert hat: »Die absolute, wahre und mathematische Zeit, an sich und ihrer Natur nach ohne Beziehung zu irgend etwas Äußerem, fließt gleichmäßig dahin«. Wie Euklids Auffassung vom Raum, ist, so wissen wir heute, die Newtons von der Zeit nicht nur nicht sicher richtig, sondern sogar sicher falsch.

Daß es sicher wahre analytische – bereits aus logischen Gründen wahre – Urteile a priori gibt, war noch lange nach Kant unbestritten. Zu ihnen gehörten und gehören Urteile wie das von der Sterblichkeit des Sokrates, wenn zuvor zugegeben wurde, daß erstens alle Menschen sterblich sind und zweitens Sokrates ein Mensch ist. Wir unterscheiden, wie bereits gesagt, zwischen der autonomen »Platonischen« Welt der reinen Logik und den Anwendungen dieser Logik auf die Welt, in der wir leben. Das Bindeglied beider bilden die Beweise, die aufgrund der physikalischen Naturgesetze geführt werden können. Daran, daß das Urteil von der Sterblichkeit des Sokrates beiden Welten zugleich angehört, kann kein Zweifel bestehen. Im Prinzip wohl aber daran, daß die Welt so sein *muß*, daß in ihr dieses Urteil gilt. Nicht nur im Prinzip, sondern tatsächlich findet die Anwendbarkeit der Logik auf unsere Welt ihre Grenze bei der Auflösung von Paradoxien, welche die Fortentwicklungen der Logik selbst herbeigeführt haben. Jetzt soll es um die Frage gehen, ob es synthetische Urteile a priori geben kann – Urteile also, die, obwohl nicht bereits aus logischen Gründen wahr, doch sicher wahr sind. Kant war der Ansicht, daß es so sei. Mit ihm konzentrieren wir uns auf Urteile wie die vom Raum, der Zeit und der Kausalität. Wie konnten sie sicher richtig sein, und wie konnte es überhaupt sichere Erkenntnis geben? Von David Hume hatte Kant übernommen, daß *durch die Erfahrung* sichere Erkenntnisse nicht gewonnen werden können. Woher dann die Sicherheit, an die er glaubte? Kants Antwort war, daß Raum, Zeit und Kausalität überhaupt keine *Gegenstände der Erfahrung*, sondern angeborene Konzepte seien, durch die wir unsere Erfahrungen nicht nur ordnen, sondern sogar ordnen müssen. Aufgrund dieser angeborenen Konzepte haben wir laut Kant keine andere Wahl als die, unsere Erfahrungen in den Raum Euklids, die Zeit Newtons und in die logische Ordnung der Kausalität einzubetten. Raum und Zeit sind danach unvermeidbare Formen der Anschauung, durch die wir unsere Erfahrungen ordnen. Daher, aus uns heraus, die Sicherheit der Urteile über Raum und Zeit. Wir verstehen heute nicht, warum Kant dachte, es sei unmöglich, daß wir Erfahrungen machen, die sich *nicht* so ordnen lassen – jene Erfahrung zum Beispiel, die in nicht-euklidischen Geometrien möglich ist, daß wir wie auf einer Kugeloberfläche geradeaus gehen und schließlich von hinten wieder an der Stelle ankommen, von der aus wir unseren Marsch begonnen haben.

Die Turing-Maschine als Universeller Computer

Um zu verdeutlichen, daß das sogenannte logische Folgern nicht auf Denknotwendigkeiten, sondern auf physikalischen Gesetzen beruht, wende ich mich einer Maschine zu, deren Wirkungsweise ganz klar die Gesetze der Physik voraussetzt, die gleichzeitig aber alle Operationen durchführen kann, die üblicherweise der Logik und der Mathematik zugerechnet werden – der von dem englischen Mathematiker und Pionier der Computerwissenschaft Alan Mathison Turing ersonnenen und nach ihm benannten Turing-Maschine. Diese Maschine ist ein *Universeller Computer* in dem Sinn, daß sie alle Operationen durchführen kann, die überhaupt durch ein Programm definiert werden können: Was irgendein Computer kann, das kann sie auch. Sie gilt deshalb als treues Abbild von Logik und Mathematik – was sie nicht berechnen kann, heißt unberechenbar, und was durch sie nicht bewiesen werden kann, heißt unbeweisbar. Durch sie aber gehen physikalische Realität auf der einen, Logik und Mathematik auf der anderen Seite einen erstaunlichen Bund ein. Denn die Turing-Maschine ist nicht nur eine abstrakte Konstruktion, sondern in jedem Einzelfall ein ganz konkretes Ding.

Die Platonische Welt der reinen Logik und Mathematik kennt ebenfalls Turing-Maschinen. Sie entstehen aus den hier gemeinten dadurch, daß davon abgesehen wird, daß sie aufgrund der Gesetze der Physik tatsächlich gebaut werden können. Eine schöne Beschreibung des dem hier vertretenen entgegengesetzten Standpunkts, daß es bei den Turing-Maschinen nur die abstrakte Logik, für die ihre Möglichkeiten stehen, nicht aber auf ihre Machbarkeit in der realen Welt ankomme, findet sich in dem von Michel Serres und Nayla Farouki herausgegebenen »Thesaurus der Exakten Wissenschaften« unter dem Stichwort »Turing-Maschinen« auf S. 999: »Als extreme Vereinfachung aller realen, zukünftig zu bauenden oder auch nur vorstellbaren Maschinen lassen sich Turing-Maschinen nicht wirklich bauen. Es handelt sich nicht um Maschinen im herkömmlichen Sinn. Zu ihrer Herstellung werden weder Schrauben noch Muttern benötigt, und sie sind weder aus Holz noch aus einem anderen Werkstoff gefertigt. Sie enthalten gleichsam nur den Geist der Maschinen, nicht deren Körper: Es handelt sich um Fiktionen, deren Nutzen allein auf theoretischem Gebiet liegt.« Natürlich wird niemand auf den Gedanken kommen, eine

Turing-Maschine wirklich zu bauen. Sieht man aber davon ab, daß dies im Prinzip aufgrund der Gesetze der Physik möglich ist, und entrückt sie dadurch der realen Welt, so unterbricht man die Verbindung der Platonischen Welt mit ihr: Ohne den Beweis einer Aussage der Logik und Mathematik in der realen Welt wirklich durchzuführen, können wir nicht um deren Beweisbarkeit wissen.

Deutlicher noch als die Möglichkeiten, welche die reale Welt den Beweismaschinen eröffnet, weisen die Beschränkungen, die sie ihnen auferlegt, darauf hin, daß es die Gesetze der Physik sind, die festlegen, was bewiesen werden kann und was nicht. Davon wird weiter unten zu sprechen sein. Es sind die Gesetze der wirklichen Welt, die es dem Achilles ermöglichen, die Schildkröte zu überholen, obwohl die Logik ihm diese Möglichkeit erst nach unendlich vielen Schritten eröffnet. Berühmte Theoreme der Logik zur Berechenbarkeit von Funktionen beruhen darauf, daß keine Maschine soll gebaut werden können, die wie eine Turing-Maschine arbeitet, zusätzlich aber unendlich viele ihrer Operationen in endlicher Zeit durchführen kann. Dem stehen, wenn überhaupt, nicht irgendwelche Gesetze der Logik entgegen, sondern die in der realen Welt geltenden Naturgesetze.

Eine einfache universelle Turing-Maschine besteht erstens aus einem beidseitig potentiell unendlich langen Band (Abb. 5.6a), das in gleiche Quadrate eingeteilt ist, in die zwei beliebig wählbare verschiedene Symbole – üblicherweise 0 und 1 – geschrieben und durcheinander ersetzt werden können. Wichtig für die prinzipielle Machbarkeit der Maschine ist, daß das Band nur potentiell, nicht aktuell unendlich lang sein muß. Der Unterschied von potentiell unendlich zu aktuell (also wirklich) unendlich ist, daß potentiell unendliche Bänder nur *grenzenlos verlängerbar* sein müssen: Stellt sich heraus, daß ein Band von vorgegebener Länge nicht lang genug ist, kann stets ein Stück angeflickt werden. Zweitens besitzt die Turing-Maschine einen Lese- und Schreibkopf (L/S in der Abbildung), der gemäß einem Programm das Band Quadrat auf Quadrat abarbeitet. Wir wollen uns vorstellen, daß unter den Quadraten, die dem Kopf übergeben werden, sich kein unbeschriebenes befindet. Meistens wird angenommen, daß es der Kopf ist, der sich über das Band bewegt. Trotz einer daraus folgenden Einschränkung der physikalischen Machbarkeit der Maschine wollen wir uns zur Vereinfachung vorstellen, daß das Band als Fließband den Kopf durchläuft. Um die Maschine in Gang zu setzen, wird dem Kopf

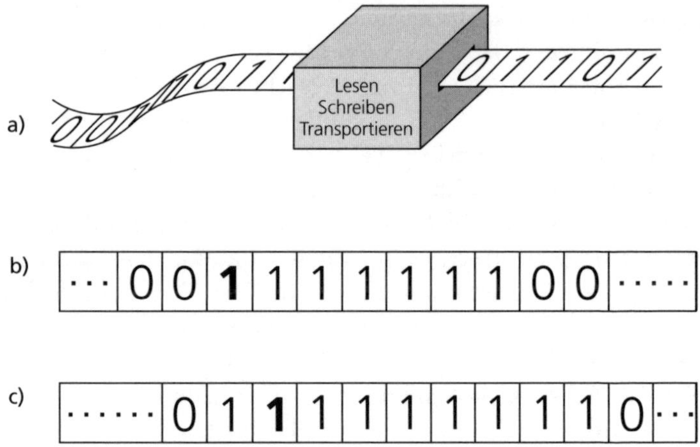

Abbildung 5.6: Die Turing-Maschine und ihre Wirkung auf b mit dem Ergebnis c

ein bestimmtes Quadrat übergeben – sagen wir dasjenige mit der fettgedruckten 1 der Abb. 5.6b. Alsdann liest der Kopf, welches Symbol in dem Quadrat steht, und beginnt eine vorgegebene Liste von Anweisungen zu durchlaufen. Die Anweisungen der Liste sind fortlaufend numeriert, und jede von ihnen ist eine der Folgenden:

DRUCKE 0

DRUCKE 1

BEWEGE DAS BAND EIN QUADRAT NACH RECHTS

BEWEGE DAS BAND EIN QUADRAT NACH LINKS

WENN IM VORLIEGENDEN QUADRAT 1 STEHT, GEH ZUR ANWEISUNG NUMMER i

WENN IM VORLIEGENDEN QUADRAT 0 STEHT, GEH ZUR ANWEISUNG NUMMER i

STOP

Das ist alles. Das »i« in der fünften und sechsten Anweisung steht für eine jeweils beliebig wählbare Nummer einer Anweisung in der vorgegebenen Liste. Ein konkretes, dem Kopf zur Abarbeitung übergebenes Programm sehe zum Beispiel so aus:

1. BEWEGE DAS BAND EIN QUADRAT NACH LINKS
2. WENN IM VORLIEGENDEN QUADRAT 1 STEHT, GEH ZUR ANWEISUNG NUMMER 1
3. DRUCKE 1
4. BEWEGE DAS BAND EIN QUADRAT NACH RECHTS
5. WENN IM VORLIEGENDEN QUADRAT 1 STEHT, GEH ZUR ANWEISUNG NUMMER 4
6. DRUCKE 1
7. STOP

Es ist leicht und vielleicht auch amüsant zu sehen, daß dieses Programm bei Vorgabe von Abb. 5.6b für jeden, der zählen, wenn auch nicht rechnen kann, 7+2 berechnet. Indem es nämlich die beiden Symbole 0 rechts und links von der Folge von sieben Symbolen 1 in b durch jeweils ein Symbol 1 ersetzt, überführt es das Band in b in das von c: Aus den sieben durch Symbole 0 umschlossenen Symbolen 1 sind neun solche Symbole geworden. Am Ende hat der Kopf das Band übrigens um insgesamt ein Quadrat nach rechts bewegt.

Zur Diskussion der Abhängigkeit des Wirkens der Turing-Maschine von den Gesetzen der Physik beschränken wir uns auf eines ihrer Bauteile: Ihr Fließband, das um das Vielfache einer Einheitsstrecke vorwärts und rückwärts bewegt werden kann. Es sind die Gesetze der Physik, die Bau und Funktionieren eines Fließbands ermöglichen. In einer Welt, in der die Naturgesetze andere wären, könnte es unmöglich sein, eine Turing-Maschine oder eine zu ihr äquivalente Maschine zu bauen, so daß die Berechnung von etwas in unserer Welt Berechenbarem unmöglich wäre: Sogar die Summe zweier Zahlen könnte zu den nicht berechenbaren Funktionen gehören. Noch einmal sei aber gesagt, daß mehr noch als die Möglichkeiten des Beweisens, welche die Gesetze der Physik eröffnen, die aus den Gesetzen folgenden Beschränkungen der Beweismöglichkeiten die Abhängigkeit der Beweisbarkeit von den Naturgesetzen hervortreten lassen.

Rechnen

Wobei es selbstverständlich schwer bis unmöglich ist, sich als Bewohner unserer Welt auszudenken, wie eine Welt beschaffen sein könnte, in der zum Beispiel das Konzept der Anzahl, das uns so deutlich vor Augen steht, kein primäres, sondern ein abgeleitetes wäre. Zur Erläuterung soll abermals die Wolkenwelt dienen, in der es keine Objekte gibt, die gezählt werden können, weil in ihr alles und jedes in alles und jedes zusammenfließt. Keinesfalls geht es jetzt darum, ob es nach dem »Anthropischen Prinzip« wolkig denkende Bewohner der Wolkenwelt geben kann. Mag sein. Indem wir uns die Wolkenwelt vorstellen, versuchen wir zugleich, sie und ihre Gesetze auf zählbare Entitäten zurückzuführen – auf Atome und deren Zustände zum Beispiel. In der physikalischen Wolkenwelt sei das aber unmöglich; kein Naturgesetz, das sich individueller Zahlen bedient, bewähre sich in der Wolkenwelt. Statt dessen seien dort Gesetze, die bis hin zu den feinsten Verfeinerungen dieselben bleiben, im Einklang mit allen Beobachtungen. Dann gehörten tatsächlich die kontinuierlichen Variablen der Realität – die diskreten aber, die Zahlen! – der reinen Mathematik an, statt, wie bei uns, umgekehrt. Wobei »diskret« in Physik und Mathematik die Eigenschaft von Objekten bezeichnet, getrennt voneinander aufzutreten, so daß sie gezählt werden können. Insbesondere bilden die ganzen Zahlen eine »diskrete Menge«.

Ein armes Beispiel, wie gesagt, für andere mögliche Welten als unsere. Zählen, addieren oder gar multiplizieren bildeten in einer solchen Welt das schlußendliche Resultat des Mathematikunterrichts (wenn überhaupt), keinesfalls aber dessen Anfang. Zur Illustration wollen wir uns jemanden vorstellen, der vergessen hat, was »zwei mal drei« ist. Was könnte er tun, um das herauszubringen? Natürlich, er könnte geeignete Tasten seines Taschenrechners drücken, aber darum geht es hier nicht. Ohne Hilfsmittel würde er sich wohl zwei Häufchen von je drei Objekten vorstellen und dann die Gesamtzahl der Objekte in Gedanken ermitteln. Ihm wäre vermutlich bei dieser Vorstellung nicht einmal aufgefallen, daß er durch sie ein physikalisches Experiment durchgeführt hat – in Gedanken, versteht sich, vertrauend auf Erfahrung, die er sowohl als Individuum wie auch als Erbe der Errungenschaften der Evolution besitzt. Wenn wir aber von der mentalen Prozedur absehen und nach den Möglichkeiten fragen, das Gedankenexperiment zur Ermittlung des Wertes von »zwei mal drei« tatsächlich durchzuführen, müssen wir uns auf physikalische Eigenschaften der wirklichen Welt berufen. Hätten Einzelobjekte keinen Bestand, würden »wir« als Wolkenwesen die Erfahrungen, die Kopfrechnen ermöglichen, wohl nicht besitzen.

Es sind die Gesetze der Physik, die Summen, Produkte und mit ihnen den ganzen Vorrat berechenbarer Funktionen berechenbar machen. Man kann so weit gehen zu sagen, daß es *immer* die Natur ist, die rechnet, wenn gerechnet wird. Andersherum: Wenn die Natur Gesetzen genügt, die mathematisch ausgedrückt werden können, kann sie nichts anderes als rechnen – in dem Sinn nämlich, daß von den Abläufen, die sie ermöglicht, und nur von ihnen Rechenergebnisse abgelesen werden können.

Würde in unserer Welt die nicht-quantenmechanische »klassische« Physik – ob nun relativistisch oder nicht – gelten, könnte eine Turing-Maschine sicher nicht alle Verhaltensweisen physikalischer Systeme berechnen oder, um mit David Deutsch zu sprechen, simulieren: Die Natur könnte durch ihr Verhalten Funktionen berechnen, deren Berechnung durch ein Programm unmöglich wäre. Denn die klassische Physik erlaubt als Anfangsbedingungen »überabzählbar viele« Orte und Geschwindigkeiten der Teilchen ihrer Systeme; eine Turing-Maschine aber besitzt nur »diskret viele« Zustände, könnte also nicht einmal alle verschiedenen Anfangszustände verschieden darstellen, die nach der klassischen Physik in der Natur auftreten können.

... und zählen

Für ein detailliertes Verständnis dieser Zusammenhänge braucht es die Einsicht, daß nicht alle Zahlen zwischen 0 und 1 in eine Liste aufgenommen werden können. Es ist unmöglich, sie zu zählen – wie es auch dann wäre, wenn eine (selbstverständlich unendliche) Liste von ihnen angefertigt werden könnte. Folglich gibt es »wesentlich mehr« Zahlen zwischen 0 und 1 als es ganze Zahlen gibt.

▷ *Zwischenfrage:* Was heißt »wesentlich mehr«?
▷ *Zwischenantwort:* Genau dies: Daß bei dem Versuch, die Zahlen zwischen 0 und 1 zu zählen, immer welche überbleiben. Eine

Menge von Objekten, die in einer unendlichen Liste aufgeführt werden können, heißt sinnreich abzählbar. Daß das für die Zahlen zwischen 0 und 1 unmöglich ist, kann leicht bewiesen, aber nur schwer intuitiv erfaßt werden. Zunächst gibt es in dem hier verwendeten Sinn des Wortes nur »unwesentlich mehr« ganze wie gerade Zahlen. Ordnen wir nämlich jeder Zahl ihre doppelte – der 1 die 2, der 2 die 4 etc. – zu, tritt auf der einen Seite jede ganze, auf der anderen jede gerade Zahl genau einmal auf. Jeder Zahl ist durch diese Zuordnung genau eine gerade, jeder geraden durch die Umkehrung der Zuordnung genau eine ganze Zahl zugeordnet. Gäbe es sowohl von den ganzen, als auch von den geraden Zahlen nur endlich viele, und wäre eine solche Zuordnung zwischen ihnen möglich, so gäbe es offenbar gleich viele gerade wie ganze Zahlen. Wir wollen dem Unterschied zwischen endlichen und unendlichen Mengen dadurch Rechnung tragen, daß wir nicht von »gleich vielen« ganzen und geraden Zahlen sprechen, sondern von »unwesentlich mehr« ganzen wie geraden: Obwohl die Menge der ganzen Zahlen die der geraden umfaßt, entspricht bei der beschriebenen Zuordnung jeder geraden eine ganze, jeder ganzen eine gerade Zahl. Der 1918 verstorbene Mathematiker Georg Cantor konnte sogar zeigen, daß es nur unwesentlich mehr Brüche überhaupt – wie zum Beispiel 13/7 oder 24/48 – als *Brüche mit dem Nenner 1*, also ganze Zahlen, gibt. Folglich ist es möglich, alle Brüche in einer Liste anzugeben, d.h. zu zählen. Unmöglich ist es aber, das für *alle* Zahlen zwischen 0 und 1, also auch für die, die *keine* Brüche sind, zu tun: Es gibt bereits zwischen 0 und 1 wesentlich mehr Zahlen als ganze Zahlen. Die Zahlen zwischen 0 und 1 können, anders gesagt, nicht gezählt werden; es gibt von ihnen »überabzählbar viele«. Hätte also die klassische Physik recht, könnten Körper Lagen zwischen 0 und 1 Zentimeter annehmen, denen kein Zustand einer Turing-Maschine exakt entspräche.

▷ *Zwischenfrage:* Wenn schon keine Intuition für den Unterschied zwischen »diskret« und »überabzählbar«, dann vielleicht doch der Beweis, daß die klassisch möglichen Lagen zwischen 0 und 1 Zentimeter nicht in einer Liste versammelt werden können.

▷ *Zwischenantwort:* Nehmen wir an, sie könnten, und schreiben wir die einzelnen Eintragungen untereinander. Eine natürliche Reihenfolge kennt die Liste nicht; denn mit welcher Zahl über 0 sollte sie beginnen? Eine mögliche Liste fängt folgendermaßen an:

0,**0**3120006 ...
0,1**1**975476 ...
0,03**1**20005 ...
0,003**3**2000 ...
0,0000**0**000 ...
0,34567**9**98 ...
0,666777**7**7 ...
0,1566588**5** ...

und so weiter, jede Ziffernfolge ist unendlich lang. Nichts spricht dagegen, daß dieselbe Zahl mit ihrer unendlichen Folge von Ziffern zweimal in der Liste auftaucht; das allerdings wäre eine überflüssige Extravaganz. Gibt es nun eine Zahl zwischen 0 und 1, die in der dann nur vermeintlichen Liste aller Zahlen zwischen 0 und 1 *nicht* auftaucht? Deren Konstruktion beginnt Cantor mit jener Zahl, deren hier fettgedruckte Ziffern in der Diagonale der Liste hinter dem Komma stehen. Wir lesen ab:

0,**01130975** ...

Mit Cantor verändern wir die Ziffern dieser Zahl nach der folgenden Regel: Ziffern zwischen 0 und 8 werden durch die nächst höhere Ziffer ersetzt, also durch die Ziffern 1 bis 9; die Ziffer 9 wird durch die 0 ersetzt; die 0 vor dem Komma bleibt stehen. So erhalten wir die zwischen 0 und 1 gelegene Zahl

0,12241086 ...,

die offensichtlich mit keiner Zahl der Liste übereinstimmen kann: Von der ersten unterscheidet sie sich durch die erste Ziffer nach dem Komma, von der zweiten durch die zweite, und so fort. Die so konstruierte Zahl kommt also in der vermeintlichen Liste aller Zahlen zwischen 0 und 1 nicht vor, so daß die Liste tatsächlich unvollständig ist. Folglich kann es keine Liste aller Zahlen zwischen 0 und 1 geben. Da die Zahlen der Liste durchnumeriert werden können, gibt es also wesentlich mehr Zahlen zwischen 0 und 1 als ganze Zahlen. Man sagt, daß das Kontinuum der Zahlen – und mit ihnen der Abstände – zwischen 0 und 1 aus »überabzählbar« vielen Zahlen – und damit Abständen – besteht.

▷ *Zwischenfrage:* Und was ist, wenn wir die sorgsam konstruierte Zahl zu der Liste hinzunehmen?

▷ *Zwischenantwort:* Dann wiederholen wir den Beweis mit der neuen Liste und dem alten Ergebnis: Es gibt eine Zahl – nun eine andere –, die in der Liste nicht enthalten ist. BINGO: Eine vollständige Liste aller Zahlen zwischen 0 und 1 kann es nicht geben.

Die Welt als Computer

Rechenergebnisse liefern nicht nur jene Abläufe in der Natur, die wir speziell zu diesem Zweck ins Werk gesetzt haben, sondern auch zahllose andere. Wenn wir einen Liter Wasser mit zwei Litern zusammengießen, erhalten wir drei Liter Wasser – die Natur hat eins plus zwei berechnet. Wie hat sie das gemacht? Indem sie jedem einzelnen Wassermolekül der Aberbilliarden von ihnen seinen rechten Weg zugewiesen, und dadurch das Ergebnis drei Liter gewonnen hat? So sieht es die klassische Mechanik. Aber wie weist die Natur jedem einzelnen Molekül seinen rechten Weg zu? Dadurch, daß sie Gleichungen löst? Aber wie, wenn nicht abermals durch physikalische Prozesse? Denn physikalische Prozesse sind alles, wozu die Natur fähig ist. Wenn also Naturgesetze zusammen mit Anfangsbedingungen alles und jedes festlegen, ist nicht nur jede Rechnung ein physikalischer Prozeß, sondern umgekehrt impliziert auch jeder physikalische Prozeß Rechenergebnisse. Nebenbei sei bemerkt, daß wir in den meisten Fällen weder die Rechnungen, noch die Ergebnisse kennen werden. Zu sagen, daß die Welt ein Computer sei, ist folglich entweder eine Tautologie oder führt in einen unendlichen Regreß physikalischer Prozesse, die als Computer physikalische Prozesse berechnen sollen.

Wie Prozesse der Quantenmechanik hier einzuordnen sind, hängt von deren Interpretation ab. Wenn die Welt, die wir wahrnehmen, nur die Oberfläche einer verschleierten deterministischen Realität ist, werden nur unsere Möglichkeiten, zu wissen, vom Übergang von der klassischen zur Quantenphysik beeinflußt; das der Natur inhärente Rechnen wird das aber nicht. Sind hingegen Ergebnisse von Beobachtungen im eigentlichen Sinn unbestimmt, tritt also echter Zufall auf, so gelten unsere Betrachtungen über die Natur und das Rechnen nicht mehr für alle Prozesse, sondern nur für eine Auswahl von ihnen. Auf jeden Fall legt die Quantenmechanik für alle Ergebnisse von Beobachtungen *Wahrscheinlichkeiten* fest, die Sicherheit als Spezialfall einschließen.

Sieht man also statt auf Einzelereignisse auf Mengen von ihnen, rechnet auch nach der Quantenmechanik die Natur und ist Rechnen alles, was sie kann. Wieder ist es entweder eine Tautologie zu sagen, die Welt sei ein Computer, oder es führt in einen unendlichen Regreß.

Wenn wir uns auf die Oberfläche des Rechenprozesses beim Zusammengießen von einem Liter mit zwei Litern Wasser beschränken, muß die Natur nur festgestellt haben, daß jedes andere Ergebnis als drei so unwahrscheinlich ist, daß es nicht in Betracht gezogen werden muß. Zu dessen Ermittlung hätte sie dann auch den Königsweg wählen können, das Verhalten der Wassermoleküle nicht zu berechnen, sondern auszuwürfeln. Wenn wir also fragen, wie die Natur ihre Gesetze implementiert, reicht Kenntnis der Gesetze für sich allein als Antwort nicht aus; hinzu kommen muß Kenntnis des *Algorithmus*, den sie verwendet.

Hierfür ein deutlicheres Beispiel: Der Billardspieler überlegt sich, wie er durch ein Spiel über Bande möglichst viele Karambolagen erzielen kann, führt also eine Berechnung aufgrund der Naturgesetze durch. Nehmen wir an, daß sich sein Stoß tatsächlich so auswirkt, wie er es geplant hat. Hat dann die Natur nachgerechnet, was er vorgerechnet hat? Und wenn ja, wie? Ein Algorithmus, der allen Problemen des Billardspiels gewachsen ist, verwendet eine fest gewählte kurze Zeitspanne, um aus der jeweiligen Situation die nach dieser Spanne sich ergebende zu berechnen. Wie kurz? Je kürzer die Spanne gewählt wird, desto länger dauert die Rechnung; desto sicherer »richtig« ist sie aber auch. »Richtig« steht hier in Anführungen, weil es die Natur selbst ist, der wir probeweise unterstellen, daß sie so rechne. Sie kann jedoch nicht falsch rechnen, denn ihr Verhalten definiert, was »richtig rechnen« bedeutet. Natürlich rechnet sie nach ihrem Programm, das aber mit demjenigen, das wir für das ihre halten, nicht übereinstimmen muß. Wenn wir eine Zeitspanne annehmen, die so kurz ist, daß das Licht in ihr den Billardtisch nicht durchqueren kann, so sind wir auf der sicheren Seite. Andererseits würde unter dieser Annahme die Rechnung auf handelsüblichen Computern mit der tatsächlichen Bewegung der Billardkugeln nicht Schritt halten können. Hier helfen dem menschlichen Programmierer eine Reihe von Tricks, die darauf beruhen, daß die Bewegungen zwischen den Stößen, weil geradlinig-gleichförmig, besonders einfach sind, also nicht Schritt für Schritt ausgerechnet werden müssen.

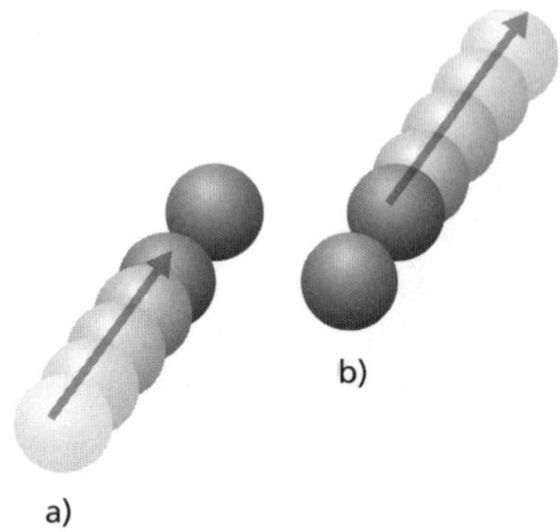

Abbildung 5.7: Wenn eine Billardkugel zentral auf eine ruhende mit derselben Masse trifft a, bleibt die stoßende Kugel liegen und die angestoßene setzt sich mit deren vorheriger Geschwindigkeit in Bewegung b. Dieses Verhalten beruht auf den Gesetzen der freien Bewegung und des elastischen Stoßes. Es gibt (mindestens) zwei Möglichkeiten, die Berechnung der Begegnung der Kugeln im Computer zu implementieren. Erstens ein »lokales« Verfahren. Das Computerprogramm unterteilt die Dauer des Ablaufs in gleich lange kleine Zeitschritte; hier in sechs. Vor jedem Zeitschritt ermittelt er, ob sich die Kugeln in solcher Nähe zueinander befinden, daß sie durch die Ortsveränderungen des nächsten Zeitschritts aufeinandertreffen werden. Ist das nicht der Fall, berechnet er die Bewegung im nächsten Zeitschritt unter Verwendung der Geschwindigkeiten, welche die Kugeln besitzen. Nach dem vierten Zeitschritt ergibt die Überprüfung der Entfernung der Kugeln, daß sie im nachfolgenden fünften einander anstoßen werden. Daraufhin verleiht der Rechner für die nachfolgenden Berechnungen der zweiten, bis dahin ruhenden Kugel die Geschwindigkeit der ersten und versetzt die erste in Ruhe, verwendet also statt des Gesetzes der freien Bewegung das des elastischen Stoßes zweier gleicher Massen. Nun das globale Rechenverfahren. Bei ihm berechnet der Computer zunächst, wann die Kugeln aufeinandertreffen werden. Bis zu diesem Zeitpunkt berechnet er dann die Orte wie gehabt, aber *ohne* nach der Entfernung der Kugeln zu fragen; ab diesem Zeitpunkt berechnet er sie unter Vorgabe der vertauschten Geschwindigkeiten.

Welchen Algorithmus verwendet aber die Natur? Den in Raum und Zeit lokalen, bei dem sie Zeitschritt für Zeitschritt nachschaut, ob zwei Kugeln einander berühren, und das Ergebnis der Nachschau beim Weiterrechnen um den nächsten Zeitschritt berücksichtigt? Oder einen globalen Algorithmus, bei dem sie aus der Situation unmittelbar nach einem Zusammenstoß die Zeit berechnet, nach welcher der nächste Zusammenstoß stattfinden wird (Abb. 5.7)? Das würde die Nachschau zwischendurch überflüssig machen. Wenn also jemand sagt, die Natur berechne ihr Verhalten aufgrund der Naturgesetze so, wie es ein Computer aufgrund derselben Naturgesetze tun würde, muß doch die Frage offenbleiben, welchen Algorithmus die Natur benutzt. Und hiervon hängt ab, wie effektiv sie rechnet – ob, wie es formuliert wurde, die Materie des Universums unmittelbar nach dem Urknall dazu ausgereicht hätte, einen Computer zu bauen, der die Entwicklung des Universums hätte berechnen können.

Denkt man, daß Gott ein Mathematiker sei, wüßte man gern auch, wie er rechnet, welchen Algorithmus er verwendet. Wenn nun aber wirklich alle Abläufe in der Natur durch Computer simuliert werden können, dann müssen ihre Berechnungen durch die Natur, also die Abläufe selbst, wohl oder übel als Computerrechnungen aufgefaßt werden. Denn dann sind sie logische Äquivalente zu Rechnungen einer universellen Turing-Maschine, und die Natur ist nichts weiter als eine Verwirklichung einer solchen Maschine – jene Verwirklichung, durch die sich die Geschichten selber erzählen. Das jedenfalls ist die Vision der Welt als Computer, die im 20. Jahrhundert für manche das mathematische Weltbild abgelöst hat.

Komprimierbarkeit

Es ist eine Aufgabe der Theoretischen Physik, in der Fülle von Daten, die Beobachtungen liefern, Zusammenhänge zu entdecken. Diese Suche kann nur erfolgreich sein, wenn es tatsächlich Zusammenhänge gibt: Die Daten müssen *komprimierbar* sein. Letztlich können Daten wie die Koordinaten eines Planeten in Abhängigkeit von der Zeit als eine Folge von nur zwei Zeichen (0 und 1) dargestellt werden. Komprimierbar heißt eine solche Folge, wenn sie aus einer Teilfolge berechnet werden kann. Wobei, was unter »Berechnung« verstanden werden soll, der Erläuterung bedarf.

Nehmen wir die Orte eines Planeten in Newtons Theorie. Als Naturgesetze bilden deren Gleichungen eine Vorschrift, die Orte zu *beliebigen* Zeiten aus dem Ort und der Geschwindigkeit zu *einer* Zeit als Anfangsbedingung zu berechnen; ersatzweise, und das besitzt hier einfachere Konsequenzen, aus den Orten zu *zwei* verschiedenen Zeiten in bekanntem zeitlichen Abstand. Von den Übersetzungen der Orte als Funktionen der Zeit in Listen von 0 und 1 wählen wir zwei zu verschiedenen Zeiten aus, und diese legen dann im Verein mit Newtons Gesetzen durch Berechnung alle fest. So weit, so gut: Die ganze Folge kann durch Vorgabe einer Teilfolge aus den Gesetzen berechnet werden. Was aber soll *Berechnung* bedeuten? Wenn wir von den unordentlichen, ganz und gar unverstandenen Prozessen in den Köpfen der Theoretiker absehen, bieten sich zu diesem Zweck mehrere, zumindest im Prinzip verstehbare physikalische Verfahren an. Zur Berechnung eignen sich alle physikalischen Verfahren, die nach der Eingabe der kurzen Ziffernfolge der Anfangsbedingungen die ganze lange Folge der Beobachtungsdaten liefern. Zum Beispiel können wir zum Zweck der Berechnung ein mechanisches Modell des Planeten und seiner Sonne erstellen, das sich wie das wirkliche System in dem Sinn verhält, daß von ihm nach der Einstellung der den wirklichen entsprechenden Anfangsbedingungen die Folgedaten abgelesen werden können. Prinzipiell spricht nichts dagegen, in unserer Gedankenallmacht sogar einen Nachbau des Planetensystems selbst zu verwenden – so daß sich abermals die Geschichte selbst erzählte: Physikalisch hätte sich nichts geändert, nur die Interpretation wäre neu. Wir können andererseits auch ein Computerprogramm schreiben, welches die Newtonschen Gleichungen bei vorgegebenen Anfangsbedingungen löst, und dieses auf einem geeigneten elektronischen Rechner laufen lassen. Die Physik, die wir dann zur Berechnung der Ergebnisse verwenden, beruht auf der Quantenmechanik – der physikalischen Theorie, die das Verhalten der elektronischen Bauteile des Rechners bestimmt.

Soweit bisher betrachtet, hängt der zur Berechnung von Beobachtungsdaten zu betreibende Aufwand von der verwendeten Methode ab. Um diese Abhängigkeit zu vermeiden, beschränken wir uns auf die logisch-mathematischen Methoden der Berechnung, schließen »analoge« Modelle wie die obigen also aus und sehen zudem davon ab, wie die logischen Schritte implementiert werden. Nur zögernd folgen wir diesem vielbegangenen Pfad, weil wir dadurch der Durchführung der logischen Schritte eine Unabhängigkeit von der Physik zuweisen, die es tatsächlich nicht gibt. Als universellen Rechner, der die logischen Schritte ausführen kann, stellen wir uns wie üblich eine Turing-Maschine vor und nehmen an, das Programm zur Lösung der Newtonschen Gleichungen sei, wie bereits die Datenfülle, als Folge von Nullen und Einsen dargestellt. Dann haben wir es nur noch mit zwei derartigen Folgen zu tun: Erstens mit der Folge von Daten, welche die Beobachtung des physikalischen Systems geliefert hat, und zweitens mit der Übersetzung des Programms und der Anfangsbedingungen in eine Folge von Nullen und Einsen.

Der Erfolg von Newtons Theorie der Planetenbewegungen läßt sich nun so aussprechen: Die Zeichenfolge von *bestimmter Länge*, die sowohl das Programm als auch die Anfangsbedingungen für eine Turing-Maschine darstellt, reicht aus, die *beliebig lange* Zeichenfolge physikalischer Daten zu erzeugen: Die Daten der Planetenbewegung *sind* komprimierbar. Die Beobachtungen der Orte der Planeten in den letzten dreihundert Jahren füllen sicher viele hundert Seiten. Um sie zu berechnen, reicht die viel kleinere Datenmenge aus, welche die Programme zur Auswertung von Newtons Gleichungen mit den Orten und Geschwindigkeiten der Planeten zu *einer* Zeit (oder den Orten zu zwei Zeiten) zusammenfaßt.

▷ *Zwischenfrage:* Und chaotische Abläufe? Sind deren Daten komprimierbar?

▷ *Zwischenantwort:* Das hängt davon ab, wonach genau wir fragen. Nehmen wir einen chaotischen Ablauf, bei dem eine der Anfangsbedingungen mit einer Genauigkeit von 1% bekannt sein muß, um eine Vorhersage mit 10% Genauigkeit nach 100 Sekunden zu ermöglichen. Dann komprimieren die Daten der Anfangsbedingung die Datenmenge, die das System in zeitlichen Abständen von – sagen wir – jeweils einer Sekunde bis zu 100 Sekunden nach Beginn des Ablaufs innerhalb der verlangten Genauigkeit liefert. Nicht aber jene Daten, die Ablesen nach 200, dann 400 und so weiter Sekunden liefert. Denn wenn wir den Fehler, den wir bei den Ergebnissen tolerieren, konstant halten, erfordert eine längere Spanne zwischen Anfangsbedingung und Vorhersage bei einem chaotischen Ablauf eine größere Genauigkeit der Anfangsbedingung; typischerweise 0,01% statt 1% bei verdoppelter Spanne. Hingegen hängt bei regulären Abläufen die für eine vorgegebene Genauigkeit der Ergebnisse erforderliche Anfangsgenauigkeit von der Zeitspanne nur wenig oder gar nicht ab, so daß bei ihnen *alle* zukünftigen Daten durch Anfangsdaten komprimiert werden können.

▷ *Zwischenfrage:* Und die Quantenmechanik?

▷ *Zwischenfrage:* Bei ihr müssen wir drei Ebenen unterscheiden. Erstens die tiefste, die der Wellenfunktionen. Auf ihr herrschen deterministische Gleichungen, die kein Chaos kennen: Kausalität, Berechenbarkeit und Komprimierbarkeit sind ohne Einschränkung gewährleistet. Dann folgen zwei Ebenen der Beobachtung. Beide beruhen auf denselben individuellen Messungen und ihren Ergebnissen; Messungen des Ortes eines Teilchens zum Beispiel. Auf der einen dieser beiden Ebenen werden die individuellen Ergebnisse selbst als die endgültigen Meßergebnisse angesehen; auf der anderen, die wir die dritte nennen wollen, gelten als endgültige Meßergebnisse erst die Wahrscheinlichkeiten, definiert als relative Häufigkeiten, mit denen individuelle auftreten. Auf dieser Ebene sind die Verhältnisse ebenfalls einfach. Kennen wir die Wellenfunktion, dann können wir alle Wahrscheinlichkeiten berechnen. Und zwar so, daß die Daten der Wellenfunktion die der Wahrscheinlichkeiten komprimieren. Auf der ersten Ebene der Beobachtungen ist es hingegen kompliziert. Die Ergebnisse mancher, aber nicht aller Messungen werden durch die Wellenfunktion zur Zeit der Messung festgelegt, und welche das sind, folgt ebenfalls erst aus der Wellenfunktion. Wenn festgelegt, dann auch berechenbar und komprimierbar; wenn nicht festgelegt, dann nicht einmal berechenbar. Natürlich – diese Standardinterpretation der Quantenmechanik unterteilt die Welt in die klassische der Meßgeräte und die quantenmechanische des Meßobjektes. Wir haben uns oben schon überlegt, daß dies der Weisheit letzter Schluß wohl nicht ist.

Vermutlich ist jeder in einer endlichen, die Natur nur ungenau beschreibenden Folge von Daten entdeckte Zusammenhang in dem Sinn ein Artefakt, daß er nicht mehr besteht, wenn höhere Genauigkeit gefordert wird, also genauere Daten einbezogen werden. So beschreibt Newtons Theorie die Bahn des Merkur recht genau. Nicht aber mit der Genauigkeit von Messungen, die seit 1850 möglich sind und die Abweichungen von Newtons Theorie ergeben haben. Hingegen stimmen die Vorhersagen der Allgemeinen Relativitätstheorie bis heute mit allen Beobachtungen des Planeten überein. Wir können ganz allgemein nicht erwarten, daß unsere besten Theorien keine Korrekturen durch abermals bessere werden hinnehmen müssen. So lange jedenfalls nicht, bis wir den heiligen Gral der Physik, die Theorie von Allem, besitzen und – eine keinesfalls triviale Zusatzforderung – auswerten können. Alles, was wir durch die Gleichungen Newtons berechnen, ist genaugenommen falsch, da bereits die Gleichungen der Speziellen Relativitätstheorie die Genauigkeit und den Gültigkeitsbereich der Newtonschen Mechanik einschränken.

Wenn wir von einer beliebig vorgegebenen Folge von Nullen und Einsen ausgehen, können wir immer fragen, ob *sie* komprimierbar ist. Sie ist es, wenn sie durch eine kürzere Folge, interpretiert als Programm mit Daten für eine Turing-Maschine, erzeugt werden kann. Beginnen wir mit der Folge 010010010010010010, und sehen wir davon ab, die logischen Schritte anders als umgangssprachlich zu formulieren. Die Schritte wollen wir außerdem nicht bei der Ermittlung der Länge eines zur Erzeugung der Folge geeigneten Programms mitrechnen. Das müssen wir bereits deshalb nicht, weil die Folge des Programms eine feste Länge besitzt, die Folge der Daten aber beliebig lang sein kann. Dies gesagt, ist die Folge 010010010010010010 offenbar komprimierbar – durch die Vorschrift nämlich, sechsmal hintereinander die *kürzere* Folge 010 auszudrucken. Betrachtet von einem hohen Abstraktionsniveau, auf dem von den Inhalten physikalischer Theorien, von ihrer Plausibilität, Lokalität und von allen anderen Prinzipien der Naturerkenntnis abgesehen wird, reduziert sich die Frage, ob eine Theorie erfolgreich sei, einfach auf die, ob die Datenmenge, die zu beschreiben sie unternimmt, durch sie komprimiert wird. Zugelassen sind dann die abstrusesten Theorien, konzentriert in seltsamen Formeln ohne verständliche Begründung, die eben deshalb nur für die Vergangenheit gelten und durch jede, bereits die kleinste, numerische Weiterentwicklung der Daten ungültig werden. Daß eine Theorie die Daten komprimiert, ist zwar eine notwendige, aber keine hinreichende Forderung an sie. Auch dunkle Vorstellungen können selbstverständlich in den Prozeß der Wissenschaft eingehen. Aber letztlich erwachsen aus einer Theorie, die den Namen verdient, Vorstellungen, die durch Prinzipien zusammengefaßt und durch sie verstanden werden können.

Nicht komprimierbar sind Zeichenfolgen, die kein Programm erzeugen kann, das kürzer ist als sie selbst. Werden die Zeichen einer Folge ausgewürfelt, so ist sie mit großer Wahrscheinlichkeit nicht komprimierbar. Die sogenannten Zufallszahlen, die ein Computer liefert, sind dagegen komprimierbar: Sie werden durch ein Programm erzeugt, das kürzer sein kann als die Folge selbst. Ist eine Datenmenge nicht komprimierbar, kann sie sicher nicht durch ein Gesetz dargestellt, und schon gar nicht verstanden werden. Tatsächlich ist es unmöglich, eine Folge von echten Zufallszahlen zu verstehen. Deshalb ist die Komprimierung von Daten, die Experimente geliefert haben, ein wichtiger

Schritt bei der Entwicklung naturwissenschaftlicher Theorien. Kann eine Datenmenge nicht komprimiert werden, verschwendet der Theoretiker beim Versuch, eben das zu tun, nur seine Zeit. Hilfreich wäre folglich ein Computerprogramm, das entscheiden könnte, ob eine beliebige, ihm eingegebene Datenmenge komprimierbar ist. Aber ein solches Programm kann es nach Auskunft der Computerwissenschaft nicht geben. Mehr noch: Auf keine Weise kann bewiesen werden, daß eine Datenmenge *nicht* komprimierbar ist. Komprimierbarkeit ist eine Eigenschaft von Datenmengen, die zwar bewiesen, aber nicht widerlegt werden kann. Bewiesen werden kann sie einfach durch Angabe einer sie komprimierenden Zeichenfolge, Auffinden also eines Gesetzes, welches die Komprimierung ermöglicht.

Die Aussage, daß ein Buch auf dem Tisch liegt, kann durch das Resultat einer Beobachtung widerlegt, aber auch durch ein anderes Resultat bewiesen werden. Sie ist sowohl widerlegbar, als auch beweisbar. Aber nicht alle Aussagen sind beides. Im Gegenteil macht sich, wie oben bereits angedeutet, die Notwendigkeit einer Unterscheidung bereits bei relativ einfachen Anwendungen der Logik auf die Realität bemerkbar. Ein Satz wie »Alle Raben sind schwarz«, der behauptet, alle Elemente einer zuvor festgelegten, potentiell unendlichen Menge besäßen eine gewisse Eigenschaft, kann offenbar widerlegt – durch einen nicht schwarzen Raben –, aber nicht bewiesen werden: Wie viele Raben von unbegrenzt vielen auch immer auf ihre Farbe untersucht wurden, stets bleibt eine Restmenge, und in dieser kann sich ein weißes Exemplar befinden. Umgekehrt kann die Behauptung, unter unbegrenzt vielen Kandidaten existiere mindestens einer mit einer gewissen Eigenschaft – weiße Farbe beim Raben –, zwar bewiesen, aber nicht widerlegt werden: Bewiesen einfach durch die Entdeckung eines weißen Raben. Widerlegt aber nur in unendlicher Zeit – also niemals.

Anders als durch Ablesen können wir die einzelnen Ziffern einer unendlich langen Folge nur angeben, wenn diese in dem Sinn komprimierbar ist, daß sie durch ein Programm von endlicher Länge erzeugt werden kann. Um nicht zwischen Zahlen des Kontinuums mit einer endlichen und denen mit einer unendlichen Ziffernfolge unterscheiden zu müssen, stellen wir alle Zahlen durch die unendlich lange Ziffernfolge dar, die es erfordert, sie festzulegen. Die Zahl 2 stellen wir also dar als 2,000 ..., wobei die drei Punkte für eine unendliche Folge von Nullen stehen; genauso die 3,1415 als 3,1415000 ..., und so weiter.

Die Vorschrift, Zahlen mit endlich vielen Ziffern durch Nullen zu vervollständigen, kann offenbar nur Zahlen mit unendlich vielen Ziffern ergeben, die durch eine Vorschrift von endlicher Länge erzeugt werden können – durch die vorgelegte Zahl mit ihren endlich vielen Ziffern selbst zusammen mit eben der Vorschrift, Nullen hinzuzufügen. Auch die Vorschrift, durch Untereinanderschreiben zu teilen, die wir in der Schule gelernt haben, erzeugt aus zwei Zahlen eine unendliche Ziffernfolge; zum Beispiel aus dem Bruch 5/7 die Zahl 0,714285714285 ......, wobei die sechs Punkte für die Vorschrift stehen, die Ziffernfolge 714285 grenzenlos oft hintereinanderzuschreiben – was offenbar eine zweite endlich lange Vorschrift ist, die Ziffernfolge des Bruches 5/7 zu erzeugen. Auch Wurzeln beliebiger Zahlen sowie die Kreiszahl π können durch endliche Programme erzeugt werden, so daß sich die Frage stellt, ob vielleicht *alle* Zahlen so erzeugt und dadurch in die Mathematik aufgenommen werden können. Die Antwort ist entschieden nein; es *gibt* Zahlen, die nicht berechnet werden können. Es kann sogar gezeigt werden, daß die berechenbaren Zahlen nur winzige Inseln und isolierte Punkte in einem Meer von überwältigend vielen nicht berechenbaren Zahlen bilden. Der Mathematiker Gregory J. Chaitin, unter dessen Ägide derartige Beweise geführt wurden und werden, konnte eine Zahl definieren, die er Omega nennt, von der keine einzige Ziffer berechnet werden kann. Omega ist, wie die physikalisch durch Würfeln erzeugten Folgen von wirklichen Zufallszahlen, keiner Regel zugänglich, steht also außerhalb der Mathematik. Was das für die Physik bedeuten könnte, kann bis heute niemand sagen.

... und Verständnis

Von beobachtbaren Perioden, wie sie die Babylonier für die Himmelserscheinungen kannten, unterscheiden sich die sie bestimmenden Gesetze vor allem dadurch, daß sie Verständnis ermöglichen. Auf der Basis von Prinzipien *erklären* die Naturwissenschaften die beobachteten Phänomene. Einsteins Relativitätstheorien erklären nicht nur mehr Phänomene als die Mechanik Newtons, sondern erklären sie auch besser. Am Anfang aller physikalischen Theorien der Himmelsmechanik steht Keplers erstes Gesetz, daß die Planetenbahnen Ellipsen bilden, in deren einem Brennpunkt die Sonne steht. Dieses Gesetz *komprimiert*, wie wir jetzt sagen können, Beobachtungsdaten von der Bahn des Mars, die der dänische Astronom Tycho Brahe im 16. Jahrhundert gewonnen hatte, und ermöglicht dadurch ein Verständnis dieser Daten, ist selbst aber für sich allein zutiefst unverständlich. Nicht einmal für die Tatsache, daß die Bahnen – wie alle Ellipsen – eben sind, geben Keplers Gesetze einen Grund an. Sie sagen, daß es so ist, und damit basta. Erst Newtons Mechanik hat die Möglichkeit eröffnet, Keplers Gesetze zu verstehen, während sie selbst doch nur einen Schritt hin zu Einsteins Relativitätstheorien bildet, die ein abermals umfassenderes Verständnis ermöglichen. Zu erwarten ist, daß das jetzt erreichte Verständnis nur eine Vorstufe bildet zu einer Theorie, welche die Allgemeine Relativitätstheorie mit der Quantenmechanik vereinigt. Gegenüber der reinen Beobachtung von Periodizitäten ermöglicht aber bereits *jede* die Daten komprimierende Theorie Vorhersagen, die über die beobachteten Daten hinausgehen – ob diese nun stimmen oder nicht. Während Brahes Daten von der Bahn des Mars, und wie sie durchlaufen wird, nur Gültigkeit besitzen für den Mars selbst und seine Vergangenheit, beanspruchen Keplers Gesetze Gültigkeit für *alle* Planeten in aller Zukunft. Die von Newton stammende Abb. 2.6 veranschaulicht sehr schön den unermeßlich viel weiter gehenden Anspruch seiner Theorie, die nicht nur für Planeten, sondern sogar für alle Flugkörper – auch irdische – im luftleeren Raum gelten soll.

Naturgesetze und Rechenmöglichkeiten

Daß die Naturgesetze unsere Rechenmöglichkeiten bestimmen, bedeutet nicht ohne weiteres, daß sie selbst durch diese beschrieben und ausgewertet werden können. Wenn es so ist, ist das ein kontingenter physikalischer Sachverhalt, kein logisch zwingender. Zur Widerlegung des logischen Zwangs reicht ein simples Beispiel aus: Gegeben sei eine Registrierkasse, die nichts weiter kann, als positive ganze Zahlen zusammenzählen. Sie soll uns Modell stehen für die Auswirkungen der Naturgesetze auf beobachtbare Zusammenhänge. Ihre Möglichkeiten folgen bereits aus ihrer Tastatur und sind schnell beschrieben: Neben Tasten für die Ziffern 0 bis 9 gibt es eine Taste für die Abgrenzung der bereits eingegebenen Zahlen – Ziffernfolgen für den Apparat – voneinander, und eine für ihre Summe. Abgelesen werden können die eingegebenen Zahlen und ihre Summe. Nach dem Drücken der Taste für die Summe ist die Registrierkasse für eine neue Addition bereit. Das ist alles.

Nun beruht das Funktionieren einer Addiermaschine in der wirklichen – unserer – Welt auf Naturgesetzen, die durch die Formeln der Addition nicht negativer ganzer Zahlen selbst keinesfalls erschöpfend beschrieben werden können. Die Technik *hinter* der Addition auf der Oberfläche der Addiermaschine, die mein Laptop bereithält, verwendet die Naturgesetze für Elektronen in Festkörpern, die selbst wieder auf der Quantenelektrodynamik beruhen, und sie alle können durch die Formeln für die Addition nicht negativer ganzer Zahlen weder formuliert, noch ausgewertet werden.

In dieser Parabel stehen die Möglichkeiten der Registrierkasse für unsere Rechenmöglichkeiten, und die Quantenelektrodynamik steht für die Rechenmöglichkeiten, die das Universum tatsächlich besitzen muß, um alle Vorgänge in ihm zu bewirken. Höchst komplizierte Naturgesetze könnten als ihre allein zugängliche Oberfläche also die Tastaturen und Displays von Registrierkassen besitzen. Unmöglich wäre es dann, durch die in der Welt der Tastaturen und Displays geltende Mathematik die Gesetze auch nur zu formulieren, geschweige denn auszuwerten, auf denen ihr eigenes Funktionieren beruht.

Genauso ist die Mathematik der wirklichen Naturgesetze nicht bereits aus logischen Gründen mit der uns zugänglichen Mathematik identisch. Lebten wir in einer Wolkenwelt, könnten wir Beweise nicht führen, die unsere Welt ermöglicht, so daß uns dann Gebiete der Platonischen Welt verschlossen blieben, die uns tatsächlich zugänglich sind. Aber auch die uns zugängliche Welt mit ihren Beweis- und Rechenmöglichkeiten bildet nur die Oberfläche der verschleierten Realität der Naturgesetze. Sie könnten mehr bewirken, als uns nachzuvollziehen möglich ist. Was uns als reine Logik erscheint, ist, wie bereits mehrfach betont, zumindest *auch* eine Konsequenz der Naturgesetze, die in unserer Welt gelten. Die Physik ermöglicht und begrenzt zugleich die uns zugängliche Logik!

Sprachen und Metasprachen

Vorgegeben sei ein Algorithmus, der die Addition ganzer nicht negativer Zahlen erlaubt. Der zum Beispiel, den wir in der Schule lernen und den Kellner verwenden. Die Aufgabe sei, die Summe aller Zahlen von 1 bis 100 zu berechnen. Ein Computer oder ein Mensch, der den Algorithmus als Gebrauchsanweisung anwenden kann, der aber keine Einsichten *über* ihn besitzt, wird die fragliche Summe so ermitteln wie die einer beliebigen anderen Zahlenfolge – durch sture Addition. Nun soll der Mathematiker Carl Friedrich Gauß als Schüler dem Lehrer, der ihn und seine Klassenkameraden mit dieser Rechenaufgabe eine Weile beschäftigen wollte, sofort die richtige Antwort 5050 genannt haben. Gefunden hat er sie, wenn die Anekdote denn stimmt, durch die Einsicht, daß der Formalismus der Addition es erlaubt, die hundert Summanden so zusammenzufassen, daß die gewünschte Summe als 50×101 geschrieben werden kann. Hier das Resultat dieser Einsicht, beschränkt auf die Summe der Zahlen zwischen 1 und 10:

$1+2+3+4+5+6+7+8+9+10 = (1+10)+(2+9)+(3+8)+(4+7)+(5+6) = 11+11+11+11+11 = 5 \times 11 = 55$.

Die einfache Grundlage der genialen Einsicht, daß die Summe gerade *so* umgeordnet werden kann, ist, daß das Resultat der Addition von Zahlen aufgrund des Algorithmus der Kellner von der Reihenfolge der Zahlen unabhängig ist. Das wissen die Kellner natürlich, aber *beweisen* können sie es nicht. Diese Einsicht ist eine *über* die Resultate von Additionen, die auf den Vorschriften, wie zu addieren sei, beruht. »Metasprache« einer vorgegebenen Sprache wie – unser Beispiel – jener der Algorithmen der Addition heißt jede Sprache, in der *über* die vorgegebene Sprache gesprochen werden kann. Im nächsten Abschnitt werden wir sehen, daß zur Vermeidung von Paradoxien auch dann zwischen Sprache und Metasprache unterschieden werden muß, wenn beide wie in der Alltagssprache vermischt auftreten.

Die Bedeutung ihrer Metasprachen für eine Sprache will ich durch ein Beispiel aus der Mathematik erläutern, das instruktiver ist als das von Gauß. Ich übernehme es aus Douglas R. Hofstadters Buch *Gödel, Escher, Bach*, das zuerst 1979 in englischer Sprache erschienen ist. Gehen soll es um die Folge von Gleichungen

$0+0=0$,

$1+0=1$,

2+0=2,

3+0=3, ...

als Aussagen einer Sprache, sowie um zwei grundverschiedene Metasprachen, in welche die ursprüngliche Sprache als »Objektsprache« eingebettet werden kann. Die Objektsprache, und mit ihr die beiden Metasprachen, enthalten zusätzlich zu den grundlegenden mathematischen Aussagen über ganze, nicht negative Zahlen logische Regeln der Ableitung von Aussagen aus Aussagen; beides in formaler, typographischer Form. Natürlich sind wir versucht, die auftretenden Zeichen =, +, 0, 1, 2, 3, 4, 5, 6, 7, 8, 9 als Symbole mit ihrer üblichen mathematischen Bedeutung zu interpretieren, aber genau das wäre eine Zutat zu dem Formalismus, der nichts kennt als typographische Ableitungsregeln für bedeutungslose Zeichen. Hier ein Beispiel für eine typographische Ableitung: Ist die Aussage 1=1 vorgegeben, darf die Aussage 1+x=1+x für alle zulässigen x – also z.B. für x=3 – hinzugefügt werden.

Daß die »zulässigen x« als nicht negative ganze Zahlen interpretiert werden können, hat für den Formalismus keine Bedeutung und kann für die Begründung von Ableitungen innerhalb seiner nicht herangezogen werden. Um dieses Buch aber nicht zu einem Lehrbuch der Logik ausarten zu lassen, habe ich mir erlaubt, bei der *Darstellung* auf Vorstellungen anzuspielen, welche der Leser von den ganzen Zahlen besitzt. Hofstadter, der sein Buch allein den Kapriolen der Logik gewidmet hat, ist konsequenter: Er geht von einem Zeichen 0 – unsere 0 – aus und *definiert* die Zeichen, die wir mit Ziffern und Zahlen bezeichnen, als Nachfolger von 0: Unsere 1 tritt bei ihm auf als erster Nachfolger von 0 – geschrieben als S0 –, unsere 2 als zweiter Nachfolger von 0, SS0, und so weiter. Anders als bei uns, kann bei ihm der Gedanke nicht aufkommen, seine Ableitungen seien Beweise, welche die Bedeutungen der Symbole benutzen. Hören wir zwischendurch, was er über »Ableitungen«, wie wir sie mit ihm hier meinen, und »Beweise« zu sagen weiß: »Ein *Beweis* ist etwas Informales, oder, in anderen Worten, das Ergebnis normalen Nachdenkens, geschrieben für Menschen in menschlicher Sprache. In Beweisen können alle möglichen komplexen Eigenschaften des Denkens verwendet werden, und obschon man ›fühlt‹, daß sie richtig sind, kann man sich fragen, ob sie logisch zu verteidigen sind. Das ist das eigentliche Ziel der Formalisierung. Eine *Ableitung* ist eine künstlich hergestellte Entsprechung des

Beweises, und mit ihr soll das gleiche Ziel erreicht werden, aber über eine logische Struktur, deren Methoden nicht nur alle explizit, sondern auch alle sehr einfach sind. [...] Es geschieht häufig, daß eine Ableitung und ein Beweis in komplementärer Bedeutung des Wortes ›einfach‹ sind. Der Beweis ist einfach, weil jeder Schritt richtig ›klingt‹, obwohl man vielleicht gar nicht weiß warum; die Ableitung ist einfach, weil jeder der Myriaden von Schritten als so trivial angesehen wird, daß an ihm nichts auszusetzen ist, und da die ganze Ableitung auf solchen trivialen Schritten beruht, sieht man sie als fehlerfrei an.«

Die *Bedeutung* der unendlichen Folge der obigen Aussagen in Gleichungsform faßt der Satz zusammen, daß *alle* Zahlen, wenn um 0 vermehrt, ungeändert bleiben. An der Registrierkasse erprobt, oder durch Schulmathematik nachgerechnet, wird sich gegen keine dieser Gleichungen ein Widerspruch erheben. Das aber kann ich unabhängig von der Bedeutung der obigen Symbole =, +, 0 und so weiter wissen, weil ich weiß, aufgrund welcher Regeln diese Aussagen zu bilden – sprich: Summen zu berechnen – sind. Das ist, wie bereits bei Gauß, eine Einsicht *über* den Formalismus, die in dem Formalismus selbst aufgenommen sein kann, aber nicht muß. Sie beruht, noch einmal sei es gesagt, nicht auf irgendeiner Bedeutung der Sätze und Symbole, sondern nur auf den typographischen Ableitungsregeln der Objektsprache. Weil die Folge eine von unendlich vielen Gleichungen ist, können nicht alle wirklich abgeleitet werden. Es ist die Einsicht *über* den Formalismus, die garantiert, daß sie zutreffen.

Die ursprüngliche Objektsprache sei so, daß der die obigen Gleichungen – daß sie Gleichungen seien, gehört bereits zur Interpretation – zusammenfassende **Satz** »Für alle zulässigen Symbole x gilt x+0=x« in ihr zwar formuliert, nicht aber abgeleitet werden kann. Das aber kann er in der ersten der beiden Metasprachen, in die Hofstadter die Objektsprache einbettet; in der zweiten jedoch nicht. Im Gegenteil – in dieser kann sogar seine Verneinung abgeleitet werden. Auf sie, die zweite, komme ich gleich zurück. Weil jede der beiden Metasprachen die ursprüngliche Objektsprache umfaßt, lehrt die Einsicht wie zuvor, daß auch in ihnen jede Gleichung der unendlichen Folge abgeleitet werden kann. Auch der zusammenfassende **Satz** kann selbstverständlich in beiden formuliert werden. In intuitivem Einverständnis hiermit, erlaubt die erste der beiden Metasprachen seine Ableitung. Denn die Metasprache umfaßt die Objektsprache und enthält außerdem eine

Ableitungsregel, die den Mathematikern unter der Bezeichnung »Vollständige Induktion« vertraut ist und von der wir nur zu wissen brauchen, daß sie es gestattet, den einen umfassenden **Satz** abzuleiten, den die Objektsprache zwar zu formulieren, nicht aber abzuleiten gestattet. Merkwürdig bleibt, daß der **Satz** »Für alle zulässigen Symbole x gilt x+0=x« in der Objektsprache zwar wahr ist, nicht aber abgeleitet werden kann. Es können also nicht alle wahren Sätze abgeleitet werden. Wir können aber natürlich auch den **Satz** selbst zu unserer Sprache hinzunehmen, und generieren dadurch eine Sprache, in der er offenbar in dem Sinn gilt, daß er sowohl wahr, wie (trivial) ableitbar ist. Höchst erstaunlich aber ist, daß in einer zweiten, mit der ersten unverträglichen Metasprache *statt des* **Satzes** *seine Verneinung* zu der ursprünglichen Sprache hinzugenommen werden kann, ohne in ihr auf den GAU jeder Sprache zu stoßen, daß sowohl ein Satz, als auch seine Negation abgeleitet werden kann. Die neue Metasprache erzwingt – für ein darüber hinausgehendes Verständnis verweise ich auf Hofstadter – das Auftreten von »unnatürlichen« Zahlen, die nicht als Nachfolger der 0 dargestellt werden können.

Tatsächlich kommt mit alledem eine Sensation daher, welche das Selbstverständnis der Mathematik erschüttert hat. Der deutsche Mathematiker David Hilbert hat 1917 das Programm aufgestellt, die ganze Mathematik in einem großen Schema zusammenzufassen, *über* das nur noch in einer Kümmerform der Logik – der »Logik erster Stufe« – nachgedacht werden müßte, um alle Theoreme der Mathematik abzuleiten. Das aber ist, wie der Logiker und Mathematiker Kurt Gödel 1931 zeigen konnte, unmöglich. Es gelingt für die Geometrie, sowohl für die Euklids als auch für die gekrümmter Räume, kann aber für die Grundrechnungsarten Addieren *und* Multiplizieren mit ihren Ableitungsregeln zusammengenommen nicht gelingen. Immer geht es um Aussagen, die in einer vorgegebenen Sprache zwar formuliert, in ihr aber weder abgeleitet, noch widerlegt werden können – also um »unentscheidbare« Aussagen der jeweiligen Sprache. Daß es sie geben *kann*, hat unser Beispiel gezeigt; daß es sie aber in allen Sprachen geben *muß*, welche die Grundrechnungsarten und deren Ableitungen umfassen, kann hier zwar ausgesprochen, aber nicht bewiesen werden. In armen Sprachen, und nur in ihnen, können alle Aussagen, die in ihnen formuliert werden können, entweder widerlegt oder abgeleitet werden. Je reicher eine Sprache ist, desto mehr Ableitungen können in ihr vollzogen werden, desto zahlreicher sind aber auch die Aussagen, die zu formulieren sie gestattet. Beginnend mit der Schwelle der Grundrechnungsarten und ihren Ableitungsregeln gewinnen stets die Formulierungen: Entgegen der Erwartung Hilberts, erlauben alle höheren Sprachen die Formulierung von Sätzen, die innerhalb ihrer weder abgeleitet noch widerlegt werden können. Derartige Sätze stellen eine Behauptung »über sich selbst« auf, die nämlich, daß sie nicht abgeleitet werden können. Ist ein solcher Satz – erstens – wahr, kann er offenbar nicht abgeleitet werden. Das soll genauer bedeuten, daß seine Ableitung in der Sprache, in der er formuliert wurde, unmöglich ist. Natürlich ist es möglich, daß er in einer Metasprache, welche die ursprüngliche Sprache umfaßt, abgeleitet werden kann; er oder seine Verneinung kann, weil in der ursprünglichen Sprache unentscheidbar, sogar selbst als Axiom hinzugenommen werden. Aber auch die umfassendere Sprache erlaubt die Formulierung von Sätzen, die innerhalb ihrer weder abgeleitet noch widerlegt werden können. Wäre ein solcher Satz aber – zweitens – unwahr, müßte es aufgrund der dann wahren Negation seiner Bedeutung möglich sein, ihn abzuleiten, und wir wären bei einem Widerspruch angekommen: Die Sprache, in welcher der Satz formuliert wurde, würde es erlauben, einen Widerspruch abzuleiten. Das aber bedeutete, wie bereits gesagt, für die Sprache den GAU. Denn in einer Sprache, die einen Widerspruch abzuleiten gestattet, kann jeder, wirklich jeder sinnvolle Satz abgeleitet werden. Wenn wir also voraussetzen, daß in der Sprache keine Widersprüche abgeleitet werden können, muß der Satz wahr, folglich nicht ableitbar sein. Wenn es gelänge, ihn abzuleiten, wäre das demnach ein Beweis, daß ein falscher Satz, und mit ihm jeder sinnvolle Satz, abgeleitet werden kann. Eine Sprache aber, die alles, was in ihr überhaupt gesagt werden kann, abzuleiten gestattete, wäre offenbar nutzlos.

Paradoxien in formalen Sprachen

Die größten Fortschritte der Logik seit 1902 beruhen darauf, daß es damals gelungen ist, logische Paradoxien als Sätze von formalen Sprachen auszusprechen. Das bekannteste Beispiel einer logischen Paradoxie ist die auf den altgriechischen Philosophen Eubulides von Milet (4. Jahrhundert v. Chr.) zurückgehende »Lügner-Paradoxie«. Er hat dem Kreter Epimenides den Satz »Alle Kreter sind Lügner« in den Mund gelegt und gefolgert, daß dieser Satz ein logisches Unding in dem Sinn sei, daß er zugleich wahr und falsch sein müsse. Dabei hat er allerdings zwei Fehler gemacht. Um das zu sehen, formuliere ich den Satz präziser als »Alle Kreter lügen immer«. Der erste Fehler des Eubudiles ist offensichtlich und leicht zu beheben. Nehmen wir an, der Satz des Kreters sei richtig. Dann folgt aus seiner Bedeutung, daß er falsch ist. Also ist er falsch; was weiter? Dann muß statt seiner seine Verneinung gelten, und die ist »Mindestens ein Kreter sagt manchmal die Wahrheit« – und das kann so sein, ohne daß Epimenides selbst diesmal die Wahrheit gesagt hätte. Damit ist die Aussage des Kreters über die Kreter schlicht falsch, keine Paradoxie. Dazu würde sie, wenn es nur einen Kreter gäbe – eben Epimenides – und der nur diesen einen Ausspruch getan hätte. Statt dies zu unterstellen, lassen wir eine Person »Ich lüge« sagen. Wenn das so ist, sagt die Person die Wahrheit, lügt also. Damit aber ist der Satz falsch, weil die Person, wenn sie lügt, *nicht* die Wahrheit sagt. Dann aber lügt die Person nicht, sagt somit die Wahrheit, und wir sind in einem Zirkelschluß gefangen, der von der angenommenen Wahrheit des Satzes zu dessen Unwahrheit führt und wieder zurück.

Nun ist der Satz »Ich lüge« nur dann paradox, wenn derjenige, der hier als »Ich« bezeichnet wird, ihn ausspricht. Indem er das tut, spricht er über sich selbst. Die damit verbundene Schwierigkeit, die von den Zeiten des Eubulides bis in das 20. Jahrhundert hinein rätselhaft geblieben ist, wird deutlich, wenn wir den Satz »Ich lüge«, den eine Person tatsächlich aussprechen kann, durch einen ersetzen, der wie eine Person über sich selbst spricht: »Dieser Satz ist falsch.« Paradox wird dieser Satz dadurch, daß er über sich selbst spricht, und das führt zu Einschränkungen dessen, was logisch einwandfrei überhaupt gesagt werden kann. Zur Vermeidung von Widersprüchen müssen wir vor allem die Möglichkeit ausschließen, welche die Umgangssprache zuläßt, daß Bewertungen wie »wahr« oder »falsch« innerhalb einer Sprache sich auf die Aussagen der Sprache selbst beziehen, sie also bewerten. Ich zitiere aus dem Text zum Schlagwort »Lügner-Paradoxie« der von Jürgen Mittelstraß herausgegebenen »Enzyklopädie der Philosophie und Wissenschaftstheorie«: »Dazu muß man im Rahmen einer Hierarchie von Sprachschichten streng zwischen Objektsprache und Metasprache trennen. Zu semantischen Prädikaten wie ›wahr‹ und ›falsch‹, die zu einer Metasprache gehören, gibt es kein Synonym in der zugehörigen Objektsprache. Aussagen wie ›(1), (1) ist falsch‹ sind semantisch nicht zulässig, da sie zu keiner festen Sprachschicht gehören.«

Zur größten Überraschung aller Kundigen ist es Kurt Gödel in seiner Arbeit des Jahres 1931 gelungen, einen Satz, der *von sich selbst* behauptet, daß er nicht abgeleitet werden kann, als Aussage formaler Sprachen zu formulieren, die zumindest die Grundrechenarten ermöglichen. Wie er das konnte, wollen wir hier nicht nachvollziehen. Doch wenn wir wissen, daß ein gewisser Satz logisch einwandfrei in eine formale Sprache übersetzt wurde, können wir daraus durch unser gewöhnliches Denken Konsequenzen ziehen. Daraus, daß laut Gödel jedes die Grundrechenarten und ihre Ableitungsregeln umfassende formallogische System es ermöglicht, einen Satz auszusprechen, der dann und nur dann wahr ist, wenn es unmöglich ist, ihn abzuleiten, folgt unmittelbar, daß kein solches System zugleich widerspruchsfrei und vollständig sein kann. Ein formallogisches System ist dann widerspruchsfrei, wenn es nicht erlaubt, sowohl einen beliebigen Satz als auch dessen Verneinung abzuleiten. »Vollständig« heißt ein System, wenn jeder seiner grammatisch korrekten Sätze selbst oder aber seine Verneinung in ihm abgeleitet werden kann. Also treten, so Gödels Hauptresultat, in jedem widerspruchsfreien formalen System, das mindestens die vier Grundrechenarten umfaßt, Sätze auf, die zwar wahr sind, in dem System selbst aber nicht abgeleitet werden können.

Aus der zuerst 1902 von Bertrand Russell in einem Brief an den Logiker Gottlob Frege beschriebenen Möglichkeit, paradoxe Sätze der Umgangssprache in formallogische Systeme einzubringen, hat sich geradezu eine Industrie von Theoremen zur Logik entwickelt. Physiker müssen zur Kenntnis nehmen, daß bereits aus Gründen der Logik jedes feste System von Naturgesetzen und Ableitungsregeln Sätze zu formulieren gestattet, die genau dann wahr sind, wenn es unmöglich ist, sie in dem System selbst abzuleiten. Neu für Physiker ist jedoch nur die Begründung, nicht die Tatsache selbst. Zu ihren Systemen nehmen sie ständig neue Anfangsbedingungen wie auch neue Gesetze hinzu, und Gödels Theoreme könnten für die Physik höchstens bedeuten, daß dieser Prozeß niemals beendet werden wird. Tatsächlich kann eine Entdeckung eine zuvor nicht entscheidbare Aussage entscheiden. Gödels Theoreme erlauben es dann, die Entscheidung der Natur als Satz zu formulieren und diesen zu dem System der vorherigen Physik hinzuzunehmen.

Zahlen, die es gibt, die aber nicht berechnet werden können

Nicht dem Theorem Gödels, aber einem anderen Theorem der Logik messe ich eine mögliche Bedeutung für die Beziehung der Logik zur Physik zu. Es ist gelungen, die Definition einer Zahl als »die kleinste Zahl, die nur durch mehr als dreizehn Worte festgelegt werden kann« logisch einwandfrei in eine formale Sprache zu übersetzen. Die Pointe ist natürlich, daß dieser Satz aus genau dreizehn Worten besteht. Eine so definierte Zahl gibt es, aber sie kann nicht berechnet werden. Daß es *überhaupt* eine Zahl gibt, die zu ihrer Festlegung mehr als dreizehn Worte benötigt, ist deshalb offensichtlich, weil – innerhalb einer formalen Sprache sowieso – sonst endlich viele Zeichen auf endlich vielen Plätzen ausreichen würden, um unendlich viele Zahlen festzulegen. Wenn es aber überhaupt eine Zahl gibt, die nur durch mehr als dreizehn Worte festgelegt werden kann, dann auch eine kleinste. Sie aber würde laut ihrer Definition durch genau dreizehn, also nicht mehr als dreizehn Worte festgelegt. Der einzige Ausweg ist, daß es diese Zahl zwar gibt, sie aber nicht berechnet werden kann.

Auf nicht berechenbare Zahlen werde ich sogleich zurückkommen. Vorab aber wollen wir nach Gründen fragen, warum es unmöglich sein könnte, daß eine physikalische Theorie die Aussage liefert, ein bestimmter Stab sei die und die unberechenbare Zahl von Zentimetern lang. Wenn jemand sagt, das sei unmöglich, behauptet er, durch reines Denken etwas über die Welt als sicher wahr herausgefunden zu haben – und das nehmen wir ihm nicht ab. Es sei denn, daß das, was als reines Denken auftritt, tatsächlich auf Naturgesetzen beruht. Wenn es aber so sein könnte, oder tatsächlich so wäre, daß ein Naturgesetz uns den Bescheid erteilte, ein gewisser Stab sei eine unberechenbare Zahl von Zentimetern lang, und wenn dadurch – Gültigkeit des Gesetzes vorausgesetzt – eine unberechenbare Zahl *meßbar* gemacht würde, müßten die Mathematiker ihre Definition der Berechenbarkeit ändern. So das dritte, von dem Mathematiker Gregory J. Chaitin stammende Motto des Buches.

Für den Beweis, daß eine Zahl unberechenbar sei, ist ihre Definition durch eine undurchführbare Vorschrift nicht ausreichend. Nehmen wir noch einmal »die kleinste Zahl, die nur durch mehr als dreizehn Worte festgelegt werden kann«. Daß sie unberechenbar ist, folgt aus ihrer Definition. Nun definieren wir uns eine Zahl namens **NOPE** durch die Vorschrift »*die kleinste Zahl, die nur durch mehr als dreizehn Worte festgelegt werden kann* minus *die kleinste Zahl, die nur durch mehr als dreizehn Worte festgelegt werden kann*«, um sie zu berechnen. Klar ist, daß diese Vorschrift, weil eine unberechenbare Zahl in ihr auftritt, undurchführbar ist. Klar ist aber auch, daß wir zur Berechnung von **NOPE** die unberechenbare Zahl nicht brauchen. Denn sie wird in der Vorschrift von sich selbst abgezogen, so daß **NOPE** einfach Null ist.

Wie Zahlen unberechenbar sein können, so Fragen unentscheidbar. Beides ist eigentlich dasselbe. Denn die Entscheidung einer Frage innerhalb des Formalismus, in dem sie auftritt, läuft auf eine Berechnung der Antwort hinaus, die durch eine 0 – die Antwort ist **NEIN** – oder eine 1 – die Antwort ist **JA** – dargestellt werden kann. Tatsächlich war die Existenz von nicht entscheidbaren Fragen in allen hinreichend umfassenden Formalismen die ursprüngliche große Entdeckung Gödels (vgl. S. 216), von der auch das Theorem der Existenz unberechenbarer Zahlen abstammt.

Ich komme auf die Unentscheidbarkeit von Fragen zurück, weil auf ihr eine, allerdings nur scheinbare, Unberechenbarkeit beruht, die innerhalb der Physik aufgetreten ist. Sie soll uns als Beispiel dafür dienen, was auftreten *kann* – wenn es auch tatsächlich nicht aufgetreten ist. Die zu berechnende Größe, die Wellenfunktion ψ des Universums, entstammt einem der anspruchsvollsten Gebiete der Theoretischen Physik, der Quantenkosmologie, und wir können nicht einmal versuchen, ihre Bedeutung zu schildern. Wie gewöhnliche Funktionen von Zahlen, hängt sie von den möglichen Geometrien dreidimensionaler Räume ab. Wir vereinfachen drastisch und ersetzen die dreidimensionalen Geometrien durch eine einzige eindimensionale – einen Kreis. Als Vorschrift, um den Wert der Wellenfunktion des Universums für den Kreis als Argument zu berechnen, hat die Quantenkosmologie eine Summe von Ausdrücken ergeben, deren Werte hier nicht interessieren. Uns kommt es nur darauf an, wie diese Ausdrücke aufzuzählen sind. Dies deutet die Abb. 5.8 an: Als »Nummern« der Ausdrücke dienen in der Realität Räume mit vier Dimensionen, zu denen der sozusagen räumliche Raum drei, die Zeit eine Dimension beiträgt. In der Abbildung vertritt die eine Dimension des Kreises die drei des räumlichen Raumes, und die Zeit kommt als zweite hinzu. Zusammen ergeben sie die zwei Dimensionen der *Oberflächen* der Tassen. Die dritte

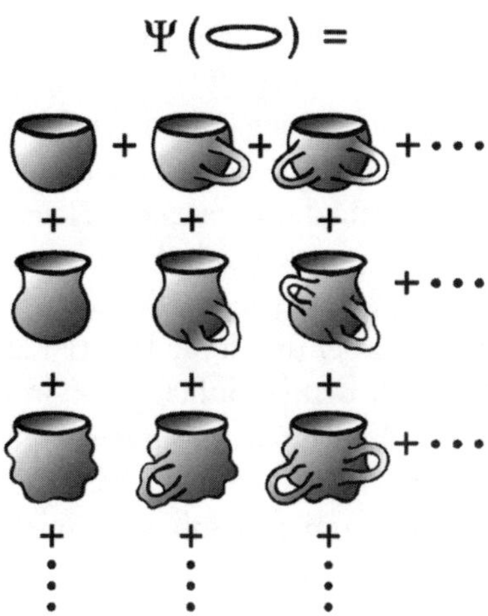

Abbildung 5.8: Die Wellenfunktion des Universums kann als Summe von Summanden dargestellt werden, deren Aufzählung die Unterscheidbarkeit vierdimensionaler »Tassen« mit verschieden vielen Henkeln erfordert.

Dimension, in welche die Oberflächen eingebettet sind, dient allein der Veranschaulichung. Sie besitzt in der Realität keine Entsprechung. Übersetzt in die zwei Dimensionen der Abbildung, lautet die unentscheidbare Frage schlicht, welche Tassen als verschieden, und welche als gleich gelten müssen. Alle Tassen in derselben Spalte besitzen dieselbe Topologie – hier einfach: gleich viele Henkel –, sind aber verschieden schrumplig und/oder ihre Henkel sind gegeneinander versetzt. Die Spalten unterscheiden sich durch die Zahl der Henkel. Die unentscheidbare Frage nach der Verschiedenheit von Tassen betrifft ihre Zuordnung zu Spalten: Unentscheidbar ist die Frage, ob zwei Tassen gleich oder verschieden viele Henkel besitzen. Dies natürlich in vier, nicht in zwei Dimensionen.

Die Unentscheidbarkeit, ob zwei Tassen gleich oder verschieden viele Henkel besitzen, erhebt sich nur beim Versuch, diese Entscheidung durch ein Computerprogramm treffen zu lassen. Genauer geht es um folgendes. Um eine Tasse für den Computer zu beschreiben, wird sie mit einer gewissen Anzahl von gleichen Dreiecken überdeckt. Etwa so stellen Autobauer ihre Karosserien auf dem Computer dar. Das Theorem von der Ununterscheidbarkeit der Anzahl der Henkel besagt nun, daß es kein Computerprogramm geben kann, das für eine *beliebige* Anzahl von überdeckenden flachen Dreiecken entscheidet, ob zwei (vierdimensionale!) Tassen dieselbe Anzahl von Henkeln besitzen. Die daraus folgende Form der Unberechenbarkeit physikalischer Größen ist eher zahm: Das Theorem schließt zwar aus, daß ein Programm für *beliebig* viele, nicht aber für *vorgegeben* viele – sagen wir, eine Million – flache Dreiecke eine Entscheidung über die Anzahl der Henkel trifft. Wächst die Genauigkeit der experimentell überprüfbaren Vorhersagen der Theorie mit der Anzahl der Dreiecke an, kann zwar nicht durch Anwerfen eines für beliebig viele Dreiecke gültigen Programms – ein solches kann es, wie gesagt, nicht geben – die Genauigkeit der Vorhersage erhöht werden, wohl aber durch die Kreativität der Theoretiker, denen genauere Daten zu deuten aufgegeben sind und die zu dem Zweck ein für abermals mehr Dreiecke – sagen wir, zehn Millionen – gültiges Programm entwickeln können. Wenn es keine anderen Möglichkeiten des Auftretens unberechenbarer Zahlen als diese in der Physik gibt, ist der Vergleich von Vorhersage und Beobachtung also weiterhin möglich. Es wäre dann nur so, daß die Berechnung der Vorhersagen einer Theorie vergleichbar viel Erfindungsreichtum erforderte wie die Entwicklung der Theorie selbst. Wie angekündigt, ist dieses Auftreten einer Vorschrift, die nicht durchgeführt werden kann, für die Berechnung der Wellenfunktion selbst irrelevant. Denn es konnte gezeigt werden, daß es berechenbare Darstellungen der Wellenfunktion des Universums gibt, so daß deren von der Vorschrift der Abbildung suggerierte Unberechenbarkeit, ähnlich der von **NOPE**, tatsächlich nicht besteht.

Naturgesetze und Ableitungen

Es sind die Naturgesetze, die es ermöglichen, manche Berechnungen und Ableitungen durchzuführen, andere aber nicht. »Daß wir elektronische Rechenmaschinen bauen oder kopfrechnen können, beruht nicht auf der Mathematik oder Logik. Der Grund ist, daß die Gesetze der Physik sozusagen zufällig die Existenz physikalischer Modelle für die Operationen der Arithmetik wie Addition, Subtraktion und Multiplikation erlauben. Erlaubten sie keine solchen Modelle, wären diese vertrauten Operationen unberechenbare Funktionen«, schrieb David Deutsch 1985.

Als Beispiel soll uns die Wirkungsweise einer Turing-Maschine dienen. Wir zielen auf einen Verbesserungsvorschlag, der ihre Möglichkeiten im Wortsinn ins Unendliche erhöhen würde, dessen Verwirklichung aber die Gesetze der Physik – nicht der Logik – zu verbieten scheinen. Der Beweis weiter unten, daß es unberechenbare Zahlen gibt, wäre falsch, wenn die vorzuschlagende Verbesserung implementiert werden könnte.

Gegeben sei eine Turing-Maschine, die alles berechnen kann, was Computer überhaupt berechnen können. Offensichtlich können wir alle Zeichenfolgen, die nur aus Zeichen bestehen, welche die Maschine akzeptiert, untereinander schreiben. Diese Folgen können beliebig lang, keine aber kann unendlich lang sein. Nun sortieren wir jene aus, die kein lauffähiges Programm darstellen, und numerieren die verbleibende Folge neu durch. Genaugenommen können wir die unendlich vielen Programme zwar nicht anschreiben, aber eine Vorschrift erstellen, die sie alle in unendlicher Zeit anschreiben würde. Sollte dasselbe Programm öfter als einmal in der Liste auftreten, können wir das zweite von ihnen, sobald wir es beim Laufenlassen erreichen, zur Vereinfachung aussondern. Auf jeden Fall haben wir so eine Liste von Programmen definiert, bei deren Abarbeiten wir bei jedem vorgegebenen Programm nach einer endlichen Zeit, die allerdings von der Stelle des Programms in der Liste abhängt, ankommen. Jedem Programm weisen wir seinen Listenplatz als Nummer zu und haben damit auch die Zeichenfolgen durchnumeriert, welche die Programme als Output erzeugen können.

Dies sind aber nicht alle Zeichenfolgen überhaupt. Den Weg, das zu zeigen, kennen wir schon (vgl. S. 195f.). Zunächst wollen wir uns vorstellen, daß 0 und 1 die einzigen Zeichen sind, durch die ein Programm seine errechnete Zeichenfolge darstellt. Wenn die durch ein Programm erzeugte Zeichenfolge endlich ist, füllen wir die restlichen Stellen bis hin zu Unendlich durch Nullen auf. Hält ein Programm an, ohne einen Output produziert zu haben, entfernen wir es aus der Liste und numerieren neu.

Jetzt kommt der entscheidende Schritt. Die Nummer eines jeden Programms benutzen wir, um die von ihm produzierte Zeichenfolge an der Stelle abzuändern, welche die Nummer des Programms angibt: Steht an dieser Stelle die 0, wird sie zur 1; steht dort die 1, wird sie zur 0. Steht also an der 1. Stelle der von dem Programm mit der Nummer 1 produzierten Zeichenfolge die 0, wird sie zur 1; und umgekehrt. Steht genauso an der zweiten Stelle der Zahlenfolge des Programms mit der Nummer 2 die Ziffer 1, wird aus ihr die 0. Und abermals umgekehrt;

und so weiter. Wenn wir nun alle so erzeugten Ziffern wie die auf S. 197 fettgedruckten zusammenfassen, erhalten wir eine Ziffernfolge, die in der Liste aller Ziffernfolgen, die durch ein Computerprogramm erzeugt werden können, offenbar nicht auftritt, so daß sie nicht berechnet werden kann: Sie muß eine nicht berechenbare Zahl sein. Der Seltsamkeit, daß sie möglicherweise mit der Ziffer 0 anfängt, begegnen wir dadurch, daß wir hinter der ersten Ziffer ein Komma einfügen. In summa haben wir hiermit eine Vorschrift zur Konstruktion aller berechenbaren Zahlen und einer unberechenbaren vorgelegt.

▷ *Zwischenfrage:* Wie kann eine Zahl unberechenbar sein, für deren Berechnung Sie gerade eine Vorschrift angegeben haben?

▷ *Zwischenantwort:* Das ist in der Tat seltsam, sogar ein Widerspruch. Also muß eine der Voraussetzungen, die wir gemacht haben, falsch sein.

▷ *Zwischenfrage:* Und die wäre?

▷ *Zwischenantwort:* Daß jedes Programm der Liste nach endlicher Zeit anhält. Das muß aber nicht so sein, und das weiß jeder, der einmal ein Programm geschrieben hat. Ein Programm, das eine Schleife enthält, in die der Rechner beim Ausführen hineingerät, und in die keine Begrenzung der Häufigkeit des Durchlaufens eingebaut ist, wird niemals anhalten. So ist es, wenn Ihr Computer auf keinen Tastendruck mehr reagiert: Er ist in einer Endlosschleife gefangen. Wenn wir unsere Vorschriften zur Konstruktion der unberechenbaren Zahl noch einmal durchgehen, stellen wir fest, daß wir alles so einrichten können, daß wir bei jedem Schritt nach endlicher Zeit ankommen würden, wenn nur jedes Programm endlich lang liefe. Ich habe es noch nicht gesagt, aber tatsächlich stellen wir nicht *erst* die Liste aller Programme auf und lassen *dann* eins nach dem anderen laufen, sondern wir tun beides im Wechsel. Und zwar deshalb, weil wir sonst bereits mit der Erstellung der Liste, die ja unendlich viele Eintragungen enthält, niemals fertig würden. So auch die Numerierung und alle weiteren Schritte.

▷ *Zwischenfrage:* Und warum sortieren wir die Programme, die nicht nach endlicher Zeit anhalten, nicht einfach aus? Wir könnten zum Beispiel jedes Programm der Liste, bevor wir es laufen lassen, daraufhin untersuchen, ob es das tut – nach endlicher Zeit anhalten.

▷ *Zwischenantwort:* Damit sind wir beim eigentlichen Resultat unserer Überlegung: *Es kann kein Programm geben, das in endlicher Zeit darüber entscheidet, ob ein beliebiges ihm vorgelegtes Programm jemals anhält.* Das ist der einzige Ausweg, der nach sorgfältiger Erwägung bleibt.

Daß dieses »Nichthalte-Theorem« der Computerei kein Resultat reinen Denkens ist, sondern von den Gesetzen der Physik abhängt, zeigt bereits, daß in ihm von der *Zeit* die Rede ist, und die gehört zweifelsfrei zur Physik. Als physikalischen Kern enthält das Theorem die Annahme, es sei unmöglich, unendlich viele logische Schritte in endlicher Zeit auszuführen. Es ist der Übergang von den logischen Schritten in ihrer Platonischen Welt zur Physik ihrer Ausführung, der die Abhängigkeit des Theorems von den physikalischen Möglichkeiten bewirkt. Zur Verdeutlichung wollen wir die Ausführung von Programmen einer universellen Turing-Maschine überantworten und wenden unsere Aufmerksamkeit ihrem Fließband zu. Es ist in Abschnitte unterteilt, in denen jeweils eine 0 oder eine 1 steht. Der Abtastkopf bearbeitet das Band Abschnitt für Abschnitt (Abb. 5.6), indem er seinen Anweisungen gemäß die jeweilige Ziffer entweder ändert oder gleich läßt, und alsdann das Band entweder um einen Abschnitt nach vorn oder nach hinten weiterbewegt, oder aber seine Aktivitäten beendet und das Band so stehen läßt, wie es steht.

Das Fließband einer Turing-Maschine kann bei Bedarf ohne Grenze sowohl nach vorn als auch nach hinten verlängert werden, so daß sie beliebig lange laufen kann. Zur Vereinfachung beschränken wir uns auf Programme, die das Fließband nur in eine Richtung laufen oder aber anhalten lassen. Hält das Fließband nicht an, bedeutet das logisch, daß auf jeden Schritt ein weiterer folgt. Was es physikalisch bedeutet, hängt von den Gesetzen der Physik ab. Sind die Abschnitte des Bandes, in die geschrieben werden kann, alle gleich lang, und läuft das Band mit konstanter Geschwindigkeit, ist physikalisch klar, daß die Maschine zur Durchführung unendlich vieler Schritte eine unendliche Zeit brauchen wird. Uns soll es nicht darauf ankommen, ob es bei Herrschaft der anscheinend wirklichen Gesetze der Physik unter Ausnutzung von Relativität und auch noch Zeitreisen einen cleveren Weg geben kann, die unendlich vielen logischen Schritte in endlicher Zeit zu bewältigen. Wäre das so, wäre das Nichthalte-Theorem in der wirklichen Welt zumindest nur eingeschränkt gültig. Es kommt uns hingegen darauf an, daß zum Beweis des Theorems auch Einschränkungen erforderlich sind, die erst aus den physikalischen Gesetzen folgen. Die zumindest dann keinen Bestand hätten, wenn diese Gesetze in geeigneter Weise andere wären. Das würde die Gültigkeit des Theorems in einer Platonischen Welt, die statt der Zeit nur logische Schritte kennt, natürlich nicht beeinträchtigen. Genauer hängt es in der Platonischen Welt von Annahmen über die Zulässigkeit von Beweisen statt von deren Realisierbarkeit ab, ob Theoreme gelten.

Zeitschritte und logische Schritte

Ein drastisches Beispiel dafür, daß in der physikalischen Welt möglich sein kann, was in der Platonischen Welt der logischen Schritte ausgeschlossen ist, bildet die von dem altgriechischen Philosophen Zenon von Elea (etwa 490 bis etwa 430 v. Chr.) erdachte Paradoxie des Wettlaufs des Superhelden Achilles mit einer Schildkröte. Achilles, der zehnmal so schnell wie die Schildkröte läuft, gibt ihr bei einem Wettlauf einen Meter Vorsprung. Kann er sie überholen? Zenon sagt nein. Ich habe die Paradoxie des Zenon einmal so beschrieben: »Während Achilles den einen Meter Vorsprung durchläuft, legt die Schildkröte 1/10 Meter, also einen Dezimeter, zurück. Wenn Achilles diesen Dezimeter durcheilt hat, besitzt die Schildkröte noch immer 1/100 Meter – einen Zentimeter – Vorsprung; und so weiter, unendlich viele Zeitschritte lang. Also überholt Achilles die Schildkröte genau 1,11111 ... Meter hinter der Startlinie – wo ist die Paradoxie? Zenon hat als paradox dargestellt, daß Achilles dazu unendlich viele Zeitschritte braucht, die er nur in unendlicher Zeit durchlaufen könne. Das stimmt deshalb nicht, weil jeder neue, nur zu Rechenzwecken angenommene Schritt im Raum so viel kürzer als der vorangegangene ist und so viel weniger Zeit braucht, daß die Summe aller Zeiten und aller Strecken einen endlichen Wert besitzt und deshalb gebildet werden kann. Die angenommenen unendlich vielen Schritte tut Achilles selbstverständlich nicht – spätestens nach dem dritten Schritt hat er die 1,11111 ... Meter durchmessen und die Schildkröte überholt.«

Die Begrenzung der Möglichkeiten des Achilles, welche die Logik unterstellt, hebt die Physik der wirklichen Welt wieder auf. Könnte die Physik – genauer: eine andere Physik als die uns bekannte – nicht auch im Fall des Nichthalte-Theorems das Durchlaufen unendlich vieler logischer Schritte in endlicher Zeit ermöglichen? Ich kann mir zum Beispiel vorstellen, daß die abgeteilten Strecken auf dem Fließband so immer kleiner gemacht und so mit immer kleineren Symbolen beschrieben werden könnten, daß die Turing-Maschine zum Durchlaufen unendlich vieler Rechenschritte nur eine endliche Zeit bräuchte. Das wäre fast genau wie bei Achilles und der Schildkröte – unendlich viele logische Schritte würden sich in der Realität durch Übersetzen in physikalische Schritte in endlicher Zeit als durchführbar erweisen. Tatsächlich ist es so nicht, aber könnte es so sein? Und was bewirkt, daß es nicht so ist – bereits die Logik, oder erst die Physik? Ich denke, die Physik, und bezweifle, daß die Reihenfolge von »bereits« und »erst« verbindlich ist. Denn die Physik verhindert nicht nur die Verwirklichung logischer Schlüsse, sondern ermöglicht sie auch. Ich erinnere an die Wolkenwelt, in der selbst die für uns einfachsten Rechenprozesse wie zählen und addieren nicht, oder doch fast nicht, durchgeführt werden könnten.

Nun gibt es im Universum eine Unzahl physikalischer Systeme, deren Funktionieren zumindest im Prinzip zum Rechnen und Beweisen benutzt werden kann. Sollte keins von ihnen mehr bewirken können als eine ordinäre Turing-Maschine? Wenn eins das könnte, könnten wir es in einen Computer einbauen und mit seiner Hilfe Unmöglichkeitstheoreme der Logiker über den Haufen werfen. Eine Welt, in der mehr möglich wäre, als die Theoreme der Logiker erlauben, könnte offenbar *nicht* durch eine Turing-Maschine simuliert werden. Ich sehe nicht, daß es so sein *muß*, daß nämlich jeder Ablauf in der wirklichen Welt durch eine solche Maschine simuliert werden kann. David Deutsch in seinem bereits erwähnten Buch »The Fabric of Reality« unterstellt, daß alles und jedes in der wirklichen Welt durch eine Turing-Maschine simuliert werden kann. Nichts kann dann auftreten, das sie nicht simulieren könnte. Folglich – die Details der recht dogmatischen Beweisführung interessieren hier nicht – muß das Universum nach einer Phase der Expansion wieder kollabieren. Denn ein für immer expandierendes Universum kann *nicht*, so Deutsch, durch eine Turing-Maschine simuliert werden. Ich denke umgekehrt, daß die auf physikalischen Fakten beruhende Antwort auf die Frage nach dem endgültigen Schicksal des Universums auch darüber entscheiden wird, ob dieses Schicksal durch eine Turing-Maschine simuliert werden kann.

The unreasonable effectiveness of thought

Vielleicht noch erstaunlicher als die Tatsache, daß in der Natur mathematische Gesetze gelten, ist, daß zumindest manche von ihnen auf Prinzipien zurückgeführt werden können, die unserer Einsicht zugänglich sind. Diese Prinzipien sind keinesfalls mathematischer, sondern logisch-anschaulicher Art. Unsere Verblüffung über dieses Wunder soll die Abwandlung von Wigners »The unreasonable effectiveness of mathematics« im Titel dieses Abschnitts ausdrücken.

Hier soll es nicht vor allem um jene Prinzipien gehen, die wir deshalb einsehen, weil sie im Alltagsleben gelten, so daß ihre intuitive Verankerung uns einen Vorteil bietet. Die ihnen gewidmeten Passagen will ich nicht vertiefen, noch einmal aber auf den bemerkenswerten Umstand hinweisen, daß das menschliche Gehirn sich zu Aktivitäten aufschwingen kann, die für die Evolution irrelevant waren, es aber nicht mehr sind. Daß wir Mathematik betreiben, komponieren, Denksportaufgaben bewältigen und Schach spielen können, weist auf die Universalität komplexer Systeme hin. Wir haben das alles nicht gebraucht, aber ein System, das überhaupt Einsichten und Strategien entwickeln kann, wird sich nicht auf die ursprünglichen, seine eigene Evolution fördernden Anwendungen beschränken. Die »höheren« geistigen Fähigkeiten sind vermutlich ein unvermeidbares Nebenprodukt der evolutionsfördernden praktischen. Der Spaß, den geistige Tätigkeit macht und machen muß, damit sie ausgeübt, dadurch trainiert und durch sie das Überleben erleichtert wird, trägt sicher dazu bei, daß sich das Gehirn in Mußestunden zweckfrei beschäftigt. Auch das Bewußtsein gehört, so denke ich, zu jenen höheren geistigen Fähigkeiten, die sich bei hinreichender Komplexität nicht vermeiden lassen und zudem einen Überlebensvorteil bieten.

Die Prinzipien, um die es uns hier vor allem gehen soll, sind jene, aus denen fundamentale Naturgesetze abgeleitet werden können, und zwar in ihrer exakten mathematischen Form. Albert Einstein war ein Meister im Auffinden und Anwenden derartiger Prinzipien. Seine Relativitätstheorien können nicht nur im nachhinein durch Prinzipien begründet werden, sondern bereits ihre Auffindung beruhte teilweise auf Prinzipien. Das wohl wichtigste und bekannteste Prinzip der Allgemeinen Relativitätstheorie ist das »Äquivalenzprinzip« der Ununterscheidbarkeit von Schwerkraft und Beschleunigung. Einstein stellt

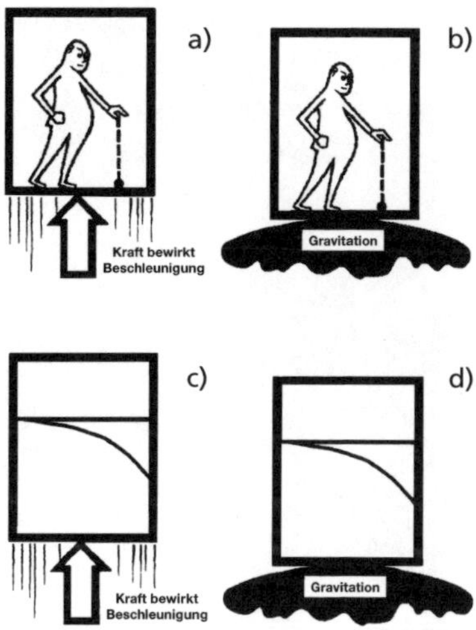

Abbildung 5.9: Wenn durch kein Experiment in einem geschlossenen Raum die Wirkungen von Schwerkraft und Beschleunigung unterschieden werden können, muß ein Lichtstrahl durch die Schwerkraft abgelenkt werden. Denn seine Bahn ist für einen beschleunigten Beobachter gekrümmt.

sich einen Beobachter in einem geschlossenen Fahrstuhl vor, der mit beliebigen Experimentiergeräten ausgestattet ist. Das Äquivalenzprinzip besagt nun, daß der Beobachter durch kein Experiment soll herausfinden können, ob sein Fahrstuhl in einem Schwerefeld aufgehängt ist, oder im schwerefreien Raum beschleunigt wird (Abb. 5.9a und b). In beiden Fällen wirkt auf ihn eine Kraft, deren Ursprung er, so das Prinzip, ohne Blick aus dem Fenster nicht kennen kann. Dann aber folgt sofort, daß Lichtstrahlen in Schwerefeldern, zum Beispiel dem der Sonne, abgelenkt werden (Abb. 5.9c und d). Denn offenbar ist die Bahn eines Lichtstrahls in einem beschleunigten Fahrstuhl gekrümmt, und deshalb muß sie das auch im Schwerefeld sein. Bewundernd stehen wir vor einem Argument, das aus geometrischen Überlegungen dynamische Folgerungen zieht. Das zugehörige Prinzip, daß sich beim freien Fall eines Fahrstuhls im Schwerefeld die Wirkungen von Beschleunigung und Schwerkraft gerade aufheben, der resultierende Zustand also von Schwerelosigkeit nicht unterschieden werden kann, hat Einstein als den »glücklichsten Gedanken« seines Lebens bezeichnet. Der Astronaut, vor dem seine Zahnbürste schwebt, zeigt dadurch, daß Einsteins Gedanke von der Schwerelosigkeit nicht nur glücklich, sondern auch richtig war.

Die erste triumphale Bestätigung des Ergebnisses der Allgemeinen Relativitätstheorie, daß das Licht durch Massen abgelenkt wird, hat

Abbildung 5.10: Wegen der Ablenkung des Lichts eines Sterns durch die Sonne stimmt dessen scheinbare Position mit der wahren nicht überein.

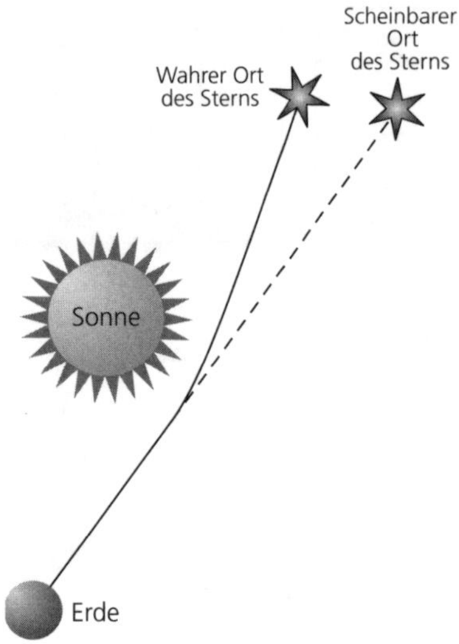

die simple Tatsache verwendet, daß wir bei einer Sonnenfinsternis in der Nähe des Randes der verdunkelten Sonne Sterne sehen können. Weil deren Licht bei seinem Weg zu uns dann von der Sonne abgelenkt wird (Abb. 5.10), finden wir die Sterne während der Finsternis nicht an derselben Stelle im Firmament wie sonst. Daß das genauso ist, wie es die Allgemeine Relativitätstheorie will, haben zuerst Messungen einer von dem britischen Astronomen Arthur Eddington geleiteten Expedition nach Spanisch-Guinea ergeben, wo die Sonnenfinsternis vom 29. Mai 1919 beobachtet werden konnte. Mit allerdings mehr und mehr hervortretenden Einschränkungen. Die schlußendlichen Resultate haben aber Einstein und Eddington recht gegeben.

Ein schönes Beispiel für die Kraft und Anwendung von Prinzipien bildet auch die nahezu vollständige Ableitung der Speziellen Relativitätstheorie aus zwei Prinzipien, deren jedes für sich ungemein plausibel ist, für die aber kein anschauliches Modell angegeben werden kann, in dem *beide* zuträfen. Das eine Prinzip entstammt der in diesem Buch bereits mehrfach diskutierten Vorstellung, Licht sei eine Schwingung von »etwas« – ungefähr so, wie Schall eine Schwingung der Luft ist. Wenn diese Vorstellung das Wesen des Lichts richtig beschriebe, wäre die Lichtgeschwindigkeit von der Geschwindigkeit der *Lichtquelle* relativ zum Beobachter unabhängig. Denn dann wäre sie, wie die Schallgeschwindigkeit von 331 Meter pro Sekunde in der Luft, einfach eine Eigenschaft des Mediums, in dem die Schwingung sich ausbreitet. Unbestreitbar und unbestritten folgt die Unabhängigkeit der Lichtgeschwindigkeit von der Geschwindigkeit der Lichtquelle auch aus den Maxwellschen Gleichungen, die aber kein Medium kennen. Von der Geschwindigkeit eines Beobachters, der sich relativ zu dem Medium bewegt, in dem das Licht sich mit seiner festen Geschwindigkeit ausbreitet, wird die Geschwindigkeit des Lichts, das er beobachtet, in dem Fall sozusagen selbstverständlich abhängen. Um das einzusehen, stelle man sich nur vor, der Bugwelle eines Schiffes entgegenzuschwimmen. Was Maxwells Gleichungen hierüber sagen, ist bis zur Relativitätstheorie umstritten geblieben.

Das zweite Prinzip zur Begründung der Speziellen Relativitätstheorie handelt von Beobachtern, die sich mit konstanten Geschwindigkeiten bewegen. Deren Vorstellung hat einen einfachen und einen schwierigen Aspekt. Der einfache ist die konstante Geschwindigkeit von Beobachtern *relativ zueinander*, der schwierige der einer *absolut* konstanten Geschwindigkeit. Gibt es ein absolut ruhendes Bezugssystem wie den Äther, kann absolute Ruhe – und mit ihr absolut konstante Geschwindigkeit – leicht als Ruhe relativ zum Äther definiert werden. Dann aber sollte es möglich sein, durch Experimente in einem geschlossenen Raum, sozusagen ohne Blick aus dem Fenster, herauszufinden, wie schnell sich der geschlossene Raum bewegt – nämlich gegenüber dem allgegenwärtigen Äther. Ein solches Experiment wäre einfach die Bestimmung der Geschwindigkeit des Lichts durch den relativ zum Äther bewegten Beobachter in seinem geschlossenen Raum. Das zweite Prinzip zur Ableitung der Speziellen Relativitätstheorie besagt jedoch, daß das unmöglich sein soll: Die Naturgesetze sollen für alle Beobachter, die sich mit nach Betrag und Richtung konstanter Geschwindigkeit bewegen, dieselben sein, unabhängig davon, mit *welcher* Geschwindigkeit sie das tun.

Daß die Messung der Lichtgeschwindigkeit durch einen Beobachter, der relativ zu *seiner* Lichtquelle ruht, unabhängig von der Geschwindigkeit, mit der sich beide – Lichtquelle *und* Beobachter – zusammen bewegen, immer dasselbe Ergebnis zeitigt, wäre selbstverständlich, wenn das Licht ein Strom von Teilchen wäre. Würde sie nicht andere Konflikte heraufbeschwören, wäre eine Teilchentheorie des Lichts in der Tat die direkteste Erklärung des Ergebnisses einer immer gleichen

Lichtgeschwindigkeit des Experiments von Michelson und Morley, deren Lichtquelle und Nachweisgerät relativ zueinander auf der Erde ruhten. Hören wir aber Erwin Schrödinger in einem Vortrag von 1932 zu diesem Ansatz, das Ergebnis von Michelson und Morley zu verstehen: »Verschiedene sehr nahe liegende Erklärungsversuche scheiterten, beispielsweise der folgende: das Licht einer bewegten Lichtquelle bekommt – etwa wie die Flintenkugel eines Kampffliegers – zu seiner Eigengeschwindigkeit auch noch die der Lichtquelle mit. Das ist ganz unmöglich. Denn wir kennen entfernte Doppelsterne, die umeinander kreisen. Das Licht, das solch kreisender Stern zu uns sendet, während er selber sich eben von uns fort bewegt, würde dann die weite Reise mit kleinerer Geschwindigkeit antreten, als das Licht, das er einige Zeit später ausschickt, wenn er sich eben auf uns zu bewegt. Dadurch müßte eine vollkommene ›Verwirrung‹ entstehen – Licht, welches später ausgesandt ist, würde uns früher erreichen. Wir wissen mit voller Sicherheit, daß von solcher Verwirrung keine Spur ist.«

Das eine der beiden Prinzipien – daß die Naturgesetze für jeden Beobachter unabhängig von seiner konstanten Geschwindigkeit dieselben sein sollen – entstammt der Vorstellungswelt der Mechanik und kann auf Galilei zurückgeführt werden. Das andere – daß die Geschwindigkeit des Lichts von der Geschwindigkeit der Quelle unabhängig sein soll – beruht auf der Physik der Elektrizität und des Magnetismus, die in den Maxwellschen Gleichungen für die elektromagnetischen Erscheinungen gipfelte.

Zusammengenommen sind die beiden Prinzipien ungemein mächtig. Aus ihnen folgen nicht nur die Vorstellungen der Speziellen Relativitätstheorie von Raum und Zeit, sondern auch deren Gleichungen, und aus diesen folgen einige der am genauesten bestätigten Konsequenzen physikalischer Theorien überhaupt. Bei Geschwindigkeiten, die der des Lichts nahekommen, sind Aussagen über das Verhalten physikalischer Objekte, welche die Spezielle Relativitätstheorie nicht berücksichtigen, nicht nur etwas, sondern hoffnungslos falsch. Kein Beschleuniger für Elementarteilchen würde funktionieren, wenn die Relativitätstheorie beim Bau nicht berücksichtigt würde.

Die Mathematik der Naturgesetze formuliert nicht-mathematische Prinzipien

Die These, daß das Universum mathematisch und Gott ein Mathematiker sei, will ich mit dem englischen Physiker Euan Squires durch die These ergänzen, daß im Universum Prinzipien gelten, die ohne Mathematik eingesehen, ausgesprochen und verstanden werden können. Die mathematischen Naturgesetze sind, so gesehen, nichts als Formulierungen der Prinzipien mit genaueren Mitteln. Sie sind selbstverständlich unabdingbar, wenn aus ihnen exakt überprüfbare Konsequenzen gezogen werden sollen. Hierzu, zur Formulierung, Auswertung und schließlich exakten Überprüfung der Prinzipien, brauchen wir die Mathematik. Aber es sind die Prinzipien selbst in ihrer ursprünglichen, nicht-mathematischen Form, die Erklärung und Verständnis ermöglichen.

Squires weist auch darauf hin, daß die Allgemeine Relativitätstheorie es für unabdingbar erklärt, daß wir »unabhängig von der Wahl der Variablen, die wir zur Quantifizierung von Raum und Zeit verwenden, das Universum in derselben Art und Weise beschreiben können«. Hier also nicht nur keine Mathematik, sondern sogar ihr ausdrücklicher Ausschluß. Bemerkt sei außerdem, daß die Allgemeine Relativitätstheorie das Prinzip, daß für alle Beobachter unabhängig von ihrer *konstanten* Geschwindigkeit dieselben Naturgesetze gelten sollen, ganz unmathematisch auf *beliebige* Geschwindigkeiten ausgedehnt hat. Aus diesem Prinzip und anderen, insbesondere dem Prinzip der Äquivalenz von Schwerkraft und Beschleunigung (Abb. 5.9), kann Einsteins Allgemeine Relativitätstheorie abgeleitet werden.

Theorien wie das Standardmodell der Elementarteilchentheorie folgen teilweise aus der einfachen, zum Prinzip erhobenen Idee, daß Beobachter an verschiedenen Orten und zu verschiedenen Zeiten ihre Konventionen unabhängig voneinander frei wählen können, ohne daß dadurch die Gesetze abgeändert würden: Für alle Beobachter an ihren verschiedenen Orten und zu ihren verschiedenen Zeiten soll Symbol für Symbol dasselbe Naturgesetz gelten. Der Rahmen, in dem diese Forderung formuliert wird, ist die relativistische Quantenfeldtheorie, und die ist gewiß ein formidables mathematisches Biest. Aber die Überzeugung, daß die Gesetze der Natur aus einfachen nicht-mathematischen Vorstellungen und Prinzipien folgen, besagt keinesfalls, daß diese alle bekannt und die Ableitungen alle gelungen sind. Sie ist, wenn man es gelehrt ausdrücken will, eine ontologische, keine epistemologische Überzeugung.

Zum Ursprung von Gesetzeshypothesen der Physik in den Köpfen ihrer Autoren hat die Überzeugung, daß die Gesetze der Natur aus Prinzipien folgen, nichts zu sagen. Welche Wege einen Forscher zu seiner Entdeckung leiten, bleibt seine Privatsache. Zum Beispiel soll der britische theoretische Physiker und Nobelpreisträger von 1933 Paul A. M. Dirac die nach ihm benannte Gleichung dadurch gefunden haben, daß er die Wurzel aus dem Klein-Gordon-Operator gezogen hat – eine eindeutig mathematische Operation. Ist aber der Rahmen der Quantenmechanik vorgegeben, tritt die Dirac-Gleichung auf als eine Realisation von Gesetzen, deren Form durch nicht-mathematische Prinzipien wie das der Symmetrie festgelegt wird.

Die Mathematik könnte hier zweierlei Funktionen haben, erfüllt tatsächlich aber nur eine. Nämlich die eines Dieners, der Gleichungen aussondert, die in ihrer mathematischen Formulierung den Prinzipien nicht genügen. Insofern ist die Mathematik nur eine Fortsetzung der Logik mit anderen Mitteln und deshalb im hier angenommenen Sinn nicht mathematisch. Zweitens könnte ein mathematisches Prinzip in Kraft sein, das nur gewisse der auf intuitiv-physikalischer Grundlage möglichen Gleichungen als Naturgesetze zuläßt. Insbesondere könnte dieses angenommene Prinzip aus Gründen der mathematischen Einfachheit zwar die einfachsten mathematischen Größen namens Skalare zulassen, die nächst einfachen, die Spinoren, aber verbieten. Doch hier waltet keine Mathematik – was die Prinzipien zulassen, scheint auch realisiert zu sein, ob es nun mathematisch einfach ist oder nicht.

Ein verwandtes Beispiel. Dem amerikanischen theoretischen Physiker und Nobelpreisträger von 1969 Murray Gell-Mann ist es 1961 gelungen, alle damals bekannten Hadronen in drei mathematische Darstellungen einer mathematischen Gruppe namens $SU(3)$ einzuordnen. Warum gerade $SU(3)$, und warum nur gewisse Darstellungen von den unendlich vielen der Gruppe? Lange Zeit schien es, als sei dafür ein nur mathematisch formulierbares Prinzip verantwortlich.

Heute kennen wir den ganz anderen Grund. Die Erklärung, die das Standardmodell der Elementarteilchentheorie liefert, ist einfach die, daß die Hadronen aus Quarks aufgebaut sind. Auf Einzelheiten des Standardmodells kann ich nicht eingehen und begnüge mich mit der

Wiederholung der Feststellung, daß wir zahlreiche Aspekte des Modells durch Prinzipien verstehen, die selbst nicht mathematisch sind, zum Zweck ihrer Anwendung aber mathematisch formuliert werden müssen und können. Insofern wir also das Standardmodell durch nicht-mathematische Prinzipien verstehen, verstehen wir auch die Existenz und die Eigenschaften von Quarks.

Man kann geradezu sagen, daß fundamentale Fortschritte der Physik mit der Ablösung nur mathematisch formulierbarer Annahmen durch nicht-mathematische Prinzipien einhergehen. Beginnen wir mit der grauen Vorzeit, nämlich mit den Versuchen Platons, den Aufbau des Kosmos durch die fünf regelmäßigen, heute nach ihm benannten Körper zu beschreiben. Das *war* eine mathematische Beschreibung, für deren Gültigkeit tiefere Gründe anzugeben Platon zwar versucht hat – gelungen ist es aber weder ihm noch irgend jemand sonst. Diesen Ansatz hat Kepler wiederbelebt mit seiner Deutung der Bahnen der ihm bekannten Planeten im Sonnensystem (Abb. 3.5b). In diesem Fall hat alsbald nach Kepler der fundamentale Fortschritt darin bestanden, daß die Möglichkeit, die Planetenbahnen den Platonischen Körpern einzuschreiben, nicht mehr als mathematischer Grund für deren Durchmesser angesehen wurde. Hierfür machen wir heute Zufälle bei der Bildung des Sonnensystems verantwortlich. Ähnlich steht es um eine nach dem Naturwissenschaftler Johann Daniel Titius und dem Astronomen Johann Elert Bode benannte Regel für die mittleren Abstände der Planeten von der Sonne, die erstaunlich gut erfüllt ist, wenn man eine durch die Planetoiden zwischen Mars und Jupiter gefüllte Lücke als Planet gelten läßt. Regeln wie diese im 18. Jahrhundert gefundene fassen Daten zusammen, und können dadurch zu ersten Prüfsteinen für die Gültigkeit physikalischer Theorien werden. Ein berühmtes Beispiel bildet die nach dem schweizerischen Mathematiker und Physiker Johann Jakob Balmer benannte Formel für die Wellenlängen des von Wasserstoffatomen ausgesandtes Lichts, des »Spektrums« des Wasserstoffatoms. So genau wie die Formel aus dem 19. Jahrhundert zutraf und so einfach wie sie war, konnte sie kein Zufallsprodukt sein. Ihr physikalisches Verständnis wurde 1913 durch das berühmte Atommodell von Niels Bohr eingeleitet, das am Anfang der Quantenmechanik stand und noch heute in Schulen gelehrt wird.

Auch Keplers berühmte drei Gesetze über die Planetenbahnen (Abb. 2.4) waren zunächst nur mathematische Feststellungen von deren Eigenschaften – daß sie nämlich Ellipsen bilden, die mit gewissen Geschwindigkeiten durchlaufen werden, und in deren einem Brennpunkt die Sonne steht. Diese sozusagen nackten mathematischen Feststellungen erklären nichts, und ermöglichen weder Einsicht noch Verständnis. So ist es geblieben, bis Newton die Keplerschen Gesetze aus seinen Vorstellungen von den Bewegungen im Raum und den Auswirkungen der Schwerkraft abgeleitet hat. Hierdurch hat er sie auf tieferliegende, zum großen Teil nicht-mathematische Grundsätze zurückgeführt. Er dachte zwar Zeit und Raum, nicht aber die Schwerkraft verstanden zu haben. Durch Einsteins Relativitätstheorien verstehen wir heute sowohl Zeit und Raum, als auch die Schwerkraft besser und aufgrund von einsichtigeren Prinzipien, als das für Newton möglich war.

Newton hat das Beiwort *mathematisch* zwar in den Titel »Mathematische Prinzipien der Naturlehre« seines bereits erwähnten Hauptwerks aufgenommen, führt aber seine *Grundsätze* ohne Benutzung der Mathematik so ein, daß sie dem Leser einleuchten sollen. Mathematisch ist dann die *Formulierung* der Prinzipien *nach* ihrer Einführung, und es ist offensichtlich, daß allein eine solche Formulierung die von Newton und seinen Nachfolgern erzielten Ergebnisse zeitigen konnte. Die Prinzipien selbst aber sollen ohne Mathematik einleuchten oder zumindest verständlich sein.

Zwei Ingredienzien der Gesetze Newtons stechen als rein mathematisch hervor, und sind es bis zu Einsteins Allgemeiner Relativitätstheorie geblieben. Erstens die Annahme, daß die von einem Körper auf einen anderen ausgeübte Kraft zum Kehrwert des Quadrats des Abstands der Körper proportional ist. Diese Annahme konnte erst Einstein auf Prinzipien zurückführen.

Dasselbe gilt für die zweite, von Newton nur zögerlich gemachte Annahme, daß zwei jedem Körper zukommende Maßzahlen, die auf den ersten Blick, auch für Newton, ganz unterschiedliche Eigenschaften von Körpern beschreiben – deren »Träge« und »Schwere« Masse –, bei allen Körpern in demselben Verhältnis zueinander stehen. Faßt man also das Verhältnis der Schweren zur Trägen Masse eines Körpers als eine ihm zukommende Materialkonstante auf, so stellt sich heraus, daß diese Materialkonstante für alle Körper dieselbe ist. Insbesondere hängt sie nicht davon ab, woraus der Körper besteht. Durch Wahl der Maßeinheiten kann weiterhin erreicht werden, daß die Träge Masse eines jeden Körpers mit seiner Schweren Masse übereinstimmt, die Materialkonstante also eins ist.

Erst Einsteins Allgemeine Relativitätstheorie hat Verständnis der »Gleichheit von Schwerer und Träger Masse« erbracht. Zum Abschluß dieser historischen Betrachtungen will ich noch einmal die mathematische Beschreibung von Tonhöhen durch Pythagoras und seine Schule erwähnen, die bereits vor Jahrhunderten durch die Physik der schwingenden Körper und der Luftsäulen abgelöst worden ist.

Prinzipien der Quantenmechanik

Am Anfang der Quantenmechanik standen zwei rein mathematische Beobachtungen, die auf kein Prinzip zurückgeführt werden konnten: erstens die Formel von Max Planck für die Wärmestrahlung, und zweitens diejenige von Balmer für das Spektrum des Wasserstoffatoms. Die Ableitung der Formel der Wärmestrahlung durch Planck widersprach allen anerkannten Prinzipien der Physik, und dasselbe galt für Bohrs Ableitung der Balmer-Formel aus Regeln, deren einzige Rechtfertigung darin bestand, daß sie das richtige Ergebnis lieferten. Hinzu kam Einsteins Formel von 1905 für den »Lichtelektrischen Effekt«, die auf der Vorstellung basierte, Licht sei ein Strom von Teilchen. Alle drei Formeln, und die mit ihnen verknüpften Vorstellungen, wurden nachher in den Formalismus der Quantenmechanik eingebaut, um dessen Prinzipien es jetzt gehen soll. Widersprachen die beiden Prinzipien Einsteins zur Ableitung seiner Speziellen Relativitätstheorie erst *zusammen* der naiven Erwartung, ist in der Quantenmechanik ein Prinzip verwirklicht, das *bereits für sich allein* höchstes Erstaunen hervorruft – das Prinzip der *Verschränkung*. Weicht man die Aussagen der Quantenmechanik nicht durch Interpretationen auf, besagen sie, daß nahezu alles in der Welt mit nahezu allem »verschränkt« ist: Einflußnahmen »hier« beeinflussen die Quantenzustände vielerorts instantan, können gar erst die Möglichkeit erschaffen, von Quantenzuständen anderswo überhaupt zu sprechen. Abermals tiefer gesehen, werden möglicherweise überhaupt keine lokalisierten Quantenzustände geschaffen und muß es auch keine geben, sondern die Welt versinkt in immer komplexer werdende Verschränkungen oder, wie wir meistens sagen, Verbandelungen von allem mit allem.

Dieses unglaubliche Prinzip der Verschränkung ist, wenn man die Quantenmechanik ernst nimmt, unabweisbare Realität. Eine Konsequenz des Prinzips kann für sich bestehen und wurde unabhängig von allem anderen experimentell bestätigt: Aktionen und ihre Ergebnisse »hier« können über beliebig große Abstände hinweg Quantenzustände »dort« instantan schaffen. Das besonders Raffinierte an der Sache ist, daß durch diese, wie Einstein schrieb, »spukhaften Wirkungen über eine Entfernung hinweg« keine Nachricht übertragen werden kann.

In der Quantenmechanik können wir also das Wirken zweier Prinzipien erkennen, die einzeln überraschen und zusammengenommen hart an einem Widerspruch vorbeischrammen. Das eine Prinzip ist das der Verschränkung, das zweite das Prinzip, daß keine Nachricht instantan übertragen werden kann. Wie alle Prinzipien, die einander nahezu widersprechen, sind auch diese beiden zusammen sehr mächtig. Bisher ist es aber nicht gelungen, die Quantenmechanik als ihre einzig mögliche Verwirklichung abzuleiten.

Eine Parabel

Hänsel und Gretel, die weit entfernt voneinander wohnen, bekommen täglich von der Quantenhexe Post. Und zwar beide jeweils ein Körnchen, das sie in Wasser auflösen oder verbrennen. Wird ein Körnchen verbrannt, färbt es die Flamme rot oder grün; wird es aufgelöst, das Wasser. Beide überlassen einem Zufallsgenerator – vulgo Münze – die Entscheidung, welches Experiment sie jeweils durchführen: verbrennen bei Kopf, auflösen bei Zahl. Rot und grün treten bei allen Experimenten etwa gleich häufig auf.

Wenn sie einmal im Jahr zusammenkommen und vergleichen, was sie getan und gefunden haben, stellen sie folgendes fest: (1) Immer, wenn Gretel ihr Körnchen aufgelöst und grün gefunden hat, ist Hänsels Ergebnis beim Auflösen seines Körnchens rot gewesen. Analog (2), (3) und (4): Immer wenn Gretel ihr Körnchen verbrannt und rot gesehen hat, hat das Körnchen Hänsels beim Verbrennen grün gezeigt. Offenbar treten also bei *demselben* Experiment immer *beide* Farben auf. Löst Gretel ihr Körnchen aber auf, und Hänsel verbrennt seins, finden beide mal grün, mal rot. Und zwar auf den ersten Blick unabhängig vom Ergebnis des jeweils anderen. Genauso umgekehrt: Verbrennt Gretel ihr Körnchen und Hänsel löst das seine auf, erhalten beide, ebenfalls auf den ersten Blick, unabhängig von dem Ergebnis des oder der anderen, beide Farben. Zu bemerken bleibt, daß die Reihenfolge ihrer Aktionen – wer also sein Körnchen zuerst untersucht – deren Ergebnisse nicht beeinflußt. Das muß bereits deshalb so sein, weil sie ihre Untersuchungen praktisch gleichzeitig durchführen: Einen sich höchstens mit Lichtgeschwindigkeit ausbreitenden Einfluß von Gretels Aktionen und ihrer Ergebnisse auf die Hänsels kann es nicht geben und umgekehrt. Prinzipiell nicht auszuschließen sind aber gemeinsame Ursachen der Auswahl der Experimente und ihrer Ergebnisse. Bei den *Ergebnissen* sollte das sogar so sein, weil beide Körnchen von der Hexe gekommen sind. Laut Quantenmechanik, für deren Konsequenzen die Parabel Modell stehen soll, ist das aber nicht so. Davon sogleich. Im Einklang mit der Quantenmechanik läßt unser Alltagsverstand es hingegen nicht zu, daß der Fall von Gretels Münze, und damit das Experiment, das sie durchführt – auflösen oder verbrennen –, von dem praktisch gleichzeitigen Fall der Münze Hänsels abhängt und/oder umgekehrt.

Das bisher über Hänsels und Gretels Experimente und deren Resultate Gesagte kann so verstanden werden, daß jedes Körnchen Träger von *verborgenen Eigenschaften* ist, von denen jeweils eine durch das mit ihm angestellte Experiment offenbar wird, und daß die Hexe die Körnchen, die sie verschickt, geeignet ausgewählt hat. Das ist nicht viel anders als bei dem Paar Handschuhe, von denen Hänsel den linken eingesteckt hat, so daß er bei dessen Entdeckung sofort weiß, daß der zurückgelassene ein rechter ist. Jedes Körnchen trägt hiernach eines von vier möglichen Eigenschaftspaaren in sich. Zum Beispiel das Paar, daß es beim Verbrennen die Flamme rot färbt *und* beim Auflösen das Wasser grün. Oder dies: Beim Verbrennen färbt es die Flamme grün *und* beim Auflösen das Wasser rot. Weil es vier solche Eigenschaftspaare gibt, gibt es auch vier Typen von Körnchen. Ob die Körnchen weitere verborgene Eigenschaften tragen, kann offenbleiben. Wählt nun die Hexe die Körnchen, die sie an Hänsel und Gretel verschickt, geeignet aus, garantiert sie dadurch, daß die Experimente beider die bisher dargestellten Ergebnisse erzielen. Nämlich z.B. so: Erhält Hänsel ein Körnchen mit den Eigenschaften »rote Flamme« *und* »grünes Wasser«, dann Gretel eins mit »grüne Flamme« *und* »rotes Wasser«. Von den sechzehn Möglichkeiten, welche die Hexe hat, Paare von Körnchen mit bestimmten Eigenschaften an Hänsel und Gretel zu schicken, sind aufgrund von deren bisher geschilderten Beobachtungen nur vier zulässig. Zudem muß die Hexe darauf achten, daß sowohl bei Hänsel als auch bei Gretel die beiden möglichen Experimente etwa gleich häufig rot wie grün liefern. Das aber ist leicht; sie braucht nur alle zulässigen Paare von Körnchen etwa gleich häufig zu versenden, muß das aber nicht. Durch die Freiheit, die ihr dies läßt, könnte sie versuchen, das zu garantieren, was zwar nicht der erste, wohl aber zweite Blick auf die relativen Häufigkeiten von grün und rot in den Fällen ergibt, in denen Hänsel und Gretel *nicht* dasselbe Experiment durchgeführt haben.

Als große Entdeckung von John Bell hat sich herausgestellt, daß die Quantenmechanik für ihre Ergebnisse, denen wir die Taten und Beobachtungen von Hänsel und Gretel entsprechen lassen, keine Wahl der Häufigkeiten ausgesandter Teilchenpaare zuläßt, die ergeben, was beobachtet wird. Wie oft auch immer die Hexe einzelne der zulässigen Paare von Körnchen an Hänsel und Gretel verschickt, die relativen Häufigkeiten ihrer Ergebnisse kommen falsch heraus.

Insgesamt ist die Quantenmechanik die wohl am besten überprüfte physikalische Theorie. Deshalb nehme ich an, daß nicht nur ihre experimentell überprüften, sondern auch ihre experimentell überprüfbaren Aussagen richtig sind. Es wäre allzu merkwürdig, wenn in der hier in Rede stehenden Ecke die Quantenmechanik nicht gelten würde. Auch sind die Vorhersagen der Quantenmechanik, die mit dem im Widerspruch stehen, was John Bell und seine Nachfolger aus allgemeinen Prinzipien abgeleitet haben, unmittelbare Konsequenzen ihrer zentralen Aussagen, die wieder und wieder überprüft wurden. Ich nehme jedenfalls an, daß auch dasjenige, was die Quantenmechanik über die Resultate von Experimenten zu sagen weiß, für welche die Parabel Modell steht, korrekt ist.

Die beiden Körnchen, welche die Hexe jeweils an Hänsel und Gretel verschickt, stehen für zwei Teilchen der Quantenmechanik, die von einer gemeinsamen Quelle ausgesandt wurden, und an denen praktisch gleichzeitig ein Experiment von jeweils zwei möglichen durchgeführt wird. Wobei diese Experimente sich wie Auflösen und Verbrennen gegenseitig ausschließen: Wurde ein Körnchen verbrannt, kann nicht nachgesehen werden, was Auflösen ergeben hätte; und natürlich umgekehrt. Niemals können also *beide* Eigenschaften experimentell überprüft werden, die wir den Körnchen zugeschrieben haben und die das Ergebnis sowohl des Verbrennens als auch des Auflösens festlegen. Wir wollen es trotzdem zum Prinzip erklären, daß auch nicht durchgeführte – sogar aus prinzipiellen Gründen nicht durchführbare – Experimente Resultate besessen hätten, wären sie nur durchgeführt worden.

Insgesamt werden jeweils *zwei* Experimente – eins von Hänsel, eins von Gretel – durch die durchgeführten undurchführbar gemacht. Das *Prinzip der Induktion*, wie wir es nennen wollen, besagt für die Parabel, daß alle vier Paarungen der Experimente, die Hänsel und Gretel durchführen können, Resultate besessen hätten, seien sie nun rot oder grün. Dieses Prinzip soll im folgenden die über die Körnchen der Hexe gemachte Annahme, sie seien Träger verborgener Eigenschaften – welche die auf Niels Bohr zurückgehende Interpretation der Quantenmechanik für ihre Teilchen sowieso nicht anerkennt –, ersetzen. Die Quantenmechanik kann »realistisch« so interpretiert werden, daß sie es erfüllt, und gestattet es sogar, die relativen Häufigkeiten der Ergebnisse aller Experimente zu berechnen, *wenn* sie durchgeführt werden. »Realistisch« heißt die hier angesprochene Interpretation der Quantenmechanik, der ich anhänge, weil sie unterstellt, daß die Wellenfunktion eines Objekts – hier wird es zunächst ein *Paar* von Teilchen sein –, wenn auch verschleiert, genauso wirklich ist wie es andere Objekte der Mikrophysik und deren Eigenschaften sind. Verschleiert ist die Wirklichkeit von Wellenfunktionen in dem Sinn, daß diese zwar durch Vorgaben eingestellt, im Einzelfall aber nicht in Erfahrung gebracht werden können. Könnten sie das, wäre es möglich, Nachrichten instantan zu übermitteln – in striktem Widerspruch zur Relativitätstheorie. Und zwar durch Vorrichtungen, die denen der Parabel entsprechen.

Das zweite Prinzip, das zusammen mit anderen zum Widerspruch mit Vorhersagen der Quantenmechanik geführt werden soll, wollen wir das »Prinzip des freien Willens« nennen. Bei Hänsel und Gretel ist es in der Form aufgetreten, daß die Ergebnisse »Kopf« oder »Zahl« der Würfe ihrer Münzen, durch die sie ihr jeweiliges Experiment »Auflösen« oder »Verbrennen« ausgewählt haben, unabhängig voneinander sein sollten – das Ergebnis »Kopf« oder »Zahl« Hänsels also unabhängig von dem Gretels. Eine für unsere Zwecke äquivalente Annahme ist, daß Hänsel und Gretel unabhängig voneinander frei entscheiden können, ob jedes jeweils sein Körnchen auflöst oder verbrennt. Daher der Name des Prinzips. Es besitzt zwei Aspekte. Erstens sollen die Körnchen bzw. Teilchen der Quantenmechanik die *Auswahl* der Experimente nicht beeinflussen. Ob und wie diese dann die *Ergebnisse* der Experimente festlegen, mag offenbleiben. Zweitens könnte, wie von den Körnchen, Hänsels und Gretels Wahl ihres jeweiligen Experiments auch von anderen Umständen in ihrer gemeinsamen Vergangenheit beeinflußt sein, die sich auf *beide* auswirken. Das soll nach dem Prinzip vom freien Willen nicht so sein. Die Frage, ob es einen freien Willen gibt, kann nicht leicht beantwortet werden. Gar zu abenteuerlich aber wäre es aber, wenn der freie Wille gerade so eingeschränkt sein sollte, daß Hänsel und Gretel ihre Experimente nur so korreliert auswählen könnten, daß deren Ergebnisse mit den Vorhersagen der Quantenmechanik nicht in Konflikt geraten.

Als drittes Prinzip, das im Verein mit den anderen beiden zur Herleitung eines Widerspruchs mit experimentell überprüfbaren Aussagen der Quantenmechanik ausreicht, ist das der Lokalität zu nennen: Wirkungen können sich nicht instantan, sondern nur höchstens mit Lichtgeschwindigkeit von Ort zu Nachbarort ausbreiten. Dieses Prinzip folgt *nicht* aus der Relativitätstheorie: Es kann verletzt sein, ohne daß die Relativitätstheorie das ist. Denn diese verbietet genaugenommen nur, daß *Nachrichten* mit größerer Geschwindigkeit als der des Lichts übermittelt werden; über Wirkungen, die nicht zur Übertragung von Nachrichten taugen, hat sie nichts zu sagen. Es gehört zu den Seltsamkeiten der Quantenmechanik, daß sie – jedenfalls in ihrer realistischen Interpretation – solche Wirkungen kennt. Es ist die bereits mehrfach erwähnte Unmöglichkeit, die Wellenfunktion eines Objekts im Einzelfall zu ermitteln, die Wirkungen erlaubt, welche zur Übermittlung von Nachrichten nicht taugen.

Ich stelle fest, daß die drei Prinzipien – freier Wille, Induktion und Lokalität – ausreichen, um experimentell überprüfbare Folgerungen im Widerspruch zu Konsequenzen der Quantenmechanik zu ziehen. Einstein und seinen EPR-Kollegen ging es um die Frage, ob es möglich sei, die Quantenmechanik so zu vervollständigen, daß keine Seltsamkeiten – sprich: Widersprüche zu Prinzipien, an deren unbedingte Gültigkeit zu glauben wir geneigt sind – mehr auftreten, während ihre experimentell überprüfbaren Aussagen dieselben bleiben. Insofern unsere drei Prinzipien zu denen gehören, die unbedingt gültig sein sollten, ist die Frage zu verneinen: Sie können *nicht zusammen* gelten. Das ist das Resultat wunderbarer Gedankenexperimente von John Bell und seinen Nachfolgern, die aus diesen (oder aus alternativen, ebenfalls höchst plausiblen) Prinzipien experimentell überprüfbare sowie überprüfte Folgerungen gezogen haben, die nicht gelten.

Aber welches der drei Prinzipien könnte verletzt sein? Vermutlich das der Lokalität: Es *ist* in der Quantenmechanik möglich, Wirkungen ohne Nachrichten mit beliebig großer Geschwindigkeit zu übertragen, die sich von den »konventionellen« Wirkungen der nicht-quantenmechanischen Physik, von denen immer Nachrichten abgelesen werden können, klar unterscheiden. Daß es diese Formen der Übertragung von Wirkungen gibt (oder daß noch seltsamere Deutungen herangezogen werden müssen), hat John Bell in einem Interview der Zeitschrift OMNI im Mai 1988 so beschrieben: »Mein Theorem sagt, daß möglicherweise vielleicht etwas schneller als das Licht geschehen muß, wenn es mir auch Schmerzen bereitet, auch nur so viel zu sagen. Mit Sicherheit impliziert das Theorem, daß Einsteins Konzeption von Raum und Zeit, die durch die Lichtgeschwindigkeit in sauber getrennte Gebiete aufgeteilt werden, unhaltbar ist. Aber zu sagen, daß etwas schneller ginge als das Licht, wäre mehr als ich weiß. Wenn irgend etwas schneller ginge als das Licht, könnte ich mir folgendes vorstellen: Sie werfen eine Münze, und ich bin fähig, sie zu einer zusätzlichen Drehung zu veranlassen (ohne sie, sozusagen, zu berühren). Aber Sie würden niemals wissen, daß ich die Kraft dazu hatte, weil Sie sowieso nicht wüßten, ob das Ergebnis Zahl oder Wappen sein würde. Und auch *ich* würde nicht wissen, daß ich die Kraft hatte.« Der Interviewer ergänzt: »Denn Sie würden nur das endgültige Resultat sehen, und weil das auf jeden Fall Zahl oder Wappen wäre, könnten Sie nicht sehen, welches das Resultat wäre, hätten Sie Ihre Kraft nicht wirken lassen.« Darauf Bell: »Genau!«

Keine Nachrichten, aber Wirkungen schneller als das Licht

Erst die Quantenmechanik hat uns die Augen dafür geöffnet, daß es Wirkungen geben kann, die von einem Ort ausgehend an einem anderen ankommen, ohne daß dadurch Nachrichten übertragen werden können. Eine Besonderheit dieser Übertragungen ist, daß zwischen Ursache und Wirkung *keine Energie* übertragen wird. Wir erinnern uns, daß für David Hume die Annahme eines kausalen Zusammenhangs nicht in sichere Wahrheit umgemünzt werden kann. Dem haben wir mit der Bemerkung zugestimmt, daß die Kausalität zu den Naturgesetzen gehört, die nicht bewiesen, wohl aber widerlegt werden können, und daß die Gültigkeit einer Kausalbeziehung in diesem Rahmen nur durch ein Naturgesetz begründet werden kann, das wir verstehen und das eine solche Beziehung begründet. Insbesondere ist der elementare Unterschied zu beachten zwischen der *gemeinsamen Ursache* zweier regelmäßig nacheinander oder zusammen auftretender Ereignisse – die Drehung der Erde ist die gemeinsame Ursache des Wechsels von Tag und Nacht – und der kausalen Begründung des einen Ereignisses durch das andere, von denen das verursachte nur nach dem verursachenden auftreten kann – die Billardkugel setzt sich in Bewegung, *nachdem* und *weil* sie von einer anderen angestoßen wurde. Wie es jenseits dieses epistemologischen, sich also mit unseren Einsichten wandelnden, einen ontologischen Unterschied zwischen dem schlichten Nacheinander und einer kausalen Beziehung geben könnte, sehe ich nicht. Das Beispiel der Quantenmechanik zeigt, daß ein solcher Unterschied keinesfalls durch einen Energieübertrag zwischen Ursache und Wirkung oder dessen Fehlen begründet werden kann, wie es der Physiker und Philosoph Gerhard Vollmer, dessen Evolutionärer Erkenntnistheorie ich manche Einsichten verdanke, im Sinn hat, wenn er schreibt: »Wo immer wir sinnvoll von einem kausalen Zusammenhang, von Kausalbeziehung, von Ursache und Wirkung sprechen, da wird sich auch ein solcher Energieübertrag nachweisen lassen.«

Nun zur instantanen Übertragung von Wirkungen ohne Energieaustausch selbst, die Einstein als »geisterhaft« bezeichnete, über beliebig große Entfernungen hinweg. Ich will sie mit Hilfe der Möglichkeiten von Hänsel und Gretel schildern. Zunächst hat, daß beide Körnchen empfangen haben, eine gemeinsame Ursache – die Hexe hat sie abgeschickt. Daß die beiden Körnchen sich aber aufgrund von Eigenschaften, welche die Hexe ihnen mitgegeben hat und die sie deshalb besitzen, so verhalten, wie sie es weiterhin tun, ist unmöglich. Denn Gretels Experiment, sowohl bereits für sich, als auch zusammen mit seinem Ergebnis, beeinflußt Eigenschaften von Hänsels Körnchen. Wir wollen zur Vereinfachung annehmen, daß Gretel unmittelbar vor

Hänsel ihr Experiment anstellt. Weiter mögen Hänsel und Gretel so weit entfernt voneinander wohnen, daß sie zwischen dem gleichzeitigen Eintreffen der Körnchen bei ihnen und dem Ende ihrer Beobachtungen kein konventionelles Signal mit einer Geschwindigkeit bis zu der des Lichts austauschen können.

Die Quantenmechanik, aufgrund derer wir die Ergebnisse verstehen, welche die Parabel veranschaulichen soll, sagt in ihrer realistischen Interpretation, daß vor Gretels Experiment nicht von Eigenschaften der einzelnen Körnchen gesprochen werden kann. Sie betreffend kennt die Quantenmechanik bis zum Zeitpunkt von Gretels *Verbrennen* oder *Auflösen* nur eine einzige Wellenfunktion, die sie *zusammen* besitzen und durch die sie verbandelt sind. Gretels Experiment erschafft dann zusammen mit seinem Ergebnis zwei Wellenfunktionen, eine für jedes Körnchen in seinem Gebiet. Und zwar instantan für beide – das zeigen die Messungen und Ergebnisse von Hänsel und Gretel, wenn sie ihre Informationen zusammentragen. Vor allem hat Gretels Beobachtung je nach Experiment und Resultat eine von vier Tatsachen in Hänsels Gebiet geschaffen. Wir haben sie oben durchnumeriert, die erste sei wiederholt: Wenn Gretel ihr Körnchen aufgelöst und grün gefunden hat, findet Hänsel mit Sicherheit beim Auflösen rot. Die Quantenmechanik interpretiert das so, daß Gretels Experiment mitsamt seinem Ergebnis Hänsels Körnchen eine Wellenfunktion verliehen haben, die genau das festlegt. Genauso bei den anderen drei Möglichkeiten von Gretels Experimenten und deren Ergebnissen. Die Quantenmechanik sagt nun voraus, was Hänsel finden wird, wenn er das jeweils andere Experiment durchführt: in 50% der Fälle rot, in den anderen 50% grün – im Einklang mit dem, was tatsächlich auftritt.

Wenn wir für einen Augenblick von der Quantenmechanik absehen und nur die experimentellen Ergebnisse beachten, verleiht Gretels Experiment, zusammen mit seinem Ergebnis, Hänsels Körnchen gewisse Sicherheiten und gewisse Wahrscheinlichkeiten für die Ergebnisse *seiner* Experimente. Einbeziehen müssen wir auch, daß für keines von Gretels zwei Experimenten im vorhinein feststeht, welches Ergebnis – ob rot oder grün – es haben wird. Dies ist ein Beispiel für die allgemeine quantenmechanische Unsicherheit. Sicher ist hingegen, daß jedes der beiden möglichen Ergebnisse mit der Häufigkeit 50% auftreten wird. Gretel hat keinerlei Möglichkeit zu beeinflussen, welches Ergebnis im Einzelfall auftreten wird, so daß sie dadurch keine Nachricht – ob sie krank sei oder gesund – an Hänsel übermitteln kann.

Nehmen wir an, Hänsel und Gretel haben vorab verabredet, daß sie beide dasselbe Experiment durchführen werden; Auflösen zum Beispiel. Dann kann Hänsel unmittelbar nach Gretels Experiment wissen, welche Farbe ihr Lösungsmittel angenommen hat: Bei seinem Experiment »Auflösen« mußte er ja die andere Farbe finden. Eine Nachrichtenübertragung ermöglicht das aber nicht, weil Gretel ihre Ergebnisse nicht beeinflussen kann, und damit auch nicht, was Hänsel instantan wissen kann: Das Ergebnis ihres Experiments kann sie nicht davon abhängen lassen, ob sie krank ist oder gesund.

Durch *Ergebnisse* von Experimenten kann also von hier nach dort keine Nachricht instantan übertragen werden. Möglich wären instantane Nachrichtenübertragungen aber, wenn die *Wahl* eines »hier« durchgeführten Experiments das Ergebnis irgendeines »dort« festlegen würde. Merkwürdig ist, wie die Quantenmechanik das verhindert. Gretels Experiment bewirkt, daß feststeht, was das Resultat *desselben* Experiments von Hänsel, wenn er es denn anstellt, sein wird: rot, wenn Gretels Resultat grün war; im anderen Fall grün. Daß das so ist, noch einmal sei es gesagt, folgt durch Zusammentragen zahlreicher Experimente und ihrer Ergebnisse durch Hänsel und Gretel. Um Gretels Nachricht zu entschlüsseln, müßte Hänsel wissen, welches Experiment sie durchgeführt hat. Ihr Resultat braucht er zu dem Zweck nicht zu kennen, denn darauf hatte sie sowieso keinen Einfluß. Vor sich hat er sein Körnchen, und das ist Träger einer der folgenden vier Eigenschaften: (1) mit Sicherheit färbt es das Wasser beim Auflösen rot, (2) mit Sicherheit färbt es das Wasser beim Auflösen grün, (3) mit Sicherheit färbt es die Flamme beim Verbrennen rot und schließlich (4), mit Sicherheit färbt es die Flamme beim Verbrennen grün. Jeder der vier Alternativen entspricht eine gewisse Wellenfunktion seines Körnchens, und sein Problem besteht darin, herauszufinden, ob sie eine des Paares (1) und (2), oder des Paares (3) und (4) ist. Nur dann, wenn er das weiß, weiß er auch, *welches* Experiment Gretel durchgeführt hat.

Die Quantenmechanik sagt, daß er es auf keine Art und Weise herausfinden kann, und verhindert so, daß durch die Verbandelung der Körnchen von Hänsel und Gretel Nachrichten instantan übermittelt werden können. Wenn Hänsel eines seiner beiden Experimente macht, wird er rot oder grün finden, aber er kann nicht ermitteln, ob er es bei seinem Experiment finden *mußte*. Anders gesagt, steht das Ergebnis – rot oder grün – eines seiner zwei möglichen Experimente bereits fest, aber er kann nicht wissen, welches das ist. Das aber müßte er, um zu wissen, welches Experiment Gretel durchgeführt hat.

Das Theorem der Quantenmechanik, das es Hänsel unmöglich macht, diese Information zu erwerben, besagt zunächst einmal, daß ein Beobachter die Wellenfunktion eines ihm vorgelegten Teilchens, von dem er nichts weiß, auf keine Art und Weise herausfinden kann. Als kleine Ergänzung besagt es auch, daß nicht in Erfahrung gebracht werden kann, ob die Wellenfunktion eine, egal welche, eines Paares wie (1) und (2) oder wie (3) und (4) ist. Jede Wellenfunktionen eines einzelnen Körnchens der Parabel steht für ein bestimmtes Experiment *zusammen mit* einem bestimmten Ergebnis; ein Paar, das ein Experiment liefern kann, steht allein für das Experiment.

Ein einzelnes Teilchen der Quantenmechanik besitzt immer eine gewisse Wellenfunktion. Die bereits erwähnte »friedliche Koexistenz« von Quantenmechanik und Spezieller Relativitätstheorie beruht auf dem Theorem, daß diese nicht ermittelt werden kann. Könnte sie es, könnten Nachrichten instantan übertragen werden – in offenem Widerspruch zur Speziellen Relativitätstheorie. Wirkungen aber können instantan übertragen werden. Denn das Experiment Gretels und sein Ergebnis legen zusammen instantan die Wellenfunktion von Hänsels beliebig weit entferntem Körnchen fest. Dies sind Wirkungen ohne die Möglichkeit einer Nachrichtenübertragung und ohne Energietransport. Die sie ermöglichende Verbandelung von Teilchen bleibt auch bestehen, wenn diese von allen konventionellen äußeren Einflüssen abgeschlossen sind. Bis derart auf die Teilchen eingewirkt wird, daß sich ihre gemeinsame Wellenfunktion ändert, besteht die Verbandelung fort, und mit ihr die Möglichkeit, Wirkungen von einem Teilchen auf das andere zu übertragen – ob diese nun weit voneinander entfernt in Tresore eingeschlossen sind, oder sich frei zugänglich nebeneinander befinden.

Ich denke, daß die in der nicht-quantenmechanischen Physik bestehende grundsätzliche Möglichkeit, den Zustand eines beliebigen Systems herauszufinden, und die grundsätzliche Unmöglichkeit, das in der Quantenmechanik zu tun, einen der signifikantesten Unterschiede beider Theorien begründet. Beide lassen es zu, Systeme so zu *präparieren*, daß sie einen bestimmten Zustand besitzen. Diesen von dem System ablesen kann man zwar in der nicht-quantenmechanischen Physik, nicht aber in der quantenmechanischen. Eine der größten Herausforderungen für die fundamentale Physik ist nach meiner Überzeugung die Ableitung der Quantenmechanik aus *ihren* Prinzipien: Prinzipien, wenn auch der Alltagserwartung widersprechende, sollten gefunden werden, aus denen die Quantenmechanik folgt. Bisher wissen wir nur, welche Prinzipien *nicht* zusammen bestehen können. Das und nur das sagt das hier mit Hilfe einer Parabel beschriebene Theorem von John Bell. Wir wissen auch nicht, ob Verbandelungen durch Messungen aufgehoben oder aber erweitert, also auf die Meßinstrumente ausgedehnt werden. Ich bin davon überzeugt, daß ohne Änderung unserer grundlegenden Konzepte von Zeit und Raum kein wirkliches Verständnis der Quantenmechanik erreicht werden kann. Deren Verständnis, und damit Verständnis der Quantenmechanik, kann kein Ergebnis des Nachdenkens über sie, sondern nur ein Nebenprodukt von Forschungen ganz anderer Art sein.

Heute weiß jeder Schüler, daß die Ursache dafür, daß das Getränk im Trinkhalm nach oben steigt, der äußere Luftdruck ist, der auf der Flüssigkeit im Becher lastet, im Trinkhalm aber durch das Saugen vermindert wird. Diese Kenntnis ist etwa 400 Jahre alt. Bis dahin dachten die Naturforscher im Gefolge des Aristoteles, daß die Natur ein Vakuum verabscheut und zu dessen Verhinderung das Getränk nach oben steigen läßt. Dieser *horror vacui* oder Abscheu der Natur vor dem Leeren sollte absolut sein, aber – so die Ausführungsbestimmungen – die Natur sollte immer das einfachste überhaupt mögliche Mittel wählen, um ein Vakuum abzuwenden: Statt den Trinkhalm zu zerbrechen, sollte sie das Getränk in ihm emporsteigen lassen.

Ballast

Weil wir heute um den Luftdruck wissen, brauchen wir kein vermeintliches Gesetz namens *horror vacui*, um Gesetze für Erscheinungen wie die zu haben, daß das Getränk im Trinkhalm nach oben steigt und daß es schwer ist, einen Blasebalg bei zugehaltener Tülle zu öffnen. Wir können die Vorstellung vom *horror vacui* als Ballast abwerfen. Bewirkt hat den Paradigmawechsel das in der Abb. 3.9 dargestellte Experiment Torricellis. Es hat gezeigt, daß die Wirkungen des Luftdrucks bis zu einer gewissen Grenze, aber auch nur bis zu ihr, mit den Konsequenzen des als unbeschränkt gültig gedachten Gesetzes vom *horror vacui* übereinstimmen. Bis zu dieser Grenze, die durch die Höhe 76 Zentimeter der Quecksilbersäule quantifiziert werden kann, haben die Gesetze für die Erscheinungen den Paradigmawechsel unbeschadet überstanden. Aber das Naturgesetz, auf dem sie beruhen sollten, gibt es nicht. Den Eindruck, daß das Gesetz vom *horror vacui* gelte, hat – neben tieferliegenden Gesetzen von der Kraft, die eine große Masse auf Gase in ihrer Nähe ausübt – vor allem die Tatsache bewirkt, daß wir, wie Torricelli formuliert hat, »untergetaucht auf dem Grund eines Meeres von elementarer Luft« leben.

Dies Exempel birgt zwei Lehren. Erstens die, daß Gesetze für Erscheinungen, die wir beobachten, uns möglicherweise nur deshalb als unabdingbar, absolut und allgemeingültig – eben als *wahre* Naturgesetze – erscheinen, weil wir um unsere spezielle Stellung im Universum, auf der diese Gesetze *auch* beruhen, nicht wissen, die Abhängigkeit uns also unbekannt ist. Könnte es da nicht sein, daß zumindest einige unserer geheiligten Naturgesetze, die mit einer Aura der Notwendigkeit und Allgemeingültigkeit zu umgeben wir geneigt sind, tatsächlich weder allgemeingültig noch notwendig sind, sondern von den speziellen, in unserem Teil des Universums zu unserer Zeit *zufällig* verwirklichten Umständen abhängen?

Die zweite Lehre ist mit der ersten nah verwandt. Gesetze, die in Teilen des Universums verschieden sein können und das möglicherweise auch sind, weil der Zustand des Universums, von dem sie abhängen, da und dann nicht derselbe ist wie hier und jetzt, sind sicher nicht fundamental. Hinter ihrer Gültigkeit steht der jeweilige Zustand des jeweiligen Teils des Universums, dessen Ursprung bekannt oder unbekannt sein mag, *zusammen mit* fundamentaleren Gesetzen, für welche der Teil des Universums in seinem Zustand nur eine spezielle Ausprägung der Systeme ist, für die sie gelten. So ist die Erde mit ihrer Lufthülle nur eines jener Systeme, für welche die Gesetze für Gase in der Nähe einer großen Masse gelten.

▷ *Zwischenfrage:* Gehen Ihnen hier die Begriffe Gesetz, System, Zustand und Anfangsbedingungen, auf deren Trennung Sie einen so großen Wert gelegt hatten, nicht etwas durcheinander?

▷ *Zwischenantwort:* Ja, und nicht nur etwas. Sie werden sich erinnern, daß für mich die *Naturgesetze*, auch die nur vermeintlichen, den Ausgangspunkt für alle mit ihnen zusammenhängenden Kategorien bilden. Nun kann, was für ein Gesetz ein System in einem Zustand ist, für ein tieferliegendes Gesetz nur ein spezieller Zustand seines eigenen, umfassenderen Systems sein. Das will ich durch ein bereits diskutiertes System, einen in Erdnähe frei fallenden Stein, erläutern. Für Galileis Fallgesetze bildet bereits der Stein mit seinem Ort und seiner Geschwindigkeit ein System in einem Zustand; die Erde und insbesondere die *Erdnähe* gehören zu den äußeren Umständen, die das System »Stein« zu definieren helfen. Sie ergeben die Kraft, mit der die Erde in ihrer Nähe Körper anzieht, zusammengefaßt üblicherweise in dem einzigen Parameter, von dem das System abhängt, der Erdbeschleunigung namens g. Galileis Gesetz macht also *keine* Aussage darüber, wie ein Stein in so großer Entfernung von der Erde fallen würde, daß die Abnahme der Anziehungskraft der Erde mit zunehmender Entfernung berücksichtigt werden müßte. Newtons Gesetze gelten hingegen für fallende Steine in *beliebiger* Entfernung von der Erde. Für sie bilden Stein und Erde mit ihren Massen *zusammen* ein System in einem gewissen Zustand. Insbesondere gehört die Angabe »Erdnähe« für das Gesetz Newtons zu den Beschreibungen des Zustands des Systems – nicht also des Systems selbst! – dazu. Neben den Massen des Steins und der Erde kennt dieses Gesetz eine weitere das System definierende Größe – Newtons Gravitationskonstante, üblicherweise G genannt, die festlegt, mit welcher Kraft Massen in Abhängigkeit von ihrer Größe und Entfernung einander anziehen. Aus der Masse der Erde und Newtons G kann das g Galileis berechnet werden. Der für unsere Zwecke wichtigste Unterschied der beiden Gesetze ist nun, daß in Newtons Gesetz die Entfernung des Steins von der Erde beliebig gewählt werden kann, und daß diese Entfernung zur Angabe des *Zustands* des Systems dazugehört, nicht also, wie bei Galilei, der Festlegung des Systems selber dient. So weit das Beispiel. Jetzt aber sprechen wir von *unbekannten* Gesetzen, so daß es mir unmöglich ist, zwischen System, Zustand und Anfangsbedingungen verläßlich zu unterscheiden. Ausgangspunkt einer solchen Unterscheidung könnte ja nur das unbekannte Gesetz selbst sein.

Wir halten fest, daß Gesetze für Erscheinungen Voraussetzungen haben können, die nicht gesetzartig sind, die also so oder so – als Beschreibungen von Systemen und/oder von Zuständen – zu deren Herleitung in die tieferen Gesetze eingetragen werden müssen. Welche Kategorien die endgültige Physik, wenn es sie denn geben sollte, wofür verwenden wird, wissen wir nicht. Die Etiketten, die eine sich entwickelnde Physik ihren Konzepten jeweils verleiht, bleiben im Laufe der Zeit nicht dieselben und können bereits deshalb keinen Anspruch auf objektive Gültigkeit erheben. Etiketten setzen ein fest formuliertes Naturgesetz voraus, ob dieses nun vorläufig ist oder nicht. Den physikalischen Vorstellungen selbst aber ist die begriffliche Analyse stets nachgeordnet. »Alle unsere Vorstellungen in der Physik«, schrieb Feynman, »benötigen eine bestimmte Dosis gesunden Menschenverstandes bei ihren Anwendungen; sie sind nicht rein mathematische oder abstrakte Vorstellungen.«

Hierarchien von Naturgesetzen

Die zweite Lehre des Exempels ist, daß wir nicht sicher sein können, daß der Prozeß der Grundlegung der Gesetze für die beobachteten Erscheinungen durch einerseits den Zustand des Teiles der Welt, in dem sie gelten, und der auch anders sein könnte, sowie andererseits durch tieferliegende Gesetze jemals ein Ende haben wird. Gibt es ein Gesetz, das sozusagen nur *ein* mögliches System und dessen Zustände kennt? Für das alles, was sich je ereignet hat oder ereignen wird, nichts ist als ein gesetzmäßiger Übergang von einem seiner Zustände zu einem anderen? Die (ontologische) Frage, ob das so ist, ist selbstverständlich nicht mit der (epistemologischen) identisch, ob wir das jemals werden wissen können. Und nicht mit der nach den Attributen eines solchen Gesetzes, wenn es denn eins gibt. Einen Namen hat es, siehe oben, jedenfalls schon – *TOE*, »Theory Of Everything«, deutsch »Theorie von Allem«. Wenn es unsere heutigen Erwartungen erfüllt, muß *TOE* ungeändert zu allen Zeiten gelten, es muß *zeitunabhängig* sein, wie es diejenigen Gesetze, die wir kennen, und die den Anspruch erheben können, fundamental zu sein, tatsächlich sind. Das bedeutet insbesondere, daß der Zeitpunkt des Urknalls in dem *Gesetz* nicht auftreten darf.

Weiter mit den möglichen Attributen des allumfassenden Naturgesetzes. Sicher muß es »überall« gelten. Gäbe es einen durch den Urknall ausgezeichneten Ort, so wie die Urknalltheorie einen bestimmten Zeitpunkt kennt – eben den des Urknalls –, könnte die Forderung nach Ortsunabhängigkeit der Naturgesetze in ihrer Minimalform so ausgesprochen werden, daß der *Ort* des Urknalls in den Naturgesetzen nicht auftritt. Aber es gibt keinen Ort des Urknalls, weil erst der Urknall den Raum geschaffen und sich folglich überall zugleich zugetragen hat. Diejenigen Gesetze, die wir kennen und die beanspruchen können, fundamental zu sein, gelten jedenfalls überall.

Könnte oder müßte *das* Gesetz deterministisch sein? Das würde bedeuten, daß der oben eingeführte »gesetzmäßige Übergang« von einem Zustand zu einem anderen so ist, daß der frühere Zustand den späteren festlegt. Und auch der spätere den früheren, wie es zum Beispiel in Newtons Mechanik ist? Die beiden Fragen sind nicht identisch, so daß wir *vorwärts* deterministische Gesetze von *vorwärts und rückwärts* deterministischen unterscheiden müssen. Da drängt sich die

Frage auf, wie es um die dritte logische Möglichkeit steht – um *rückwärts, aber nicht vorwärts* deterministische Gesetze. Doch die ist dieselbe wie die nach *vorwärts, aber nicht rückwärts* deterministischen Gesetzen: Solange wir weiter nichts wissen, können wir als Vorwärtsrichtung der Zeit einfach die *definieren*, in die deterministische Naturgesetze gelten. Sie ist, wie wir noch sehen werden, notwendig mit der identisch, in welche die Ordnung nicht zunehmen kann.

Verletzung der Zeitumkehrsymmetrie in der Physik der Elementarteilchen

Für die Elementarteilchen gelten die Gesetze der Quantenmechanik. Ist der Anfangszustand eines Systems vorgegeben, entwickelt sich dieser trotz anders lautender Gerüchte – Typ: *Gott würfelt* – deterministisch im Laufe der Zeit. Aber der Quantenzustand, für den die deterministischen Gesetze gelten, ist von anderer Art als der Zustand eines nicht-quantenmechanischen Systems. Nicht zumindest im Prinzip beobachtbare Größen wie Orte und Geschwindigkeiten legen ihn fest, sondern abstrakte quantenmechanische Wellenfunktionen. Wir können es trotzdem so einrichten, daß sich das System anfangs in einem bestimmten Zustand befindet. Dann können wir aufgrund der Gesetze, die für das System gelten, berechnen und damit wissen, wie sich der Zustand im Laufe der Zeit verändern wird. Mit Ausnahme dessen, daß der Zustand eines quantenmechanischen Systems von anderer Art ist als der eines nicht-quantenmechanischen, ist alles bisherige wie bei Newton. Anders aber als bei Newton – und bei Einstein und Maxwell, kurz in der ganzen nicht-quantenmechanischen Physik – legt der Zustand eines quantenmechanischen Systems die Ergebnisse von *Messungen*, die an ihm vorgenommen werden, nicht eindeutig fest. Wohl aber bestimmt er die Wahrscheinlichkeiten oder relativen Häufigkeiten, mit denen die einzelnen möglichen Meßergebnisse auftreten: Bei den Messungen, und nur bei ihnen würfelt Gott, wenn er das überhaupt tut. Von Einstein stammt die Aussage, daß er nicht glauben könne, daß Gott würfelt.

Experimentell ermittelt werden die relativen Häufigkeiten und damit Wahrscheinlichkeiten von Meßergebnissen durch zahlreiche Messungen an immer wieder gleich präparierten Exemplaren desselben

Systems in demselben Zustand. Kennt man das System und seinen Zustand, können die Wahrscheinlichkeiten berechnet und mit den Meßergebnissen verglichen werden. Das Umgekehrte ist aber auch möglich: Durch hinreichend viele Messungen unterschiedlicher Größen an zahlreichen Exemplaren des Systems in demselben Zustand kann der Zustand selbst ermittelt werden. Also ist auch die durch das deterministische Gesetz für das ungestörte System festgelegte Abfolge von Zustände experimentell zugänglich.

▷ *Zwischenfrage:* Also könnte der Hänsel der Parabel den quantenmechanischen Zustand seines Körnchens ermitteln, wenn er über zahlreiche Kopien seines Körnchens in demselben Zustand verfügte?

▷ *Zwischenantwort:* Ja.

▷ *Zwischenfrage:* Und warum kopiert er dann nicht sein Körnchen in seinem Zustand, so daß er den Zustand, und mit ihm das Experiment, das Gretel durchgeführt hat, herausfinden kann?

▷ *Zwischenantwort:* Weil er den Zustand nicht kopieren kann. Könnte er das, könnte er ihn, wie gesagt, ermitteln, und damit wäre instantane Nachrichtenübertragung möglich, so daß die friedliche Koexistenz zwischen Quantenmechanik und Relativitätstheorie aufgehoben wäre. Tatsächlich sagt ein Theorem der Quantenmechanik, das »no-cloning-Theorem«, daß es unmöglich ist, einen quantenmechanischen Zustand zu kopieren.

Wie bereits angedeutet, sind auch Interpretationen der Quantenmechanik möglich, die sagen, daß Gott niemals, auch nicht bei Messungen, würfelt, sondern statt dessen den Bereich vergrößert, der bei der Anwendung der deterministischen Gesetze berücksichtigt werden muß: Der Beobachter mit seinen Apparaten muß »nur« mit dem ursprünglichen System zu einem größeren System zusammengefaßt werden, damit die deterministischen quantenmechanischen Gesetze gelten. Die Unterschiede der Interpretationen brauchen wir aber nicht zu beachten, weil es uns nicht um die Messungen selbst gehen wird, sondern um die aus ihren Ergebnissen rekonstruierten quantenmechanischen Gesetze ohne den Einfluß äußerer Störungen. Unabhängig von aller Interpretation sagt die Quantenmechanik, daß ihre Gesetze sowohl vorwärts als auch rückwärts deterministisch sind, schweigt

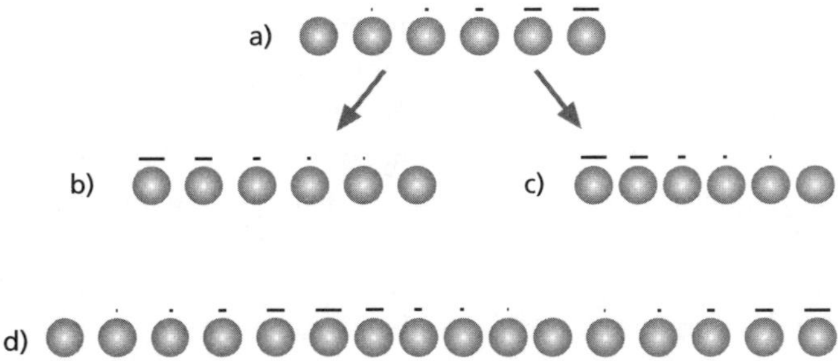

Abbildung 6.1: Die Abbildung veranschaulicht in a und c zwei wirkliche Teilchen-Antiteilchen-Oszillationen. Der Prozeß von a beginnt mit einem Teilchen K und endet mit dessen Antiteilchen $\bar{K}$. Der Prozeß c beginnt mit dem Endprodukt der Umwandlung a, dem $\bar{K}$, und führt zum K zurück – allerdings, wie angedeutet, in einer kürzeren Zeit. Abbildung b zeigt einfach die zeitliche Umkehrung von a. Dies ist ein Prozeß, dessen Auftreten in der Realität die Naturgesetze verbieten: Er läuft ja langsamer ab als der tatsächliche Prozeß c, der sich aus *demselben Anfangszustand* $\bar{K}$ entwickelt. In d ist die Abfolge von Teilchen-Antiteilchen-Oszillationen dargestellt, die sich ergibt, wenn sich zunächst aus einem K ein $\bar{K}$ entwickelt, dann aus diesem wieder ein K – und so weiter.

sich aber darüber aus, ob sie in beide Zeitrichtungen dieselben sind. Daß das nicht so ist, daß also bereits die quantenmechanischen Naturgesetze für gewisse elementare Systeme die eine Richtung der Zeit vor der anderen auszeichnen und damit erkennbar machen, hat erstmals das nun zu schildernde Experiment von 1998 direkt gezeigt. Bis zu ihm war zwar aufgrund theoretischer Argumente – das berühmte »CPT-Theorem« – in Verbindung mit anderen experimentellen Ergebnissen – der fast genauso berühmten »CP-Verletzung« – derselbe Schluß unabweisbar, aber ein direkter Beweis stand noch aus.

Nun also das Experiment. Ein elektrisch neutrales Elementarteilchen namens K-Meson, dessen genaue Natur wir nicht zu kennen brauchen, kann sich im Laufe der Zeit in sein Antiteilchen, das $\bar{K}$-Meson, gesprochen K-quer-Meson, umwandeln. Der Prozeß, den die Abb. 6.1a veranschaulicht, benötigt eine gewisse Zeit. Umgekehrt kann sich ein $\bar{K}$-Meson in ein K-Meson umwandeln (Abb. 6.1c). Die Pointe ist, wie in den Abb. 6.1a + c angedeutet, daß die zweite Umwandlung – die vom $\bar{K}$ in ein K – *rascher* abläuft als die erste, die aus einem K ein $\bar{K}$ macht. Die Abb. 6.1b stellt den Ablauf der Umwandlung eines K in ein $\bar{K}$ so dar, wie ihn ein *rückwärts laufender Film* zeigen würde: als *langsame* Umwandlung also eines K in ein $\bar{K}$, die in der Natur aber nicht auftritt. Die Naturgesetze erlauben, anders gesagt, den Prozeß der Abb. 6.1a und lassen dessen exakte zeitliche Umkehr, die ja gleich lange dauern müßte, nicht zu. Allein aufgrund der Naturgesetze können wir also entscheiden, ob wir einen wirklichen physikalischen Prozeß vor uns haben, oder ob uns ein rückwärts laufender Film von einem physikalischen Prozeß gezeigt wird, der sich aus *demselben* Anfangszustand heraus entwickelt. Die Naturgesetze, die eine solche Unterscheidung erlauben, machen den Unterschied zwischen »vorwärts« und »rückwärts« in der Zeit beobachtbar. Sie sind, wie man sagt, nicht zeitumkehrsymmetrisch. Der Eindruck, den die Abbildung entstehen lassen könnte, daß die zeitliche Entwicklung des quantenmechanischen Zustands eines K-Mesons direkt beobachtbar sei, ist selbstverständlich falsch: Im Einklang mit dem, was oben gesagt wurde, hat das Experiment die Abfolge der Zustände durch Beobachtungen an zahlreichen Teilchen ermittelt, die sich jeweils alle in demselben Zustand befunden haben.

Reflexionen und Zeitumkehrsymmetrie

Eindrucksvoller als die tatsächlich beobachtete Verletzung der Zeitumkehrsymmetrie in der Physik der Elementarteilchen, die ja nur die Dauer eines Ablaufes, nicht ihn selbst betrifft, ist eine hypothetische, nicht zeitumkehrsymmetrische Abwandlung des Gesetzes der Reflexion von Licht an einem Spiegel. Wir nehmen, allein zum Zweck der Illustration, an, das Reflexionsgesetz laute nicht (Abb. 6.2a) »Ausfallswinkel gleich Einfallswinkel«, sondern (Abb. 6.2c) »Ausfallswinkel gleich *halbem* Einfallswinkel«. Das tatsächliche Reflexionsgesetz gilt nicht nur für Lichtstrahlen an Spiegeln, sondern auch für elastische Kugeln an elastischen Wänden (Abb. 4.4a); man denke nur an das Billardspiel »über Bande«. Für Kugeln, in der Ebene Scheiben, sagt das Gesetz nicht nur, daß Ausfallswinkel und Einfallswinkel übereinstimmen, sondern auch, daß sich die Kugeln vor der Reflexion genauso schnell bewegen wie nach ihr. Folglich ist es für die Kugeln wie auch für das Licht, das sich Vakuum immer gleich schnell bewegt, zeitumkehrsymmetrisch, will sagen, daß ein rückwärts laufender Film

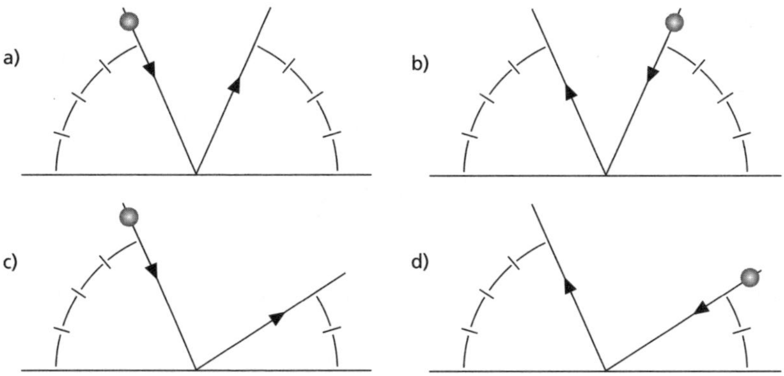

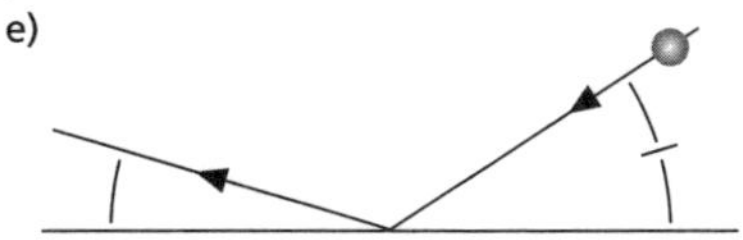

Abbildung 6.2: Beispiele des wirklichen und eines hypothetischen Reflexionsgesetzes an Spiegeln

von dem Ablauf in der Abb. 6.2a etwas zeigte, das auch in der Wirklichkeit auftreten kann. Dementsprechend erlaubt die Abb. 6.2b zwei Interpretationen. Erstens stellt sie den Ablauf im rückwärts laufenden Film symbolisch dar. Zweitens zeigt sie, was nach Auskunft des Reflexionsgesetzes in der Wirklichkeit geschieht, wenn der Endzustand der Abb. 6.2a mit umgekehrter Bewegungsrichtung des Projektils als neuer Anfangszustand gewählt wird. Im ersten Fall – der Wahl des Anfangszustands eines Ablaufs – sind wir frei, im zweiten – dem aus ihm resultierenden Ablauf – sind wir Knechte des Naturgesetzes, das den Ablauf bei vorgegebenen Anfangsbedingungen bestimmt. Wir halten fest, daß das eine *wirkliche* Reflexionsgesetz mit jedem Ablauf den zeitlich umgekehrten erlaubt. Wir können auch sagen, daß für die zeitliche Umkehr aller Reflexionsprozesse *dasselbe, vorwärts und rückwärts deterministische* Naturgesetz gilt wie für die wirklichen Prozesse. Denn deterministisch ist das Gesetz offenbar. Das für Reflexionen geltende Naturgesetz ermöglicht es also nicht, die wirkliche Welt von jener zu unterscheiden, in der statt eines jeden wirklichen Ablaufs dessen zeitliche Umkehr auftritt. Diese »verkehrte« Welt zeigt der rückwärts laufende Film, und das Reflexionsgesetz erlaubt auch sie.

Ganz anders das hypothetische Gesetz der Abb. 6.2c. Das hypothetische Gesetz teilt mit dem wirklichen die Eigenschaft, daß die Geschwindigkeit des Projektils nach dem Abprall insgesamt dieselbe ist wie vor ihm. Geändert hat sich aber ihre *Richtung*, und zwar so, wie es die Abb. 6.2c zeigt und wie es bereits angedeutet wurde: Der Ausfallswinkel ist vom Spiegel aus gerechnet nur halb so groß wie der Einfallswinkel. Die Abb. 6.2d stellt den Ablauf der Abb. 6.2c so dar, wie ihn ein rückwärts laufender Film zeigt. In dieser nun wahrhaft verkehrten Welt der umgekehrten Abläufe gilt das hypothetisch als wirklich angenommene Gesetz offenbar *nicht*, sondern eines das sagt, daß beim Abprall der Winkel *verdoppelt* statt, wie in der hypothetischen Wirklichkeit, halbiert wird. Was unter der Anfangsbedingung der Abb. 6.2d tatsächlich geschehen würde, zeigt die Abb. 6.2e: Der Winkel würde aufgrund des hypothetischen Gesetzes wie in der Abb. 6.2c halbiert, nicht verdoppelt. Bis zum Aufprall stimmte der wirkliche Ablauf mit dem überein, den der rückwärts laufende Film zeigt; anschließend würden sich die beiden Welten verschieden entwickeln. Offenbar ist das Gesetz, das in der Welt der rückwärts laufenden Filme gilt – die Winkel werden verdoppelt –, genauso deterministisch wie das hypothetische wirkliche; es ist aber *anders*.

Vorwärts und rückwärts in der Zeit

Von Newtons Gesetzen für die Planetenbewegung kann eine *Richtung der Zeit* nicht abgelesen werden: Sie sind in beide Richtungen dieselben. Würden alle Himmelskörper in die Gegenrichtung laufen, und sich andersherum drehen, entstünde aus unserem Universum eines, dessen Abläufe genauso wie die wirklichen im Einklang mit Newtons Naturgesetzen wären. Gesehen haben wir aber auch, daß die quantenmechanischen Gesetze für die Elementarteilchen die eine Richtung der Zeit vor der anderen auszeichnen.

Nun genügen die Bewegungen der Himmelskörper zwar mit großer Genauigkeit den Newtonschen Gesetzen, aber nicht exakt. Einen winzigen Effekt, der *nicht* durch diese Gesetze beschrieben werden kann, bewirken die Gezeiten. Nehmen wir das System Erde-Mond (Abb. 6.3). Mond und Erde umlaufen einander so, daß sich im Mittelpunkt der Erde die Anziehungskraft des Mondes und die Flieh-

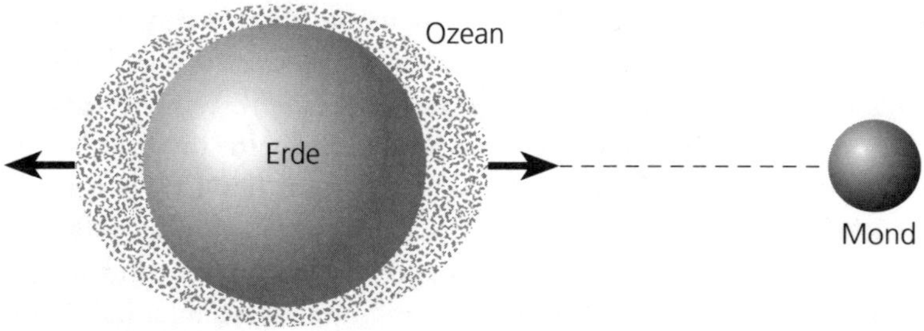

Abbildung 6.3: Die Gezeiten entstehen durch die Bewegungen von Erde und Mond relativ zueinander. Dadurch nimmt die Drehgeschwindigkeit der Erde gegenüber dem Mond ab, die Tage werden länger – bis sie schließlich etwa einen Monat lang sind. So lang nämlich, wie der Mond braucht, um die Erde einmal zu umrunden.

kraft gerade aufheben. Auf der dem Mond zugewandten Seite der Erde überwiegt daher die Anziehungskraft des Mondes die Fliehkraft; auf der abgewandten ist es umgekehrt. Die Ozeane werden durch diese Kräfte verformt – während sich die Erde dreht, bleibt die Gestalt der Ozeane dieselbe, aber ihr Wasser wird ausgetauscht. Derselbe Effekt, wenn auch weniger sichtbar, verformt auch die festen Massen der Erde, und hat die des Mondes verformt, als er sich noch gegenüber der Erde gedreht hat. Die dabei entstehenden und vergehenden Verformungen sowie der Einfluß der verformten Erde auf die Bahn des Mondes benötigen Energie. Sie wird der Drehenergie der Erde entnommen, so daß deren Drehgeschwindigkeit relativ zur jeweiligen Blickrichtung des Mondes im Laufe der Zeit abnimmt. Am Ende wird die Erde dem Mond, wie bereits der Mond der Erde, immer dieselbe Seite zukehren: Der Mond wird, nur von einer Erdhälfte sichtbar, unbewegt am Himmel stehen.

Wegen der Gezeiten nimmt also die Geschwindigkeit, mit der sich die Erde dreht, im Laufe der Zeit ab, die Tage werden länger. Der Effekt ist winzig; pro 100 Jahre wächst gegenwärtig die Dauer eines Tages um 0,0015 Sekunden. Allerdings hat – wie bei einer Uhr, die pro Tag nur unmerklich nachgeht – die verminderte Geschwindigkeit auf die Dauer ein beträchtliches Nachgehen zur Folge. Vereinfachend wollen wir annehmen, daß vor 1000 Jahren ein Tag um $10 \times 0{,}0015 = 0{,}015$ Sekunden länger war als heute, und daß die Erde sich seither, also für ebenfalls 1000 Jahre, mit der zugehörigen Geschwindigkeit gedreht hat. Die Rechnung, die auf 20 Winkelgrade führt, kann man leicht selbst durchführen. Damit überschätzen wir den Effekt vielleicht um den Faktor 2, so daß er heute insgesamt ungefähr 10 Winkelgrade ausmachen wird. Will man wissen, wo auf der Erde eine historische Sonnenfinsternis beobachtet werden konnte, muß der Effekt offenbar berücksichtigt werden. Tatsächlich hat er etwa 60 Winkelgrade oder 4 Stunden Nachgehen der Erde in den letzten 2000 Jahren bewirkt.

Würden wir nun die Bewegungen im Sonnensystem anhalten und mit umgekehrten Geschwindigkeiten neu starten, würden offenbar die Gezeiten dasselbe bewirken wie in der wirklichen Welt – die Erde würde sich im Laufe der Zeit langsamer drehen. Nicht aber in einem rückwärts laufenden Film von den Bewegungen! In ihm dreht sich die Erde im Laufe der Zeit schneller und schneller. Also zeigt der rückwärts laufende Film etwas, das in der Wirklichkeit nicht auftritt, vorwärts und rückwärts in der Zeit sind unterscheidbar!

Unterscheidbar zunächst durch den Vergleich der beiden Abläufe. Von ihnen allein können wir aber nicht ablesen, welcher Ablauf der wirkliche, und welcher der manipulierte ist. Diese Kenntnis ist äquivalent zur Kenntnis der Auswirkungen der Naturgesetze auf die Drehgeschwindigkeit. Denn diese erlauben den einen Ablauf, den anderen aber nicht – sie sind nicht zeitumkehrsymmetrisch. Auf den ersten Blick ist das genauso wie bei den K-Mesonen, auf den zweiten und dritten aber nicht. Als zweites fällt nämlich auf, daß die Gesetze für die Auswirkungen der Gezeiten, anders als die Gesetze für die Mesonen, keine fundamentalen Naturgesetze sein können. Denn sie beziehen den Ursprung der Verformungen der Massen der Erde, die Verlust an Drehenergie bewirken, nicht ein. Wir müssen genauer hinsehen, um Abläufe – Zusammenstöße von Molekülen – vor uns zu haben, für die möglicherweise fundamentale Naturgesetze gelten. Diese Gesetze aber *sind* zeitumkehrsymmetrisch, so daß wir fragen müssen, wie es sein kann, daß zeitumkehrsymmetrische Naturgesetze auf Abläufe führen, die das ganz und gar nicht sind.

Zusammenfassend sind in Fällen wie diesem nicht die Naturgesetze selbst für den Mangel an Zeitumkehrsymmetrie der möglichen Abläufe verantwortlich, sondern die Umstände, unter denen sie wirken – daß nämlich zahlreiche unbeobachtete Teilchen an den Abläufen beteiligt sind. Das alles überragende Gesetz in solchen Fällen ist, daß die Ordnung im Laufe der Zeit nicht zunehmen kann, und das zeichnet bereits für sich allein die wirkliche Richtung der Zeit vor der anderen aus, so daß die effektiven Naturgesetze für viele Teilchen das ebenfalls tun werden. Nichts spricht übrigens dagegen, daß die Gesetze Newtons innerhalb ihres Geltungsbereiches fundamental sind. Sie gelten, wenn überhaupt, unabhängig vom Aufbau ihrer Objekte aus Molekülen oder gar Elementarteilchen.

Drittens fällt auf, daß die Naturgesetze für die wirklichen und die rückwärts gezeigten Abläufe sich im gegenwärtigen Fall weitaus dramatischer unterscheiden als bei den K-Mesonen. Zwar unterscheidet sich das wirkliche Gesetz für die Mesonen von dem hypothetischen, das die rückwärts gezeigten Abläufe beherrscht, aber *beide* Gesetze sind deterministisch. Das ist jetzt anders. Denn das Gesetz, daß die Drehung der Erde bis zu ihrem Stillstand langsamer und langsamer werden wird, ist zwar vorwärts deterministisch, aber nicht rückwärts. Genauer soll das bedeuten, daß zwar das Gesetz für die wirklichen Vorgänge es erlaubt, von der Vergangenheit auf die Zukunft zu schließen, nicht aber jenes, dem die zeitlich umgekehrten Abläufe genügen. Wirkliche Abläufe, von denen die Richtung der Zeit – also nicht nur ihre Dauer – abgelesen werden kann, sind so geartet, daß die Erkennbarkeit der Richtung der Zeit in ihrem Verlauf *abnimmt.* Solange die Erde sich deutlich erkennbar dreht, folgt aus den für die Drehbewegung zuständigen Gesetzen sowohl, wie sie sich zuvor gedreht hat, als auch, wie sie sich weiterhin drehen wird – die Gesetze sind insoweit sowohl rückwärts, als auch vorwärts deterministisch, wenn auch verschieden. Die Richtung der Zeit kann von ihrem Verhalten dann dadurch abgelesen werden, daß die Drehung langsamer wird. Ist sie aber so langsam geworden, daß sie von Stillstand nicht mehr unterschieden werden kann, sind die Gesetze zwar noch vorwärts, aber nicht mehr rückwärts deterministisch: vorwärts, weil sie das künftige Verhalten festlegen, indem sie sagen, daß die Erde niemals wieder beginnen wird, sich zu drehen; rückwärts schon deshalb nicht, weil daraus, daß die Erde sich nicht dreht, nicht geschlossen werden kann, vor wie langer Zeit sie zur Ruhe gekommen ist. Es gibt viele Möglichkeiten, wann und wie eine Bewegung zum Stillstand gekommen ist, aber nur eine, weiter zu ruhen. Von der Beobachtung, daß die Erde sich nicht dreht, kann selbstverständlich weder die Richtung der Zeit, noch ihre Dauer abgelesen werden.

Aber relativ wozu soll die Erde sich drehen oder auch nicht drehen?

Gemeint ist hier nicht die absolute Drehung, die sich durch Fliehkräfte bemerkbar macht, sondern die Drehung relativ zur Position des Mondes. Bekanntlich kehrt der Mond der Erde immer dieselbe Seite zu. Dazu kam es als Konsequenz der Gezeiten, die ihr Werk am Mond bereits vollendet haben. Wenn wir den Mond heute betrachten, können wir nicht sagen, seit wann er der Erde die eine Seite zuwendet – das die Drehung des Mondes bestimmende Gesetz ist nicht mehr rückwärts deterministisch, bleibt aber offenbar vorwärts deterministisch. Durch Betrachtung des »Mondgesichtes« können wir außerdem weder über die Richtung der Zeit, noch über ihre Dauer etwas erfahren. So, wie der Mond der Erde immer dieselbe Seite zukehrt, sich also relativ zu deren Position nicht dreht, die Erde folglich, vom Mond aus gesehen, immer an derselben Stelle steht, wird auch die Erde dem Mond in ferner Zukunft nur noch eine Seite zeigen, mit den bereits geschilderten Konsequenzen für die Gesetze der Drehung und für die Erkennbarkeit der Richtung der Zeit und – in diesen Fällen – auch ihrer Dauer.

Beispiele für diese Zusammenhänge sind zahlreich; man denke nur an die Feder oder die Batterie einer Uhr. Ein näherliegendes Beispiel als die Drehungen von Himmelskörpern bilden die Schwingungen von Pendeln. Wenn ein Pendel ohne Reibungsverluste im luftleeren Raum schwingt, sind die für sein Verhalten verantwortlichen Naturgesetze sowohl vorwärts und rückwärts deterministisch, als auch gleich, so daß von den Schwingungen zwar die Dauer von Zeit, nicht aber ihre Richtung abgelesen werden. Das ist wie bei den Himmelskörpern ohne den Einfluß der Gezeiten. Schwingt das Pendel aber im lufterfüllten Raum, nimmt seine Schwingungsweite ab, bis es endlich für alle praktischen Zwecke zur Ruhe gekommen ist. Wie die Drehung der Erde unter Berücksichtigung von Ebbe und Flut, genügt das, was ein rückwärts laufender Film von den Schwingungen des Pendels zeigen würde, dann nicht dem wirklichen, für die Schwingungen selbst geltenden Naturgesetz: Im rückwärts laufenden Film sehen wir abermals einen Ablauf, der in der Wirklichkeit *aufgrund der Naturgesetze nicht auftreten kann.* Statt langsamer und geringer, werden die Ausschläge des Pendels schneller und weiter, so weit sogar, daß es sich wieder und wieder überschlägt und dabei so rasend schnell wird, daß es wider alle Vernunft wäre anzunehmen, der erreichte Zustand könnte – mit umgekehrter Geschwindigkeit, aber darauf kommt es nicht an – als Anfangszustand eingestellt werden. Der wirkliche Ablauf ist hingegen so, daß das Pendel allgemach zur Ruhe kommt. Ist dieser Zustand erreicht, bleibt der Ablauf zwar vorwärts deterministisch, hat aber aufgehört, rückwärts deterministisch zu sein: Ohne Eingriff von außen, wird das Pendel bis auf unvermeidliche Schwankungen, durch die eine Richtung der Zeit aber genausowenig definiert werden kann wie durch ein Gesetz, das gleichermaßen für die wirklichen wie die rückwärts gewendeten Abläufe gilt, für alle künftigen Zeiten senkrecht herunterhängen. Was aber wann in der Vorzeit war, legt dieser Zustand des Pendels nicht fest: Das Pendel kann im Einklang mit seinem Naturgesetz seit je senkrecht gehangen oder diesen Zustand nach heftigen Schwingungen angenommen haben.

Am Ende befindet sich das Pendel also in einem Zustand, in dem von ihm eine Richtung der Zeit nicht mehr abgelesen werden kann; es hängt senkrecht herunter und schwankt ein bißchen. Es sind vor allem die Schwankungen, von denen bei den Drehungen der Himmelskörper zu sprechen nicht sinnvoll gewesen wäre, die mich veranlaßt haben, auch noch die Pendelschwingungen zu erörtern. Denn die Schwankungen, die durch die Wärmebewegung der Moleküle der Luft verursacht werden, ermöglichen es zwar, Dauer abzuschätzen – bei vorgegebener Temperatur legen Naturgesetze die statistischen Eigenschaften von Schwankungen fest –, aber sie zeichnen *auf keine Art und Weise die eine Richtung der Zeit vor der anderen aus*.

Ganz allgemein können wir die Richtung der Zeit, die wir als ihre wirkliche Richtung empfinden, dadurch definieren, daß die Erkennbarkeit ebendieser Richtung abnimmt. Die nur vorwärts deterministischen Gesetze, von denen Erscheinungen wie das Abklingen einer Pendelbewegung und das Verdampfen einer Flüssigkeit abhängen, bewirken allesamt, daß die *Ordnung abnimmt oder zumindest nicht zunimmt*. Gleichbleiben kann die Ordnung, und sie bleibt das in den Fällen, in denen die Bewegungen aufgehört haben – das Pendel ist zur Ruhe gekommen, die Batterie der Uhr ist leer, ihre Feder abgelaufen, die relativen Drehungen von Erde und Mond haben aufgehört. Wenn ein Erdbeben oder eine Sprengung ein Haus in einen Steinhaufen verwandelt (Abb. 6.4), nimmt die Ordnung *offensichtlich* ab. Doch auch in diesen Fällen, in denen wir die Ordnung abnehmen *sehen*, verbleibt eine verborgene Ordnung, die weiter reduziert werden kann. Und

Abbildung 6.4: Zwar nicht den fundamentalen Naturgesetzen, wohl aber den effektiven, für viele Teilchen geltenden, würde es widersprechen, wenn der in der Bildfolge gezeigte Ablauf in der zeitlich umgekehrten Reihenfolge in der Natur auftreten würde.

selbst wenn wir die Steine zu Staub werden und diesen vom Winde verwehen lassen, ist nicht alle Ordnung abgebaut; im Gegenteil, die verbliebene Ordnung der Atome und Moleküle ist »unendlich« viel größer als die abgebaute.

Entropie – ein Maß für Unordnung

Ein Urteil wie dieses setzt ein *Maß* für Ordnung oder – gleichbedeutend – Unordnung voraus. Das Maß der Physik für Unordnung heißt Entropie – je größer die Entropie, desto größer die Unordnung. Die Definition der Entropie macht Gebrauch von der Tatsache, daß makroskopisch identische Objekte in aller Regel nicht dasselbe Innenleben besitzen. Nehmen wir ein Gas in einem Behälter bei einer gewissen Temperatur; von der Schwerkraft sehen wir ab. Dann wird das Gas den Behälter gleichmäßig ganz ausfüllen. Und das wird ohne Eingriff von außen immer so bleiben. Dessen können wir physikalisch, wenn auch nicht mathematisch gewiß sein. Davon sogleich. Jedenfalls ist das Gas in seinem Behälter makroskopisch immer dasselbe. Mikroskopisch aber nicht. Kein Molekül befindet sich *jetzt* an derselben Stelle wie eine Minute zuvor oder zu irgendeiner anderen Zeit, keins besitzt dieselbe Geschwindigkeit: Zahlreiche »Mikrozustände« des Gases – jeder Mikrozustand ist *ein* Zustand der Gesamtheit der Moleküle, aus denen das Gas besteht – sind mit *demselben* »Makrozustand« vereinbar. Die Kennzahlen des Makrozustands eines Gases in seinem Behälter sind Druck, Volumen, Temperatur sowie dessen Zusammensetzung aus – sagen wir – 99% Sauerstoff und 1% Stickstoff. Je größer das Volumen des Gases, desto größer ist offenbar die Zahl der Mikrozustände, die es annehmen kann. Eben deshalb befindet sich ein auf ein kleineres Volumen beschränktes Gas in einem geordneteren Zustand als dasselbe Gas in einem größeren Volumen. Analoges gilt für die Temperatur – je höher diese ist, desto größer ist auch die Anzahl der möglichen Geschwindigkeiten der einzelnen Moleküle, und zugleich desto größer die Unordnung. Das hat die Physik auf den Gedanken gebracht, die *Anzahl der Mikrozustände* eines makroskopischen Objekts, die mit dem Makrozustand desselben vereinbar sind, als Maß der Unordnung zu verwenden. Hierbei sind einige Hürden zu überwinden, die damit zu tun haben, daß – erstens – die Mikrozustände der Quantenmechanik ganz anderer Natur sind als die der nicht-quantenmechanischen Physik, und daß – zweitens – zum Zweck der Zählung der Zustände eines Körpers aus Teilchen der Klassischen Physik deren originär kontinuierlichen Variablen zunächst vereinzelt liegende diskrete Werte zugewiesen werden müssen. Diese technischen Details sollen uns aber nicht kümmern. Wir halten fest, daß die Zahl der Mikrozustände, die mit dem Makrozustand eines Objekts vereinbar sind, als Maß für die Unordnung des Objekts in seinem Makrozustand genommen wird. Diese Zahl ist in aller Regel ungeheuer groß, und deshalb verwendet man nicht sie selbst, sondern im wesentlichen die Zahl der Ziffern, die es erfordern würde, sie aufzuschreiben. Die so erreichte Größe zur Kennzeichnung der Unordnung ist die Entropie.

Zählen von Mikrozuständen

Angenommen nun, jeder Mikrozustand, der mit einem vorgegebenen Makrozustand eines Gases vereinbar ist, tritt mit derselben Wahrscheinlichkeit im Laufe der Zeit auf – wie wahrscheinlich ist es dann, daß das Gas ohne äußeres Zutun irgendwann einmal statt irgendwie über das ganze Gefäß verteilt zu sein, sich ganz in – sagen wir – seiner linken Hälfte befindet? Das ist wegen der großen Zahl von Molekülen in einem jeden makroskopischen Gas, einer Zahl mit mehr oder weniger 23 Ziffern, ungeheuer unwahrscheinlich. Die Abb. 6.5 soll das illustrieren. Deren 10 Münzen stehen für die Moleküle des Gases, von ihnen die Münzen mit »Zahl« für die Moleküle in der linken, die mit »Kopf« für die in der rechten Hälfte des Behälters. Damit jede Konfiguration gleich wahrscheinlich sei, stellen wir uns vor, jede einzelne Münze werde geworfen und zeige mit derselben Wahrscheinlichkeit »Kopf« wie »Zahl«. Wir wollen nach der Anzahl der Konfigurationen fragen, bei denen alle Münzen »Zahl « zeigen – sprich: alle Moleküle in der linken Kastenhälfte versammelt sind –, verglichen mit der Anzahl der Konfigurationen, bei denen gleich viele Münzen, nämlich je 5, »Kopf« wie »Zahl« aufweisen – sprich: sich in jeder Kastenhälfte gleich viele Moleküle befinden. In einer Notierung, die wohl keiner Erläuterung bedarf, bezeichnen wir die beiden Fälle mit (10,0) und (5,5). Offenbar gibt es genau eine Konfiguration (10,0) – die der Abbildung a – mit der Anzeige »Zahl« bei allen Münzen. Bei genau 10 Konfigurationen namens (9,1) – ein Beispiel bietet die Abbildung b – zeigt genau eine Münze »Kopf«, alle anderen »Zahl«. Diese Konfiguration steht dafür, daß sich alle Moleküle bis auf eins in der linken Kastenhälfte befinden. Weil wir angenommen haben, daß alle Konfigurationen der Münzen genauso wie die Zustände der Moleküle im Gas gleich wahrscheinlich sind, werden wir bei Überprüfungen der Anzahlen der Moleküle in den beiden Kastenhälften bei insgesamt 10 Molekülen 10mal so oft die Verteilung (9,1) als die Verteilung (10,0) antreffen. Die Abzählerei kann man auch für die Verteilung (8,2) leicht selbst durchführen mit dem Ergebnis, daß diese Verteilung 45mal so oft auftritt wie (10,0). Am häufigsten tritt die Verteilung (5,5) des Beispiels der Abbildung c auf, die dafür steht, daß sich in jeder Kastenhälfte gleich viele Moleküle befinden – insgesamt 252mal für jedes Auftreten von (10,0). Es ist also bei 10 Molekülen 252mal so wahr-

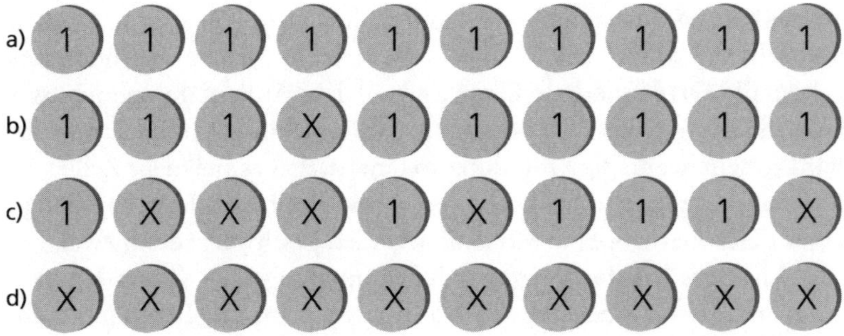

Abbildung 6.5: Die Münzen stehen für Moleküle in den beiden Hälften eines Kastens; die jeweilige Konfiguration wird durch Werfen der Münzen bestimmt. Einzelheiten erläutert der Text.

scheinlich, daß die Moleküle gleichmäßig über den Kasten verteilt, als daß sie in einer Kastenhälfte vereint sind. Die nächst häufige Verteilung ist die benachbarte (6,4) oder, gleichberechtigt, (4,6) mit der Häufigkeit 210. Die diesen Verhältnissen entsprechenden Zahlen steigen mit der Gesamtzahl der Moleküle steil an. So ist bei 12 Molekülen die Gleichverteilung über beide Kastenhälften um den Faktor 924 – statt 252 bei 10 Molekülen – wahrscheinlicher als der Aufenthalt aller Moleküle in der linken Kastenhälfte. So geht es weiter – bei der Anzahl von Molekülen, die ein makroskopischer Körper enthält, ist dieser Faktor für alle praktischen Zwecke unendlich: Die Moleküle werden sich, ebenfalls für alle praktischen Zwecke, niemals alle ohne äußeres Zutun in einer Kastenhälfte versammeln.

Bei dem Modell der Münzen ist der makroskopische Zustand (10,0) des Gases, bei dem sich alle Moleküle in einer Kastenhälfte befinden, mit genau einem Mikrozustand vereinbar; der Zustand (5,5), in dem jede Kastenhälfte gleich viele Moleküle enthält, hingegen mit 252 Mikrozuständen. Dem entspricht, daß im Zustand (10,0) die Ordnung sowohl nach ihrer physikalischen Definition, als auch für den Alltagsverstand größer sein muß als im Zustand (5,5). Die Entropie als Zahl der Ziffern der Anzahl der mit dem Makrozustand vereinbaren Mikrozustände ist im zuerst genannten Makrozustand 1, im zweiten 3. Wegen der Bedeutung der Sache schließe ich eine Diskussion der Entropie des Gases in einem Kasten an, die der wirklichen Physik näherkommt als das Münzenmodell. In einem ersten Schritt namens

Vergröberung unterteilen wir den Behälter in 12 gleich große Zellen und sehen davon ab, *wo* in einer Zelle sich ein Molekül befindet; uns gelten alle Orte innerhalb einer Zelle gleich. Außerdem nehmen wir an, daß sich in jeder Zelle höchstens ein Molekül befinden kann. Das wird so sein, wenn die Einteilung so fein ist, daß es viel mehr Zellen als Moleküle gibt, da es dann bereits sehr unwahrscheinlich ist, daß sich in einer Zelle überhaupt ein Molekül befindet, geschweige denn zwei. Etwas Analoges tritt bei gewissen Teilchentypen – den »Fermionen« – aufgrund der für sie geltenden Naturgesetze auf. Die Besetzungszahl einer Zelle soll in meinem Modell nur 0 oder 1 sein. Die Möglichkeit der Moleküle, verschiedene Geschwindigkeiten zu besitzen, berücksichtigen wir gleich gar nicht. Zur Vereinfachung sollen außerdem alle Zustände, die aus einem dadurch hervorgehen, daß die Moleküle miteinander vertauscht werden, zu einem zu zählenden Zustand zusammengefaßt werden.

Die Abb. 6.6 zeigt zwei Mikrozustände eines Gases aus 11 Molekülen in dem so unterteilten und bevölkerten Kasten. In dem Zustand der Abb. 6.6a befindet sich das Gas in der linken Kastenhälfte. Zu diesem Makrozustand gehören offenbar 12 Mikrozustände. Denn 12 ist die Zahl der Möglichkeiten, von 12 Kästchen genau eines freizulassen. Die Trennwand hat es uns ermöglicht, das Gas in die linke Kastenhälfte einzufüllen, und sie sorgt dafür, daß es dort bleibt. Im Zustand der Abb. 6.6b sind die Moleküle des Gases »irgendwie« über den ganzen Kasten verteilt. Wenn wir fragen, wie viele Mikrozustände die Moleküle in dem Kasten *überhaupt* einnehmen können, müssen wir berechnen, wie viele Möglichkeiten es gibt, von 24 Kästchen genau 11 zu besetzen oder, äquivalent, genau 13 freizulassen. Dies ergibt die beachtliche Zahl von 2496144 Möglichkeiten, unter ihnen natürlich die vergleichsweise wenigen, bei denen sich das Gas ganz oder fast ganz in einer Kastenhälfte befindet. Weil mit dem Makrozustand der Abb. 6.6a nur wenige, mit dem der Abb. 6.6b hingegen sehr viele Mikrozustände vereinbar sind, ist die zugehörige Ordnung in den beiden Fällen offenbar sehr verschieden. Dies drückt sich in den Entropien 2 bzw. 7 aus.

Bereits bei nur 10 oder 11 Molekülen sind die Unterschiede der mit verschiedenen Makrozuständen vereinbaren Anzahlen von Mikrozuständen kraß. Bei Millionen Milliarden Milliarden Molekülen sind sie so riesig, daß bereits minimale Unterschiede der – zum Beispiel –

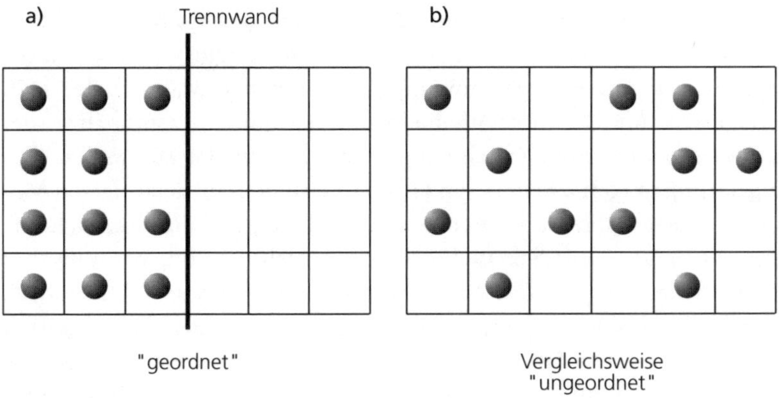

Abbildung 6.6: Der Zustand des Gases mit der Trennwand in a ist geordneter als der ohne sie in b, weil mit b 2496144 Mikrozustände vereinbar sind, mit a hingegen nur 12.

Raumerfüllung eines Gases dazu führen, daß ein Gas für alle physikalischen Ansprüche *immer* den ganzen Raum erfüllt, der ihm zugänglich ist. Das physikalische *immer* ist aber kein mathematisches, denn es läßt Ausnahmen zu, die aber in Weltaltern nicht auftreten. Hervorgehoben sei noch einmal die Grundlage unserer Überlegungen – daß nämlich jede *bestimmte* mikroskopische Verteilung der *ununterscheidbaren* Moleküle über die Zellen des Kastens genauso wahrscheinlich ist wie jede andere. So ist es genauso wahrscheinlich, daß durch zufälliges Einreihen der Bücher in die Regale irgendeine bestimmte Anordnung (wenn auch ohne erkennbare Regel) entsteht, wie etwa die alphabetische Ordnung nach Autoren. Jede Anordnung kann dadurch beschrieben werden, daß man sie angibt. Gibt es eine Liste der Autoren, kann die alphabetische Anordnung bereits dadurch beschrieben werden, daß sie eben das ist – alphabetisch. Diese Beschreibung ist *kürzer* als die durch die Angabe eines Buches nach dem anderen in der aufgetretenen Reihenfolge: die letztere ist *komprimierbar*, die zufällig entstandenen sind das nahezu nie.

Ist ein Gas wie das der Abb. 6.6a durch eine Trennwand anfangs in der linken Kastenhälfte eingeschlossen, wird es sich bei deren Fortnahme über den ganzen Kasten verteilen. Dafür, warum das so ist, bieten sich von vornherein zwei grundsätzlich verschiedene Typen von Erklärungen an. Die vom ersten Typ berufen sich auf die für alle Einzelereignisse in dem Gas geltenden Gesetze des elastischen Stoßes zwischen Molekülen. Verfolgt man die Einzelereignisse, wird sich bei nahezu keinen Anfangsbedingungen das ereignen, was sich dennoch ereignen kann: Die Moleküle bleiben in der linken Kastenhälfte versammelt oder kommen nach einiger Zeit dort wieder zusammen. Die Erklärungen vom zweiten Typ lassen sich auf keinen detaillierten Mechanismus ein. Sie konstatieren frech und frei, daß *alle* Entwicklungen, wenn sie nicht Schritt für Schritt einsehbar sind, von unwahrscheinlichen zu wahrscheinlicheren Zuständen führen. »Nicht Schritt für Schritt einsehbar« bedeutet genauer, daß nicht regelnd eingegriffen werden kann, und daß zur Ermittlung des sichtbaren Resultats Mittelungen vorgenommen werden müssen oder durch die Natur vorgenommen werden. Die Gesetze für die Einzelereignisse mögen nach dieser Auffassung sein, wie sie wollen – es mag sogar kein Gesetz für Einzelereignisse geben –, immer wird sich bei deren Zusammenfassung durch die Natur oder die Theorie ergeben, daß die Ordnung im Laufe der Zeit abnimmt, sich das System insgesamt also hin zu wahrscheinlicheren Zuständen – Zustände mit geringerer Ordnung – entwickelt. Den Einwand, daß im Fall des detaillierten Mechanismus elastischer Stöße es durchaus Anfangsbedingungen gibt, unter denen sich das Gas in der linken Kastenhälfte zusammenzieht, lehnen die Erklärungen vom zweiten Typ dadurch ab, daß es *unmöglich* sei, einen solchen Anfangszustand einzustellen, weil er unauffindbar isoliert in einem Kontinuum von Zuständen liegt, die keinesfalls eine so geartete Konsequenz besitzen. Wie unser »immer« ein physikalisches, kein mathematisches war, so bezeichnet auch unser »unmöglich« eine physikalische statt einer mathematischen Unmöglichkeit.

Der Zweite Hauptsatz

Das Gesetz, daß die Ordnung nicht zunehmen, sondern nur abnehmen oder gleichbleiben kann, heißt Zweiter Hauptsatz, und bisher ist nirgends in der Physik eine Theorie mikroskopischer Prozesse aufgetreten, die bewirken würde, daß die Ordnung insgesamt wächst, daß also die Anzahl der Mikrozustände, die mit der beobachteten makroskopischen Entwicklung im Einklang sind, abnimmt. Immer wenn das physikalische Konzept von Ordnung vs. Unordnung anwendbar ist, beruht die beobachtbare Folge von Makrozuständen auf einer sie bewirkenden Folge von Mikrozuständen. Könnte es aber nicht auch Gesetze für die Mikrowelt geben, als deren Konsequenz die Ordnung im Regelfall zunimmt? Physiker sind davon überzeugt, daß das unmöglich ist: Was auch immer sie anstellen und/oder die Natur anstellt, stets – im physikalischen Sinne – nimmt die Ordnung ab oder bleibt gleich. Denn es ist ein Prozeß der Mittelung erforderlich, um aus den verborgenen mikroskopischen Größen die meßbaren makroskopischen zu gewinnen. Diesen Prozeß der Mittelung nimmt die Natur beim Übergang vom mikroskopischen zum makroskopischen Verhalten vor, wir vollziehen ihn bei unseren Berechnungen der Beobachtungsgrößen nach, und er verleiht dem Zweiten Hauptsatz seine Gültigkeit und bewirkt zugleich, daß wir *verstehen* können, warum er gilt – er beruht einfach auf den Gesetzen der großen Zahlen.

Übrigens treten oft genug Prozesse auf, bei denen auf den ersten Blick die Ordnung wächst, die also dem Zweiten Hauptsatz zu widersprechen scheinen. Genauere Inspektion zeigt aber in allen Fällen, daß das tatsächlich nicht so ist. Die Ordnung kann ja nur *insgesamt* nicht zunehmen; Prozesse, bei denen die Ordnung »hier« auf Kosten der Ordnung »dort« wächst, verbietet der Zweite Hauptsatz nicht. Im Gegenteil, wenn die Ordnung insgesamt dadurch effektiver abgebaut werden kann, daß sie lokal zunimmt, wird das geschehen: Es werden sich Strukturen bilden, deren Auftreten den Abbau der Ordnung insgesamt beschleunigt. Ein einfaches Beispiel für das lokale Auftreten von Ordnung auf Kosten der Ordnung insgesamt ist die Bildung von Eis aus Wasser. Bei diesem Übergang nehmen die Wassermoleküle einen geordneteren Zustand an als den, den sie im flüssigen Wasser besitzen. Durch den Übergang nimmt die Ordnung insgesamt deshalb ab, weil er Kristallisationswärme freisetzt, die von der kälteren Umgebung aufgenommen wird und diese erwärmt – ein Vorgang, der wie jede Erhöhung der Temperatur die Unordnung vergrößert.

Unser Thema ist die Natur der Gesetze, ob sie – in Eddingtons Terminologie – Gesetze erster oder zweiter Art sind. Als Gesetze erster Art bezeichnet Eddington die deterministischen Gesetze wie die Newtons, die des elastischen Stoßes, die Gleichungen Maxwells sowie die Gesetze der Quantenmechanik. Zu den Gesetzen zweiter Art gehören die der Kinetischen Gastheorie, allgemeiner die der Wärmelehre und insbesondere der Zweite Hauptsatz. »Die Gesetze erster Art« , so Eddington, »verbieten gewisse Dinge, deren Geschehen *unmöglich* ist. Die Gesetze zweiter Art verbieten Dinge, deren Geschehen *zu unwahrscheinlich* ist, als daß sie jemals wirklich eintreten könnten.« Auf eine Alltagsfrage wie die, ob »diese« Tasse heißen Tees, die vor mir steht, im Laufe der Zeit kälter werden wird, kann ein Gesetz erster Art nur dann abschließend Auskunft erteilen, wenn man ihm die Möglichkeit dazu gibt, d.h. wenn man, so Eddington, »das Wort ›diese‹ mathematisch genau bestimmt dadurch, daß man Lage, Bewegung usw. von einigen Quadrillionen Teilchen und Energieelementen angibt«. Das aber ist unsere Sache nicht, sondern die des »Laplaceschen Dämons«. Unter den uns bekannten Voraussetzungen unserer Frage können wir vermöge der Gesetze erster Art nur die Antwort erhalten, daß der Tee zwar kälter werden kann, aber auch beginnen kann zu sieden – die Angaben »sind viel zu ungenau, als daß irgendein Resultat als unmöglich ausgeschlossen werden könnte« . Das Gesetz zweiter Art jedoch antwortet einfach: Die Tasse wird kälter werden, denn alles andere ist zu unwahrscheinlich.

Der Laplacesche Dämon

»Ein Verstand, der in einem gegebenen Augenblick aller Kräfte, durch die die Natur belebt ist, und der einzelnen Orte der Wesenheiten, aus denen sie besteht, inne wäre, und dessen Einsicht umfassend genug wäre, um diese Tatsachen einer Analyse zu unterwerfen, ein solcher Verstand könnte mit einer einzigen Gleichung die Bewegung der größten Körper im Weltall und der leichtesten Atome umfassen. Nichts wäre für ihn ungewiß; die Zukunft und die Vergangenheit ständen mit gleicher Deutlichkeit vor seinem Auge.«

Mit diesen Worten charakterisierte der französische Mathematiker und Astronom Pierre Simon Laplace »Verstand, Einsicht und Auge« eines Dämons. Einen solchen Laplaceschen Dämon kann es selbstverständlich nur dann geben, wenn es Naturgesetze gibt, welche die vergangenen und die zukünftigen Zustände der Welt aus ihrem gegenwärtigen zu berechnen gestatten. Für Laplace gab es solche Naturgesetze, und sie waren den Gesetzen der Mechanik Newtons zumindest nachgebildet, wenn nicht gar mit ihnen identisch. Als läßliche, vielleicht didaktisch motivierte Sünde wollen wir es ihm nachsehen, daß er die *Geschwindigkeiten* der »Wesenheiten« , die zur Vorhersage des künftigen Zustands der Welt genauso erforderlich sind wie deren Orte, nicht erwähnt. Ein Laplacescher Dämon der Quantenmechanik würde statt der Orte und Geschwindigkeiten der Wesenheiten deren gemeinsame Wellenfunktion kennen und die Folge zukünftiger Zustände aus ihr berechnen.

Ein außenstehender Beobachter eines isolierten Systems, dem das bekannt ist, was der Dämon laut Laplace von der ganzen Welt weiß, kann die Folgerungen des Dämons ziehen und dann zumindest im Prinzip auf das System Einfluß nehmen. Ist der Dämon oder der Beobachter hingegen ein Teil des Systems, kann er das nicht. Wenn der in den Gesetzen und dem augenblicklichen Zustand der Welt verwurzelte Weltenplan dem Dämon Bewußtsein verleiht, weiß er zwar, was geschehen wird, kann es aber nicht ändern, ohne den Bedingungen seiner Existenz zu widersprechen. Er gleicht insofern dem Chor einer altgriechischen Tragödie, der weiß und besingt, was geschehen und was er singen wird, der aber nichts davon abwenden kann.

Statistische Gesetze

Die Gesetze zweiter Art sind statistische Gesetze, beruhen also, wie bereits gesagt, auf den Gesetzen der großen Zahlen und lassen eben deshalb Ausnahmen zu. Beim Versuch, die für ein System geltenden Gesetze zweiter Art aus den deterministischen erster Art abzuleiten, die für die Bauteile gelten, stellt man wieder und wieder fest, daß keine Gesetze erster Art dazu tatsächlich benötigt werden. Darauf haben wir in der mit der Abb. 4.5 verknüpften Diskussion bereits hingewiesen, und das hat auch die Herleitung davon gezeigt, daß sich ein Gas »niemals« in einer Hälfte seines Behälters versammeln wird: Zur Herleitung brauchten wir nur einzubeziehen, daß bei vorgegebener Gesamtenergie des Gases alle Mikrozustände gleich wahrscheinlich sind – worauf auch immer das beruhen mag. Es beruht natürlich auf den Gesetzen, die für Atome und Moleküle gelten, im Modell der Kinetischen Gastheorie auf denen des elastischen Stoßes. Genaugenommen benötigt die Ableitung nicht einmal die Hypothese der gleichen Wahrscheinlichkeit; weite Abweichungen sind zugelassen.

Ich komme noch einmal auf die Gase aus elastischen Kugeln zu-

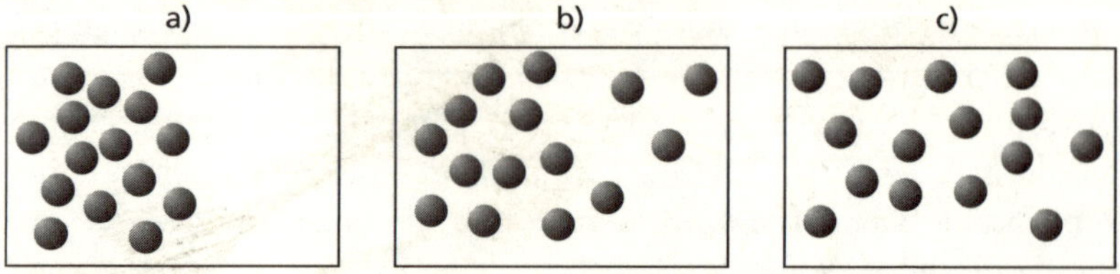

Abbildung 6.7: Ausbreitung eines Gases aus sechzehn elastischen Kugeln – in der Ebene Kreisen –, das anfangs in der linken Hälfte seines Behälters versammelt war, über den ganzen Behälter

rück. Damit das durch die deterministischen Gesetze des elastischen Stoßes sowie die Anfangsbedingungen implizierte mikroskopische Verhalten eintritt, darf es keine Störung von außen geben. Die Aussage dagegen, daß das Gas, wenn es anfangs, zum Beispiel durch eine Scheidewand, in der linken Hälfte seines Behälters konzentriert war, sich nach Fortnahme der Scheidewand über den ganzen Behälter ausbreiten und sich »niemals« wieder in der linken Hälfte versammeln wird, ist auch und gerade bei äußeren Störungen gültig. Gerade, weil diese den Erfolg des Zielens auf einen Endzustand vereiteln. Ihre Gültigkeit erfordert auch nicht, daß sich die Kugeln genau so verhalten, wie es die deterministischen Gesetze des elastischen Stoßes vorschreiben. Ohne daß das qualitative makroskopische Verhalten geändert würde, könnte das Verhalten der Kugeln in weiten Grenzen auch ausgewürfelt werden. Sonst müßte nämlich das makroskopische Verhalten in aller Regel von den mikroskopischen Anfangsbedingungen abhängen, was aber nicht der Fall ist. Ob wir das mikroskopische Verhalten auswürfeln oder äußere Störungen zulassen, das makroskopische Verhalten des Gases wird davon unabhängig »immer« dasselbe sein: Es wird sich über den ganzen Behälter ausbreiten.

Zur Illustration soll die Abb. 6.7 dienen. Sie bietet (vgl. auch Abb. 4.4d) ein durchaus realistisch wirkendes Bild der Ausbreitung des Gases aus 16 elastischen Kugeln, die anfangs in der linken Kastenhälfte konzentriert sind, über den ganzen Kasten. Trotzdem, oder gerade deshalb, kann sie direkter durch Zufälle als durch die Naturgesetze für den elastischen Stoß begründet werden. Die Rechnung zur Erzeugung der Abbildung war eine Computerrechnung mit einer Genauigkeit von zwölf relevanten Stellen. Nun ist das physikalische System der Abbildung chaotisch, so daß dessen tatsächliche mikroskopische Ent-

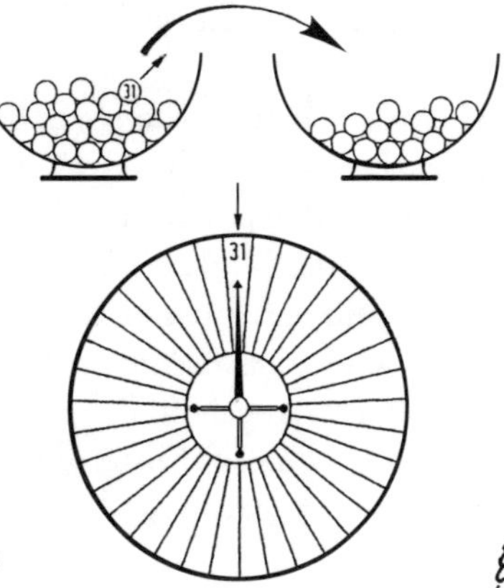

a)

b)

Abbildung 6.8: Modellsystem a zur Gastheorie. Auf die Flöhe in b, die regellos von einem Hund zum anderen springen, kann dasselbe Argument wie auf die Kugeln in a angewendet werden, mit dem analogen Resultat, daß im zeitlichen Mittel auf jedem Hund dieselbe Anzahl von Flöhen sitzt. Dies auch dann, wenn anfangs der eine Hund völlig flohfrei war.

wicklung von der dargestellten ganz und gar verschieden wäre. Darin aber, daß die Kugeln im Laufe der Zeit den ganzen Kasten einnehmen und »niemals« – bei nur 16 Kugeln ein sehr schwaches niemals – wieder in dieselbe Kastenhälfte zurückkehren werden, würde der wirkliche Ablauf mit dem gerechneten übereinstimmen. Auf die Computersimulation physikalischer Abläufe wirken sich Rundungsfehler genauso aus, wie äußere Störungen auf die realen Abläufe: Rundungsfehler simulieren, anders gesagt, Störungen.

Von dem österreichischen theoretischen Physiker Paul Ehrenfest und seiner Frau Tatyana, einer Mathematikerin, stammt das höchst instruktive Modell der Abb. 6.8a für eine allein auf statistischen Gründen beruhende Ausbreitung von einem aus Kugeln bestehenden »Gas«. In zwei Urnen befinden sich 100 mit 00, 01, 02 … 99 durchnumerierte Kugeln. Ihre Verteilung auf die beiden Urnen definiert den Anfangszustand des Modells. Seine zeitliche Entwicklung bestimmt blinder Zufall. Durch ein Glücksrad mit 100 Einstellungen werden nacheinander Zahlenpaare zwischen 00 und 99 zufällig ausgewählt. Jede Betätigung des Glücksrads steht für einen Zeitschritt. Die Kugel mit dem Zahlenpaar des jeweiligen Ergebnisses wird von der Urne, in der sie sich gerade befindet, in die andere umgepackt. Und so wieder und wieder – mit der Konsequenz, daß eine anfangs möglicherweise bestehende Ordnung im Laufe der »Zeit« abgebaut wird.

Ordnung bedeutet bei diesem System, daß sich mehr Kugeln in der einen Urne als in der anderen befinden. Je mehr Kugeln eine Urne enthält, desto größer ist die Wahrscheinlichkeit, daß das Glücksrad eine von ihnen auswählen, diese also umgepackt wird. Folglich nimmt die Zahl der Kugeln in der Urne ab, in der sich mehr von ihnen befinden – das Ungleichgewicht wird abgebaut. Wenn wir insbesondere das Spiel mit der Konfiguration beginnen, bei der alle 100 Kugeln in der linken Urne versammelt sind, bewirkt die Entwicklung eine im Mittel gleichmäßige Verteilung der Kugeln auf beide Urnen.

Keine Gesetze Erster Art?

Daraus, daß Gesetze zweiter Art gelten, können wir nicht schließen, daß es Gesetze erster Art überhaupt gibt. Denn auch regellose mikroskopische Abläufe können auf dieselben, sich durch Mittelung ergebenden makroskopischen Gesetze wie sie führen. Erwin Schrödinger hat das hier gemeinte 1922 so ausgedrückt: »Der molekulare Einzelprozeß mag seine eigene strenge Gesetzmäßigkeit besitzen oder nicht besitzen – in die beobachtete Gesetzmäßigkeit braucht jene *nicht* eingehend gedacht zu werden, sie wird im Gegenteil in den uns allein zugänglichen Mittelwerten über Millionen von Einzelprozessen vollständig verwischt. Diese Mittelwerte zeigen ihre eigene, rein *statistische Gesetzmäßigkeit*, die auch dann vorhanden wäre, wenn der Verlauf eines jeden einzelnen molekularen Prozesses durch Würfeln, Roulettespiel, Ziehen aus einer Urne entschieden würde.« Soweit stimmen ihm wohl alle Physiker zu und haben ihm die Kollegen 1922 zugestimmt. Nicht aber dem, was jetzt folgen soll – seiner Unterstellung nämlich, daß die mikroskopischen Prozesse tatsächlich nicht kausal ablaufen. Schrödinger geht von seiner Auffassung der Unschärferelation der Quantenmechanik aus, um zu begründen, daß Zweifel an dem Determinismus der elementaren Vorgänge erhoben werden *müssen*. Darauf, daß sie erhoben werden *können*, hat insbesondere Franz Exner in seinen bereits erwähnten Vorlesungen über die »Physikalischen Grundlagen der Naturwissenschaften« hingewiesen. In einem Vortrag des Jahres 1931 faßt Schrödinger zusammen: »Schon lange vor dem

Auftreten der modernen Quantenmechanik mit ihren quantitativen ›Unschärfebehauptungen‹ konnten Zweifel an der Berechtigung des Determinismus von einem viel allgemeineren Gesichtspunkt aus erhoben werden – sie mußten freilich nicht. Tatsächlich *wurden* sie erhoben, u. zw. von Franz Exner, 1918, neun Jahre *vor* der *Heisenberg*schen Unbestimmtheitsrelation. Sie fanden aber wenig Beachtung, und wenn man für sie eintrat, wie ich [Schrödinger] es [1922] tat, so begegnete man ›einem erheblichen Schütteln des Kopfes‹.«

Exner selbst: »Wo immer wir im Makrokosmos die Entstehung der Gesetze tatsächlich verfolgen können, ergeben sich diese als Wahrscheinlichkeitsgesetze. Der Schluß liegt nahe, daß, wenn viele Gesetze so entstehen, es vielleicht alle tun und wir bei fortschreitender Erkenntnis der Elementarvorgänge für immer zahlreichere derselben den Nachweis ihrer Provenienz werden liefern können. Eine diesbezügliche Behauptung auszusprechen, ginge wohl zu weit, aber eine gegenteilige täte dasselbe.«

Vorsichtig, sehr vorsichtig spricht Exner hier noch einmal das Credo des mechanistischen Zeitalters aus, welches der Maschine mit ihrem einsehbaren Funktionieren den Vorrang vor abstrakten mathematischen Gesetzen gegeben hatte. Tatsächlich bildete ja auch die Kinetische Gastheorie, auf die sich Exner und Schrödinger vor allem berufen, einen späten Triumph der mechanistischen Weltsicht. Die alten Rätsel, wie eine Maschinerie Schwerkraft, Fliehkraft, Ausbreitung des Lichts, Magnetismus und so weiter bewirken könne, bleiben freilich bestehen, und wir finden weder bei Exner noch bei Schrödinger ernsthafte Versuche, sie durch Vorschläge detaillierter Mechanismen zu lösen. Daß Newtons Gesetze die Wirkungen der Schwerkraft richtig zusammenfassen, kann zwar nicht geleugnet werden, aber daraus folgt nicht die Realität dieser Kraft in dem Sinn, daß sie mehr wäre als, so Exner, »Repräsentant aller der uns unbekannten Vorgänge, die in ihrem Verein eben jene Wirkungen hervorbringen, die wir der Kraft allein zuschreiben«. Hierin sieht er sich einig mit Newton: »Was er mit seinem bekannten Wirkungsgesetze sagen wollte, ist nur, daß zwei beliebige Massen sich wirklich so verhalten, als wäre diese Kraft vorhanden und sonst nichts, was auf die Massen wirkt.« Hoffnung auf einen Fortschritt auch in diesem Fall machte die unlängst errungene Einsicht in die Ursache des von Gasen ausgeübten Drucks: »Ehe man über die Konstitution der Gase im klaren war, hat man ihnen eine Expansivkraft zugeschrieben, die nach bestimmten Gesetzen wirkend, gewisse Erscheinungen an gasförmigen Medien zu erklären vermochte. Jetzt bedürfen wir dieser rätselhaften Kraft nicht mehr, denn wir kennen den Mechanismus, durch den eben die Wirkungen hervorgebracht werden, die man früher der Expansivkraft zuschrieb.« Dann wendet er sich wieder Newtons Schwerkraft zu: »In der Annahme einer solchen richtig gewählten Kraft werden wir also ein wesentliches Hilfsmittel haben, die Erscheinungen in vereinfachter Form darzustellen. Aber wir müssen uns immer dessen erinnern, daß wir nicht berechtigt sind, solchen Kräften eine Realität zuzuschreiben, daß sie nichts sind als einfache Ausdrucksmittel für die Gesetzmäßigkeit von Erscheinungen, welche wahrscheinlich durch komplizierte, uns unbekannte Vorgänge ausgelöst werden.« Gegen den Begriff der Kraft selbst wendet er sich übrigens nicht; im Gegenteil: »Es ist [...] kaum zu rechtfertigen, wenn zuweilen der Versuch gemacht wird, den Begriff der ›Kraft‹ aus der Wissenschaft zu entfernen. Vielleicht mögen vielmehr jene recht haben, die sagen, daß man diesen Begriff schaffen müßte, wenn man ihn nicht hätte.« Um aber auf keinen Fall mißverstanden zu werden, wiederholt er sogleich, was wir schon kennen: » Aber daraus folgt nicht, daß eine solche Kraft als ein wirklich Reales gedacht werden muß, an dessen Sohlen sich der Zwang der Notwendigkeit, die Kausalität, bedingungslos heftet; schon Newton hat sich dagegen verwahrt, als würde er seine Kraft der Gravitation und sein Gravitationsgesetz in solchem Sinne auffassen. Er wollte damit nur für einen derzeit und vielleicht für immer unbekannten jedenfalls höchst komplizierten Vorgang einen Ausdruck finden, der aber gar nicht den Vorgang selbst, sondern nur das sichtbare Resultat desselben richtig wiedergibt.«

Als *okkult* hatten Descartes und seine Nachfolger, auch Newton, das Wirken von Kräften eingestuft, die nicht auf Berührung und Stoß zurückgeführt werden konnten. Die Mathematisierung des Weltbilds lief seit dem späten 19. Jahrhundert darauf hinaus, daß diesen Kräften und ihren abstrakten Repräsentanten, den Feldern, eine Daseinsberechtigung in den Formulierungen der Gesetze der Physik zugesprochen wurde. Als *okkult* hätten den Anhängern des mathematischen Weltbilds eher die Erfindungen eines Descartes gegolten, durch die er das Wirken der Kräfte auf dem Feld der Erscheinungen erklären wollte. Nun beruhten aber die unbestreitbaren Erfolge der Kinetischen Gastheorie auf Entitäten, die insofern ebenfalls Erfindungen waren, als sie wie die des Descartes den Sinnen nicht zugänglich waren. Deren Eigenschaften konnten in einem weiten Rahmen sein, wie sie wollten; immer noch ergaben Mittelungen die durch Beobachtungen bestätigten Gesetze für die Erscheinungen. Im Zug der Zeit lag es, das Konzept eines unbedingt wirksamen Naturgesetzes, das sich gerade in der Maxwellschen Elektrodynamik (seit 1873) und der Einsteinschen Theorie der Gravitation, der Allgemeinen Relativitätstheorie (ab 1916) glänzend bewährte, auf die Mikrowelt auszudehnen. Max Planck und Albert Einstein waren prominente Vertreter dieser Auffassung, aber auch Schrödinger hat sie in seinem bereits erwähnten Vortrag von 1922, in dem er für seine vorsichtige Vertretung Exnerscher Auffassungen »einem erheblichen Schütteln des Kopfes« begegnet war, nicht rundheraus zurückgewiesen: »Die heute herrschende Ansicht ist die, daß mindestens die Gravitation und die Elektrodynamik absolute, elementare Gesetzmäßigkeiten sind, die auch für die Welt der Atome und Elektronen gelten und vielleicht als Urgesetzlichkeit allem Geschehen zugrunde liegen.« Er weist auf die »erstaunlichen Erfolge der Einsteinschen Gravitationstheorie« hin und fragt, ob man daraus schließen müsse, daß Einsteins Gravitationsgleichungen ein *Elementargesetz* seien. Seine Antwort: »Ich glaube, nein. Wohl bei keinem Naturvorgang ist die Zahl der einzelnen Atome, die zusammenwirken müssen, damit ein beobachtbarer Effekt zustande kommt, so enorm groß wie bei den Gravitationserscheinungen.« Zwischen dem Vortrag 1922 und dessen Veröffentlichung 1929 hat Schrödinger selbst 1926 durch die Auffindung und Anwendung der nach ihm benannten, für die Grundlegung der Quantenmechanik entscheidenden Gleichung wesentlich zu dem Glauben beigetragen, daß in der Mikrowelt mathematisch formulierbare Naturgesetze gelten. Die speziellen Probleme der Quantenmechanik deuteten sich damals nur höchst verschwommen an.

Innenwelt und Außenwelt

Ernst Mach hat die Existenz der Atome geleugnet, weil sie den Sinnen nicht direkt zugänglich sind. Für ihn waren die Sinneserfahrungen das einzig reale, und es war die Aufgabe der Physik, Relationen zwischen ihnen herauszufinden. Folgerichtig gehört zu seiner Physik immer auch die Physiologie als Lehre von den Sinnesorganen. Exner ist nicht so weit gegangen, sondern erkennt nach einigen Diskussionen die Existenz einer realen Außenwelt an. Nach seiner – übrigens auch unserer – Auffassung unterstellen Naturgesetze Relationen zwischen Ereignissen, die der real existierenden Außenwelt der Steine und Stühle angehören. Die Atome aber gehören nach Exners Auffassung nicht zu dieser Außenwelt. Wie geartete Entitäten sie sind, wie sie bewirken, was sie bewirken sollen und welche Eigenschaften sie haben, ist ihm mit einer Ausnahme gleichgültig. Diese ist, *daß für das Verhalten der Atome keine Gesetze gelten.* Wie sollten sie auch, wenn der einzige Ursprung von Naturgesetzen das Gesetz der großen Zahlen ist? Gälten für einzelne Atome Gesetze, wären auch sie statistischer Natur. Anhaltspunkte aber, wie und wodurch das Verhalten der Atome statistisch gesteuert werden könnte, sah Exner nicht.

Auch hierzu einige seiner kraftvollen Angaben. Ich erinnere daran, daß wir, in der Terminologie von Eddington und im Gegensatz zu Exner, für die mikroskopischen Elementarereignisse ausnahmslos deterministische, *eigentliche* Gesetze 1. Art verantwortlich machen, während für manche makroskopische Vorgänge, jene nämlich, für die zahlreiche Elementarereignisse verantwortlich zeichnen, statistische Gesetze 2. Art gelten sollen, die Ausnahmen zulassen. Hören wir nun Exner: »Ob [...] Vorgänge als mikro- oder makrokosmisch aufzufassen sind, das liegt nicht an der Natur der untersuchten Materie, sondern hängt davon ab, ob der einzelne Fall oder ob der Durchschnitt aus sehr vielen gleichartigen Fällen das Objekt der Beobachtung ist.« Dieser Unterscheidung stimmen wir mit Eddington zu. Nicht aber dem, was dann folgt: »Man könnte geradezu umgekehrt aus der Existenz von Gesetzen auf die makroskopische und aus dem Mangel solcher auf die mikrokosmische Natur von Vorgängen schließen.« Wie er das meint, erläutert Exner weiter unten in seinem Buch: Zwei »Tatsachen, 1. daß alle physikalischen Gesetze nur im Makrokosmos zu beobachten sind und dort als Durchschnittsgesetze erscheinen, und 2. daß dieselben in allen, ihrem Mechanismus nach uns zugänglichen Fällen als Wahrscheinlichkeitsgesetze sich aus den zufälligen mikroskopischen Vorgängen ergeben. [...] Wenn aus gegebenen Bedingungen nach der Wahrscheinlichkeit ein Resultat abgeleitet werden soll, so sind im allgemeinen noch gewisse Annahmen für die Berechnung erforderlich. So hat man z.B. bei Ableitung der Gasgesetze angenommen, daß die zufällig sich bewegenden Moleküle sich bei ihren Zusammenstößen wie elastische Kugeln verhalten, also dem Reflexionsgesetz folgen. Da scheint es also, daß ein ›Gesetz‹ zugrunde gelegt wird, welches auch im Mikrokosmos gelten soll und so die Frage nach ›absoluten‹ Gesetzen nicht vermieden, sondern nur hinausgeschoben wird; allein eine solche Voraussetzung ist durchaus keine Notwendigkeit, es würde auch die Annahme genügen, daß die Moleküle sich im Durchschnitte so bewegen, als gelte das Reflexionsgesetz, d. h. dieses Gesetz selbst kann, um nicht zu sagen muß, an sich schon als ein Durchschnittsgesetz aufgefaßt werden.«

▷ *Zwischenfrage:* Unberührt, wie er von der Entwicklung der Quantenmechanik war, hat Exner sie nicht vorausgeahnt? Alles, was Sie von ihm zitieren und sagen, hat doch wohl in der Quantenmechanik seine Bestätigung gefunden. Wie ich die Quantenmechanik verstehe, gelten für mikroskopische Objekte die Gesetze des elastischen Stoßes tatsächlich *nicht exakt*. Wie auch immer sie sich ergeben, exakt gültig sind sie nicht.

▷ *Zwischenantwort:* Nein, das sind sie nicht. Aber Exners Implikation, daß es überhaupt keine Naturgesetze für Elementarprozesse gebe, müssen wir deshalb nicht zustimmen. Nach heutiger Auffassung ist das Bild aneinander und an Wände elastisch stoßender Atome zugleich weniger und mehr real als von Exner und auch Boltzmann und Maxwell angenommen. Weniger real deshalb, weil den elementaren Bausteinen der Materie nicht einmal die klassischen Zustandsgrößen Ort und Geschwindigkeit zugleich zugeordnet werden können; geschweige denn, daß über ihr Verhalten bei »Stößen« sinnvoll gesprochen werden könnte. Aber die Objekte der Quantenmechanik, die an die Stelle der letztlich aus der Makrowelt entliehenen, wenn auch verkleinerten elastischen Kugeln getreten sind, *gehorchen* elementaren Gesetzen – nicht denen des elastischen Stoßes, sondern anderen, eben denen der Quantenmechanik, die in der Makrowelt nicht offen auftreten. Anders als noch Exner, *kennen* wir heute aber aus zahlreichen unabhängigen und einander ergänzenden Experimenten und Theorien die elementaren Konstituenten eines Gases recht genau und wissen, unter welchen Umständen sie durch aus der Makrowelt entliehene verkleinerte Objekte näherungsweise dargestellt werden können. Tatsächlich bilden, wenn nur die Umstände günstig sind, die elastischen Kugeln kein allzu schlechtes Bild der elementaren Objekte eines Gases. Insofern sind sie realer, als Maxwell, Boltzmann und Exner wissen konnten. Im übrigen ist das Verhältnis der Quantenmechanik zur direkt beobachtbaren Realität so seltsam und erstaunlich, daß es *niemand* vorhergesehen hat.

Der Erste Hauptsatz und die elementare Energieerhaltung

Wenn auch der Zweite Hauptsatz nur statistisch verstanden werden kann, gibt es doch andere, im makroskopischen wirksame Naturgesetze, die am einfachsten und ohne jede Statistik dann einleuchten, wenn sie genauso für die Elementarprozesse gelten. Ein Beispiel bildet der Erste Hauptsatz. Er sagt, bestens bestätigt, daß die Gesamtenergie eines abgeschlossenen Systems sich im Laufe der Zeit nicht ändert. Das wird selbstverständlich so sein, wenn auch bei jedem Elementarprozeß die Energie ungeändert bleibt. Ist das aber nicht so, bedarf es einiger Klimmzüge und Annahmen, um trotzdem Energieerhaltung im Makroskopischen zu bekommen. Vom »Energiesatz« sprechen wir, wenn es keine Prozesse gibt, bei denen Energie erzeugt oder vernichtet wird. Gilt der Energiesatz, ist der Erste Hauptsatz eine von allem anderen unabhängige Trivialität. Gilt er nicht, müssen doch die Einzelprozesse so sein, daß er im Mittel gelten kann.

Sowohl Exner als auch Schrödinger dachten, daß die Energie statt im Detail nur im Mittel erhalten ist. Während aber Exner laut Schrödinger diese Meinung ohne Not vertrat, sah sich Schrödinger zu ihr – übrigens fälschlich – durch die Unschärferelation der Quantenmechanik gezwungen. Der Grund der Sympathie beider für diesen Ansatz ist aber derselbe: Die Gültigkeit von Gesetzen, die auf dem Gesetz der großen Zahlen und auf nichts sonst beruhen, kann eingesehen werden, wohingegen der Ursprung *eigentlicher* Naturgesetze, wenn es sie denn gibt, für immer im Dunkeln verbleiben wird. Schrödinger wies 1922 auf die unerwünschte, dann unvermeidliche »Zwiefachheit« der Naturgesetze hin, wenn der Erste und der Zweite Hauptsatz keinen gemeinsamen Ursprung besäßen: »*Eines* wären die ›eigentlichen‹, wahren, absoluten Gesetze im Unendlichkleinen, ein *anderes* die im Endlichen beobachtete Gesetzmäßigkeit, die gerade in ihren wesentlichsten Zügen *nicht* durch jene absoluten Gesetze, sondern durch den

Begriff der *reinen Zahl*, den klarsten und einfachsten, den Menschengeist gebildet hat, bestimmt sind. In der Welt der Erscheinungen klare Verständlichkeit – hinter ihr ein dunkles, ewig unverstandenes Machtgebot, ein rätselvolles ›Müssen‹. Die *Möglichkeit*, daß es sich so verhält, ist zuzugeben, doch erinnert diese Verdoppelung des Naturgesetzes zu sehr an die Verdoppelung der Natur*objekte*, als daß ich an ihre Haltbarkeit glauben möchte.«

Hier stößt Schrödinger – sehr vorsichtig – in das Horn Exners, der auch die »Verdoppelung« der Naturgesetze angeprangert hat. Schrödingers »dunkles, ewig unverstandenes Machtgebot« *eigentlicher* Naturgesetze hat Exner ausführlich so umschrieben: »Wenn auch die Deterministen, um ihr Kausalitätsbedürfnis zu befriedigen, ›absolute‹ Gesetze annehmen, so werden sie doch auf die Frage stoßen, warum und wieso diese Gesetze gelten? Will man nicht zum Transzendenten seine Zuflucht nehmen und der Natur eine Art Kenntnis dieser Gesetze, nach denen sie handelt, zuschreiben, so wird man irgend welchen [...].« – Ich denke, man ahnt, was jetzt kommt: die Forderung nach der »Annahme bisher verborgener Mechanismen, d. h. Vorgänge in der Welt, die so ablaufen, daß ihr Resultat dem ›Gesetz‹ entspricht«. Mit der Verdopplung der Natur*objekte*, von der Schrödinger gesprochen hat, war übrigens die damals langsam veralternde grundsätzliche Unterscheidung von belebter und unbelebter Natur gemeint.

Brownsche Bewegung

Schrödinger führt 1931 in seinem Vortrag »Über Indeterminismus in der Physik« vor dem »Kongreß der Gesellschaft für philosophischen Unterricht« die »Brownsche Bewegung« als direkten Beleg für den statistischen Ursprung der Gasgesetze an. Er bemerkt zunächst, daß »eine sehr große Zahl von ›*Naturgesetzen*‹ als statistische Gesetze erkannt worden sind, die bloß deshalb mit so außerordentlich hoher Genauigkeit erfüllt sind, weil die Anzahl der dabei mitwirkenden Individuen so außerordentlich groß ist«, und fährt dann fort: »Beispielsweise wird der Druck, den ein Gas auf ein Stück der Wandfläche des Gefäßes ausübt [...], aufgefaßt als die Resultierende der außerordentlich vielen Einzelstöße der auf die Wand aufprallenden und von ihr zurückgeworfenen Moleküle. Dabei ist die lebendige Kraft des einzelnen Moleküls bei gegebener Temperatur durchaus nicht genau bestimmt, sondern nur ihr Durchschnittswert. [...] Auch die Richtung des Aufpralls hängt ganz vom Zufall ab. Und auch die *Zahl* der pro Zeiteinheit aufprallenden Moleküle ist selbstverständlich Schwankungen unterworfen. Der Durchschnittswert ist trotzdem dauernd und sehr genau immer derselbe (Gasgesetze!), vorausgesetzt, daß die getroffene Fläche nicht zu klein und die *Zeit*, auf die es für die ›Durchschnittsbildung‹ ankommt, nicht zu klein ist. Beides ist der Fall, wenn man den getroffenen Körper sehr *klein* und *leicht* wählt. Er gerät dann auch wirklich, wie zu erwarten, durch die rein zufälligen Druckschwankungen in zitternde Bewegung, die sog. *Brown*sche Bewegung.« Wie Schrödinger wußte, bleiben mikroskopisch kleine Körper – zum Beispiel die Farbplättchen der Tinte oder die Pollen von Pflanzen –, in Wasser aufgeschwemmt und im Mikroskop betrachtet, nicht ruhig liegen (Abb. 6.9, Ergebnis einer Computersimulation). Sie selbst sind zwar groß und schwer verglichen mit den Molekülen des Wassers, von denen sie angestoßen werden, aber klein und leicht genug, um durch die *Schwankungen* der Bilanz der Stöße in ungeordnete Bewegung versetzt zu werden. Entdeckt hat die Bewegung, die nach ihm benannt werden sollte, der schottische Botaniker Robert Brown im Jahr 1827. Sie ist lange rätselhaft geblieben und mußte als okkulter Beleg für die Wirkung einer speziellen »Lebenskraft« herhalten. Erst im Jahr 1905 hat Albert Einstein ihr Auftreten richtig gedeutet und quantitative, durch die Beobachtung bestätigte Schlüsse aus seinem Verständnis gezogen.

Auffällig ist, daß die Abbildungen a und b einander so gleichen, wie ein Teller Spaghetti dem anderen gleicht – nicht in den Details, wohl aber im Mittel. Die erste wollen wir uns so entstanden denken, daß in Abständen von jeweils einer Sekunde von der Position eines Plättchens im Wasser Momentanaufnahmen durch Belichten *desselben* Films gemacht und die aufeinanderfolgenden Positionen des Plättchens dann durch Geradenstücke verbunden wurden. Die zweite verfolgt, entsprechend vergrößert, den Weg des Plättchens von dem ersten Punkt in dem Kasten von a zum zweiten durch Momentanaufnahmen im Abstand von jeweils 0,1 Sekunden. Ein Film, der in abermals 29 Einzelbildern den Weg des Körperchens von einem Punkt von b zum nächsten zeigte, ergäbe, noch einmal vergrößert, eine Abfolge von Strecken, die denen von a und b im Mittel selbst wieder gliche. Eine die Auflösung erhöhende Vergrößerung eines durch die Brownsche Be-

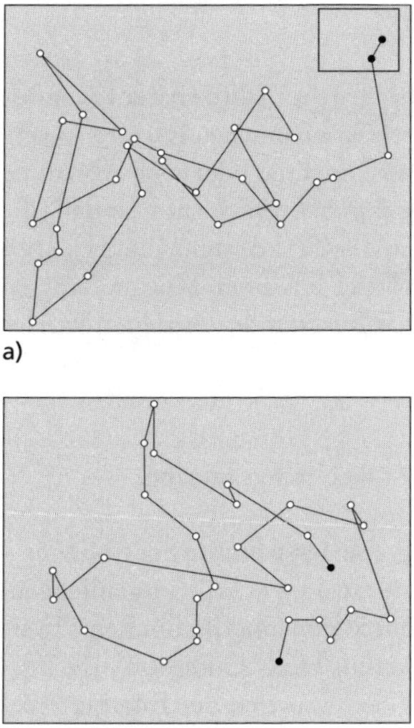

a)

b)

Abbildung 6.9: Brownsche Bewegung eines mikroskopischen Körperchens in Wasser. Wenn man in Abständen von einer Sekunde aufzeichnet, wo sich das Körperchen gerade befindet, und die Orte nacheinander durch Geradenstücke verbindet, ergibt sich beispielsweise a, Ergebnis einer Computersimulation. Auf welchem Weg ist das Körperchen vom ersten seiner Bahnpunkte im Kasten oben rechts in a zum zweiten gekommen? Nahezu sicher nicht auf dem Geradenstück, das in dem Kasten die beiden Punkte verbindet. Nehmen wir an, der Beobachter habe die Bewegung des Körperchens in einem Film mit 28 Bildern pro Sekunde festgehalten. Wenn wir uns 29 dieser Bilder nacheinander ansehen und die Orte des Körperchens durch Geradenstücke verbinden, ergibt sich als Vergrößerung des Kastens in a zum Beispiel b, ebenfalls Ergebnis einer Computersimulation. Daß die beiden Abbildungen einander so gleichen, wie ein Teller Spaghetti dem anderen gleicht, erörtert der Text.

wegung erzeugten Musters kann also von dem Muster selbst nicht unterschieden werden. Wie die bereits auf S. 47 erörterten Systeme, ist auch das der Brownschen Bewegung in weiten Grenzen selbstähnlich. Darauf, daß für Vergrößerungen oder Verkleinerungen des Systems dieselben Gesetze gelten wie für das System selbst, weist bereits die Selbstähnlichkeit der Muster hin, welche sie erzeugen. Abgeschlossene Ebenen, auf denen eigene Gesetze gelten, kennt das System der Brownschen Bewegung nicht. Sozusagen als Ersatz dafür, gilt auch hier auf allen Ebenen *dasselbe* Gesetz. Die durch Momentaufnahmen in verschiedenen Zeitintervallen erzeugten Muster wie a und b der Abbildung sind sich natürlich nur dann ähnlich, wenn die Intervalle so groß sind, daß die Regeln der Statistik auf die Zahl der Stöße in ihnen angewandt werden können.

Noch einmal: der Erste Hauptsatz

Wie Exner schon 1919, hat es Schrödinger drei Jahre später für möglich erklärt, daß die Einzelereignisse in Gasen den Energiesatz so verletzen, »daß beim einzelnen Stoß eine Zunahme oder eine Abnahme der mechanischen Energie [...] *gleich wahrscheinlich* sind, so daß [die Energie] *im Mittel sehr vieler Stöße* in der Tat konstant [bleibt]; etwa so, wie man mit zwei Würfeln im Mittel bei einer Million Würfen durchschnittlich 7 würfelt, während das Resultat des einzelnen Wurfes völlig unbestimmt ist.«

▷ *Zwischenfrage:* Warum gerade 7?
▷ *Zwischenantwort:* Betrachten Sie es als Übungsaufgabe.

In seinem bereits erwähnten Vortrag von 1931 mußte Schrödinger – vor allem wohl aufgrund von Streuversuchen von Röntgenlicht an Elektronen aus den Jahren 1922/23 durch den amerikanischen Physiker und Nobelpreisträger von 1941, Arthur Holly Compton – die Einschränkung machen, daß allzu wilde Verletzungen des Energiesatzes bei den Einzelereignissen *nicht* auftreten dürfen. Das Vorgehen der Kinetischen Gastheorie, die mechanischen Stoßgesetze elastischer Körper exakt auf die Moleküle anzuwenden, ist vom Resultat her gesehen zwar möglich, aber nicht notwendig: »Es ist ganz sicher, daß man die Vorstellung, die sich die kinetische Gastheorie von den Vorgängen in einem Gas macht, auch abändern darf, indem man sich denkt, daß beim Zusammenstoß zweier Moleküle *nicht durch die bekannten Stoßgesetze*, sondern durch ein passendes Würfelspiel die weitere Bahn der Moleküle bestimmt wird. Man muß bloß dafür sorgen, daß gewisse *Bilanzgesetze* mit hinreichender Näherung erfüllt bleiben, z. B. daß die Summe der Energien vor und nach dem Stoß *merklich* gleich ausfallen [sic]. Denn das ist durch die *Erfahrung* sogar für *einzelne* Moleküle sichergestellt. Aber diese Bilanzgesetze bestimmen den Stoßerfolg noch nicht eindeutig. Darüber hinaus *könnte* ›primärer‹ Zufall herrschen.« Diese Möglichkeit erläutert Schrödinger durch die von ihm übernommene Abb. 6.10. Der Zufall regiert in einem Gas sowieso, weil von keinem Einzelstoß bekannt ist, wo genau das eine Molekül das andere trifft, ob etwas weiter rechts oder links. Davon aber hängt das Ergebnis des Stoßes sehr stark ab; doch der Energiesatz

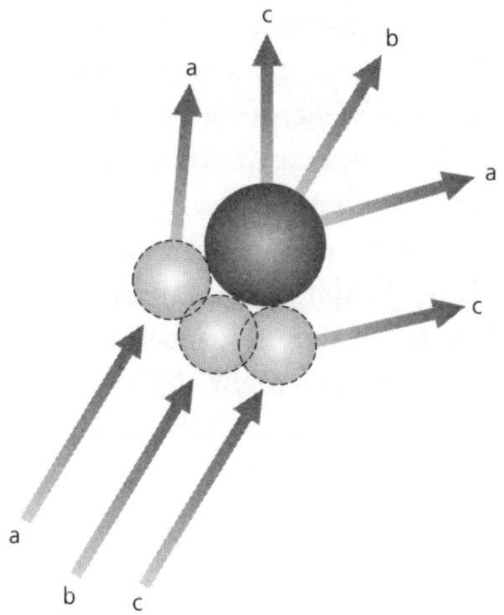

Abbildung 6.10: Auch wenn die Stöße der Moleküle in einem Gas den Gesetzen des elastischen Stoßes exakt folgen, bleibt bei der Ableitung der Gasgesetze weiter Spielraum für den Zufall bei Zusammenstößen. Denn diese hängt nicht davon ab, *wo* genau ein Molekül ein anderes anstößt – ob wie a, b oder c. Die exakte Gültigkeit der Stoßgesetze bei beliebigen Stößen garantiert, daß der Energiesatz bei jedem einzelnen Stoß erfüllt ist, so daß die Gültigkeit des Ersten Hauptsatzes insgesamt folgt. Nichts spricht aber dagegen, für die Einzelereignisse statt der deterministischen Stoßgesetze hypothetische Gesetze anzunehmen, die das Geschehen aus den Anfangsbedingungen heraus nicht im Detail festlegen, sondern nur insofern, daß bei allen Stößen die Bilanzgesetze erfüllt sind.

ist unabhängig davon gewahrt. Schrödinger schließt, daß es nichts ausmachen kann, »ob man den Stoßerfolg durch dieses ›etwas weiter rechts oder etwas weiter links‹ determiniert oder, unter Wahrung der Bilanzgesetze, als primär undeterminiert ansieht«.

Determinismus, klassisch und quantenmechanisch

Schrödinger hielt dafür, daß die im Jahr 1927 von Heisenberg abgeleitete Unschärferelation zwischen Ort und Geschwindigkeit deterministische Gesetze ausschließt. Das ist in dieser Allgemeinheit aber nicht richtig. Wird ein System, dessen Verhalten den Gesetzen der Quantenmechanik genügt, nicht von außen gestört, ist sein Verhalten durch diese Gesetze – und, natürlich, die Anfangsbedingungen – genauso deterministisch festgelegt, wie es ein nicht-quantenmechanisches System wäre, das den Gesetzen Newtons folgte. Dies hatten wir schon. Nicht deterministisch festgelegt sind bei einem quantenmechanischen System die Ergebnisse von Messungen, die aber immer einen Eingriff von außen erfordern. Es sind vor allem die Zustände beschreibenden Variablen, die bei quantenmechanischen und nicht-quantenmechanischen Systemen verschieden sind – einerseits Wellenfunktionen, andererseits Orte und Geschwindigkeiten. Ein originär quantenmechanisches System aus vielen Teilchen unterliegt, eben wegen der anderen Variablen, einer anderen Statistik als ein nicht-quantenmechanisches, nämlich der »Quantenstatistik«. Die Ursache dafür, daß ein quantenmechanisches System durch eine andere Statistik beschrieben werden muß als ein nicht-quantenmechanisches, ist jedoch nicht, daß es nichtdeterministischen Gesetzen genügte – die Gesetze *sind* deterministisch –, sondern, daß es durch andere Variablen zu beschreiben ist. Auch bei einem solchen System ist die Anzahl verschiedener, nun aber quantenmechanischer Zustände, die mit der makroskopischen Information über das System vereinbar sind, ein Maß für dessen Unordnung oder Entropie.

Nun der Übergang vom quantenmechanischen System zu einem, dessen Verhalten durch die Gesetze des elastischen Stoßes zumindest näherungsweise beschrieben werden kann. Im Zwischenreich der Atome und Moleküle eines Gases, in dem die Abweichung der nichtquantenmechanischen Zustandsbeschreibung von der quantenmechanischen noch nicht so groß ist, daß die erste ohne Einschränkung angewendet werden könnte (Typ: Welche Wellenlänge besitzt ein Lastkraftwagen bei 100 Kilometer pro Stunde Geschwindigkeit, quantenmechanisch gesehen?), die Auswirkungen der zweiten aber noch berücksichtigt werden müssen, kann es durchaus sein, daß die beste erreichbare Beschreibung eine durch Atome und Moleküle ist, die statt deterministischen quantenmechanischen Gesetzen nicht-deterministischen genügen, die denen des elastischen Stoßes mit Ausnahme dessen nachgebildet sind, daß sie eben nicht deterministisch sind.

So wollen wir Schrödinger verstehen, wenn er von der Notwendigkeit spricht, Abweichungen vom Determinismus auch bei den Prozessen einzubeziehen, die durch die klassischen Variablen Ort und Geschwindigkeit beschrieben werden *können*. Ich folge ihm aber nicht in der grundsätzlichen Aussage, daß wegen der Unschärferelation deterministische, exakt gültige Naturgesetze ausgeschlossen seien. Die Wechselwirkung eines System der Quantenmechanik mit seiner Umwelt ist es, die verhindert, daß die Ergebnisse von Beobachtungen des Systems durch dessen Zustand allein festgelegt werden. Der Zustand der Umwelt, und der Umwelt der Umwelt etc. spielen immer herein. Die Kette endet bei einer Verfestigung, von der wir nicht wissen, ob sie bei Vorgabe des unbekannten Zustands der Umwelt der Umwelt der Umwelt [...] auch eine andere hätte sein können. Umfassende Gültigkeit der deterministischen Gesetze der Quantenmechanik, also *auch* bei Messungen, ist nicht ausgeschlossen. Der Zufall käme dann nur dadurch herein, daß wir den Zustand der Umwelt, der das Ergebnis eines Experiments festlegen würde, nicht kennen. Dann würde jede Verfestigung »hier« potentiell zahllose andere an beliebig weit entfernten Plätzen im Universum im selben Augenblick festlegen. Daß das in ausgewählten Experimenten so ist, wissen wir. Noch phantastischer wäre es, wenn es bei allen Verfestigungen so sein müßte.

Gott würfelt

Law without law – Gesetz ohne Gesetz – lautet der griffige Titel, mit dem John Archibald Wheeler seine Bemühungen überschrieben hat, den Ursprung von Naturgesetzen zu verstehen, ohne Gesetze als Grundlage für sie anzunehmen. In voller Kenntnis der Quantentheorie, für deren Interpretation er mitverantwortlich ist, hat Wheeler Thesen aufgestellt, die auf einem grundsätzlicheren Niveau denen von Exner und Schrödinger gleichen. Eine verwandte Bemühung, die ich aber nur erwähne, ist die des dänischen Physikers Holger Nielsen, der durch sein »Random Dynamics Projekt« beweisen will, daß etwaige fundamentale, bei kleinen Abständen wirksame Gesetze in weiten Grenzen abgeändert werden können, ohne daß sich dies auf unserer Daseinsebene merklich auswirkte.

Wheeler will die Gesetze, denen die Natur allem Anschein nach genügt, auf Beobachtungen zurückführen. Er denkt dabei wohl nicht an menschliche Beobachter, die Beobachtungsergebnisse zur Kenntnis nehmen, sondern an Verfestigungen, die eingetreten sind und nicht mehr rückgängig gemacht, also registriert werden können. Aus einer Menge von Möglichkeiten, die rein statistischer Natur sind, tritt ebenfalls ohne Grund eine von ihnen als »elementares Quantenphänomen« hervor und wird zur Tatsache verfestigt – zu einem »Phänomen«, wie Wheeler in der Nachfolge von Bohr und Einstein sagt. Zum Phänomen wird es durch eine Lawine von Prozessen, die es auslöst und durch die es »vergrößert« wird. »Kein elementares Phänomen ist ein Phänomen, bis es ein registriertes Phänomen ist«, so Wheeler. Wodurch aber registriert? Hier gibt es zwei Möglichkeiten. Entweder durch eine Spur, die es hinterlassen hat und die gelesen werden kann. Oder durch eine Anregung wie eine momentane Temperaturerhöhung, die sogleich wieder zerfällt. Eine solche Anregung zerstört die quantenmechanische Information dadurch, daß sie diese zwar registriert, zugleich aber auch unentzifferbar macht. In dem Fall kann nur das Universum insgesamt die Rolle des Beobachters übernehmen.

Klar ist, die Quantenmechanik regiert über die Möglichkeiten und die Häufigkeiten, mit der bestimmte Phänomene auftreten, aber weshalb gerade sie? Wie sinnvoll ist es, von einem Photon zu sprechen, das in eine Kammer an einer bestimmten Stelle eingetreten ist und an deren Ende durch einen von zwei Detektoren aufgefangen und nachgewiesen wurde? Das Experiment, das Wheeler zur Illustration seiner Ideen wieder und wieder heranzieht, ist der Doppelspaltversuch der Abb. 3.10 in verschiedenen Verkleidungen, und mit einer ihm wichtigen Zutat, die am deutlichsten in der Version der Abb. 6.11 hervortritt. Die quantenmechanischen Tatsachen des Experiments der Abbildung sind in keiner Weise umstritten, und ich bitte sie mir abzunehmen. Ein einzelnes Teilchen – zum Beispiel ein Lichtteilchen, ein Photon – trete in die Kammer der Abb. 6.11a durch das Loch *L* in der Wand ein. Es trifft auf den halbdurchlässigen Spiegel *HdS*1, der die ihm entsprechende Welle – quantenmechanisch: seine Wellenfunktion, und mit ihr die Wahrscheinlichkeit, es bei einer Nachsuche in dem jeweiligen Teilstrahl zu finden – in die zwei dünn gezeichneten Wellen aufspaltet. Die eine trifft direkt, die andere über zwei einfache Spiegel *S*1 und *S*2 auf das Gebiet namens *VzW*, was für »Verzögerte Wahl« steht, in dem der Experimentator einen zweiten halbdurchlässigen Spiegel anbringen oder nicht anbringen kann. Die für Wheeler wichtige Zutat zu diesem Standardexperiment ist, daß die Wahl getroffen werden kann, *nachdem die Teilwellen den halbdurchlässigen Spiegel HdS*1 *verlassen haben, aber noch nicht in dem Gebiet VzW angekommen sind.* Bevor ich auf die Bedeutung dieser Spezifizierung eingehe, noch einmal zu den beiden Experimenten, die die Anordnung ermöglicht. Ohne den halbdurchlässigen Spiegel (Abb. 6.11b) in dem Gebiet *VzW* kreuzen sich die beiden Teilwellen, ohne einander zu beeinflussen, *genau einer* der beiden Detektoren *D*1 und *D*2 für Photonen spricht an und registriert

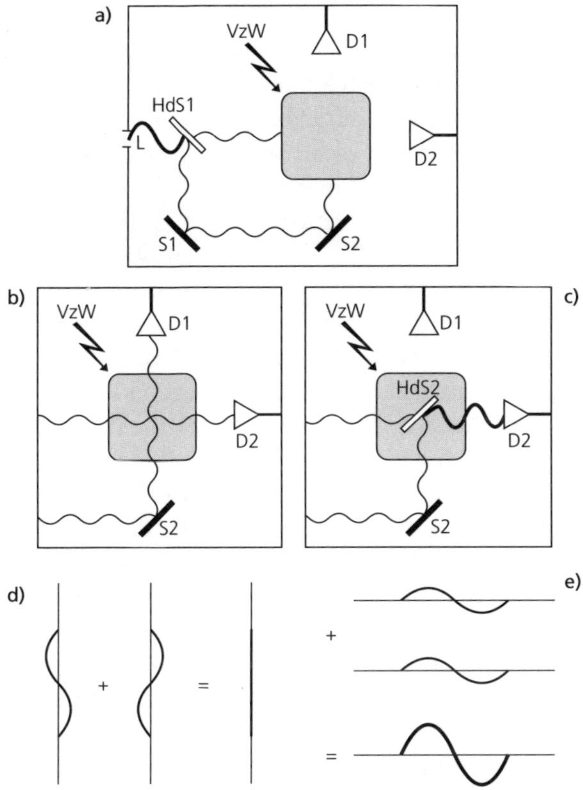

Abbildung 6.11: Das einzelne Photon, das durch das Loch L in die Kammer a eintritt, wird am Ende durch einen der Detektoren D1 oder D2 nachgewiesen. S1 und S2 sind ideal reflektierende, HdS1 und HdS2 halbdurchlässige Spiegel. Im Gebiet VzW der »Verzögerten Wahl« kann die Experimentatorin während das Fluges des Photons von HdS1 nach VzW entscheiden, ob sie b oder c installiert. Installiert sie b, kreuzen sich die beiden Teilstrahlen, ohne einander zu beeinflussen, und das Photon wird mit derselben Wahrscheinlichkeit bei D1 wie bei D2 ein nachweisbares Phänomen auslösen. »Wahrscheinlichkeit« ist hier als »Relative Häufigkeit« zu interpretieren: Wird das Experiment mit jeweils einem Photon wiederholt, kommt es in (ungefähr) der Hälfte der Fälle in D1, in der anderen Hälfte in D2 an. Installiert die Experimentatorin aber HdS2, führt also das Experiment c durch, spricht immer nur D2 an. Den Grund erläutern d und b: Der halbdurchlässige Spiegel HdS2 ist sinnreich so gestaltet, daß sich die das Photon beschreibenden Wellen auf dem Weg von HdS2 nach D1 gegenseitig auslöschen, auf dem Weg von HdS2 nach D2 hingegen verstärken. Was all dies zu bedeuten hat, erläutert der Text.

dabei und dadurch das Photon. Unmöglich ist es, daß *beide* Detektoren ansprechen, denn es befindet sich nach der Voraussetzung nur ein Photon in der Kammer. (Daß keine »halben Teilchen« auftreten, ist offensichtlicher, wenn man in Gedanken das Experiment mit einem *elektrisch einfach geladenen* Elektron statt einem elektrisch neutralen Photon durchführt.) Unternimmt man dasselbe Experiment wieder und wieder mit jeweils genau einem Photon in der Kammer, wird in der einen Hälfte der Fälle *D*1, in der anderen *D*2 ansprechen. *Nachdem* in einem Einzelfall eines von beidem geschehen ist, und *wenn* das Gebiet *VzW* tatsächlich leer war, sollten wir annehmen dürfen, daß das Photon, das an dem halbdurchlässigen Spiegel *HdS*1 einen der beiden Wege zu den Detektoren hat einschlagen können, das tatsächlich getan und seinen Weg durch *einen* Strahl direkt zu dem Detektor genommen hat, durch den es nachgewiesen wurde – nach *D*2 geradewegs, nach *D*1 über die Spiegel *S*1 und *S*2. Befindet sich hingegen, wie in c, der sinnreiche halbdurchlässige Spiegel *HdS*2 im Gebiet *VzW*, so werden durch ihn die beiden Teilstrahlen zur Interferenz gebracht. Und zwar so, daß sich ihre Beiträge, wie in d und e dargestellt, auf dem Restweg von *VzW* nach *D*1 gerade gegenseitig aufheben, auf dem nach *D*2 aber verstärken – in vollständiger Analogie zu dem Zweilochexperiment der Abb. 3.10. Ist also der halbdurchlässige Spiegel *HdS*2 an seinem Platz, wird in jedem Fall der Detektor *D*2 ansprechen, niemals *D*1. Das ist ein Ergebnis des Zusammenwirkens der *beiden* Teilstrahlen. Weil beide Möglichkeiten für das Photon, in dem Gebiet *VzW* anzukommen, zu diesem Ergebnis beitragen, kann dieses in dem Fall *nicht nur einen der beiden Wege* genommen haben, wie es bei b war. Einen Widerspruch vermeidet die Lehrbuch-Quantenmechanik dadurch, daß sie zeigt, daß jede Vorrichtung, die in der Lage ist, den Teilstrahl zu bestimmen, den das Photon als Weg genommen hat, das Zusammenwirken der Teilstrukturen und damit die Interferenz aufheben muß; das ist abermals so wie bei der Abb. 3.10. Zur Bestimmung des Weges, den das Photon nimmt, kann dort ein Spiegel an einem Loch dienen, der das Photon auf seinem Weg durch das Loch hindurch reflektiert: Erfährt der Spiegel einen Rückstoß, steht fest, daß das Photon dieses Loch passiert hat; wenn nicht, dann das andere. Bei der Aufnahme des Rückstoßes aber muß der Spiegel der Unschärferelation entsprechend wackeln, und die dadurch erzeugte Unsicherheit des weiteren Wegs des Photons zerstört das Interferenzbild.

Verzögerte Wahl

Die Information über den Weg des Photons liefert im Fall b der Detektor, den das Photon auslöst. Hier geht es nicht um die Interferenz; die kann ohne den halbdurchlässigen Spiegel *HdS*2 sowieso nicht auftreten. Welcher Detektor wie oft in den beiden Fällen b und c anspricht, ist nur insofern wichtig, als dies aus der Quantenmechanik folgt, das Experiment also in der Lage ist, die Quantenmechanik zu überprüfen. Wichtig für Wheelers Zwecke ist eigentlich nur, daß das Vorhandensein bzw. Nichtvorhandensein von *HdS*2 die Annahme nicht zuläßt bzw. zuläßt, daß das Photon *einen bestimmten, egal welchen* Weg genommen hat. Ist *HdS*2 an seinem Platz, müssen zu der Ankunft des Photons im Gebiet *VzW* *beide Wege* beigetragen haben. Die Pointe ist, daß der Experimentator die Entscheidung zwischen b und c mit demselben Ergebnis *in der Zwischenzeit* vornehmen kann, in der das Photon den halbdurchlässigen Spiegel *HdS*1 bereits verlassen hat, aber in dem Gebiet *VzW* noch nicht angekommen ist. Wir sind selbstverständlich geneigt anzunehmen, daß die Entscheidung über die Alternative entweder *einer der beiden Wege, egal welcher* oder *beide Wege gleichberechtigt* am halbdurchlässigen Spiegel *HdS*1 in dem Augenblick getroffen wird, in dem sich das Photon an ihm befindet. Aber weit gefehlt – die Entscheidung fällt erst zu einer Zeit, zu der das Photon bereits nach dem Gebiet *VzW* unterwegs ist; dann nämlich, wenn der Experimentator seine Wahl zwischen den beiden Möglichkeiten b und c trifft.

Hat man die Quantenmechanik verinnerlicht, kann nichts selbstverständlicher sein. Aber seltsam ist es schon: Darüber, was allem Anschein nach *geschehen ist*, wird *tatsächlich im nachhinein* entschieden. Ins Astronomische vergrößert, kann eine verspätete Entscheidung über die Alternative *ein Weg* oder *zwei Wege* bei Licht herbeigeführt werden, das auf seinem Weg zu uns von einer *Gravitationslinse* abgelenkt wurde. Von der Abb. 5.10 wissen wir, daß massive Objekte das Licht ablenken, genauer anziehen. Die Abb. 6.12 zeigt, daß eine Masse auch wie eine Sammellinse wirken kann, so daß wir Objekte sehen können, welche die Masse »eigentlich« verdeckt, die also von uns aus gesehen auf »geradem« Weg hinter der Masse liegen. Als »Masse« wirkt in der Abbildung statt der Sonne eine Galaxie, als Lichtquelle statt des Sterns ein Quasar, ein lichtstarkes Objekt also in der Nähe

Abbildung 6.12: Zusammenspiel von Verzögerter Wahl *VzW* (Abb. 6.11) und Gravitationslinse

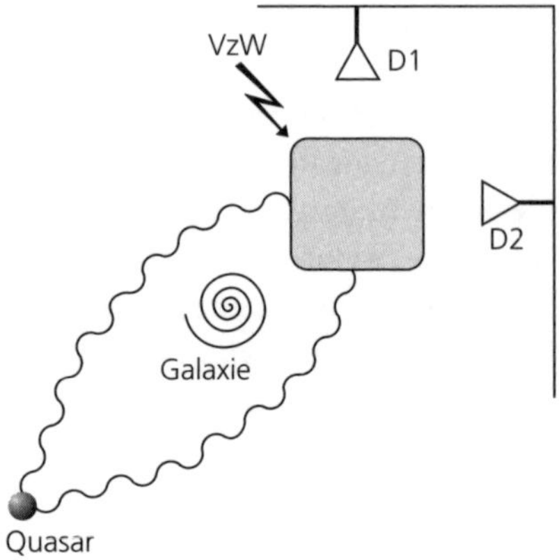

des Randes des beobachtbaren Universums. Die Abbildung zeigt auch, daß wir die Lichtquelle bei geeigneten Größen- und Abstandsverhältnissen in der Ebene zweimal, im Raum also mindestens zweimal bis hin zu einem Ring sehen werden: dem berühmten *Einstein-Ring*, in dessen Gestalt manche Quasare tatsächlich auftreten. Hier soll es darum gehen, daß wir in das Gebiet *VzW* der Abb. 6.12 nach freier Wahl entweder eine auf den gegenwärtigen Zweck abgestimmte Variante des halbdurchlässigen Spiegels der Abb. 6.11c installieren oder nicht installieren (Abb. 6.11b) können. Uns geht es dabei nur um das Prinzip; um erforderliche Ergänzungen der Apparatur kümmern wir uns nicht. Nun entscheidet bei einem Photon, das vor Milliarden von Jahren seinen Weg begonnen hat und vielleicht vor Millionen Jahren bei der Galaxie vorbeigekommen ist, in deren Nähe klassisch gesehen die Entscheidung hätte fallen sollen, welchen Weg es als Teilchen nimmt oder wie es sich als Welle auf beide Wege macht, der Experimentator durch seine (freie?) Wahl der Installation hier und heute darüber, welche Alternative tatsächlich zutrifft. Und wie steht es um ein Photon, das weiterhin ohne ein Phänomen auszulösen durch den Raum reist? Dieses besitzt, bis es dann doch ein Phänomen auslöst, nach Auskunft der Quantenmechanik nur eine Beschreibung durch eine Wellenfunktion. Und die besagt, daß ihm wie einer in zwei Teilwellen aufgespaltenen Welle kein einzelner Weg um die Galaxie herum zugewiesen werden kann.

Seltsam? Selbstverständlich. Die Möglichkeit einer verzögerten Wahl verschärft die Seltsamkeiten der Quantenmechanik. Niels Bohr

Abbildung 6.13: Was bei den Experimenten der Abb. 6.11 tatsächlich feststeht, ist nur, daß das Photon in jedem Einzelfall durch das Loch L in die Kammer eingetreten ist und daß am Ende eine Verfestigung – ein Phänomen –, ausgelöst durch ein elementares Quantenphänomen, aufgetreten ist: Von dem »Rauchigen Drachen« der Quantenphysik tatsächlich beobachtbar sind nur Kopf und Schwanz.

und seine Nachfolger haben gezeigt, daß die Quantenmechanik logisch einwandfrei interpretiert werden kann. Deren Kopenhagener Interpretation erreicht Konsistenz durch konsequenten Verzicht auf die Vorstellung von Abläufen in Zeit und Raum, die den offen zugänglichen Anfang eines Experiments mit dessen ebenfalls offen zugänglichem Ende verbinden würden. Im Zwischenreich regiert Wheelers »Rauchiger Drache« der Quantenmechanik (Abb. 6.13), der seine Geheimnisse für immer verbirgt. Von dem *gesamten* Experiment – wo die einzelnen Apparate stehen, wann sie betätigt werden – hängen die Anzeigen der Detektoren *D*1 und *D*2 dann ab. Der Formalismus der Quantenmechanik sagt, was unter welchen Umständen berechnet werden kann. Eine darüber hinausgehende Analyse, wie und wodurch die Rechnung in Raum und Zeit umgesetzt wird, läßt die Kopenhagener Interpretation nicht zu. Weil sie der Quantenwelt keine, wirklich keine Realität zuerkennt, ist für sie genaugenommen auch Wheelers Drache überflüssig, denn sie kennt nichts, was er verschleiern könnte. Deshalb läßt sie auch die von EPR zum Einwand erhobenen geisterhaften Wirkungen über eine Entfernung hinweg nicht als Einwand gelten. Von den drei Prinzipien Lokalität, freier Wille und Induktion, die, wie wir gesehen haben, nicht zusammen gültig sein können, verzichtet sie auf das der Lokalität. Positivistisch, wie sie ist, kann sie die Frage, ob nicht durchgeführte Experimente Ergebnisse gehabt hätten, offenlassen.

Die Wheelersche Anordnung der Verzögerten Wahl kann verdeutlichen, was das Prinzip des freien Willens verbietet. Zum Beispiel könnte das Prinzip dadurch verletzt werden, daß mit der Entscheidung über *einen* oder *zwei* Wege am Spiegel *HdS*1 bzw. an der Galaxie auch die fällt, ob der Experimentator die Vorrichtung der Abb. 6.11b oder die der Abb. 6.11c installieren wird. Dann gäbe es bei der Interpretation der Quantenmechanik kein anderes Problem als ebendieses: Wie kann es in dem allgemeinen Kuddelmuddel Korrelationen zwischen Ereignissen geben, die allem Anschein nach nichts miteinander zu tun haben? Unmöglich ist das nicht, aber extrem unwahrscheinlich. Daß die Quantenmechanik für Phänomene nur Wahrscheinlichkeiten festlegt, steht dieser Interpretation nicht entgegen. Denn die Metatheorie, die alles festlegte, müßte nur jeden Einzelfall so regeln, daß insgesamt die von der Quantenmechanik vorhergesagten relativen Häufigkeiten herauskommen. Ich selbst glaube, wie bereits angedeutet, nicht an die Erklärung der Seltsamkeiten der Quantenmechanik durch die gemeinsame Vergangenheit von allem und allen Beteiligten. Es mag ja sein, daß es keinen Freien Willen gibt. Aber daß statt dessen alles so zusammenwirkt, daß die Quantenmechanik mit der Lokalität vereinbar wird, ist, wie bereits die Parabel von Hänsel, Gretel und der Quantenhexe zeigte, allzu unwahrscheinlich. Außerdem ist, wie wir im Zusammenhang mit der Parabel ebenfalls festgestellt haben, die Nichtlokalität der Quantenmechanik kunstvoll so geartet, daß durch sie keine Nachricht instantan übertragen werden kann. Warum das so ist, bliebe schleierhaft, wenn sowieso alles überall und immer feststünde. Es könnte nur dazu dienen, uns die *Illusion* eines freien Willens zu verschaffen.

Wahrscheinlichkeit – die wahre Logik der Welt?

Alles, was tatsächlich feststeht, ist die jeweilige Anordnung des Experiments sowie der Punkt des Eintritts des Photons in die Kammer zusammen mit dem des Nachweises am Ende. Ungefähr so steht es um alle Phänomene und muß es um sie stehen. Wie kühn ist es da, Naturgesetze für das Zwischenreich aufzustellen – nun gar die exakten Gesetze der Quantenmechanik, deren Ursprung wir nicht verstehen. Der Ursprung der Phänomene und der Wahrscheinlichkeiten, mit denen sie auftreten, kann, so Wheeler, nur Tohuwabohu sein, das äußerste Kuddelmuddel, geregelt allerdings durch ein noch unbekanntes Organisationsprinzip. Unzählige Beobachtungen und der Einfluß ihrer Ergebnisse, die alle teilhaben an der allgemeinen, äußersten Willkür, auf das Geschehen, ergeben laut Wheeler die Naturgesetze: Gott *muß* würfeln, sonst können wir »seine« Gesetze nicht verstehen. »Jedes Gesetz der Physik«, schreibt er, »wird sich in letzter Konsequenz als statistisch und nur näherungsweise gültig erweisen, nicht als mathematisch perfekt und präzise.«

»Die wahre Logik der Welt liegt«, so hat bereits Maxwell vermutet, »in der Wahrscheinlichkeitsrechnung.« Gemeint hat er damit die statistischen Gasgesetze gegenüber deren vermutetem deterministischen Ursprung. Wie genau die Gesetze der Physik, insbesondere die quantenmechanischen, aus dem allgemeinen Tohuwabohu hervortreten, weiß auch Wheeler nicht. Gekleidet in Fragen und tentative Antworten, will er mit seinen Hypothesen vor allem ein Forschungsprogramm initiieren, das den Ursprung der Gesetze einsehbar machen soll. Beispiele für das Wirken seines Prinzips »Law without law« führt er an. Natürlich steht das molekulare Chaos, auf dem die Thermodynamik beruht, am Anfang der Liste. »Frag«, so Wheeler, »irgendein Molekül, was es von dem Zweiten Hauptsatz hält, und es wird die Frage nicht verstehen [laugh at the question].« Das Organisationsprinzip der Thermodynamik ist die gleiche Wahrscheinlichkeit von Konfigurationen, wie sie in diesem Buch z.B. in der Abb. 6.5 aufgetreten ist. An zweiter Stelle auf Wheelers Liste stehen die Pflanzen und Tiere. Deren überaus kompliziertes Gefüge und dessen Effizienz beruhen auf nichts als Milliarden und Abermilliarden Zufällen der Mutation, also auf dem größten Durcheinander. Das ordnende Prinzip ist hier offenbar die Evolution. Wie die Gesetze des Lebens durch Zufälle entstanden sind, so laut Wheeler auch die Gesetze der Physik, *alle* Gesetze. Und all dies ist offensichtlich mit den Vorstellungen von Exner und Schrödinger, die wir oben beschrieben haben, eng verwandt.

Das Spiel der Zwanzig Fragen

Die Naturgesetze sind für Wheeler nach dem Urknall entstanden und werden mit dem Universum, an dessen Ende er glaubt, untergehen. Irgendwie spielt hier auch der Beobachter hinein – ein Beobachter sogar, der aktiv Fragen stellt und nicht nur Verfestigungen zur Kenntnis nimmt. Sein Beobachter-Teilnehmer-Universum hat Wheeler wieder und wieder durch die von ihm erfundene Version des Gesellschaftsspiels der Zwanzig Fragen symbolisch dargestellt. Das Spiel geht üblicherweise so: Ein Spieler wird hinausgeschickt, und in seiner Abwesenheit vereinbaren die übrigen Spieler ein Objekt – etwa »Wolken« –, das die hinausgeschickte Person nach ihrer Rückkehr erraten soll. Und zwar durch höchstens 20 Fragen, die nur durch JA oder NEIN beantwortet werden sollen. »Abstrakt oder konkret?«, lautet typischerweise die erste Frage; die Antwort im Fall der Wolke ist »NEIN« bzw. »konkret«. Zweite Frage: »belebt oder unbelebt?«; »NEIN« bzw. »unbelebt«; und so weiter. Klar ist, daß ein Fragensteller, der nach einem spezifischen Objekt – zum Beispiel »Wellen« – fragt, bei einem NEIN sehr wenig Information hinzugewinnt. Spätestens die 20. Frage *muß* aber ein Objekt benennen, sonst haben die Frager verloren.

Zwischenspiel: Bits und Bytes

Ehe ich Wheelers Geschichte weiterspinne, füge ich zur späteren Verwendung ein, daß die Antworten auf 20 JA/NEIN-Fragen ausreichen, um ein Objekt aus 1 048 576 Objekten festzulegen. Weiß man, daß die Bezeichnung des Objekts in einer Liste enthalten ist, die diese Anzahl von Bezeichnungen enthält, kann die erste Frage lauten, ob sich die gesuchte unter den ersten 1 048 576/2=524 288 Eintragungen befindet. Sagen wir, wir verfügen über ein 32bändiges Lexikon mit 1 048 576 Schlagworten und gesucht wird, wie bereits angenommen, »Wolken«. Dann kann die erste Frage lauten, ob sich die Bezeichnung in den ersten 16 Bänden befindet, und die Antwort wäre NEIN. In den Bänden 17 bis 24? NEIN. In 25 bis 28? NEIN. In 29 bis 30? JA. In 29? NEIN. Also in Band 30, und die Fragerei ginge mit Seitenzahlen und dann Eintragungen statt der Bände weiter wie gehabt, bis diese nach höchstens 20 Fragen mit dem Fund »Wolken« ihr Ende fände.

Die Zahl der Fragen, die erforderlich ist, um bei dieser stets halbierenden Art des Fragens – die übrigens, weiß man nichts weiter, optimal ist – aus einer Liste von Bezeichnungen eine mit Sicherheit herauszufinden, ist ein Maß für die Information, welche jede einzelne Bezeichnung *bei einer Liste von vorgegebener Länge* enthält. Soviel muß man, mehr aber nicht einem Fragenden mitteilen, damit er das gesuchte Objekt sicher heraussuchen kann. An jeder Stelle der Liste der möglichen Antworten mit 20 Eintragungen bei unserem Beispiel steht entweder NEIN oder JA; statt dessen können wir auch 0 für NEIN und 1 für JA schreiben. Um Platz für alle möglichen Folgen von Antworten im Spiel der Zwanzig Fragen zu haben, benötigen wir 20 Kästchen oder Speicherplätze, in denen jeweils eine 0 oder eine 1 abgelegt werden kann. Natürlich reicht die Folge selbst zur Übermittlung der Nachricht aus: Jemand, der allerdings wissen muß, *daß* dies die fragliche Folge ist, erhält eine Folge von Nullen und Einsen und kann durch sie wissen, daß es um Wolken, nicht aber um Wellen geht. Dazu muß er die Folge selbstverständlich interpretieren können, also über das Lexikon verfügen. Der Informationsbegriff selbst ist hingegen von der Interpretation der Information unabhängig, und das macht seine Stärke, aber auch seine Unanschaulichkeit aus. Denn im Alltagsleben ist Information fast immer interpretierte Information.

Als Maßzahl der Information dient der Informatik die Anzahl von Ablagen – Speicherplätzen, Kästen –, in denen zwei Zeichen wie 0 und 1 untergebracht werden können. Die Einheit dieser Maßzahl heißt »Bit« – ein Speicherplatz, ein Bit, also eine Antwort; »Band 1 bis 16«, JA oder NEIN? NEIN bei »Wolken«, und so weiter; um ein Zeichen aus $2^8=356$ verschiedenen festzulegen, braucht es offenbar 8 Entscheidungen JA oder NEIN, also 8 Bit. Jeweils 8 Bit faßt die Informatik zu der größeren Einheit »Byte« zusammen, und wie in den Wissenschaften üblich, geht es weiter mit Kilo-, Mega-, Giga- und Terra-Byte. Wir werden für das Folgende nur brauchen, daß für beliebige Informationen, die in *diskreter Form* vorliegen, eine Maßzahl angegeben werden kann – nämlich deren Bit oder Byte.

Ein Universum durch Frage und Antwort?

Zurück zu Wheelers Version des Spiels der Zwanzig Fragen. Wieder soll einer der Spieler Fragen stellen, die mit JA oder NEIN zu beantworten sind, die übrigen verabreden aber *kein* zu erratendes Objekt. Dieses entsteht erst durch die Fragen und Antworten, und zwar folgendermaßen: Die übrigen Spieler beantworten dem Frager eine Frage nach der anderen reihum mit JA oder NEIN. Dabei muß der jeweils Antwortende ein Objekt nennen können, auf das nicht nur seine Antwort zutrifft, sondern auch alles, was zuvor erfragt worden ist. Sagt zum Beispiel der zweite Antwortende NEIN zu der Frage, ob das Objekt belebt sei, entsteht nahezu sicher in den Köpfen eines jeden Teilnehmers ein anderes konkretes unbelebtes Objekt. Dritte Frage: »Außerirdisch?«; Antwort NEIN. Teilnehmer, die bis dato an Sonne, Mond oder Sterne gedacht haben, müssen ihren Entwurf korrigieren. Nach 10 Fragen sind außer dem Frager nur noch zwei Teilnehmer übriggeblieben, deren einer sich eine »Welle«, der andere eine »Wolke« vorstellt. Schließlich ist zumindest im Kopf eines Mitspielers aus der Gesamtheit der Fragen *und* Antworten ein Objekt »entstanden«, das es nicht »gab«, bevor mit dem Fragen begonnen wurde. Gemeint mit »entstanden« und »gab« ist hier nicht eine materielle Existenz, sondern deren abstrakte Charakterisierung durch Information, die digital – durch Bits – angegeben werden kann. So steht es laut Wheeler auch um die Objekte im Universum und um die Gesetze, die sich aus Myriaden von JA/NEIN-Entscheidungen herausgebildet haben und herausbilden. »Etwas durch Bit« – englisch: »It from bit« – lautet Wheelers wie immer griffige Überschrift zu dem Kapitel seiner Bemühungen, den Ursprung der Naturgesetze durch den Zufall einsehbar zu machen. Übrigens ist auch das »Schwarze Loch« – englisch: »Black hole« – eine Wortschöpfung von Wheeler.

Manchmal stelle ich mir vor, ich könnte auf meinem Laptop das Programm GRAL laufen lassen. Das ist ein sehr kluges Programm, das Auskunft gibt über die Ergebnisse aller überhaupt möglichen Experimente. Durch das Programm bin ich anderen theoretischen Physikern überlegen. Denn es ist eine der Aufgaben theoretischer Physiker, Vorhersagen über den Ausgang von Experimenten zu ermöglichen und zu machen. Dazu benötigen sie Naturgesetze, von denen sie einige kennen, andere aber nicht. Ich hingegen, weil ich GRAL habe, brauche kein Naturgesetz, um nicht nur die heute möglichen Vorhersagen zu machen, sondern auch alle, die überhaupt gemacht werden können. Zwar weiß ich nicht, wie GRAL arbeitet – es ist ein kompiliertes Programm, den Quellencode kenne ich nicht –, aber es leistet für mich alles, was die Physik nach verbreitetsten Auffassungen leisten soll und zu leisten vermag: überprüfbare Vorhersagen liefern.

Pragmatische physikalische Weltanschauungen

Tatsächlich ist es aber ein Vorurteil, das unter dem Namen Instrumentalismus Anerkennung gefunden hat, daß die Vorhersagekraft ihrer Theorien der einzige Maßstab für den Erfolg der Physik sei. Ähnlich der Positivismus. Dessen Anhänger interessiert an der Wissenschaft nur, was Menschen beobachten können. Ein radikaler Anhänger des Positivismus anerkennt nichts, das sich unter dem Namen »Realität« außerhalb von Wahrnehmungen, vielleicht sogar nur *seinen* Wahrnehmungen, zusammenfassen ließe. Wie verschieden in ihrer anschaulichen Bedeutung zwei Theorien auch sein mögen, gelten sie ihm doch als gleich, wenn sie nur auf dieselben Sinneswahrnehmungen führen. Die Frage nach einer von den Sinneswahrnehmungen unabhängigen Realität ist für Instrumentalisten und Positivisten gleichermaßen sinnlos. Genauer begnügt sich der Instrumentalist mit Theorien und bewertet sie allein aufgrund ihres Erfolges bei der Vorhersage von experimentellen Ergebnissen; aus Fragen nach einer möglichen Realität jenseits der überprüfbaren Aussagen und ihrer Überprüfungen hält er sich heraus. Der Positivist erhebt diese Beschränkung zur Weltanschauung: Was nicht gekannt werden kann, existiert nicht, kann insbesondere keinen Einfluß ausüben.

Weltanschauungen, deren Pragmatismus weniger weit geht, geben ihr Unwissen um die letzte Bedeutung von Naturgesetzen zu, bestehen aber auf der Information über Details erfolgreicher Theorien: Kann die Theorie einen *Mechanismus* angeben, der von Ursachen zu Wirkungen führt? Breiten sich die von ihr unterstellten Wirkungen mit endlicher Geschwindigkeit »lokal« von Ort zu Ort aus, also nicht instantan über Entfernungen hinweg? Gibt es nur Wirkungen, die mit einer Übertragung von Energie einhergehen? Und so weiter. Diejenigen, die wie Einstein keine Theorie als endgültig anerkennen möchten, die diese – ihre – Grundvoraussetzungen verletzt, haben in der Quantenmechanik kläglich Schiffbruch erlitten. Jetzt soll es darum gehen, daß unsere besten Theorien, dieser Verletzungen eingeborener Erwartungen ungeachtet, verständliche Erklärungen physikalischer Phänomene liefern.

Wie aber können Erklärungen verständlich sein, die alle auf der Anschauung begründeten Prinzipien naturwissenschaftlicher Einsicht über den Haufen werfen? Dies deshalb, weil auch die »neuen« Erklärungen auf Prinzipien beruhen. Nicht erstaunen sollte, daß die uns als allgemeingültig erscheinenden, der Anschauung und Lebenserfahrung als Individuen und als Art entnommenen Prinzipien über das Alltagsleben hinaus keine Gültigkeit besitzen. Erstaunlich aber ist, daß wir als allseits beschränkte Wesen Prinzipien formulieren können, aus denen die tatsächlich geltenden Naturgesetze zumindest nahezu folgen und die wir bei aller Verletzung angeborener Erwartungen »verstehen« können.

Verdopplung der Natur durch Simulationen

Was mein hypothetisches Programm GRAL zu leisten vermag, ist nicht viel. Uns eröffnet die Kenntnis von Naturgesetzen »unendlich« viel mehr Möglichkeiten als nur die Vorhersage der Ergebnisse von Experimenten, der einzigen Domäne von GRAL. Nehmen wir den Vorsatz, einen strategischen Schutzschild gegen angreifende Raketen zu bauen. Ihn kann GRAL bestenfalls peripher unterstützen. Denn von einem Vorsatz zu einem Plan kann nur ein Entwurf führen, der mehr auf einer Einsicht in Möglichkeiten als auf dem Wissen um die Konsequenzen von Entscheidungen beruht. Kein noch so vollständiges Programm, das auf Fragen antwortet, kann Hinweise darauf geben, welche Fragen zu stellen sinnvoll ist.

GRAL verdoppelt für uns die Natur. Wenn wir von praktischen Fragen absehen, können wir mit demselben Erkenntnisgewinn statt GRAL die Natur selber befragen. Zu deren Verständnis trägt GRAL nicht bei. Das Programm erklärt nichts, sondern fordert, genau wie die Natur, zu Erklärungen auf. Wenn jemand fragt, *warum* die Sonne am Morgen auf- und am Abend untergeht, wird er mit der Antwort »weil GRAL es so sagt« zu Recht nicht zufrieden sein. Er fordert eine Erklärung, und Erklärungen kann GRAL nicht liefern. Praktischer Fragen weiterhin ungeachtet, dienen Vorhersagen nur dazu, das System, das sie macht, zu überprüfen – sei dieses System nun ein Computerprogramm oder eine physikalische Theorie. Vorhersagen sind demnach nicht der Zweck der Wissenschaft, sondern ein, wenn auch unabdingbares, Mittel zur Überprüfung ihrer Theorien. Der Zweck sind die Theorien selbst, genauer ist es das Verständnis, das sie ermöglichen. Sie sollen erklären, warum die Sonne auf- und untergeht, nicht einfach feststellen, daß sie das tun wird – womöglich weil sie es schon immer getan hat.

Wir kommen also nicht darum herum, zwischen guten und schlechten Erklärungen zu unterscheiden. Physikalische Theorien haben am Ende nur eine Aufgabe: Sinneseindrücke zu erklären. Sie bilden Systeme von erklärenden Aussagen und ziehen aus diesen experimentell überprüfbare Folgerungen. Damit die Erklärungen einer Theorie, ob gute oder schlechte, überhaupt akzeptabel seien, muß diese eine Reihe von Forderungen erfüllen. Sie sollte erstens logisch widerspruchsfrei sein. Da das aber als Konsequenz von Theoremen der Logik nicht bewiesen werden kann, müssen wir mit der Forderung zufrieden sein, daß sie keine nachgewiesenen Widersprüche enthält. Die Suche nach Widersprüchen innerhalb erfolgreicher Theorien ist daher eine legitime Aufgabe der Forschung – man denke nur an die Quantenmechanik. Um logische Widerspruchsfreiheit zu erreichen, mußten aus ihrem System Annahmen über die Natur verbannt werden, die für selbstverständlich gültig zu erachten wir geneigt sind. Analoges, wenn auch weniger schockierend, gilt für Einsteins Relativitätstheorien. Insgesamt müssen wir folgern, daß die Anschauung eine schlechte

Lehrmeisterin bei der Konstruktion physikalischer Theorien ist. Keinesfalls folgt aus der Aufgabe von Theorien, Sinneseindrücke zu erklären, daß auch ihre Begriffe durch Sinneseindrücke definiert werden können. Es ist ein alter Glaube der Naturwissenschaftler, dem noch Newton angehangen hat, daß die Intuition, die sie ihre Erkenntnisse hat gewinnen lassen, sich zu einem »induktiven Beweis«, den deduktiven ebenbürtig, ebendieser Erkenntnisse müsse verdichten lassen.

Keine Sicherheit durch Induktion I

Den aber gibt es nicht. Das ist eine grundlegende und Aristoteles widersprechende Einsicht von David Hume. Ihm schien es klar, daß daraus, daß die Sonne bisher an jedem Morgen aufgegangen ist, nicht folgt, daß sie das weiterhin tun wird. Von Bertrand Russell stammt die wunderbare Erläuterung, die unsere Zuversicht in das Verhalten der Sonne durch die eines Huhnes in das seines Besitzers ersetzt: Bisher hat er jeden Morgen Futter gebracht, an diesem aber packt er das Huhn und schlägt ihm den Kopf ab.

Die Logik reicht also nicht aus, um ein »Prinzip der Induktion«, welches einen sicheren Schluß von der Vergangenheit auf die Zukunft erlaubte, zu begründen. Was auch immer durch sie begründet werden könnte, müßte unter allen Umständen zutreffen, und das können die Konsequenzen eines Prinzips der Induktion sicher nicht. Denn es führt, wie die Philosophen sagen, auf *wahrheitserweiternde* Schlüsse, und diese sind nicht sicher – ihre Ergebnisse können zutreffen, müssen das aber nicht. Deshalb kann kein unbedingt geltendes Prinzip der Induktion so sicher gelten wie die Logik. Wobei wir offenlassen können, worauf der herausgehobene Status der Logik in der wirklichen Welt beruht.

Verständnis vs. Induktion

Wenn die Logik nicht ausreicht, um ein Prinzip der Induktion zu begründen, was könnte hinzugenommen werden, und was wäre dann der Status des Prinzips? Kann es etwas geben, das zusammen mit der Logik den Kern des Prinzips – den verbindlichen Schluß von der Vergangenheit auf die Zukunft – erhält? Hume dachte das nicht, aber in Bausch und Bogen verwerfen mochte er – und können wir – ein den induktiven Schlüssen Berechtigung verleihendes Prinzip der Induktion offenbar auch nicht. Russell führt uns mit seinem Huhn zwar drastisch vor Augen, daß *periodisches* Verhalten in der Vergangenheit dasselbe Verhalten in der Zukunft nicht garantiert, aber er tut das durch ein Beispiel, das uns die *Abweichung* von dem probeweise unterstellten Prinzip immerwährender Ernährung zu verstehen erlaubt. Die bei dem Huhn und der Sonne beobachteten Periodizitäten unterscheidet vor allem, daß wir im Fall der Sonne statt irgendwelcher Abweichungen von einem Prinzip dessen Wirken verstehen. So ungefähr ist es mit allen Periodizitäten, die Gegenstand der Naturwissenschaften sind und die eben deshalb hier dargestellt werden: Wir verstehen oder glauben und/oder hoffen zu verstehen, weshalb sie auftreten, und begründen darauf – nicht also allein auf einer, wie David Hume sagt, *Gleichförmigkeit von Vergangenheit und Zukunft* – die Erwartung, daß sie weiterbestehen werden.

Mehr noch: Die Physik vertraut wieder und wieder auf einen ganz bestimmten Ausgang eines Experiments, das niemals zuvor angestellt wurde. Periodizitäten der Vergangenheit reichen zur Begründung eines solchen Schlusses selbstverständlich nicht aus. Hinzu kommen muß ein *Verständnis* vergangener Beobachtungen – seien diese nun periodisch, oder einmalig. Wenn wir Ereignisse der Vergangenheit verstehen, können wir aufgrund dieses Verständnisses darauf vertrauen – oder müssen befürchten –, daß die Zukunft der Vergangenheit insofern gleichen wird. Wie jedes Vertrauen, kann auch dieses erschüttert werden; *sicheres* Wissen über die Zukunft gibt es nicht. Aber das Verständnis der Vergangenheit, durch Naturgesetze ausgedrückt, begründet Erwartungen über die Zukunft besser, als Periodizitäten das können: so gut, wie überhaupt möglich. Ein »Problem der Induktion«, dessen Lösung mehr als dies erforderte und das Interpreten der Wissenschaft gern unterstellen, gibt es nicht. Es sind unsere besten Erklärungen, die von der Vergangenheit in die Zukunft mit größtmöglichem Recht übertragen werden dürfen.

Zwei Wunder

Dies ist Poppers »Lösung des Problems der Induktion«, und ich schließe mich der von David Deutsch in seinem Buch *Die Physik der Welterkenntnis* kraftvoll vertretenen Meinung an, daß es tatsächlich die endgültige Lösung ist. Wobei die angenommenen Naturgesetze, durch die wir die Vergangenheit verstehen, sich von den Alltagserfahrungen mehr und mehr entfernen. Erst das Nachdenken *über* Alltagserfahrungen und deren Zusammenhänge ermöglicht Einsicht in die verschleierte Realität tiefliegender Naturgesetze, die viele Ebenen über ihrer eigenen unsere Alltagserfahrungen ermöglichen und bestimmen. Zu besichtigen sind hier zwei Wunder: Erstens, daß diese verschleierte Realität der Naturgesetze so beschaffen ist, daß wir sie durch Prinzipien verstehen können. Einsteins Diktum, »Das ewig Unbegreifliche an der Welt ist ihre Begreiflichkeit«, wurde schon erwähnt (vgl. S. 21). Das zweite Wunder ist, daß verschiedene Ebenen der Beschreibung abgegrenzt werden können, auf denen Gesetze gelten, die mit Begriffen auskommen, zu deren Definition die tieferen Ebenen nicht herangezogen werden müssen. Ist es nicht ein Wunder, daß Mediziner – recht ungenau, aber immerhin – von Blutbildern auf Krankheiten der Leber schließen können, ohne die Gesetze der Chemie, geschweige denn die Physik der Moleküle ins Feld führen zu müssen? Obwohl von eben denen alles abhängt, was die Gesetze der Medizin auf höherer Stufe ausmacht?

Gesetzesebenen

Offenbar hängt in der Natur also nicht alles von allem ab, so daß die Gesetze für die einzelnen Ebenen der Beschreibung für sich allein stehen können: Die Gesetze einer Ebene verwenden nur deren Begriffe, und nehmen keine Notiz von tieferliegenden Ebenen, deren Gesetze – so das Credo des »Reduktionismus« – die in Frage stehenden Gesetze überhaupt erst ermöglichen. Das tiefe Rätsel aber, warum Ebenen der Beschreibung mit eigenen Gesetzen abgegrenzt werden können, kann zur Zeit nur»anthropisch« gelöst werden (Abb. 7.1): Herrschte auf der Ebene, welche die Lebewesen einnehmen, ein gesetzloser Zustand, hätten sich keine herausbilden können. »Uns«, die wir die Rätselfrage

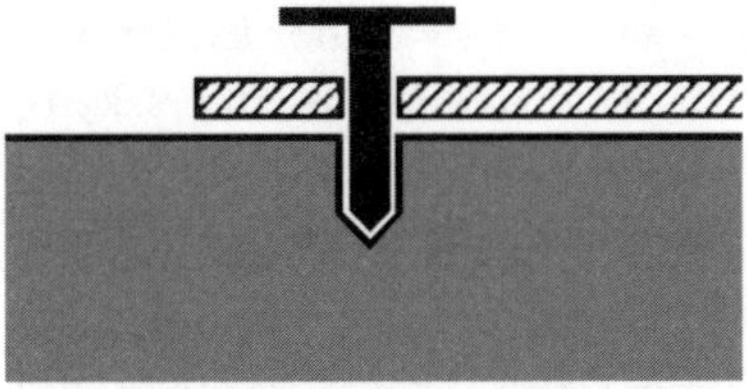

a)

Abbildung 7.1: Unsere Welt besitzt zahlreiche a priori sehr unwahrscheinliche Eigenschaften, die Leben, wie wir es kennen, erst ermöglichen. Sie reichen von der Anzahl der räumlichen Dimensionen des Universums über die Werte von Naturkonstanten bis zu der Bahn und der Masse der Erde. Das Anthropische Prinzip, das in den letzten Jahren sehr populär geworden ist, versucht die Frage, warum das Universum die Leben ermöglichenden Eigenschaften besitzt, durch Einbeziehung des Lebens selbst zu beantworten. Die Antworten reichen von religiösen Ansätzen – das Universum ist so, wie es ist, *damit* wir kommen konnten – bis zur Interpretation des Lebens als eine Meßapparatur wie andere auch. *Daß* wir nur in einer Welt leben können, deren Gesetze Leben erlauben, ist offensichtlich. Erklärt werden können die Eigenschaften unserer Welt dadurch aber nur unter Zusatzhypothesen, z. B. religiösen. Gibt es viele Welten mit verschiedenen Eigenschaften, ist, daß uns die unsere paßt, nicht verwunderlicher als die Tatsache, daß jemand die Konfektionsabteilung des Kaufhauses mit einem passenden Anzug verläßt: Nicht weil dort Anzüge maßgeschneidert würden, sondern weil alle möglichen Größen angeboten werden. Genauso verstehen wir, daß wir auf der Erde statt auf einem anderen Planeten des Sonnensystems leben, und können sozusagen als Meßinstrumente aus unseren Eigenschaften auf Eigenschaften der Erde – ihre Temperatur, Schwerkraft und so weiter – schließen. Abbildung a zeigt, daß in einer ebenen »zweidimensionalen« Welt ein Nagel zerteilt, was er befestigen soll. Leben in zwei Dimensionen ist aber, anders als oft gesagt wird, nicht bereits deshalb unmöglich, weil in ihnen der Verdauungskanal das Lebewesen in zwei Hälften zerspalten müßte. Denn der Verdauungskanal eines ebenen Hundes kann b sinnreich so konstruiert sein, daß dieser nicht in Oberhund und Unterhund zerfällt.

b)

nach dem Ursprung der auf unserer Ebene geltenden Gesetze stellen, gäbe es dann nicht. Diese zweifelsohne richtige Einsicht beantwortet aber nicht die naturwissenschaftliche Frage nach dem Ursprung der Hierarchien von Gesetzen, die von den Quarks, Elektronen und Gluonen bis zu uns hinaufreichen. Sie kann nur in Einzelfällen durch jeweils erfolgreiche Reduktionen beantwortet werden. Zum Beispiel kann die Chemie zumindest im Prinzip auf die Physik der Elektronen in Atomen – schlußendlich auf eine Theorie namens Quantenelektrodynamik – zurückgeführt werden. Vieles von dem, was wir nicht verstehen, begründen wir durch *Ziele* und unterstellen damit der Natur ein gerichtetes Verhalten, das sich bei uns dadurch bewährt, daß wir die auf unserer Ebene geltenden Gesetze erfolgreich anwenden. Wer das, bewußt oder unbewußt, in grauer Vorzeit nicht konnte, besitzt keine Nachfahren, so daß seine Ansicht von der Natur wegen seiner unzulänglichen Praxis untergegangen ist.

Keine Sicherheit durch Induktion II

Hume dachte, daß Aussagen, die nicht bereits aus logischen Gründen wahr sind, *nur durch die Erfahrung* begründet werden können. Erfahrung aber ist immer vergangene Erfahrung, so daß ein Schluß auf die Zukunft durch sie aus prinzipiellen Gründen unmöglich ist. Hören wir, was drei professionelle Philosophen unter dem Stichwort *Kausalität* in der von Jürgen Mittelstraß herausgegebenen Enzyklopädie der Philosophie und Wissenschaftstheorie über »Erfahrungsschlüsse« bei Hume zu sagen haben: »Voraussetzung aller Erfahrungsschlüsse sei die Gleichförmigkeit von Vergangenheit und Zukunft. Diese Voraussetzung aber könne ihrerseits (wegen Zirkularität) nicht durch Erfahrung begründet werden. Hume kommt deshalb zu dem Ergebnis, daß die Verläßlichkeit der Erfahrung *theoretisch* nicht begründet werden kann. An die Stelle der Erfahrungs*schlüsse* tritt instinktive Gewohnheit« – das aber hatten wir schon, und Humes wenig überzeugende Meinung hierzu enthebt uns nicht der Notwendigkeit, nach besseren Gründen für den morgigen Aufgang der Sonne zu suchen. Gründe, die nicht zugleich der Erwartung von Russells Huhn Berechtigung verleihen. Berechtigte Gründe für die Erwartung, daß die Vergangenheit der Zukunft gleichen oder eben nicht gleichen wird, beruhen auf einem Verständnis der Vergangenheit. Wobei die Erwartung selbstverständlich keine sichere sein kann. Und jedes Verständnis der Vergangenheit begründet Humes »Erfahrungsschlüssse« besser, als es die von ihm angeführte »instinktive Gewißheit« tut. Die war für ihn ein schlichtes Faktum. Tatsächlich beruht sie auf kollektiver, genetisch verankerter Erfahrung der Spezies Mensch.

Von den Atomisten

Die Abbilder der Dinge und ihrer Zusammenhänge in den Köpfen der frühen Naturphilosophen können wir als Theorien interpretieren, die Konsequenzen für Beobachtungen hatten und sich an diesen bewähren mußten. Dem Selbstverständnis aber dieser Urheber der Abbildungstheorien werden wir dadurch nicht gerecht. Zum Beispiel die Atomisten von Leukipp bis Epikur. Sinneseindrücke wollten sie als Aspekte dessen, was es, wenn auch unsichtbar, wirklich gibt und was wirklich geschieht, erklären – die Atome bewegen sich im sonst leeren Raum, bilden Aggregate und trennen sich wieder. Demokrit hat es so gesagt: »Nur scheinbar hat ein Ding eine Farbe, nur scheinbar ist es süß oder bitter; in Wirklichkeit gibt es nur Atome und den leeren Raum.« Daß die Abbilder der Atome und des leeren Raumes die Wirklichkeit richtig wiedergeben – daß es also die Atome und den Raum wirklich gibt –, dessen waren sich die Atomisten sicher. Sie haben nicht gefragt, warum sie das sein konnten; sie waren es einfach.

... über Platon

Die naive Sicherheit, daß die geistigen Abbilder der Wirklichkeit diese treulich wiedergeben, finden wir bei Platon nicht. Für uns sind zwei Aspekte seiner Philosophie wichtig. Erstens sein Standpunkt, daß wir nicht wissen können, wie die Dinge »wirklich« sind. Diesen Aspekt hat er durch sein berühmtes Höhlengleichnis verdeutlicht. Zweitens führen für ihn die Abbilder der Dinge im Geist ein Eigenleben. Er geht so weit, die Objekte der Wahrnehmung als unvollkommene Abbilder – eine wichtige Umkehrung – ideeller Vorbilder aufzufassen. Zum Beispiel der Kreis. Sein ideelles Vorbild ist eine unendlich dünne, also unsichtbare Kurve. Wirkliche Kreise aber kann man sehen, denn sie sind nicht unendlich dünn, und folglich nur unvollkommene Abbilder ihres Vorbilds. Überhaupt will Platon die Phänomene der Anschauung durch ideelle Vorbilder »retten«. Diese Rettung der Phänomene haben wir am Beispiel der Bewegungen der Himmelskörper bereits kennengelernt. Den Astronomen hat er die Aufgabe gestellt, die Bewegungen der Himmelskörper auf Bewegungen im Kreis mit konstanter Geschwindigkeit zurückzuführen. Da ja die wirklichen Bewegungen Abbilder der vollkommenen, im Reich der Ideen angesiedelten Bewegungen sein sollten. Und für vollkommen hielt er eben nur die kreisförmigen Bewegungen mit konstanter Geschwindigkeit, so daß diese ihm die einzig möglichen Bewegungsformen von Himmelskörpern zu sein schienen.

... und Aristoteles

Gespeist wurde Platons und seiner viel späteren Nachfolger Abkehr vom sinnlich Wahrnehmbaren als Objekt der Naturphilosophie durch die Auffassung, daß »real« nur sein könne, was sicher ist. Das aber konnten nur die Resultate einer Eigenbeschau sein. Die entgegengesetzte Auffassung, daß sicheres Wissen über die Natur durch deren Betrachtung und dann Induktion erworben werden könne, hat als Gegenpol zu Platon bereits dessen Schüler Aristoteles vertreten. Für ihn fußte sicheres Wissen auf der Betrachtung von geformter Materie, die er als »Substanz« bezeichnete. Diese ist laut seiner Naturphilosophie so konkret, daß es konkreter nicht geht: *diese* Statue des Sokrates, *hier* und *jetzt*. Von der Substanz formt der Geist Bilder, die ihre Realität allein der Substanz verdanken. Die Rechtfertigung der Bilder scheint für Aristoteles also eine naturwissenschaftliche Aufgabe gewesen zu sein.

... bis zu deren Interpreten im christlichen Abendland

Nicht aber für seine Interpreten im christlichen Abendland! Bis zur Wissenschaftlichen Revolution wollten sie, wie auch die Nachfolger Platons, objektive Erkenntnis allein durch subjektive Gewißheit begründen. Zur Rechtfertigung der subjektiven Gewißheit aber mußten beide Schulen verschiedene Gründe anführen. Die Nachfolger des Aristoteles mußten ihre Gewißheit begründen, daß die anschauliche Realität die Vorstellungen so formt, daß diese sie widerspiegeln. Die Nachfolger Platons ihre Gewißheit, daß vorgegebene Vorstellungen von der Realität diese Realität richtig und verläßlich darstellen. Naturwissenschaftliche Argumente wie die des Archimedes oder – viel später – der Huygens, Galilei und Newton passen in das Raster des Aristoteles. Gewißheit, wenn nicht bereits gegeben, sollte durch Induktion erlangt werden können. Diese Vorform des Verständnisses der wissenschaftlichen Erkenntnis berücksichtigt nicht, daß es, wie Popper erkennen sollte, in naturwissenschaftlichen Fragen keine positive Gewißheit geben kann. Negative aber schon: Die nämlich, daß Erklärungsversuche widerlegt worden sind.

Rechtfertigungsversuche

Wie kann aber die Auffassung, daß unsere unmittelbar gegebenen Vorstellungen von der Realität diese richtig und verläßlich darstellen, gerechtfertigt werden? »Die idealistische Lösung dieses Problems besteht«, so die bereits mehrfach erwähnte Enzyklopädie der Philosophie und Wissenschaftstheorie unter dem Stichwort *Idealismus*, »darin, die zu erkennende Realität als durch die Ideen von ihr in irgendeiner Weise bestimmt zu erklären.« Als triviale Lösung des Rätsels, wie das sein kann, bietet sich der Solipsismus an, ein »radikaler erkenntnistheoretischer Idealismus, der nicht nur eine vom Bewußtsein unabhängige Außenwelt bestreitet, sondern Bewußtsein darüber hinaus mit dem *eigenen* Bewußtsein gleichsetzt«. Nur das eigene Selbst ist wirklich, und die und nur die Kenntnis, die man darüber hat, ist gewiß, lautet eine vereinfachte Definition des Solipsismus. Dieser Glaube kann offenbar weder widerlegt, noch bewiesen werden, was besagt, daß er bereits aufgrund seiner Definition keiner Wissenschaft angehören kann.

Wird nun aber eine Realität anerkannt, die sich von der Realität der Ideen unterscheidet, wie kann es dann dazu gekommen sein, daß unsere unmittelbar gegebenen Vorstellungen diese Realität in wesentlichen Punkten abbilden oder gar in voller Schärfe widerspiegeln? Daß das unabhängig von und vor jeder Erfahrung so sei, war die Position von Descartes, Leibniz und dem niederländischen Philosophen Baruch Spinoza. Beschränkt man sich auf die Alltagswelt, sind manche unserer unmittelbar gegebenen Vorstellungen in der Tat korrekt. Unser instinktives Wissen um Zeit, Raum und Kausalität entfaltet sich mit zunehmendem Bewußtsein und erweckt den Eindruck, eine von aller Erfahrung unabhängige »instinktive Gewißheit« à la Hume zu besitzen. Unabhängig aber ist es, wie bereits gesagt, nur von unserer *individuellen* Erfahrung, nicht von den Erfahrungen unserer Vorfahren, die in uns genetisch verankert sind. Zustimmen können wir also den Ansichten der Descartes, Leibniz und Spinoza über den Ursprung unserer die Realität korrekt abbildenden Vorstellungen insofern als erstens, die Realität der Alltagswelt gemeint und, zweitens, unter Erfahrung individuelle Erfahrung verstanden wird: Nicht die individuelle Erfahrung, sondern die genetisch verankerte unserer Spezies bewirkt, daß unsere Vorstellungen von der Realität, in der wir leben, diese abbilden.

Der Glaube, daß es sicher wahre Erkenntnis geben könne, war Ausgangspunkt, nicht Resultat der Philosophie des Idealismus. Da aber alle Erfahrung unsicher ist, kann durch sie sicher wahre Erkenntnis nicht begründet werden. Durch die Gewißheit von Bewußtseinsinhalten aber wohl. Gibt es zusätzlich zu ihnen eine Außenwelt, müssen, um sicher wahre Erkenntnis über sie zu erreichen, Gründe dafür gefunden werden, daß die Außenwelt den Vorgaben der Bewußtseinsinhalte entspricht: Woher also die »Identität von idealer und realer Ordnung der Dinge«? Sie beruht für Descartes, Leibniz und Spinoza auf *einem gemeinsamen Grund beider*. Für Descartes und Spinoza war der gemeinsame Grund das Wirken Gottes als Schöpfer sowohl der Welt, als auch des erkennenden Verstandes; für Leibniz die »prästabilierte Harmonie«, auf die ich hier nicht weiter eingehen will.

Im Namen der Möglichkeit sicherer Erkenntnis hat sich Descartes zu, wie wir gesehen haben, aberwitzig spekulativen Theorien hinreißen lassen. Sein »Ich denke, also bin ich« als vermeintliche Grundlage sicherer Erkenntnis legt beredtes Zeugnis ab für den Glauben, sichere Erkenntnis sei dann und nur dann zu haben, wenn sie mit Bewußtseinsinhalten beginnt. Danach durften nur noch Folgerungen kommen, die logisch unbedingt gültig waren. »Schon für die Physik«, schrieb der Mitbegründer der Quantentheorie Friedrich Hund, »sind diese Grundsätze zu eng. Auch Descartes hat gehörig gegen sie verstoßen.«

Spinoza

Die Prinzipien des Descartes sind bestenfalls Grundsatzerklärungen dazu, wie Erkenntnis gewonnen werden kann. Er selbst mit seiner blühenden Phantasie hat sie auf die Gewinnung seiner Lehrsätze nicht angewendet. Auch Spinoza war, wie Descartes, von der »Identität idealer und realer Ordnung der Dinge« überzeugt: »Die Ordnung und Verknüpfung der Vorstellungen ist dieselbe, wie die Ordnung und Verknüpfung der Dinge«, lautet der 7. Lehrsatz des Zweiten Teils seiner »Ethik«. Anders aber als Descartes, macht er keine Angaben darüber, wie die Ordnung und Verknüpfung sowohl der Vorstellung, als auch der Dinge konkret beschaffen sei. Ein physikalisches System entwickelt er nicht. Wenn er sich über physikalische Vorstellung äußert, so herablassend. Eine Fußnote widmet er »Hypothesen ..., die man macht, um gewisse Bewegungen zu erklären, die mit den himmlischen Erscheinungen übereinstimmen« und läßt nicht zu, daß man aus ihnen »auf die Natur des Himmels schliesst, welche jedoch anders seyn kann, besonders da zur Erklärung solcher Bewegungen viele andere Ursachen gedacht werden können«. Auch er spricht von »Körpern« und deren Aufbau, aber immer zielt er hiermit auf die Körper von Menschen. Körper als Objekte der Physik haben ihn nicht interessiert. Wenn er seine Thesen durch mathematische oder naturwissenschaftliche Beispiele illustrieren will, tauchen immer wieder die Winkelsumme im Dreieck und der Kreis auf. Mehr als einer tatsächlichen Erkenntnis der physikalischen Welt, galten Spinozas Bemühungen der *Begründung* der Auffassung, daß die Welt so geordnet sei, wie wir sie – eine wiederkehrende Formulierung – »klar und deutlich« erkennen. Dazu interpretiert er zunächst – in seinem »Theologisch-politischen Traktat« – die Bibel, und überträgt dann – in der »Ethik« – Euklids axiomatische Methode auf die Philosophie. Das letztere mit wenig Erfolg. Das Ziel aber ist klar: Methoden des Denkens, deren Berechtigung nicht unmittelbar einleuchtet, will er auf unmittelbar einleuchtende Aussagen, die er Axiome nennt, durch logische Methoden zurückführen: »Was wir klar und deutlich erkennen, das muß entweder durch sich selbst einleuchten oder durch etwas, das wir klar und deutlich erkennen.« Wie Descartes begründet er die Sicherheit von Erkenntnis durch Selbstsicherheit des Geistes – »Wir werden [...] auf keine Weise zu fürchten haben, daß wir etwas erdichten, wenn wir eine Sache nur klar und bestimmt wahrnehmen« –, macht aber, anders als jener, vor konkreten Vorstellung von der physikalischen Natur halt. Ihm geht es um die »Vorstellung einer Vorstellung«, nicht um deren Inhalt, und es genügt ihm festzustellen, daß »Jeder, der eine wahre Vorstellung hat, weiss, dass die wahre Vorstellung die höchste Gewissheit in sich schliesst«, so daß er richtige Vorstellungen geradezu mit der Wahrheit gleichsetzt, sie als »Richtschnur der

Wahrheit«, die Wahrheit dann als »Richtschnur ihrer selbst« bezeichnet. Zur Natur des Denkens gehört es für ihn, wahre Vorstellungen zu bilden, und seine eigene Frage, warum das so ist, beantwortet er damit, daß Gott, wie bereits zitiert, die »Identität idealer und realer Ordnung der Dinge« bewirkt habe. Denn irreführen wird uns Gott nicht.

Sowohl als den letzten Grund, aber auch als Ziel seiner Überlegungen führt Spinoza immer wieder Gott an. Das gehört in dieses Buch, weil er Gott mit den Naturgesetzen gleichsetzt. Zu deren Konsequenzen gehört für ihn auch die Ethik, aber das beachten wir nicht. Was er über Gottes Willen und Möglichkeiten schreibt, muß für das christliche Establishment seiner Zeit ein Ärgernis gewesen sein. Er bestreitet, daß Gott zu einem Zwecke handle – »Wenn Gott wegen eines Zwecks handelt, begehrt er nothwendig etwas, dessen er entbehrt«, was selbstverständlich nicht sein kann – und, in zumindest scheinbarem Widerspruch zur Bibel, den er aufklären will, bestreitet er auch, daß Gott Wunder tun könne. Daß er das nicht kann, ist klar, wenn Gottes Wirken mit dem der Naturgesetze gleichgesetzt wird, aber lassen wir erst einmal diesen Satz Spinozas auf uns wirken: »Wer die wahren Ursachen der Wunder aufsucht, und wer die natürlichen Dinge als Kenner zu verstehen, nicht aber als Thor anzustaunen strebt, [wird] oft für einen Ketzer und Gottlosen gehalten und von denen verschrieen ..., die das Volk gleichsam als Dollmetscher der Natur und der Götter anbetet. Denn sie wissen, dass, wenn man die Unwissenheit wegräumt, auch das blöde Staunen, d. h. das einzige Mittel, welches sie haben, um Beweise zu führen und ihr Ansehen zu behaupten, wegfällt. Doch ich lasse diess ...«.

Lassen auch wir dies, und wenden wir uns Spinozas Auffassungen von Gott und den Naturgesetzen zu. Anders als es Newton tun wird, unterscheidet Spinoza nicht zwischen Gesetzen und Anfangsbedingungen. Ihm war dieser Unterschied nicht klar. Spinoza setzt wie selbstverständlich dasjenige, was mit den Gesetzen übereinstimmt, mit demjenigen gleich, was aus ihnen folgt: »Es geschieht [...] in der Natur nichts, was ihren allgemeinen Gesetzen widerstreitet, aber ebensowenig etwas, das mit ihnen nicht übereinstimmt oder nicht aus ihnen folgt.« Wieder und wieder finden sich Passagen, die zeigen, daß er zwischen »übereinstimmen« und »folgen« nicht unterschieden hat. Modern ausgedrückt, hat er als Anfangsbedingung nur die eine des Universums anerkannt und ihr Gesetzescharakter zugesprochen.

Daß wir Gott nicht aus seinen Wundern – die es nicht gibt –, sondern aus den Naturgesetzen erkennen sollen, die sein Wesen ausmachen, war Spinozas wichtigste These. Zunächst die vermeintlichen Wunder. Von ihnen setzt er sich so ab: »Wenn [...] in der Natur etwas geschähe, das ihren allgemeinen Gesetzen zuwiderliefe, so würde es auch dem Ratschluß, dem Verstand und der Natur Gottes notwendig zuwiderlaufen; oder wenn jemand behaupten wollte, Gott tue etwas entgegen den Naturgesetzen, so müßte er zugleich auch behaupten, Gott tue etwas seiner eignen Natur entgegen, was höchst widersinnig ist.« Und, zehn Seiten später, sagt er dasselbe noch einmal so: »Geschähe [...] in der Natur etwas, das nicht aus ihren Gesetzen folgte« – hier abermals kein Unterschied zwischen »folgen« und »übereinstimmen« –, »so müßte es der Ordnung widerstreiten, die Gott in der Natur durch die allgemeinen Naturgesetze für alle Ewigkeit festgelegt hat; es wäre also entgegen der Natur und ihren Gesetzen, und der Glaube daran würde uns folglich an allem zweifeln machen und dem Atheismus in die Arme führen. [So] daß sowohl ein widernatürliches als auch ein übernatürliches Wunder der reine Unsinn ist und daß deshalb unter einem Wunder in der Heiligen Schrift nichts anderes verstanden werden kann als ein Werk der Natur, das [...] die menschliche Fassungskraft übersteigt, oder von dem man glaubt, daß es sie übersteigt.«

Die für unser Thema wichtigste These Spinozas aber ist, daß in der Natur Gesetze gelten, die alles festlegen, was geschieht, und die notwendig so sind, wie sie sind. Er behauptet nicht, daß wir diese Gesetze kennen – sie kennt nur Gott, und auf ihn führt er sie zurück. Genauer erkennt er im Wesen Gottes die Naturgesetze, und in deren Wesen Gott. Er hat es so gesagt: »Ob wir nun sagen, alles geschieht nach Naturgesetzen oder alles wird nach Gottes Ratschluß und Leitung geordnet, läuft auf ein und dasselbe hinaus.« Im Namen Gottes folgert er, daß es allgemeine Naturgesetze gibt, die notwendig so sind, wie sie sind: »Daraus, daß es keinen Unterschied zwischen Gottes Verstand und Gottes Willen gibt, habe ich bewiesen, daß es ganz dasselbe ist, ob wir sagen, Gott wolle etwas oder Gott erkenne es. Mit derselben Notwendigkeit, mit der aus der göttlichen Natur und Vollkommenheit folgt, daß Gott ein Ding, so wie es ist, erkennt, folgt daraus auch, daß Gott es, so wie es ist, will. Da aber alles nur nach dem göttlichen Ratschluß allein mit Notwendigkeit wahr ist, folgt daraus mit völliger

Klarheit, daß die allgemeinen Naturgesetze nur Gottes Ratschlüsse sind, die aus der Notwendigkeit und Vollkommenheit der göttlichen Natur folgen.«

Spinoza führt zwei Beweise für seine Thesen an. Erstens behauptet er, daß er sie aus der Heiligen Schrift ableiten könne, und zweitens, daß er »das Wesentliche nur aus den Prinzipien abgeleitet [habe], die uns durch das natürliche Licht bekannt sind« – die wir, wie er bereits formuliert hatte, »klar und deutlich« vor uns sehen. Natürlich sind seine »Beweise« im strengen Sinn keine Beweise, sondern Formulierungen seiner Überzeugung, daß es Naturgesetze gibt, die notwendig so sind, wie sie sind, und alles festlegen, was sich in der Natur ereignet. Bemerkenswert auch seine Einsicht, daß der Mensch ein Teil dieser Natur ist, für ihn also die Naturgesetze genauso gelten wie für alles andere.

Daß er sein »Prinzip« mit dem Namen Gott belegt, unterstreicht für uns dessen Bedeutung und Würde. Genauso will Einstein, wenn er wieder und wieder Gott betreffende Aussagen macht – berühmt sein »Gott würfelt nicht« –, nicht die Vorstellung eines persönlichen Gottes erwecken, sondern er beruft sich auf ein Prinzip, das mit dem Spinozas allem Anschein nach weitgehend übereinstimmt. Daran ändert auch nichts, daß er Gott gelegentlich als »der Alte« apostrophiert – im Gegenteil.

Die Auffassung Spinozas, »Die Dinge haben auf keine andere Weise und in keiner anderen Ordnung von Gott hervorgebracht werden können, als sie hervorgebracht worden sind«, im 33. Lehrsatz des ersten Teiles seiner Ethik finden wir bei Einstein wieder als *Ziel* seiner wissenschaftlichen Arbeit, wenn er sie in einem posthum erschienenen Gespräch mit der Londoner Zeitschrift »The Listener« mit seiner Gottesauffassung so verknüpft: »Ich möchte wissen, wie sich Gott die Welt beschaffen hat. Ich bin nicht an diesem oder jenem Phänomen, an dem Spektrum dieses oder jenes Elementes, interessiert. Ich möchte seine Gedanken erkennen, alles übrige sind Einzelheiten.« Dieser Bewertung von »Einzelheiten« möchte ich die des österreichisch-schweizerischen theoretischen Physikers und Nobelpreisträgers von 1945 Wolfgang Pauli gegenüberstellen, der einen Rahmen gezeichnet und dazu gesagt haben soll: »Dies beweist, daß ich malen kann wie Rembrandt. Es fehlen nur noch die Einzelheiten.«

Noch einmal: individuelle und kollektive Erfahrung

David Hume wollte etwa einhundert Jahre nach Descartes, Newton, Leibniz und Spinoza nur die Erfahrung als Quelle von Erkenntnis anerkennen, so daß für ihn jeder vorgegebene Zusammenhang von »idealer und realer Ordnung« hinfällig war. Woher dann aber der Erfolg vorgegebener Intuitionen wie der von der Geraden als kürzestem Weg von einem Punkt zum anderen? Von, wohlgemerkt, erfolgreichen Intuitionen – wie die Intuition der Kausalität, die von der Zeit und die von der Euklidischen Geometrie? Woher der Erfolg eines Schlusses von der Vergangenheit auf die Zukunft? Erfahrung – genauer: *individuelle* Erfahrung – konnte dies nicht bewirken. Wohl aber, so wissen wir heute, *kollektive Erfahrung*, die sich im Laufe der Evolution durch den Erfolg von Strategien entwickelt hat und sich bewährt. Wir tragen die erfolgreichen Bilder, welche sich unsere Vorfahren von der Umwelt gemacht haben, als deren Abbilder in uns. Selbstverständlich sind das Abbilder der Alltagswelt, und wir haben keinen Anlaß zu vermuten, daß die verschleierte Realität der Objekte und Gesetze *hinter* den Alltagserfahrungen durch diese Abbilder richtig wiedergegeben wird. So wie es die uns von der Evolution eingeprägten Bilder suggerieren, ist die Welt insgesamt sicher nicht beschaffen. Trotzdem kann die *Abfolge* der Bilder, die sich unseren Sinnen darbieten, Aufschluß geben über gesetzmäßige Zusammenhänge. So daß wir einem Gesetz, durch das wir erfolgreich immer wieder Abfolgen von Bildern nach Ursache und Wirkung anordnen können, eine höhere Form der Realität zusprechen müssen als den Bildern selbst.

Eine naturwissenschaftliche Erklärung dafür, daß unsere unmittelbar gegebenen Vorstellungen von der Welt diese zumindest im beschränkten Bereich der Alltagserfahrungen richtig und verläßlich darstellen, konnte bis Darwin nicht gegeben werden. Es wurde bereits gesagt, daß Kant unmittelbar nach Hume mit dessen schütterer Begründung der überwältigend überzeugenden Gültigkeit der Euklidischen Geometrie, der Newtonschen Mechanik, der Idee der Zeit und jener der Kausalität nicht zufrieden war. Nehmen wir noch einmal die Kausalität. Warum können wir – oder können wir das nicht? – zu Recht sagen, durch den Anstoß einer Billardkugel sei eine andere in Bewegung gesetzt worden? Alles, was wir kennen, ist für Hume eine Abfolge von Ereignissen, so daß Behauptungen von Zusammenhängen dieser Ereignisse interpretierende Zutaten sind, und das auch bleiben müssen. Jede Meinung über einen Zusammenhang von Erfahrungen kann laut Hume nur durch die Erfahrung begründet werden – ein Zirkelschluß. Wie bereits die Erfolge des Prinzips der Induktion, hat Hume auch die Erfolge der Annahme von Kausalität nicht übersehen und sich zu deren Rettung in Unterstellungen geflüchtet, die *innerhalb seines Systems* jeder Begründung entbehren. Kant, der von der Sicherheit solcher Urteile überzeugt war, hat zu ihrer Begründung keine Objekte der Erfahrung angeführt, sondern »Bedingungen der Möglichkeit von Erfahrung«, die im erkennenden Subjekt angelegt seien. Die Analyse solcher »Bedingungen« hat ihm zur Gewißheit von Aussagen verholfen, die einfach nicht stimmen – die Geometrie der Welt ist *nicht* euklidisch, die Winkelsumme in wirklichen Dreiecken beträgt im allgemeinen *nicht* 180 Grad –, so daß am Ende doch, im Sinne Poppers, Kants Metaphysik eine wissenschaftliche Theorie gewesen ist: Sie ist widerlegt worden, war also widerlegbar, und hatte folglich empirischen Sinn. Wird die Widerlegung bestritten, war Kants Metaphysik von vornherein empirisch sinnlos.

Daraus, daß eine Idee angeboren ist, folgt keinesfalls, daß sie richtig ist und wir nicht lernen können, sie durch eine richtigere zu ersetzen. Von heute aus gesehen hat sich Kants Metaphysik von einer naturwissenschaftlichen Theorie vor allem dadurch unterschieden, daß er nicht erwogen hat, Experimente zur Überprüfung seiner Urteile und besonders zum Versuch der Widerlegung der einen oder anderen Alternativen seiner berühmten Antinomien heranzuziehen. Wenn er fragt, »wie wollten wir es durch Erfahrung ausmachen: ob die Welt von ewig her sei oder einen Anfang habe? Ob Materie ins Unendliche teilbar sei oder aus einfachen Teilen bestehe?«, so antworten wir, daß das endgültig wohl nicht gelingen mag, wir einer Antwort durch Experimente aber näherkommen können – und daß mehr nicht verlangt werden kann. Lernen können wir, welche Alternative einer Antinomie zusammen mit physikalischen Theorien wie den Relativitätstheorien oder der Quantenmechanik keinen Bestand haben kann. Tatsächlich gehören Antworten auf die Fragen Kants nach einem Anfang der Welt und der unendlichen Teilbarkeit heute zum Repertoire physikalischer Theorien und sind damit so sicher oder unsicher wie diese selbst. Die meisten der Urteile Kants, deren er sich ohne Überprüfung sicher war, haben sich jedenfalls durch Experimente als falsch erwiesen.

Keine Erkenntnis a priori

Die Auffassung, daß es gewißlich wahre Erkenntnisse gebe und daß eine Hauptaufgabe der Naturphilosophie darin bestünde, für sie sichere Gründe zu ermitteln, hat das Nachdenken über die Natur behindert. Sie war kein Ergebnis der Naturphilosophie der Descartes, Spinoza, Leibniz und Kant, sondern eine ihrer Voraussetzungen. Tatsächlich spricht, wie wir heute gerade durch die Mißerfolge der physikalischen, vermeintlich sicheren Annahmen Kants belegen, nichts dafür, daß wir der Wahrheit physikalischer Aussagen jemals sicher sein können. Und ohne diese Sicherheit ist den Argumenten Kants für die Gültigkeit von Aussagen mit physikalischem Gehalt der Boden entzogen.

Kant hat für sicher richtig erachtet, daß es »synthetische Urteile a priori« gibt, und dann gefragt, wie das sein kann. Deshalb, so argumentiert er, weil wir nicht anders können, als unsere Erfahrungen den synthetischen Urteilen gemäß anzuordnen – Objekte im Euklidischen Raum, Ereignisse in einer universellen Zeit, sowie deren Abfolgen gemäß der Kausalität. Wie auch immer die Dinge »an sich« beschaffen sind, wir können sie nur so erfahren, wie es die synthetischen Urteile a priori besagen. Folglich sei es möglich, unabhängig von tatsächlicher Erfahrung etwas über die »Gegenstände möglicher Erfahrung« zu wissen.

Daß das als Ergebnis der Evolution so ist, läßt sich nicht bestreiten: Wir nehmen die Dinge nur durch die Filter unserer Sinne wahr. Aber auch so können wir Annahmen über die Welt zum Widerspruch führen, an die uns unsere Sinne glauben machen wollen; man denke nur an die bereits erwähnte, der euklidischen Geometrie widersprechende, in einer anderen aber mögliche Erfahrung, daß wir immer geradeaus gehend wieder an unserem Ausgangspunkt ankommen. Unhaltbar ist dagegen der Schluß von den möglichen *unmittelbaren* Erfahrungen auf die verschleierte Realität der Naturgesetze, über die wir sicher nur wissen können, wie sie *nicht* beschaffen ist. Ein unsicheres positives Wissen über sie *können* wir aber besitzen.

Mit dieser Einschätzung von Kants Argumenten, daß es möglich sei, unabhängig von tatsächlicher Erfahrung etwas über die »Gegenstände möglicher Erfahrung« zu wissen, stehe ich nicht allein. In Manfred Zahns philosophischem Aufsatz »Einführung in Kants Theorie des Raumes« tritt der entscheidende Punkt auf, wenn er von der

Grundannahme Kants spricht, daß synthetische Urteile a priori möglich seien: »Mit der Leugnung ihrer Existenz wird aber offensichtlich die ganze Kantische Aufgabenstellung, in rechtfertigender Absicht zu zeigen, wie synthetische Urteile a priori möglich sind, gegenstandlos.« In einem Brief an den Mitbegründer der Quantenmechanik und Physiknobelpreisträger von 1954 Max Born sagt Einstein nahezu dasselbe so: »Wenn man ihm [Kant] nur die Existenz synthetischer Urteile a priori zugibt, ist man schon gefangen.« Mit Kant besonders streng ins Gericht geht der Mathematiker und theoretische Physiker Hermann Weyl, wenn er in »Ein Lebensrückblick« schreibt: »Kants Bindung an die euklidische Geometrie erschien mir nun als naiv. Unter diesem überwältigenden Anstoß stürzte mir das Gebäude der Kantischen Philosophie, der ich mit gläubigem Herzen ergeben gewesen war, zusammen.«

Popper

Ich überspringe gut einhundert Jahre, in denen die für Naturwissenschaftler akzeptable Erkenntnistheorie durch das Denken Kants beherrscht wurde, und wende mich Karl R. Popper zu. Deutlicher als jeder andere hat er im 20. Jahrhundert ausgesprochen und begründet, daß Aussagen mit physikalischem Inhalt zwar widerlegt, aber nicht bewiesen werden können. Insbesondere kann es keine den deduktiven, an Sicherheit ebenbürtigen induktiven Schlüsse geben. Dies faßt sein berühmt gewordener Satz »Wir wissen nicht, sondern wir raten« zusammen. Popper hat zudem vielleicht als erster klar gesehen, daß der Prozeß des Auffindens einer Theorie von dem des Folgerns aus ihrer schlußendlich erreichten rationalen Formulierung grundverschieden ist. Wie und wodurch einem Forscher eine Theorie einfällt, ist seine Privatsache – ob nun durch Träume, Verallgemeinerungen von Beobachtungen, Modellvorstellungen, rationale Einsichten oder Vorurteile. Dies alles gehört der Psychologie der Forschung an. Für den Status des Erreichten – die Logik der Forschung – ist es irrelevant. Es wäre nur anders, wenn es gelingen könnte, Theorien aus Daten abzuleiten. Was unmöglich ist, da jede Theorie, die den Namen verdient, unendlich viele logisch unabhängige Konsequenzen besitzt, ihre Datenbasis aber notwendig endlich ist. Erwecken Lehrbücher der Physik den Eindruck, die darzustellende Theorie folge durch logische Deduktionen aus Experimenten, die dann Induktionen wären, so führen sie in die Irre. Vermeintlich rein logische Ableitungen von Theorien beruhen in Wahrheit auch auf Unterstellungen, die bewußt oder unbewußt gegebene Möglichkeiten ausschließen. Denn Theorien sind mehr als Zusammenfassungen von Beobachtungen, so daß sie aus diesen allein nicht abgeleitet werden können.

Keine Sicherheit durch Induktion III

Hören wir, was der Chemiker Justus von Liebig bereits 1865 über das »Wesen der Induktion« bei Aristoteles und über deren tatsächliches Wesen zu sagen hatte: »Das Wesen der Induktion nach der Ansicht des Aristoteles dürfte wohl am nächsten durch das von ihm gegebene Beispiel eines Induktionsschlusses versinnlicht werden.

Mensch, Pferd, Maulesel etc. leben lange.
Mensch, Pferd, Maulesel etc. haben wenig Galle.
Also alle Thiere, welche wenig Galle haben, leben lange.

Diese Schlußweise, wenn man sie so nennen will, ist dem Naturforscher geläufig; aber was hier Schluß heißt, ist für ihn nur Wahrnehmung des Nebeneinanderseins zweier Erscheinungen; die Gallenlosigkeit ist eine Thatsache, welche die Langlebigkeit begleitet; es ist ein Theil eines Ganzen, und der Schluß kein Syllogismus, der den Grund der Abhängigkeit der Gallenlosigkeit in sich einschließt. Man darf nur in dem Mittelbegriff anstatt ›Galle‹ eine andere gleichzeitige Thatsache, die gewissen Thieren eigentümlich ist, substituieren, z. B.

Pferde, Maulesel etc. leben lange
Pferde, Maulesel etc. haben wenig Galle; haben Glycogen im Fleisch; haben keine Harnsäure; haben Hippursäure

um sogleich wahrzunehmen, daß die Verbindung derselben mit der Langlebigkeit rein willkürlich ist, und nicht auf einer Verstandesoperation beruht.«

Ich denke Liebig hat die Unmöglichkeit induktiver Schlüsse, die zu seiner Zeit in hohem Ansehen standen, hiermit richtig dargestellt. Siebzig Jahre später hat Einstein zur *induktiven Methode* dies zu sagen:

»Es gibt keine induktive Methode, welche zu den Grundbegriffen der Physik führen könnte. Die Verkennung dieser Tatsache war der philosophische Grundirrtum so mancher Forscher des 19. Jahrhunderts [...] Logisches Denken ist notwendig deduktiv, auf hypothetische Begriffe und Axiome gegründet.« Logisch einwandfreie Induktion kann es also nicht geben. Einstein meint zugleich aber auch das, was wir die Psychologie der Forschung nennen, also den komplizierten Privatweg der Forscher zu ihren Begriffen und Gesetzeshypothesen. Denn er fährt fort: »Wie sollen wir erwarten, letztere [die Axiome] so wählen zu können, daß wir auf die Bewährung ihrer Konsequenzen hoffen dürfen? Der günstigste Fall liegt offenbar dann vor, wenn die neuen Grundhypothesen durch die Erlebniswelt selbst nahegelegt werden. Die Hypothese von der Nichtexistenz eines perpetuum mobile als Grundlage für die Thermodynamik ist ein solches Beispiel einer durch die Erfahrung nahegelegten Ausgangshypothese; ebenso Galileis Trägheitsprinzip. Von solcher Art sind auch die Grundhypothesen der Relativitätstheorie ...« Einsteins Relativitätstheorien können in der Tat aus Prinzipien – »Grundhypothesen«, wie er sie nennt – hergeleitet werden, welche »durch die Erlebniswelt selbst nahegelegt werden«.

Einstein unterscheidet in seinem Essay »Physik und Realität«, aus dem das obige Zitat stammt, nicht deutlich zwischen der Induktion als Stimulans der Forschung und als Beweismittel – den Rollen also, die sie für die Psychologie und/oder die Logik der Forschung spielen sollte, nach seiner Meinung aber für keine von beiden spielt. Nicht Induktion hat laut Einstein auf zwei Grundannahmen der Klassischen Mechanik geführt, sondern die Einsicht, daß deren Ungültigkeit innerhalb der Mechanik nicht verstanden werden könnte: »Es liegt in der natürlichen Tendenz der Mechanik, die materiellen Punkte sowie die Gesetze der zwischen ihnen wirkenden Kräfte als unveränderlich anzunehmen, da ja eine zeitliche Änderung ausserhalb einer theoretischen Deutbarkeit durch die Mechanik läge. [...] Man sieht hier besonders deutlich, wie sehr jene Erkenntnistheoretiker irren, welche glauben, dass die Theorie auf induktivem Wege aus der Erfahrung hervorgehe, von welchem Irrtum selbst der überlegene Newton sich nicht freihalten konnte (›Hypotheses non fingo‹).«

Aufbau und Begriffe naturwissenschaftlicher Theorien

Was die Physik über Ereignisse zu sagen hat, kann im Grunde jeder verstehen und darüber auch mit jedem Übereinstimmung erzielen. Protokoll- oder Basissätze wie »Das Pendel wird losgelassen«, »Das Pendel beginnt zu schwingen« oder »Der Schalter wird umgelegt, und die Lampe vorne rechts beginnt zu leuchten«, können nur Probleme bereiten, wenn man nach Problemen sucht. Sicher, bereits derartige Aussagen sind theoriebeladen – was ist, genaugenommen, ein Pendel, und was bedeutet es, zu schwingen? –, aber sicher ist auch, daß sie bei hinreichender Mühe auf Basissätze zurückgeführt werden können, mit deren Gültigkeit der Erfolg der Evolution steht und fällt. Wie auch immer begründet, es gibt keinen Zweifel daran, daß Basissätze Abbilder einer äußeren Realität sein können und, wenn korrekt, auch sind.

Nebenbei, abermals: Die Physik weiß selbstverständlich, daß aufgrund der Quantenmechanik kein Objekt genaugenommen so ist und sich so verhält, wie Pendel, Zeiger und Stolpersteine allem Anschein nach sind und sich verhalten. Zugleich weiß sie aber auch, daß sich die allgemeine quantenmechanische Unsicherheit auf das Ergebnis einer Ablesung von einem makroskopischen Meßinstrument nicht auswirkt. Unsere unmittelbare Erfahrung kann durch Größen der nichtquantenmechanischen Physik auch dann einwandfrei beschrieben werden, wenn diese Größen selbst den ganz anderen Gesetzen der Quantenmechanik genügen. Man denke nur an das Klicken eines Geigerzählers, der die Strahlung eines radioaktiven Präparats nachweist.

Dunkle quantenmechanische Mächte mögen über eine Entfernung hinweg »geisterhaft«, wie Einstein schrieb, Zeiger einstellen. Diese Einstellungen selbst unterliegen aber keiner quantenmechanischen Unsicherheit, können also innerhalb ihrer rein klassisch zu verstehenden Genauigkeit zweifelsfrei abgelesen und als Basissätze ausgesprochen werden; genau so, wie es die Anschauung verlangt. Der Einstellung eines Zeigers und – sagen wir – der Länge einer Pendelstange können wir deshalb trauen, weil sie in jeder Hinsicht bei Beobachtungen so *auftreten*, wie wir es von Objekten der Anschauung erwarten. Nicht aber deshalb, weil sie so *wären*, wie sie auftreten. Sie *sind* Objekte der Quantenmechanik, und erst durch sie verstehen wir, daß Zeiger, Stolpersteine und Stühle für alle praktischen Zwecke die Erwartungen der Anschauung erfüllen.

Dispositionsbegriffe

Was »Pendel« und was »schwingen« bedeutet, kann für alle, die nicht an unheilbarem Solipsismus leiden, durch Basissätze explizit definiert werden. Aber in physikalischen Theorien treten auch Begriffe auf, die so nicht definiert werden können. Bereits ein Begriff wie »wasserlöslich« hat seine Tücken. Um wasserlöslich als Attribut Substanzen zuschreiben zu können, wollen wir zur Definition versuchsweise den Satz »Eine Substanz ist wasserlöslich, wenn sie sich, in Wasser getan, auflöst« verwenden. Als Konsequenz dieser Definition muß jede Substanz »wasserlöslich« heißen, die *nicht* in Wasser getan wurde. Denn, so lehrt die Logik, jeder Wenn-dann-Satz, dessen Wenn-Prämisse falsch ist, trifft auf jeden Fall zu, auch dann also, wenn die durch *dann* eingeleitete Konsequenz falsch ist. Zum Beispiel der Satz »Wenn 2+2=5, dann 2+3=6«. In der Tat: Wenn wir zu jeder Seite der ersten falschen Gleichung 1 hinzuzählen, erhalten wir auf mathematisch und logisch vollkommen korrektem Weg aus ihr die zweite, so daß der Wenn-dann-Satz richtig ist. Daß aus einer falschen Aussage durch die Regeln der Logik jede richtige folgt, ist schon deshalb offensichtlich, weil richtige Aussagen richtig bleiben, wenn die falsche Prämisse fortgenommen wird – von deren Gültigkeit oder Ungültigkeit hängen sie ja nicht ab. Eine Prämisse muß nicht zur Grundlage ihrer Folgerung gemacht werden, sie kann es nur. Aber nehmen wir ein Beispiel, bei dem eine falsche Prämisse – wieder 2+2=5 – zur Herleitung einer richtigen Folgerung – 2+2+6=5+2+3 – benutzt wird: Um die richtige Folgerung zu erhalten, beweisen wir wie oben aus der falschen Prämisse zunächst 2+3=6 und schreiben dies als 6=2+3. Addition der beiden falschen Gleichungen 2+2=5 und 6=2+3 ergibt dann die richtige 2+2+6=5+2+3 – wie behauptet. Allerdings müssen wir uns fragen, warum wir die falsche Prämisse überhaupt benutzt haben: Warum haben wir die angestrebte richtige Gleichung nicht ohne weiteres als mathematische Wahrheit angeschrieben, die falsche Prämisse also nicht fortgelassen? Wir mußten sie ja nicht benutzen, so daß schlußendlich eine falsche Prämisse jeden, überhaupt jeden sinnvollen Satz impliziert. Daher trifft der aus einer falschen Prämisse und irgendeiner Folgerung zusammengesetzte Satz stets zu, und folglich müssen aufgrund unserer versuchsweisen Definition der Löslichkeit alle Substanzen, die niemals in Wasser getan wurden, als wasserlöslich gelten.

▷ *Zwischenfrage:* Das *sind* sie aber nicht! Ein Stück Eisen ist nicht wasserlöslich, ob es nun in Wasser getan wurde oder nicht. Der gesunde Menschenverstand ermöglicht es jedem, die Definition von wasserlöslich, die Sie angegeben haben, so zu verstehen, wie sie gemeint ist. Mit der Konsequenz nämlich, daß Salz wasserlöslich ist, Eisen aber nicht. Müssen wir wirklich jeden Satz so verstehen, wie ihn die Logik auffaßt? Ist nicht ein Satz der Umgangssprache vor allem dies – ein Satz der Umgangssprache? Mit seiner Umgangsbedeutung? Wenn wörtlich derselbe Satz auch ein Satz der Logik ist, folgt offenbar nur, daß er nicht auch für sie das Gemeinte ausdrückt. Arme Logik, wenn es in ihrer Sprache nicht gelingt, das Gemeinte auszudrücken!

▷ *Zwischenantwort:* Die Logiker haben sich in der Tat bemüht, eine sie zufriedenstellende Definition von Dispositionsbegriffen wie wasserlöslich anzugeben, und das ist ihnen, wie wir bei den Wissenschaftstheoretikern und Logikern Nicholas Rescher und Wolfgang Stegmüller lesen können, weitgehend gelungen. Möglich muß es sein, alle offenbar sinnvollen Begriffe und Konzepte logisch einwandfrei auszudrücken. Nicht nötig ist es aber, das in allen Fällen auch zu tun. Unumgänglich ist es, wenn einem Computer beigebracht werden soll, was wir meinen. Eine Mitteilung von Mensch zu Mensch ist aber auch dann möglich, wenn auf eine logisch einwandfreie Aussageform verzichtet wird – wie es gerade das Beispiel der Definition von »wasserlöslich« zeigt.

Gemessen an Begriffen wie »Quark« oder gar »Potential«, ist die Wasserlöslichkeit ein Gegenstand unmittelbarer Erfahrung. Als Begriff taucht sie aber auch in Theorien auf, die von ihr nur zu sagen wissen, daß ihr Zutreffen für die eine oder andere Substanz davon abhängt, ob diese sich, in Wasser getan, auflöst. Also keine explizite Definition von Löslichkeit innerhalb einer Theorie, wohl aber kann die Theorie dadurch überprüft werden, daß Substanzen, über deren Wasserlöslichkeit sie Aussagen macht, ins Wasser getan werden. Treffen die Vorhersagen der Theorie zu, wurde sie nicht widerlegt und harrt weiterer Widerlegungsversuche. Stimmen ihre Vorhersagen aber nicht, dann ist mit dem Ergebnis des Experiments die Theorie untergegangen.

Nehmen wir als Beispiel eine Theorie der Chemie, in der die Wasserlöslichkeit nur im Verein mit theoretischen Begriffen wie Wertigkeit, Atom und Molekül auftritt. Die Theorie unterstelle die Gültigkeit von Naturgesetzen, die aus dem atomaren Aufbau einer Substanz auf deren Wasserlöslichkeit zu schließen gestatten. Empirischen Gehalt soll die Theorie nun dadurch gewinnen, daß die Wasserlöslichkeit nicht nur ein theoretischer Begriff im Verein mit anderen derartigen Begriffen ist, sondern auch empirische Implikationen für reale Substanzen besitzt. Geschmackssache ist, ob wir sie zum Bereich der Basissätze oder zu dem der Theorie hinzurechnen. »Welche von den Sätzen« einer Theorie, so Albert Einstein, »als Definitionen und welche als Naturgesetze anzusprechen sind, hängt weitgehend von der gewählten Darstellung ab; es ist überhaupt nur dann notwendig, eine solche Unterscheidung wirklich durchzuführen, wenn man untersuchen will, inwieweit das ganze ins Auge gefasste Begriffssystem vom physikalischen Standpunkte betrachtet wirklich inhaltsvoll ist.«

Begriffe von Theorien

Naturwissenschaftlich sinnvoll ist eine Theorie dann und nur dann, wenn sie Basissätze abzuleiten gestattet, die experimentell überprüft werden können. Dann darf sie auch Begriffe enthalten, die *nicht* durch Basissätze definiert werden können. Begriffe, die, wie die bereits erwähnten »Quark« und »Potential«, offenbar so nicht definiert werden können, haben ihre Berechtigung darin, daß mit ihrer Hilfe experimentell überprüfbare Basissätze abgeleitet werden können, die ohne sie nicht folgen. Das ist natürlich für sich allein eine wackelige Legitimation von Begriffen in naturwissenschaftlichen Theorien. Versuche aber, dieses Konzept zu präzisieren, kommen nicht ohne Willkür aus. Wer, wie Rudolf Carnap, der deutsch-amerikanische Vertreter der Analytischen Philosophie, logisch einwandfreie Kriterien für die Wissenschaftlichkeit eines Systems formulieren will, läuft Gefahr, sich in einem trivialen Entscheidungsbaum zu verirren. Auf die Systeme von Popper und Carnap werde ich bereits deshalb nicht im Detail eingehen, weil für mich die Unterschiede beider Systeme, die zu schweren Kontroversen geführt haben, nahezu verschwimmen.

Ob in einer Theorie Begriffe auftreten, die weder explizit durch Basissätze definiert werden können, noch zur Ableitung von Basissätzen erforderlich sind, kann so lange dahingestellt bleiben, wie aus ihr überhaupt experimentell überprüfbare Basissätze folgen. Stets kann es nur um die Theorie als Ganze gehen. Sie ist es, die Ableitungen erlaubt oder eben nicht. In ihr darf es auch Begriffe geben, die weder explizit definiert werden können, noch zu einer Ableitung von Basissätzen erforderlich sind. Solche Begriffe können Vorstellungen erwecken, die für die Psychologie der Forschung relevant sind, indem sie zu Theorien anregen. Schädlich ist ihr Vorhandensein jedenfalls nicht. Gewiß, die Vorstellungen, die sie – und nicht nur sie – erwecken, können falsch sein; man denke nur an die Bohrschen Bahnen von Elektronen in Atomen. Aber für die Logik der Forschung ist das irrelevant. Für sie zählt nur, welche experimentell überprüfbaren Sätze der Objektsprache von Basissätzen abgeleitet werden können, welche von diesen überprüft wurden und mit welchem Ergebnis. Wenn Vorstellungen wie die von den Bohrschen Bahnen oder die unter Elementarteilchenphysikern verbreitete von »bunten« Elementarteilchen – das Elektron sei violett, dessen Neutrino blaßrosa etc. –, die mit den Quantenzahlen »Farbe« oder »Color« nichts gemein haben, falsch genannt werden, stimmt das natürlich. Zu einem Einwand gegen derartige Vorstellungen kann ihre Falschheit aber nur erhoben werden, wenn ihren Gegenständen eine wie auch immer geartete Realität außerhalb der Theorie zugeschrieben wird – die sie nicht besitzen.

Kontinuierlich oder diskret?

Nach der klassischen Physik kann *jede* physikalische Größe – Ort, Geschwindigkeit, Energie, Drehimpuls usw. – jeden Wert aus einem Kontinuum möglicher Werte annehmen. Die Quantenmechanik läßt statt dessen nur »gequantelte« Werte gewisser physikalischer Größen zu. Das bedeutet, daß diese Größen statt beliebiger Werte aus einem Kontinuum nur vereinzelt – Mathematik und Physik sagen auch »diskret« – liegende Werte annehmen können. Eingang in die Schulphysik haben vor allem die möglichen Energien des Elektrons im Wasserstoffatom gefunden, die auf Spektrallinien mit bestimmten Farben führen. Mit einer Proportionalkonstante, die aus den Eigenschaften des speziellen Systems Wasserstoffatom berechnet werden kann, sind dessen mögliche Energien zum Quadrat des Kehrwerts einer Variablen proportional, die beliebige ganzzahlige Werte annehmen kann.

Einfacher liegen die Dinge bei einer Grundgröße der Physik, dem Drehimpuls. Dieser kann nur Werte annehmen, die ganzzahlige oder halbzahlige Vielfache einer – eben deshalb! – universellen Naturkonstante namens $\hbar$ sind. Bis auf einen Faktor, der hier nicht interessiert, ist $\hbar$ dasselbe wie Plancks Konstante h. Drehimpulse, die in der Alltagswelt oder gar der Astronomie auftreten – der Drehimpuls eines Glücksrades oder eines Planeten –, sind so viel größer als dessen Einheit $\hbar$, daß bei ihnen der Unterschied zwischen einem Kontinuum von Werten und den allein möglichen gequantelten nicht bemerkt werden kann. Genaugenommen sind aber auch sie nur diskreter Werte fähig.

Wenn sie es auch (noch!) nicht beweisen kann, ist die Physik der Auffassung, daß *alle* physikalischen Variablen aufgrund der Quantenmechanik nur diskrete Werte annehmen können. Für John Archibald Wheelers Programm, die Naturgesetze auf JA-NEIN-Entscheidungen zurückzuführen, ist die Diskretheit der Natur offenbar eine unerläßliche Vorbedingung. Genauso für die Hypothese, daß alle physikalischen Systeme durch Turing-Maschinen simuliert werden können. Denn nur diskrete Systeme können durch Bits vollständig beschrieben werden. Um den Grad seiner Ordnung numerisch zu erfassen, haben wir in der Abb. 6.6 das Volumen eines Gases in Kästchen unterteilt. Natürlich unterliegt die Größe der Kästchen unserer Willkür, und wer sich gefragt hat, wie die Entropie als physikalische Meßgröße von dieser Willkür befreit werden kann, hat eine wichtige Frage gestellt. Tatsächlich ist nicht nur der Ort der Teilchen zur Definition der Entropie erforderlich, sondern auch ihre Geschwindigkeit – genauer: ihr Impuls –, so daß die eigentlich gemeinte Unterteilung keine im Ort allein, sondern eine simultane in Ort *und* Geschwindigkeit in einem »Phasenraum« ist. Für Ort und Geschwindigkeit zusammengenommen gilt aber eine Unschärferelation, und diese können wir so lesen, daß sie eine Untergrenze für das Volumen von Kästchen im Phasenraum angibt. Die Entropie kann letztlich also auf die Einteilung des Phasenraums in Kästchen mit Volumina zurückgeführt werden, die so klein sind, wie es im Einklang mit dem Naturgesetz der Unschärfe von Ort und Geschwindigkeit überhaupt möglich ist.

Nicht nur als Näherung, sondern exakt soll also alles in der Natur durch Bits ausgedrückt werden können – jede Entfernung, jede Masse und jede Zeitspanne. Mit ihnen folglich alle Größen, denn für Maßsysteme reichen Zentimeter, Gramm und Sekunde als Grundgrößen aus.

Auf ihrem tiefstem Niveau respektiert die Natur vermutlich diese Erwartung. Denn für alle drei Grundgrößen gibt es letzte Einheiten, die in den Naturgesetzen als Naturkonstante auftreten. Es sind dies drei nach Max Planck benannte Größen: die Länge von etwa 10^{-33} Zentimeter, die Masse von etwa 10^{-5} Gramm und die Zeit von etwa 10^{-44} Sekunden. Dazu komme ich sogleich. Aber wenn wir nach dem Verhalten von Pendeluhren und Flugzeugen fragen, tauchen diese Grundgrößen in den dann relevanten Naturgesetzen nicht einmal auf. Dann sind zahlreiche gleichzeitig wirkende Bits für den Eindruck einer kontinuierlichen Einwirkung verantwortlich. Und wenn wir fragen, auf wie viele Arten und Weisen ein Schwarzes Loch entstanden sein kann, beruht die Antwort auf dessen Oberfläche, gemessen in der Einheit, welche die Planckschen Größen für Flächen liefern.

Die nach heutigem Verständnis grundlegenden Einheiten für Länge, Masse und Zeit treten in den Naturgesetzen der Quantenmechanik und der Relativitätstheorien nur verdeckt als Naturkonstanten auf – als Einsteins konstante Lichtgeschwindigkeit *c*, Newtons Gravitationskonstante G und Plancks Konstante der Quantenmechanik $\hbar$. Zusammen können sie in eine Länge, eine Masse und eine Zeit umgerechnet werden und liefern bei Verzicht auf Zahlenfaktoren wie 2, π oder 10^{23} die oben erwähnten, nach Planck benannten, Einheiten für Länge, Masse und Zeit. Von experimentell erreichten räumlichen oder zeitlichen Auflösungen in der Nähe der Plancklänge oder der Planckzeit können wir heute nicht einmal träumen, aber die Planckmasse ist als Masse eines Staubkorns seltsam groß. Wundern müssen wir uns also darüber, daß die Massen der Elementarteilchen so viel kleiner sind als die Planckmasse – um, im Fall des Protons, etwa den Faktor 10^{-20} kleiner. Die Physik erklärt dies durch das Phänomen der »laufenden Kopplung« von Quarks und Gluonen im Standardmodell der Elementarteilchentheorie. Von einem recht kleinen Wert bei der Plancklänge steigt die Kopplung äußerst langsam an, und erreicht erst bei Abständen, die um den Faktor 10^{20} größer sind als die Plancklänge, Werte, welche die Existenz eines gebundenen Zustands von Quarks und Gluonen – eben das Proton – ermöglichen. Für das Proton, und mit ihm alle Starken Wechselwirkungen, ist die relevante Längenskala daher nicht die Planckskala, sondern die 10^{20}fache Längenskala der »Quantenchromodynamik«, abgekürzt QCD.

In summa verstehen wir die Kleinheit der Massen der Elementarteilchen durch einen dynamischen Effekt, der die Meinung nicht beschädigt, daß *alle* physikalischen Größen nur diskret liegende Werte annehmen, also durch Bits ausgedrückt werden können. Die gigantische Größe der Planckmasse tritt hervor, wenn wir den Raumbereich einbeziehen, in dem sie sich befinden soll: Eine Planckmasse in einem Volumen mit der Kantenlänge von einer Plancklänge besitzt die 10^{93}fache Dichte von Wasser, so daß ein Kubikzentimeter Planckmaterie um einen Faktor mit nahezu 93 Stellen vor dem Komma schwerer ist als irgendeine irdische Substanz.

Die Erwartung der Physik – sozusagen ihr heiliger Gral – ist, daß *alle* Naturkonstanten wie die Massen der Elementarteilchen, ihre Ladungen, Radien und Lebensdauern vermöge der Naturgesetze aus den elementaren Planckschen Größen berechnet werden können. Daß es also nicht für jedes Gebiet der Physik eine eigene Sammlung von Grundgrößen geben soll, sondern einen fundamentalen, möglichst kurzen Katalog, aus dessen Posten die – dann nur vermeintlichen – Grundgrößen aller Gebiete abgeleitet werden können.

Die Church-Turing-These

Flugsimulatoren sollen virtuelle Flugzeuge schaffen, die auf Aktionen ihrer Piloten genauso wie wirkliche Flugzeuge reagieren. Damit das gelingt, muß das Verhalten der simulierten Flugzeuge aus computergerechten Formulierungen der Naturgesetze berechnet werden. Als Resultat gelten in der virtuellen Welt nahezu die wirklichen Naturgesetze. Computerspiele zeigen, daß es auch möglich ist, eine virtuelle Welt zu schaffen, in der zwar Gesetze, nicht aber die der wirklichen Welt gelten. Auf dem Bildschirm kann der Energiesatz durch ein anderes oder gar kein Gesetz ersetzt werden. Die Gesetze für die Erscheinungen auf dem Bildschirm können also durchaus den Naturgesetzen widersprechen, auf denen sie beruhen.

Trivial? Selbstverständlich. Aber nehmen wir unsere Benutzeroberfläche des Universums. Die These des Reduktionismus besagt, daß dasjenige, was sie zeigt, auf fundamentale Naturgesetze zurückgeführt werden kann. Diese ermöglichen die Konstruktion einer Turing-Maschine, eröffnen uns also zumindest deren Rechenmöglichkeiten. Die Church-Turing-These, von dem amerikanischen Mathematiker und

Logiker Alonso Church 1936 formuliert, besagt, daß es keine weiteren Rechenmöglichkeiten gibt: Alles, was überhaupt berechenbar ist, kann – so die These – durch eine Turing-Maschine berechnet werden. Zahlreiche Versuche, die These zu beweisen oder zu widerlegen, sind gescheitert. Ob sie zutrifft, ist eine physikalische Frage, die nicht allein durch Prozesse mit den Etiketten »Logik« und »Beweis« entschieden werden kann. Wenn die Naturgesetze die Konstruktion einer Turing-artigen Maschine zuließen, die unendlich viele logische Schritte in endlicher Zeit durchführen kann, oder wenn sie eine unberechenbare Zahl meßbar machen würden, wäre die These falsch.

Falsch wäre die These auch, wenn es, entgegen den durch die Quantenmechanik begründeten Erwartungen des letzten Abschnitts, physikalische Systeme gäbe, die überabzählbar viele Zustände annehmen könnten. So wäre es, wenn die nicht-quantenmechanische Physik die Realität richtig beschriebe. Dann wären analoge Rechnungen möglich, und deren Repertoire geht weit über das von Turing-Maschinen hinaus. Die Quantenmechanik rettet, so verstanden, die Church-Turing-These vor der Widerlegung durch klassische analoge Computer, indem sie diese zu bauen verbietet. Andererseits aber könnte die Quantenmechanik Rechenmöglichkeiten eröffnen, welche den Turing-Maschinen, deren Wirken ja klassisch verstanden werden kann, nicht zur Verfügung stehen. Von vornherein ist nämlich nicht auszuschließen, daß Quantencomputer Funktionen berechnen können, die keine Turing-Maschine berechnen kann.

Das aber ist nach Auskunft von Fachleuten nicht so. In ihrem Buch »Quantum Computation and Quantum Information« aus dem Jahr 2000 beschreiben Michael A. Nielsen und Isaac L. Chuang die Church-Turing-These zunächst so: »A priori ist es nicht offensichtlich, daß jede Funktion, die wir intuitiv als durch einen Algorithmus berechenbar ansehen, durch eine Turing-Maschine berechnet werden kann. [...] Obwohl 60 Jahre der Suche nach Evidenz für und gegen die Church-Turing-These nichts erbracht haben, was gegen sie spricht, könnte es doch sein, daß wir in der Natur einen Prozeß entdecken werden, der eine Funktion berechnet, die durch eine Turing-Maschine nicht berechnet werden kann. Es wäre wunderbar, wenn das geschehen würde, denn dann könnten wir mit Hilfe des Prozesses bisher unmögliche Berechnungen durchführen. Selbstverständlich müßten wir dann auch die Definition der Berechenbarkeit ändern, und mit ihr die

Computerwissenschaft.« (Vgl. das Motto Nr. 3 dieses Buches.) Und dann stellen die Autoren fest, daß »auch Quantencomputer die Church-Turing-These erfüllen«.

Nehmen wir an, die Church-Turing-These gilt. Dann können wir alle Rechnungen, unter ihnen alle Beweise, auf unserer Benutzeroberfläche des Universums schrittweise verfolgen. Kein Orakel kann dann aus unverstandenen Tiefen heraus Berechnungen durchführen, die Turing-Maschinen nicht durchführen können. Daraus folgt aber nicht, daß wir zur Berechnung dessen, was wir beobachten, aus den Naturgesetzen befähigt sind. Wie die absurden Abläufe von Computerspielen auf dem Bildschirm insgeheim durch die Gesetze der Quantenmechanik festgelegt werden, an die die Spieler nicht herankommen können und die sie durch Rechnungen, die ihnen die Abläufe auf ihrem Bildschirm ermöglichen, auch nicht auswerten könnten, so könnten Prozesse, die uns wegen unserer Beschränkung auf Turing-berechenbare Abläufe verborgen bleiben, unsere Beobachtungen bestimmen. So könnte es sein, aber es anzunehmen, würde uns aus dem Reich der Naturwissenschaften hinausführen. Daß die Natur durch uns *noch* unzugängliche Gesetze festlegt, was geschieht, war die Auffassung von Einstein und seinen EPR-Kollegen, die den Formalismus der Quantenmechanik vervollständigen, deren experimentelle Konsequenzen aber beibehalten wollten. Die Unterstellung jedoch, daß die Natur durch Gesetze, die uns *für immer* unzugänglich sind, festlegt, was auf unserer Benutzeroberfläche geschieht, erklärt nichts und kann weder widerlegt noch bewiesen werden, ist also als Naturgesetz nicht akzeptabel.

▷ *Zwischenfrage:* Warum fügen wir die Ergebnisse der geheimen Berechnungen der Natur nicht zu unserem Repertoire hinzu und widerlegen so die These?

▷ *Zwischenantwort:* Weil wir ohne Einsicht in die Naturgesetze nicht wissen können, *was* die Natur berechnet.

Wenn nun aber Prozesse der Natur auf einsehbare gesetzmäßige Zusammenhänge auf unserer Oberfläche führen, müssen deren Ergebnisse bei Gültigkeit der These durch eine Turing-Maschine reproduziert werden können. Denn könnten sie das nicht, könnten wir die diesen Gesetzen genügenden Abläufe zu Berechnungen benutzen, und die These wäre falsch. Jetzt bleiben wir im Bereich der Naturwissenschaften, denn die Annahme gesetzmäßiger Zusammenhänge kann widerlegt werden.

Tatsächlich scheint es so zu sein, daß die Gesetze der Physik erstens die Konstruktion von Turing-Maschinen erlauben und damit festlegen, welche Mathematik und Logik wir betreiben können. Zweitens aber, und das ist nicht von vornherein dieselbe Sache, sind diese Gesetze so geartet, daß wir sie kennen und durch eben die Mathematik und Logik, die sie ermöglichen, ausdrücken und auswerten können.

Ein der Physik näheres Beispiel als die Computerspiele für die Möglichkeit, daß Beobachtungen auf einer Benutzeroberfläche Gesetzen genügen, die zwar auf dieser Ebene formuliert und ausgewertet werden können, nicht aber die Gesetze sind, durch welche die Natur die Beobachtungen festlegt, bildet die Ausbreitung von Licht in zwei Medien, in denen die Lichtgeschwindigkeit nicht dieselbe ist. Vorgegeben seien die beiden Geschwindigkeiten, auf deren Festlegung durch die Naturgesetze ich nicht eingehen will. Sei X die Trennungslinie in der Abb. 7.2 zwischen den Medien »Luft« und »Wasser«. Schnell sei die Ausbreitung des Lichts in der Luft, langsam die im Wasser. Gefragt werden soll, welchen Weg ein Lichtstrahl nimmt, der durch beide Punkte hindurchgeht. Wie muß, anders gefragt, ein Beobachter an *A* mit seinem Laserpointer zielen, damit dessen Strahl *B* trifft. Die Antwort des *Fermatschen Prinzips* ist, daß der Lichtstrahl denjenigen Weg von *A* nach *B* nimmt, auf dem er die geringste Zeit braucht. Was das Prinzip besagt, beschreibt Feynman in seinen Vorlesungen über Physik so: »[Es sei ...] unser Problem, in der *kürzesten Zeit* von *A* nach *B* zu kommen. Um zu illustrieren, daß es nicht das beste ist, einfach in einer geraden Linie zu gehen, wollen wir uns vorstellen, daß ein hübsches Mädchen aus einem Boot gefallen ist und im Wasser bei Punkt *B* um Hilfe schreit. Die durch X markierte Linie sei die Uferlinie. Wir sind bei Punkt *A* auf dem Land, und wir sehen das Unglück, und wir können laufen und können auch schwimmen. Aber wir können schneller laufen als schwimmen. Was sollen wir tun? Bewegen wir uns auf einer geraden Linie? [...] Wenn wir [...] etwas mehr Verstand gebrauchen würden, würden wir bemerken, daß es günstig wäre, eine etwas größere Entfernung auf dem Land zurückzulegen, um die Entfernung im Wasser zu verkleinern, da wir uns im Wasser viel langsamer bewegen.«

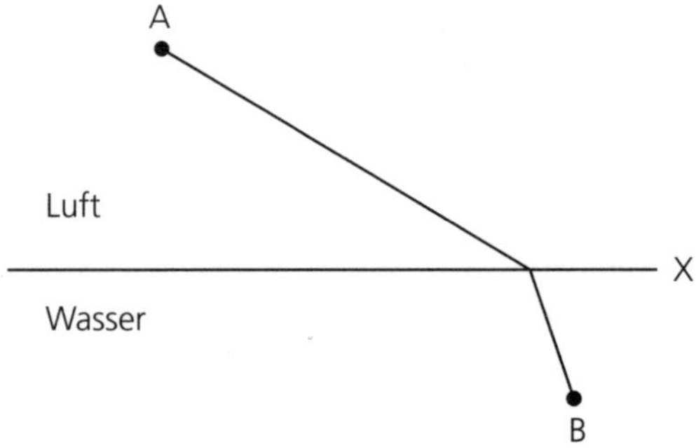

Abbildung 7.2: Illustration des Fermatschen Prinzips

Nun bestimmt die Natur den Weg des Lichts unter dem Einfluß der Moleküle der Luft und des Wasser sicher nicht dadurch, daß sie die Zeit berechnet, die es für verschiedene Wege braucht, und ihm dann den schnellsten Weg zuweist. Selbst wenn wir die Geschwindigkeiten des Lichts in Luft und in Wasser als vorgegeben betrachten, legen dessen Weg von *A* nach *B* die Gesetze der Wellenausbreitung fest. Diese führen zwar darauf, daß das Licht den jeweils schnellsten Weg nimmt, können aber durch die Rechenmöglichkeiten, welche die Kenntnis dieser Wege bereitstellt, weder formuliert noch ausgewertet werden. Die Natur verhält sich, *als ob* sie die für die Reise des Lichts von *A* nach *B* erforderliche Zeit minimieren wolle. Aber die Natur *will* überhaupt nichts. Sie verhält sich gemäß ihren Gesetzen und bestimmt durch diese auch, ob wir sie formulieren und, gegebenenfalls, auswerten können.

Obwohl das Fermatsche Prinzip von der kürzesten Zeit kein fundamentales Naturgesetz ist, kann es doch für solche Gesetze Modell stehen. Denn nach heutigem Wissen können die fundamentalen Naturgesetze ausnahmslos aus der Forderung abgeleitet werden, daß eine Funktion namens Wirkung von Grundgrößen so klein ist, wie möglich. Das Problem der Physik ist also »nur«, die Grundgrößen und deren Wirkungsfunktion herauszufinden.

Ist die Church-Turing-These falsch, hängt es von den Einzelheiten ihres Versagens ab, ob sie in abgeschwächter Form aufrechterhalten werden kann. Ihre ultimative Abschwächung wäre die Annahme, daß die Natur uns diejenigen mathematischen und logischen Möglichkeiten zur Verfügung stellt, durch die ihre Gesetze gekannt, aufgeschrieben und ausgewertet werden können.

Eine Gegenthese zu der von Church und Turing ist, daß zumindest das Wirken des menschlichen Geistes zu seiner Beschreibung unberechenbare Funktionen erfordert. Wenn solche Prozesse nicht zugleich den Bereich des berechenbaren erweitern, sind sie wissenschaftlichen Untersuchungen nicht zugänglich, weil sie vom Standpunkt der *Turing*-Berechenbarkeit aus gesehen zufällig sind. Roger Penrose vertritt die Meinung, daß im Gehirn quantenmechanische Prozesse ablaufen, die durch Turing-Maschinen nicht simuliert werden können. Professionelle Gehirnforscher schließen dies aus, weil Denkvorgänge länger dauern, als die für originär quantenmechanisches Verhalten erforderliche *Kohärenz* im Gehirn aufrechterhalten werden kann.

Harte Evidenz gegen die Church-Turing-These gibt es nicht. Würde sie eines Tages widerlegt, könnte sie vermutlich doch in der einen oder anderen abgeschwächten Form aufrechterhalten werden. Denn Prozesse, die durch Turing-Maschinen nicht berechnet werden können, würden zugleich neue Formen der Berechnung eröffnen – Formen, die vielleicht besser *Messungen* genannt werden sollten.

Bereits wenn sich Mathematiker bei aufwendigen »gewöhnlichen« Beweisen wie dem des Vierfarbensatzes – er sagt, »daß sich jede Landkarte mit vier Farben so kolorieren läßt, daß keine zwei Länder mit gemeinsamer Grenze gleichfarbig sind« – des Computers bedienen, darf behauptet werden, sie führten statt rein logischer Beweise physikalische Experimente durch. Es geht hier nicht darum, daß der Computer zur heuristischen Auffindung eines Beweises benutzt wird, den dann ein Mathematiker protokolliert, überprüft und anderen Mathematikern zur Überprüfung vorlegt, sondern darum, daß die Beweisschritte selbst dem Computer übertragen werden: Überprüft wird nur das Programm, das der Computer ausführen soll. Ein Ausdruck dessen, was der Computer zum Zweck des Beweises getan hat, und das für Mathematiker als Beweis dienen könnte, wäre so lang, daß ihn tatsächlich niemand in seiner Lebensspanne auch nur lesen könnte. Ich bezweifle nicht, daß der Computerbeweis des Vierfarbensatzes korrekt ist, weise aber darauf hin, daß er auf den Gesetzen der Physik beruht. Für korrekt halte ich ihn, weil wir die besten überhaupt möglichen Gründe für die Annahme haben, daß der Computer in diesem Fall tut, was er soll. Außerirdische, die unsere Mathematiker bei ihrem Beweis des Vierfarbensatzes beobachteten, würden wohl den Eindruck gewinnen, daß sie keinen logischen Beweis, sondern ein Experiment durchführen. Und David Hume könnte uns darauf hinweisen, daß die Naturgesetze heute nicht notwendig mit denen von gestern übereinstimmen. Hängen nicht die mit dem Etikett »Logik« ausgezeichneten Beweise tatsächlich von den Gesetzen der Physik ab?

Kohärenz

Die Quantenmechanik beschreibt ihre Objekte nicht durch Orte und Geschwindigkeiten, sondern durch Wellenfunktionen. Für die Ergebnisse von Messungen, z. B. die von Orten oder Geschwindigkeiten, legen die Wellenfunktionen keine festen Werte, sondern nur Wahrscheinlichkeiten fest. Woher kann es da kommen, daß jedes Stäubchen, das wir im Sonnenlicht zittern sehen, jederzeit sowohl einen gewissen Ort als auch eine gewisse Geschwindigkeit besitzt? Daß Stäubchen im Vergleich zu Atomen groß und schwer sind, erzwingt das nicht. Dies eröffnet zwar die *Möglichkeit*, sowohl einen Ort, als auch eine Geschwindigkeit zu besitzen, die für alle praktischen Zwecke genau bestimmt sind. Aber einem Stäubchen stehen quantenmechanisch gesehen auch andere Möglichkeiten offen. Seine Wellenfunktion als kollektives Gebilde kann auch so beschaffen sein, daß sie weder seinen Ort, noch seine Geschwindigkeit so genau festlegt, wie sie offenbar stets festgelegt sind. Für Einstein war diese mögliche Unbestimmtheit ein Anlaß, an der Gültigkeit der Quantenmechanik zu zweifeln. In einem Brief an den Quantentheoretiker Max Born bringt er 1953 das hier Gemeinte so zum Ausdruck: »[Du willst] die klassische Mechanik nur mit solchen [Wellen]-Funktionen in Beziehung bringen [...], die bezüglich Koordinaten und Impulsen ›eng‹ sind. Wenn man es so auffaßt, dann kommt man aber zu der Ansicht, daß weitaus die meisten quantentheoretisch denkbaren Vorgänge von Makrosystemen keinen Anspruch darauf machen dürfen, durch die Makro-Mechanik annähernd beschreibbar zu sein. Dann müßte man sich z. B. sehr wundern, wenn ein Stern oder eine Fliege, die man zum ersten Mal sieht, so etwas wie quasi-lokalisiert erscheinen.«

Hieraus erwächst der Quantenmechanik die Aufgabe, den Prozeß der Messung zu verstehen. Versteht sie ihn, verschwinden die grundsätzlichen Einwände, die Einstein in seinem Brief an Born so kraftvoll erhoben hat. Selbst wenn man davon absieht, daß Stern, Fliege und Stäubchen ein reiches Innenleben besitzen, das es verbietet, sie als große Elementarteilchen anzusehen, können sie nur zusammen mit ihrer Umgebung verstanden werden, mit der sie ständig in Wechselwirkung stehen. So wird das zitternde Stäubchen von der Sonne beschienen, ist also Einflüssen ausgesetzt ist, die als *Messungen* beschrieben werden können: Das Sonnenlicht führt an dem Stäubchen ständig Messungen seines Ortes und seiner Geschwindigkeit durch, die beide dadurch so genau festgelegt werden, wie es bei einem Stäubchen überhaupt möglich ist.

Und das ist sehr genau. Durch die Wechselwirkung beliebiger Objekte mit ihrer Außenwelt sterben von den quantenmechanischen Möglichkeiten sehr schnell alle bis auf eine aus. Es sei denn, selbstverständlich, daß das Objekt zumindest nahezu isoliert ist. Dieser Prozeß heißt »Verlust der Kohärenz«, und er ist recht gut verstanden. Er erschafft aus den quantenmechanischen Möglichkeiten die klassische Welt, die unsere Realität ausmacht. Natürlich müssen die Ergebnisse aller späteren Realisierungen mit denen früherer verträglich sein. Zum Beispiel ist es ausgeschlossen, daß ein Stäubchen, das jetzt hier angetroffen wird, sich Sekundenbruchteile später ganz woanders befindet. Auch die Bahnen von Elementarteilchen in Nachweisgeräten, von denen viel weiter oben die Rede war, entstehen so.

Wie genau ein System durch klassische Variable innerhalb der Grenzen, welche die Quantenmechanik für es zieht, beschrieben werden kann, hängt auch davon ab, wie genau hingesehen wird. Je detaillierter die angestrebte Information ist, desto schwerer ist es, sie zu erhalten, ohne das System zu stören. Aus der Wellenfunktion eines abgeschlossenen Systems, so groß es auch ist, zu einer Zeit kann dessen Wellenfunktion zu allen Zeiten berechnet werden. Kennen können wir die anfängliche Wellenfunktion zwar nur durch Präparation, aber das ist jetzt nicht wichtig. Ob sie uns zugänglich ist oder nicht, die Wellenfunktion *gibt* es, und sie regelt das Verhalten des Systems in Raum und Zeit so detailliert, wie das überhaupt möglich ist. Wird die Betrachtung vergröbert, indem nicht mehr alle Details berücksichtigt und die Zeitschritte vergrößert werden, entsteht mit gewissen Wahrscheinlichkeiten das eine oder andere klassische Verhalten. Dadurch nämlich, daß auf dem vergröberten Niveau in dem System die Konsequenzen von

Prozessen innerhalb des Systems sichtbar werden, die als Messungen beschrieben werden können. Um nicht in den unendlichen Regreß der Messungen von Messungen eintreten zu müssen, wollen wir uns eventuelle Beobachter in das System aufgenommen denken. Das sind nicht nur menschliche Beobachter, sondern auch Goldfische und Amöben – allgemein alle IGUSe, was für *Information Gathering and Using Systems* steht. Alle Beobachter einbeziehen müssen wir sogar, wenn wir als unser System das ganze Universum wählen, die in Rede stehende Wellenfunktion also die des Universums insgesamt ist. Da uns nur ein Universum gegeben ist, können quantenmechanische Wahrscheinlichkeiten dann nicht mehr als Häufigkeiten interpretiert werden. Bestehen aber bleiben die *relativen* Häufigkeiten von Meßergebnissen, und die erlauben es, auch dem Universum insgesamt eine Geschichte zuzuschreiben.

Auch weil das Gesetz der Welt ein quantenmechanisches ist, können wir auf keinem Niveau etwas sicher wissen. Aber nahezu sicher ist, daß die Sonne morgen aufgehen wird. Denn wenn wir die Geschichte des Sonnensystems betrachten, wie sie in einer Folge von Verfestigungen festgelegt ist, die einsehbaren Gesetzen genügt, kann es mit – sagen wir – an Sicherheit grenzender Wahrscheinlichkeit nicht anders sein. Durch Verzicht auf Details, Verlust von Kohärenz und eine Serie daraus hervorgehender Verfestigungen, die auf eine Geschichte des Universums führen, können rein klassische Argumente also auch in Ansehung der Quantenmechanik berechtigt sein. Spezifisch quantenmechanisch hierbei ist, daß die Geschichten des Universums – mehrere, da auf mehr oder weniger Details verzichtet werden kann – eine Konsistenzbedingung erfüllen müssen, die verbietet, daß zum Beispiel einem Teilchen beim Youngschen Doppelspaltexperiment (vgl. Abb. 3.10) ein bestimmter Weg von der Quelle zum Schirm zugewiesen wird. *Consistent Histories* nennen Gell-Mann und Hartle die zulässigen Vergangenheiten physikalischer Systeme, unter ihnen auch die des Universums insgesamt.

Ach, die Realität

Stühle und Stolpersteine sind eindrucksvoll real. Zumindest für uns, weil sie zu unserer Erlebniswelt gehören. Was sie im Lichte der Quantenmechanik genaugenommen sind, und was ihnen ihre eindrucksvolle Realität verleiht, wissen wir nur im Prinzip. Wie kommen wir von einer Ansammlung von Elementarteilchen, die selbst ihre Existenz vor allem als Begriffe von Theorien fristen, hin zu den Objekten der Anschauung? Unklar ist, welchen Grad von Realität Objekte wie Elementarteilchen bereits dadurch besitzen, daß ihre Bezeichnungen in physikalischen Theorien als Sammelbecken von Eigenschaften auftreten, die sie dann als real existierende Objekte besitzen sollen. Es sind die Theorien, die den Begriffen, die in ihnen auftreten, eine Realität verleihen, die sich durch Zusammenhänge von Basissätzen, die sie behaupten, äußert. Davon, ob und in welchem Sinn Begriffe der Theorie durch real existierende Objekte wie Elementarteilchen verkörpert werden können, deren Gesetze die der Quantenwelt sind, hängt nichts Überprüfbares ab.

Irgendwo auf dem Weg von den Elementarteilchen zu den Stolpersteinen und Stühlen erwerben die Dinge ein Eigenleben, das sie uns als aufdringlich real erscheinen läßt. So treten sie in den Basissätzen auf, die wir verstehen und über die wir uns austauschen können. Wenden wir uns nun der Aussage zu, daß der Mond am Himmel steht. Auch die Feststellung ist unproblematisch, daß dort oben tatsächlich ein Himmelskörper schwebt. Das haben Beobachtungen durch Fernrohre suggeriert, und tatsächlich konnten Menschen auf dem Mond landen. Weiter eine Spur in der Blasenkammer (vgl. Abb. 1.1): Sie hat, sagen die Experimentatoren, ein Teilchen namens Elektron verursacht, das durch die Kammer geflogen ist. So interpretieren sie widerspruchsfrei alle Eigenschaften der Spuren, die sie sehen. Das Elektron ist für sie ein Sammelbegriff von Eigenschaften einer Spur von Tröpfchen, die »es« hinterlassen hat. Die Theorie gibt Bedingungen an, unter denen ein Elektron erzeugt wird, das dann in der Kammer Spuren mit den Eigenschaften hinterläßt, die für ein Elektron charakteristisch sind. Das Elektron selbst interpoliert in der Sprache der Theorie zwischen Basissätzen, die in einem Wenn-dann-Zusammenhang miteinander stehen. Wenn wir die Theorie verstehen, dann mag dazu die Existenz eines Teilchens gehören, das die Eigenschaften des Elektrons in sich versammelt. Aber wir können die Teilchen der Theorie niemals so verstehen, wie wir Stühle und Stolpersteine anschaulich auffassen. Denn wäre das Elektron ein Körper wie diese und der Mond im Weltraum, könnte es einige seiner tatsächlichen Eigenschaften nicht besitzen. Denn dann müßte es möglich sein, dem Elektron unter allen Umständen eine *Bahn* im Raum zuzuweisen. Das aber widerspricht einer Eigenschaft des Elektrons, die es tatsächlich besitzt – seiner Fähigkeit zur Interferenz (Abb. 1.1 und 3.10). Die Realität, der das Elektron angehört, ist die verschleierte der Quantenmechanik.

Wenn wir uns nun dem absoluten Raum in Newtons Mechanik zuwenden und nach dessen Realität oder gar Existenz fragen, begegnen wir einem Problem, das bei den Elektronen, Quarks und Gluonen bereits bestanden haben mag, dort aber nicht hervorgetreten ist: dem der Eindeutigkeit. Newtons Gesetze kennen statt eines Raumes mit einer gewissen Geschwindigkeit nur eine Äquivalenzklasse von Räumen, die sich durch nach Richtung und Größe konstante Geschwindigkeiten unterscheiden. Genauer kann nach Newtons Theorie auf keine Art und Weise herausgefunden werden, mit welcher Geschwindigkeit, wenn nur konstant, ein Objekt sich ihm gegenüber bewegt. Der Raum von Newtons Theorie kann also erst durch eine Konvention, die ohne überprüfbare Konsequenzen auch anders gewählt werden könnte, festgelegt werden. Das meinen wir, wenn wir sagen, daß eine von Konventionen unabhängige Existenz statt einem Raum nur einer Äquivalenzklasse von Räumen, die sich durch ihre Geschwindigkeiten unterscheiden, zugewiesen werden kann. Genauso kennen Maxwells Elektrodynamik und deren Weiterentwicklungen im Standardmodell der Elementarteilchentheorie Größen namens Potentiale, ohne die die Theorie, wenn überhaupt, nur äußerst mühsam formuliert werden könnte, und die, wie Newtons absoluter Raum, nur durch Konventionen ohne überprüfbare Auswirkungen eindeutig gemacht werden können. Mehr noch: Die Theorie wird geradezu mit Hilfe der Forderung abgeleitet, *daß* die Konventionen für die Potentiale an verschiedenen Orten und zu verschiedenen Zeiten frei und verschieden gewählt werden können. Auch hier kann also bestenfalls von der Existenz einer Äquivalenzklasse von Potentialen gesprochen werden.

Was aber könnte die Realität oder gar Existenz einer Äquivalenzklasse bedeuten? Und kann einer einzigen ontologischen Vorstellung der Adelstitel *Realität* verliehen werden, wenn mehrere dieselben beobachtbaren Konsequenzen besitzen? Wir sind nicht gezwungen, die Vorstellungen der Allgemeinen Relativitätstheorie von den gekrümmten Räumen anzuerkennen, denn die eines flachen Raumes, in dem die Länge eines Maßstabes aufgrund der Naturgesetze statt aufgrund der Raumkrümmung davon abhängt, wo er sich befindet, besitzt dieselben experimentell überprüfbaren Konsequenzen.

Naturwissenschaftler bestehen aber darauf, daß die Naturgesetze real sind. Sie können gar nicht anders, denn deren Realität drängt sich ihnen in ihren Alltagsgeschäften auf. Ich kann unbedingt wollen, daß ein Experiment so ausfällt, wie meine Theorie es sagt, und kann es trotzdem nicht bewirken. Aber diese unerbittliche Realität ist keine der Anschauung – sie ist eine der Gesetze und nicht eine irgendwelcher vorstellbarer Objekte, die herumhuschten und die *wirklichen* Objekte der Gesetze wären. Gemeint ist mit der Realität und der für sie notwendigen Eindeutigkeit der Naturgesetze natürlich nicht deren Formulierung durch diese oder jene Begriffe, sondern gemeint sind die Zusammenhänge zwischen Basissätzen, die sie implizieren.

Wir wollen es dabei belassen, daß die Realität der Welt uns insofern verborgen ist und wohl auch bleiben wird, als diese sich nicht durch Gesetze äußert, die auf unserer Ebene erkennbare Auswirkungen besitzen oder besitzen werden. Durch die Auswirkungen haben wir erkannt, daß erstens unsere Prinzipien *nur unsere* sind, also auf tieferen Ebenen nicht gelten, und daß zweitens auf den tieferen Ebenen kein gesetzloser Zustand herrscht, sondern einer, der Prinzipien unterliegt. Auf jeden Fall besitzen die Naturgesetze eine härtere und klarere Realität als die Objekte, von denen sie sprechen.

Anmerkungen

5: Das Exner-Zitat entstammt [Exn19], S. 282.
5: Das Hertz-Zitat entstammt [Her99], S. 37.
5: Der Roman von Zülfü Livanelli ist [Liv00].
6: Heisenbergs Vortrag ist in [Hei84] nachgedruckt; das Zitat steht auf S. 110.
6: Das Buch Diracs ist [Dir58].
18: Mermins Formulierung findet der Leser in [Mer92].
18: Eine für Physiker geschriebene Einführung in die idealistische Philosophie ist [d'E95]. Nach Auskunft dieses Buches ist eine nicht hinreichend weit gehende Leugnung einer von den Sinneseindrücken unabhängigen Außenwelt notwendig inkonsistent.
20: Alle Einstein-Zitate des Prologs entstammen [Ein36].
24: Das Zitat »Wenn wir aber das Elektron ...« von Max Planck findet sich u. a. in [Pla01], S. 196.
25: »Veiled Reality« – »Verschleierte Realität« ist der Titel von [d'E95].
25: Durch die Experimente an den Teilchen *A* und ihre Ergebnisse befinden sich die Teilchen *B* nicht alle in demselben Zustand, sondern bilden zusammen ein Gemisch. Dieses Gemisch *kann* ermittelt werden, aber es ist dasselbe für alle Experimente, die an *A* durchgeführt werden können. Deshalb kann die Information über die Wahl des Experimentes nicht instantan übertragen werden. Aber nur das Experiment, nicht dessen Ergebnis, kann der Experimentator an *A* frei wählen: Das Ergebnis legt allein der Zufall fest. Eine ausführlichere Darstellung und Diskussion auf einem nur wenig technischeren Niveau als hier möglich sowie Literaturangaben finden sich in [Gen99], Kapitel 4, sowie weiter unten.
29: Das Zitat »ebenso etwa ...« von Max Planck findet sich u. a. in [Pla01], S. 109.
31: Poppers »Wir wissen nicht, sondern wir raten« steht auf S. 223 von [Pop94].
34: Das Hume-Zitat entstammt [Hum67], S. 76.
37: Die Äußerung Weinbergs findet sich in [Wei96] und [Wei93].
40: Eine deutsche Übersetzung des Buches von Snow mit kommentierenden Essays anderer Autoren ist [Sno67].
40: Das Zitat »es eine reale ...« findet sich in [Dav90a], S. 62. Dort englisch.
42: Das Buch Oppolzers ist [Opp87].
42: Das Buch Newtons ist [New99].
45: Das Zitat »Als die Lydier ...« ist aus [Ple91], S. 56, übernommen.
47: Die Verse des *Enuma Elisch* entstammen [Spr93], S. 113–115.

49: Als Quellen für die Geschichte der Kenntnis des Saros-Zyklus (der ursprünglich eine andere Periode bezeichnete als heute) habe ich neben Lexika insbesondere [Ped93], [Pan89], [TV99] und [Nor97] benutzt.

50: Das Buch Hamels (Abb. 2.2) ist [Ham98].

53: Die Popper-Zitate finden sich in [Pop01], S. 39 und S. 58.

57: Tatsächlich hängen die möglichen Bewegungen eines Pendels unter den Voraussetzungen des Textes nur von einer einzigen Größe ab: dem Quotienten aus der Länge der Stange und der Anziehungskraft der Erde, letztere beschrieben durch die Erdbeschleunigung *g*. Insbesondere sind, wie bereits Galileo Galilei wußte, die möglichen Bewegungen eines Pendels von seiner Masse unabhängig.

61: Die Weinberg-Zitate entstammen [Wei93], S. 25 und S. 245. Die Bezeichnung »starr« findet sich in [Sch93]. Dort und in [Sch97], S. 19–21, werden Charakterisierungen »abgeschlossener«, »endgültiger« und eben »starrer« Theorien durch Einstein, Heisenberg, v. Weizsäcker, Weinberg und andere vorgestellt und diskutiert. Die endgültige Theorie zeichnet vor den abgeschlossenen, aber vorläufigen aus, daß sie auch die Zahlenwerte der in ihr auftretenden Naturkonstanten festlegt. Vorläufige abgeschlossene Theorien wie die Newtons, die zum Teil als Beispiele für die endgültige Theorie dienen können, enthalten Zahlenwerte für Naturkonstante, die variiert werden können, ohne daß die logische Konsistenz der Theorie Schaden nähme.

63: Das Buch Barbours ist [Bar89].

69: Gamovs Buch ist [Gam56].

70: Weinbergs Buch ist [Wei93].

74: Der Satz »Insofern sich ... nicht auf die Wirklichkeit« Albert Einsteins findet sich in dem Aufsatz »Geometrie und Erfahrung«, der in [Ein89], S. 119–127, nachgedruckt ist.

79f.: Das Zitat Jakis entstammt [Jak66], S. 15. Dort englisch.

80: »Wer will was Lebendigs ...« entstammt [Goe76], S. 63.

81: Die Zeilen »geheimnisvoll am lichten Tag« und »mit Hebeln und mit Schrauben« entstammen [Goe76], S. 28.

81: Goethes Satz »Der Mensch an sich selbst ...« ist in der Numerierung von [Goe78] die Nr. 664 der »Maximen und Reflexionen«.

81: Goethes Satz »So ganz leere Worte ...« ist in der Numerierung von [Goe78] die Nr. 667 der »Maximen und Reflexionen«.

81: Goethes Satz »Das Höchste wäre ...« ist in der Numerierung von [Goe78] die Nr. 488 der »Maximen und Reflexionen«.

81: Goethes Satz »Die große Aufgabe wäre ...« ist in der Numerierung von [Goe78] die Nr. 643 der »Maximen und Reflexionen«.

82: Goethes Satz »Als getrennt muß sich darstellen ...« ist in der Numerierung von [Goe78] die Nr. 644 der » Maximen und Reflexionen«.

82: Brief Goethes an Carl Friedrich Zelter; zitiert nach [Krä98], S. 205.

83: Das Oresme-Zitat »als habe ein Mann ...« habe ich [Jak66], S. 53, entnommen; dort englisch.

83: Das Kepler-Zitat »Ich bin sehr ...« habe ich [Sha96], S. 33, entnommen; dort englisch.

83: Das Zitat »Ich gelangte zu den ...« aus Johann Keplers *Harmonice Mundi* habe ich [Sam75], S. 283, entnommen. Laut Quellenangabe dort stammt die Übersetzung aus Otto J. Byrk (Übersetzer und Herausgeber), Johann Kepler: Die Zusammenklänge der Welten, neue Sternkunde, ... Jena 1918, S. 119/120.

86: »So ist es gesehen worden«: Stichwort *Rettung der Phänomene* von Jürgen Mittelstraß in [Hr96], sowie die dort angegebene Literatur.

88: Das Bellarmin-Zitat habe ich aus [Ver91], S. 175, übernommen.

89: Das Descartes-Zitat »Wir müssen annehmen ...« entstammt [Des55], S. 74.

91: Das Newton-Zitat »Daß ein Körper ... dem Urteil seiner Leser« habe ich aus [Koy80], S. 163, übernommen.

92: Das Descartes-Zitat »als dünne Säulen ...« entstammt [Des55], S. 109.

92: Das Descartes-Zitat »Wenn die Pole des Magneten ...« entstammt [Des55], S. 215.

92: Die Fragerin spielt in ihrer Zwischenfrage auf [Gen94a] an.

93: Werner Heisenberg gibt die Äußerung Einsteins in seinem Artikel »Die Quantenmechanik und ein Gespräch mit Einstein« ([Hei73], S. 80) wieder.

94: Das Leibniz-Zitat »In seinen Büchern ...« habe ich [Jak66], S. 59, entnommen; dort englisch.

96: Für Leser, die sich an ihre Schulmathematik erinnern mögen, sind die Details der Ableitungen aus [Huy03] in [Gen99] dargestellt.

97: Das experimentelle Ergebnis des Jahres 2001, daß die *Feinstrukturkonstante* sich im Laufe der Zeit ändert, ist zu neu und zu unüberprüft, um hier einbezogen zu werden.

98: Ausführlich diskutiert habe ich Newtons Begriffe von Raum und Zeit in den Büchern [Gen94a] und [Gen94b].

101: Newtons Optik ist [New79]; deutsche Übersetzung der Bücher 2 und 3: [New98]. Den Weg von einem erfüllten zu seinem vollkommen leeren Raum geht er in [New88] durch zunehmende Verdünnung.

104: Das erste Hawking-Zitat entstammt [Haw80], das zweite [Haw94].

104: Das Jolly-Zitat ist in [Hr84], S. 378, wiedergegeben.

106: Die Euler-Zitate entstammen [Eul86], S. 23 und 32. »Ew. H.« kürzt in dem Zitat »Eure Hoheit« ab.

110: Das Zitat »Alle Physiker...« entstammt [Her63], S. xxv.

110: Das Zitat »Auf die Frage...« entstammt [Her92], S. 23. Zitat nach [Duh98], S. 101.

111: Das Euler-Zitat entstammt [Eul86], S. 161.

112: Das Buch von »Die Prinzipien der Mechanik« von Heinrich Hertz ist [Her63].

112: Eine Übersetzung der »Prinzipien« Newtons ins Deutsche ist [New99]. Das Buch »Die Prinzipien der Mechanik« von Hertz ist [Her63]. Seine Vorlesung für Hörer aller Fakultäten ist [Her99].

114: Der »Tractatus« ist in [Wit60] abgedruckt.

116: Die Arbeit von Einstein und Kollegen ist [EPR35]; dort englisch. Die Übersetzung »Wenn man ...« habe ich aus [Rol96] übernommen. Meine Beschreibung des von EPR vorgeschlagenen Gedankenexperimentes vereinfacht dieses drastisch, indem sie deren zweites Teilchen zum Apparat hinzurechnet. Ich hoffe aber, den »Geist« des Vorschlags nicht beschädigt zu haben. Bohrs weiter unten erwähnte Antwort auf EPR ist [Boh35].

117: Die Arbeit von John Bell ist [Bel64].

119f.: Das Euler-Zitat »Wir wollen uns vorstellen ...« entstammt [Eul86], S. 24.

120: Das Euler-Zitat »Die Körper...« entstammt [Eul86], S. 74.

121: Die Hertz-Zitate »Thatsachen der Natur«, »Schwierigkeiten ...« und »Nichts, was ...« entstammen [Her99], S. 32.

121: Das Hertz-Zitat »Wir müssen zugestehen ...« entstammt [Her99], S. 47.

121f.: Die mit »Unwahrscheinlichkeiten ...« beginnenden Hertz-Zitate entstammen [Her99], S. 47.

122: Das Hertz-Zitat »Transversalwellen ...« entstammt [Her99], S. 55.

122f.: Das Buch Exners ist [Exn19]; das Zitat beginnt auf S. 709.

126: Bei Atmosphärendruck und 0 Grad Celsius treffen pro Sekunde etwa 10^{23} Atome auf einen Quadratzentimeter Wand.

127: Chemische Reaktionen vom Typ A+B → AB sind deshalb hypothetisch, weil nur Gase – die Edelgase –, die überhaupt keine Verbindungen eingehen, unter normalen Bedingungen aus einzelnen Atomen wie *A* oder *B* bestehen. Wasserstoff enthält unter normalen Bedingungen (fast) nur Moleküle H_2 und genauso Chlorgas Moleküle Cl_2. Die Summenformel für die Bildung von Chlorwasserstoff HCl aus Wasserstoff und Chlor ist also $H_2+Cl_2 \rightarrow 2HCl$, so daß, wie im Text festgestellt, aus *je einem* Volumen Wasserstoff und Chlorgas *zwei* Volumina Chlorwasserstoff entstehen – das Gesamtvolumen der Gase nach der Reaktion bei der anfänglichen Temperatur und dem anfänglichen Druck ist also dasselbe wie anfangs.

128: Die Maxwell-Zitate habe ich [Har98b], S. 96/97, entnommen. Dort englisch.

134: Die Maxwell-Zitate habe ich, wie bereits die auf S. 126 [Har98b], S. 96/97, entnommen. Dort englisch.

135: Erste Berichte über die beschleunigte Expansion des Universums haben in der Tagespresse gestanden. Eine Darstellung des Kenntnisstandes bis zur Mitte des Jahres 2000 findet sich in [Gen01].

135: Einsteins »Wenn schon keine ...« findet sich in [Pai86], S. 292.

135: Das Buch »*Logik* der Forschung« Poppers ist [Pop94].

140: Die Unschärferelation kann auf das Pendel genaugenommen nicht so angewendet werden, wie der Text es unterstellt. Dies deshalb, weil alle Winkel, die sich um positive oder negative ganzzahlige Vielfache von 360 Grad unterscheiden, dieselbe Stellung des Pendels beschreiben. Die Anwendung auf die Moleküle, für welche das Pendel ja nur Modell steht, ist aber korrekt. Moleküle und Pendel unterscheiden sich bei *kleinen* Auslenkungen, auf die es bei den tatsächlichen Schwingungen von Molekülen allein ankommt, nur unwesentlich. Bei den Stellungen und Schwingungen aber, welche die Unschärferelation in den Zuständen minimaler Bewegungs- oder Lageenergie erzwingt, bilden sie durchaus verschiedene Systeme. Moleküle können in weiten Grenzen mit »harmonischen Oszillatoren«, nicht aber mit Pendeln, gleichgesetzt werden. Für Oszillatoren aber gilt die Unschärferelation uneingeschränkt wie beschrieben.

144: Die Boltzmann-Zitate entstammen [Bol79], S. 30/31.

144: Schrödingers Veröffentlichungen zur der Frage, ob es deterministische Naturgesetze gibt, sind [Sch29] und [Sch32].

145: Die Zitate im Text der Abb. 4.12 habe ich [BP97] S. 48 und S. 16 entnommen.

146: Das Heisenberg-Zitat entstammt [Hei73] S. 86/87.

147: Das Feynman-Zitat entstammt Band I von [FLS91], S. 21.

153: Das Mach-Zitat entstammt [Mac63], S. 118.

154: Das Zitat von Sir James habe ich [Dav90b], S. 15, entnommen (dort englisch).

154: Die Iamblichus-Zitate habe ich [Jak66], S. 99, entnommen (dort englisch).

154: Die Wigner-Zitate entstammen [Wig60], dort englisch.

163: Die Zahlenangaben zur Stabilität des Sonnensystems habe ich [SH01], S. 115, entnommen.

164: Das vergnügliche Buch mit der Anekdote zur Erfindung des Schachspiels ist [Bra00].

170: Das Hauptwerk von Thomas S. Kuhn ist [Kuh70].

172: Das populärwissenschaftliche Buch mit dem Wort »Mammut« im Titel ist [All99].

173: Das Buch von Michael Tomasello ist [Tomon]. Die Zitate aus dem Buch stehen auf den Seiten 216 und 25 (dort englisch).

175: Der die Neuronalen Netze und die Turing-Maschinen betreffende Beweis ist [MP43].

176: Das Buch Barrows ist [Bar93]; die Anekdote beginnt auf S. 19.

177: Der Artikel von Hauser ist [Hau00].

178: Diskutiert werden mit dem Begriff der Zahl zusammenhängende Fragen zum Beispiel in [Daw93], [Tomon], [Bar93] und [Bar92].

181: Auf Aristoteles geht die Lehre von den Schlußweisen, die Syllogistik, zurück. Seine deduktiven Syllogismen leiten aus zwei Prämissen – *Alle Menschen sind sterblich* und *Sokrates ist ein Mensch* – über einen beiden gemeinsamen Mittelbegriff – hier: *sterblich* – ihre jeweilige Konklusion – hier: *Sokrates ist sterblich* – ab.

181: Anzeichen für Unentscheidbarkeit in der Quantenkosmologie diskutiert z.B. [Har96].

184: Das Buch von David Deutsch ist [Deu97], die deutsche Übersetzung [Deu96]. In der deutschen Ausgabe fehlen nützliche Zusammenfassungen an den Enden der Kapitel, und in ihr treten auch wesentliche Aussagen des Originals weniger klar hervor. So daß ich allen, die Englisch lesen können, die Lektüre des Originals empfehle.

190: Der »Thesaurus« ist [SH01].

191: Unsere Diskussion der Wirkungsweise einer Turing-Maschine folgt [Cas98], S. 332.

210: Laut einer anderen Version der Einsicht, die der junge Gauß besessen haben soll, hat er sich vorgestellt, die Zahlen 1 bis 100 stünden zweimal untereinander geschrieben da – erstens in der richtigen und zweitens in der umgekehrten Reihenfolge. Jedes der 100 untereinander stehenden Zahlenpaare von 1 über 100 bis 100 über 1 besitzt dann offenbar die Summe 101 – so daß das Doppelte der gewünschten Summe der Zahlen von 1 bis 100 als 100x101 geschrieben werden kann. Das Ergebnis 5050 ist die Hälfte hiervon.

210: Hofstadters Buch ist [Hof85]. Die Gleichungen und ihre Erörterung, die ich dem Stil dieses Buches angepaßt habe, finden sich auf S. 240. Das Zitat weiter unten steht auf S. 213.

215: Die von Mittelstraß herausgegebene Enzyklopädie ist [Hr96].

217: Der Beweis, daß es unberechenbare Zahlen gibt durch das »Berry«-Paradox von der kleinsten Zahl, die nur durch mehr als dreizehn Worte festgelegt werden kann, folgt [Cha99], S. 8.

218: Die Diskussion der Unberechenbarkeit der Wellenfunktion des Universums folgt [Har96].

220: Die Arbeit von Deutsch ist [Deu85]; dort englisch.

221: Beim Angeben, Überprüfen und Numerieren der Zeichenfolgen sowie beim Starten der Programme müssen wir Vorschriften, dies zu tun, verwenden, durch die wir bei jeder Eintragung in endlicher Zeit ankommen. Daß das möglich ist, ist nicht so trivial, wie es vielleicht klingt. Wenn wir z.B. damit beginnen würden, *alle* Zeichenfolgen anzugeben, würden wir bereits damit niemals fertig werden, weil die Liste der Zeichenfolgen unbegrenzt viele Eintragungen enthalten muß. Dies deshalb, weil es keine Obergrenze für die Länge einer Zeichenfolge gibt. Die Einsicht, daß es möglich ist, eine Vorschrift zum Numerieren der Eintragungen einer Liste von Zeichenfolgen anzugeben, die aus *verschiedenen, jeweils potentiell unendlich vielen* Zeichen aufgebaut sind, verdanken wir dem Mathematiker Georg Cantor. Mit Hilfe der von ihm gefundenen Vorschrift namens Cantorsches Diagonalverfahren hat er bewiesen, daß die ganzen Zahlen und die Brüche einander eineindeutig zugeordnet werden können – daß es also im Sinn unendlicher Mengen »gleich viele« Brüche wie ganze Zahlen gibt. Durch das Verfahren gelingt es, anders gesagt, die Brüche durchzunumerieren oder zu »zählen«. Das Vorhaben, zuerst alle Brüche mit dem Zähler 1 und beliebigen Nennern durchzunumerieren, dann dasselbe mit allen Brüchen mit dem Zähler 2 zu tun, und so weiter, müßte scheitern, weil bereits das Durchnumerieren aller Brüche mit dem Zähler 1 aktuell unendlich viele Schritte erfordern würde. Eineindeutig hat übrigens in der Sprache der Mathematiker den folgenden, genau definierten Sinn: Jedem Bruch ist bei unserem Beispiel eine ganze Zahl zugeordnet, und genauso umgekehrt jeder ganzen Zahl ein Bruch. Nur eindeutig, nicht aber eineindeutig, wäre es, jedem Bruch die Zahl 1 zuzuordnen. Umgekehrt könnte diese Zuordnung nicht werden – das eine Bild 1 wäre ja aus unendlich vielen Urbildern entstanden.

223: Unsere Erörterung des Theorems, daß kein Programm in endlicher Zeit entscheiden kann, ob ein beliebig vorgegebenes Programm jemals anhält, folgt [Cha98], S. 9. Dort finden sich auch Hinweise auf Originalarbeiten und Beweise.

224: Die Darstellung des Zenonschen Paradoxie folgt [Gen94a].

227: Die Einschränkung, daß Einsteins Fahrstuhl in einem inhomogenen Schwerefeld wie dem der Erde und/oder in einem sich zeitlich ändernden nicht zu groß sein darf, und daß die Experimente, die der Beobachter anstellt, in dem Fall nicht zu lange dauern dürfen, sei hier nebenbei erwähnt.

230: Das Schrödinger-Zitat entstammt [Sch32], S. 53.

230: Eine Herleitung findet der Leser in [Gen99], S. 82ff.

231: Seine These hat Squires in [Squ90] aufgestellt.

232: Aufgrund ihrer bei niedrigen Energien verschiedenen Stärken unterscheidet die Physik vier Kräfte. Die schwächste ist die Schwerkraft, dann folgt die Schwache, darauf die Elektromagnetische und schließlich die Starke Kraft. Hadronen heißen Teilchen, die einander durch die Starke Kraft beeinflussen.

234: Die *Schwere Masse* eines Körpers ist zu der Kraft proportional, mit der er andere Körper anzieht, und von ihnen angezogen wird. Ist der andere Körper die Erde, ist die wechselweise Kraft dasselbe wie das Gewicht des Körpers. Die *Träge Masse* eines Körpers ist hingegen zu der Kraft proportional, die er Versuchen entgegensetzt, ihn zu beschleunigen, zu verzögern oder die Richtung seiner Bewegung zu ändern. Sie muß der Motor des Autos beim Beschleunigen überwinden, und die Reifen müssen ihr in Kurven standhalten.

236: Einsteins Formulierung von den »spukhaften« Wirkungen findet sich in [Hr91], S. 210.

236: Eine populärwissenschaftliche Darstellung der extrem spekulativen Theorien von der Ableitung der Quantenmechanik aus den Prinzipien der Verschränkung und der Unmöglichkeit, Nachrichten instantan zu übertragen, ist [Buc98].

238: Genauer ist es so, daß dieser Schluß *drei* statt der hier angenommenen *zwei* Experimente erfordert. In meinem Buch über Gedankenexperimente habe ich das eine Experiment »Auflösen« durch Zulassung *zweier* Lösungsmittel in zwei Experimente unterteilt und so durch Verzicht auf Einfachheit eine höhere Korrektheit erreicht. Das dort in Form einer Parabel mit Hänsel und Gretel beschriebene, von Lucien Hardy ([Har92], [Har98a]) stammende Beispiel für die Konsequenzen von Verschränkungen kommt mit zwei Experimenten aus.

241: Das Interview von John Bell in der Zeitschrift OMNI ist [Bel88]; dort englisch.

242: Das Vollmer-Zitat findet sich auf S. 63 von [Vol88].

247: Das Torricelli-Zitat findet sich in [Sam75], S. 337.

249: Das Feynman-Zitat findet sich in Band I von [FLS91], S. 159.

253: Eine zusammenfassende Beschreibung der Physik der neutralen K-Mesonen ist [Kle01].

253: In CPT steht C für die Umkehr der Ladungen, P für die Raumspiegelung und T für die Umkehr der Richtung der Zeit. Keine der drei Transformationen ist für sich allein eine Symmetrietransformation der Naturgesetze.

Auch die kombinierte Transformation CP – sowohl P, als auch *C* – ist keine, wenn auch die Symmetrie ihr gegenüber wesentlich besser erfüllt ist als die gegenüber *C* und P allein. Das CPT-Theorem besagt, daß die CPT-Transformation eine Symmetrietransformation der Naturgesetz sein muß (es sei denn ...). Also folgt aus der Verletzung der CP-Symmetrie, daß auch T verletzt sein muß, damit sich die beiden Verletzungen in CPT gegenseitig aufheben können.

257: Einen zweiten wichtigen Effekt, der in dieselbe Richtung wirkt, habe ich zur Vereinfachung in die Anmerkungen verbannt: Da sich die Erde schneller dreht, als der Mond sie umläuft, zeigen die Ausbuchtungen der Meere und Landmassen nicht genau in die Richtung bzw. Gegenrichtung des Mondes, und das bewirkt, daß die Erde am Mond in dessen Bewegungsrichtung zieht – mit dem Resultat, daß seine Energie zunimmt, die Erde sich auch deshalb langsamer dreht, und sich der Mond um etwa 4 Zentimeter pro Jahr von der Erde entfernt.

266: Wie die Mikrozustände nach der Quantenmechanik tatsächlich gezählt werden müssen, hängt von der Natur der Moleküle ab – ob sie »Fermionen« oder »Bosonen« sind. Unter geeigneten Voraussetzungen an die Temperatur – nicht zu niedrig – und den Druck – nicht zu hoch – stimmen die Ergebnisse beider Zählweisen miteinander und mit der von Boltzmann eingeführten, für klassische Teilchen geltenden Zählweise überein.

270: Die Eddington-Zitate entstammen [Edd31], S. 79.

270: Das Laplace-Zitat habe ich aus [Edd31], S. 70, übernommen.

274: Das Schrödinger-Zitat »Der molekulare Einzelprozeß ...« entstammt [Sch29].

274f.: Der Vortrag Schrödingers von 1931 ist in [Sch32] veröffentlicht; das Zitat »Schon lange vor dem Auftreten ...« steht auf S. 16. Das bereits erwähnte Buch mit den Vorlesungen Exners ist [Exn19].

275: Das Exner-Zitat »Wo immer wir im Makrokosmos ...« steht auf S. 696 von [Exn19].

275: Die Zitate »Repräsentant aller der uns unbekannten ...«, »Was er mit seinem bekannten ...« sowie »Ehe man über die Konstitution ...« entstammen [Exn19], S. 138.

276: Das Exner-Zitat »Es ist ... kaum zu rechtfertigen ...« findet sich in [Exn19], S. 660.

277: Die mit »Die heute herrschende Ansicht ...« beginnenden Schrödinger-Zitate stehen in [Sch29] auf S. 11.

278: Exners diskutiert das Verhältnis von Außenwelt und Innenwelt insbesondere in [Exn19], S. 281f.

278: Die Exner-Zitate »Ob Vorgänge...« und »Man könnte geradezu...« stehen auf S. 683 von [Exn19].

278f.: Das Exner-Zitat »Tatsachen, 1. daß...« ist aus [Exn19], S. 689.

280f.: Das Schrödinger-Zitat entstammt [Sch29].

281: Das Exner-Zitat steht auf S. 702 von [Exn19].

281f.: Schrödingers Vortrag ist in [Sch32], S. 1–24 abgedruckt. Die Bemerkung zur Brownschen Bewegung steht auf S. 10.

284: Der Vortrag ist der bereits erwähnte, in [Sch29] abgedruckte; dort finden sich auch die Zitate (S. 14, 15 und 3).

287: Im wesentlichen derselbe, immer wieder nachgedruckte, die Überlegungen Wheelers beschreibende Text findet sich an vielen Stellen. Beispiele sind [Whe94c], [Whe90], [Whe83a] und [Whe94b]. Die Details dieser Arbeiten sind in Literaturangaben verborgen. Weniger damit belastet, aber ausführlicher sind [Whe83b] und [Whe83c].

287: Eine ausführliche Darstellung des Random Dynamic Projekt ist [FN91].

288: Das Zitat »Kein elementares Phänomen...« findet sich in verbal leicht, inhaltlich aber deutlich veränderter Form in mehreren Publikationen Wheelers (dort stets englisch). So heißt es in [Whe82] und [Whe83a] – in Anmerkungen erlaube ich mir, englische Originaltexte anzuführen –: »No elementary phenomenon is a phenomenon until it is a registered (observed) phenomenon.« In der Überschrift des auf S. 285 von [Whe94b] beginnenden Absatzes ist »(observed)« fortgelassen, und im letzten Satz des Absatzes (S. 288) ist »registered (observed)« durch »recorded« ersetzt. Zwischen »recorded« und »registered« vermag ich keinen anderen Unterschied als einen sprachlichen zu entdecken; meine Übersetzung gilt diesen beiden Formen. Der Klarheit dient, daß »observed« in der (spätesten) Version [Whe94b] von 1994 fortgelassen wurde. In der Fußnote 100 dort führt Wheeler aus, das sei geschehen, »to exclude any suggestion that quantum mechanics has anything whatsoever directly to do with ›consciousness‹ and to recall Bohr's point that an irreversibe act of amplification is required to bring an elementary phenomenon to a close«. Was »anything whatsoever directly« genau bedeuten soll, hat sich mir nicht erschlossen. Ich denke, daß Wheeler mir im gegenwärtigen Zusammenhang dadurch die Berechtigung gibt, zu sagen daß er – siehe Haupttext – »keinesfalls an menschliche Beobachter denkt«. In einem anderen Zusammenhang, auf den in diesem Buch aber nicht eingegangen wird, macht Wheeler unter der Überschrift »Observer-Participator« nach meinem Eindruck hingegen menschliche Beobachter in einem Rückkoppelungsprozeß für die Existenz des Universums verantwortlich.

288f.: Die Abb. 6.11 ist eine Vereinfachung der Abbildung von [Whe83a], S. 183.

292: Eine quasi-realistische Beschreibung der erforderlichen Ergänzungen der Apparaturen der Abb. 6.11b+c im Fall der astronomischen Experimente der Abb. 6.12 findet der Leser in [Whe83a], S. 193.

295: Das Wheeler-Zitat »Jedes Gesetz der Physik…« steht auf S. 293 von [Whe94b]; dort englisch.

295: Das Wheeler-Zitat »Frag irgendein Molekül…« steht auf S. 283 von [Whe94b]; dort englisch.

304: Dem Anthropischen Prinzip sind u. a. die folgenden Bücher gewidmet: [BT86], [BH93], [Bre84], [Dav85], [GR89], [Ree00] und [Ree98]. Eine kurze Erläuterung enthält [Gen94a], S. 313. Die Behauptung, daß es in zwei Dimensionen keine Lebewesen geben könne, weil sie in zwei Teillebewesen zerfallen müßten, habe ich zuerst in [Haw91] gesehen. Zwei neuere Publikationen ([Dew01] und [Ste01]) erörtern amüsant und lehrreich, ob und wie Leben in einer anderen Zahl von Dimensionen als unseren drei möglich sein könne. Das 1884 erschienene Buch »Flatland« von Edwin A. Abbott [Abb52] ist *der* Klassiker aller Überlegungen über das Leben in einer anderen Zahl von Dimensionen als unseren drei.

307: Das Demokrit Zitat steht auf S. 399 von [Cap65].

310: Das Zitat von Friedrich Hund entstammt [Hun78], S. 106.

311: Das Zitat »Die Ordnung und Verknüpfung…« steht auf S. 169 von [Spi89b]; die Fußnote auf S. 43. Das Zitat »Was wir klar…« entstammt S. 199 von [Spi89a]; »Wir werden…« entstammt [Spi89b], S. 47. Die Zitate im Zusammenhang mit der »Vorstellung einer Vorstellung« stehen dort auf S. 231, die Zitate »Wenn Gott wegen…« und »Wer die wahren Ursachen…« ebenfalls dort auf den S. 151 und 153. Die Zitate »Es geschieht…« und »Wenn… in der Natur…« stehen auf der S. 193, das Zitat »Geschähe… in der Natur etwas…« auf der S. 203 von [Spi89a]. Dort auch, auf S. 105, das Zitat »Ob wir nun sagen…« sowie abermals auf S. 193 »Daraus, daß es keinen Unterschied…«, und schließlich von dort auf S. 223 das Zitat »das Wesentliche nur…«. Das Zitat »Die Dinge haben…« steht auf S. 137 von [Spi89b].

314: Das Einstein-Zitat habe ich aus [Jam95] übernommen. Dort ist es im Haupttext auf deutsch, in der Fußnote englisch zitiert. Die etwas seltsame Übersetzung »wie sich Gott die Welt beschaffen hat« von »how God created this world« steht sowohl im Haupttext, als auch in der Fußnote.

316: Das Kant-Zitat »wie wollten wir…« entstammt [Kan], S. 472.

316: Über »Das Experiment und die Metaphysik« gibt die Habilitationsschrift von Edgar Wind ausführlich Auskunft: [Win01].

317f.: Das Zahn-Zitat entstammt [Sch87]; das aus dem Brief Einsteins an Born steht auf S. 25 von [Hr91]. Der Lebensrückblick von Weyl ist [Wey68].

318: Der Brief von Einstein an Born ist in [Hr91] abgedruckt.

318: Der »Lebensrückblick« von Weyl ist in [Wey68] enthalten.

319: Das Liebig-Zitat findet sich auf S. 3 von [vL65].

319f.: Das Einstein-Zitat »Es gibt keine ...« entstammt [Ein36].

323: Ihre Definitionen von Begriffen wie »wasserlöslich« stellen Rescher und Stegmüller in ihren Büchern [Res64] und [Ste69] dar. Eine allgemeine Diskussion »kontrafaktischer Konditionalsätze« mit Literaturangaben findet die Leserin unter dem Stichwort »Konditionalsatz« in der Enzyklopädie [Hr96]. Dort, sowie unter dem Stichwort »Dispositionsbegriffe«, ist zu lesen, daß der Status von Begriffen wie wasserlöslich weiterhin kontrovers diskutiert wird.

324: Das Einstein-Zitat »Welche von den Sätzen ...« entstammt [Ein36], S. 316.

329: Das Buch von Nielsen und Chung ist [NC00]; das Zitat steht auf S. 125. Dort englisch.

331: Das Feynman-Zitat entstammt S. 355 von [FLS91], Band I.

333: Das neueste Buch des britischen Kosmologen und Mathematikers Roger Penrose, in dem er seine Auffassungen von den Aktivitäten des Gehirns darstellt, ist [Pen98].

333: Eine nicht technische Beschreibung des Vierfarbensatzes und seines Beweises findet sich unter dem Stichwort *Vierfarbenproblem* in [Hr96]. Von dort habe ich die Formulierung des Vierfarbensatzes übernommen.

334: Der Brief von Born an Einstein ist auf S. 270 von [Hr91] abgedruckt.

334f.: Dieser dem Verlust der Kohärenz gewidmete Abschnitt faßt mehrere aktuelle Forschungsrichtungen vereinfachend zusammen. Von der umfangreichen Literatur nenne ich das Lehrbuch [Per95], die interpretierenden Darstellungen [d'E95], [Omn99], [Omn94] und [Bub97] sowie die Konferenzberichte [HPMe94], [(ed90b] und die Präsentation [Har96] auf etwa dem Niveau dieses Buches. Eine lehrbuchartige zusammenfassende Darstellung von zahlreichen Autoren, die auch die Originalarbeiten nennt, ist [GJK+96]. Meine Auffassung ist die von Gell-Mann und Hartle in [HPMe94], S. 311 und [(ed90b], S. 425. Eine populärwissenschaftliche Darstellung enthält [GM94].

339: Verschiedene, empirisch aber ununterscheidbare, ontologische Vorstellungen erörtert z.B. [Red95], S. 16. Die experimentelle Ununterscheidbarkeit flacher und gekrümmter Räume ist z.B. in [Tho96] dargestellt. Die Realität der Naturgesetze unterstreicht z.B. Steven Weinberg in [Wei93], S. 52 der deutschen Ausgabe (vgl. das Vorwort dieses Buches). Im abschließenden Unterkapitel »Ach, die Realität« habe ich für drei Absätze Formulierungen aus dem gleichnamigen Unterkapitel meines Buches *Gedankenexperimente* modifiziert verwendet: Auf verschiedenen Wegen erreichen beide Bücher dieselbe Auffassung von der Realität.

Literaturverzeichnis

[Abb52] Edwin A. Abbott. *Flatland*. New York, 1952.

[All99] William F. Allman. *Mammutjäger in der Metro*. Heidelberg, 1999.

[Bar89] Julian B. Barbour. *Absolute or Relative Motion?* Cambridge, 1989.

[Bar92] John D. Barrow. *Pi in the sky*. Oxford, 1992.

[Bar93] John D. Barrow. *Warum die Welt mathemathisch ist*. Frankfurt/Main, 1993.

[Bel64] John Bell. »On the Einstein-Podolsky-Rosen paradox«. *Physics*, 1:195, 1964. Nachgedruckt in [Bel87].

[Bel87] John S. Bell. *Speakable and Unspeakable in Quantum Mechanics*. Cambridge, 1987.

[Bel88] John S. Bell. »Interview«. *OMNI*, page 85, Mai 1988.

[BH93] F. Bertola und U. Curi (Hrg.). *The Anthropic Principle*. Cambridge, 1993.

[Boh35] Niels Bohr. Can quantum-mechanical description of physical reality be considered complete? *Phys. Rev.*, 48:696, 1935. Nachgedruckt in [WH83].

[Bol79] Ludwig Boltzmann. *Populäre Schriften*. Braunschweig, 1979.

[BP97] Franz Berr und Willibald Pricha. *Atommodelle*. Deutsches Museum, München, 1997.

[Bra00] Karl Ferdinand Braun. *Geheimnisse der Zahl und Wunder der Rechenkunst*. Reinbek, 2000.

[Bre84] Bernhard Breuer. *Das anthropische Prinzip*. Frankfurt/Main, 1984.

[BT86] John D. Barrow und Frank J. Tipler. *The Anthropic Cosmological Principle*. Oxford, 1986.

[Bub97] Jeffrey Bub. *Interpreting the Quantum World*. Cambridge, 1997.

[Buc98] Mark Buchanan. »Why God plays dice«. New Scientist, 159(2148):26, August 1998.

[Cap65] Wilhelm Capelle. *Die Vorsokratiker*. Stuttgart, 1965.

[Car01] Martin Carrier. Welt und Wissen – Sokal's hoax, die Postmoderne und der Wahrheitsanspruch der Physik. *Phys. Blätter*, 57(9):27, September 2001.

[Cas98] John L. Casti. *Searching for Certainty*. London, 1998.

[CE95] I. Bernhard Cohen und Richard S. Westfall (Hrg.). *Newton*. New York, 1995.

[CH96] John L. Casti und Anders Karlqvist (Hrg.). *Boundaries and Barriers*. Reading, 1996.

[Cha98] Gregory J. Chaitin. *The Limits of Mathematics*. Singapore, 1998.

[Cha99] Gregory J. Chaitin. *The Unknowable*. Singapore. 1999.

[Dav85] Paul Davies. *The Accidental Universe*. Cambridge, 1985.

[Dav90a] P. C. W. Davies. »Why is the Physical World so Comprehensible?«. 1990. In: [(ed90b], S. 61.

[Dav90b] Paul Davies. »Why is the Universe knowable?«. 1990. In: [(Ed90a], S. 15.

[Daw93] Marian Stamp Dawkins. *Die Entdeckung des tierischen Bewußtseins*. Heidelberg, 1993.

[d'E95] Bernard d'Espagnat. *Veiled Reality – An Analysis of Present-Day Quantum Mechanical Concepts*. Reading, 1995.

[Des55] René Descartes. *Die Prinzipien der Philosophie*. Hamburg, 1955.

[Des91] René Descartes. *Principles of Philosophy*. Dordrecht, 1991.

[Deu85] David Deutsch. »Quantum theory, the Church-Turing principle and the universal quantum Computer«. *Proc. R. Soc. Lond.*, A400:97, 1985.

[Deu96] David Deutsch. *Die Physik der Welterkenntnis*. Basel, 1996.

[Deu97] David Deutsch. *Fabric of Reality*. Harmondsworth, 1997.

[Dew01] A. K. Dewdney. *The Planiverse*. New York, 2001.

[Dir58] P. A. M. Dirac. *Die Prinzipien der Quantenmechanik*. Leipzig, 1930.

[Duh98] Pierre Duhem. *Ziel und Struktur der physikalischen Theorien*. Hamburg, 1998.

[ea80] Roman Sexl et. al. *Eine Einführung in die Physik – II*. Frankfurt/Main, 1980.

[(Ed90a] Roland E. Mickens (Hrg.). *Mathematics and Science*. Singapur, 1990.

[(ed90b] Wojciech H. Zurek (Hrg.). *Complexitiy, Entropy and the Physics of Information*. Reading, 1990.

[Edd31] A. S. Eddington. *Das Weltbild der Physik*. Braunschweig, 1931.

[Ein36] Albert Einstein. Physik und Realität. *Journal of The Franklin Institute*, 221(3):313, 1936.

[Ein89] Albert Einstein. *Mein Weltbild*. Frankfurt/Main 1989.

[EPR35] Albert Einstein, Boris Podolsky und Nathan Rosen. »Can quantum-mechanical description of physical reality be considered complete?«. *Phys. Rev.*, 47:313, 1935. Nachgedruckt in [WH83].

[Eul86] Leonhard Euler. *Briefe an eine deutsche Prinzessin*. Braunschweig, 1986.

[Exn19] Franz Exner. *Vorlesungen über die physikalischen Grundlagen der Naturwissenschaften*. Wien, 1919.

[FFSE88] John Fauvel, Raymond Flood, Michael Shortland und Robin Wilson (Hrg.). *Let Newton be!* Oxford, 1988.

[FLS91] R. P. Feynman, R. B. Leighton und M. Sands. *Feynman Vorlesungen über Physik*. München, 1991.

[FN91] Colin D. Frogatt und Holger B. Nielsen. *Origin of Symmetries*. Singapore, 1991.

[Gam56] George Gamov. *Eins, zwei, drei… Unendlichkeit*. Hannover, 1956.

[Gen94a] Henning Genz. *Die Entdeckung des Nichts*. München, 1994.
[Gen96] Henning Genz. *Wie die Zeit in die Welt kam*. München, 1996.
[Gen98] Henning Genz. *Nothingness – The Science of Empty Space.* Reading, 1998.
[Gen99] Henning Genz. *Gedankenexperimente*. Weinheim, 1999.
[Gen01] Henning Genz. »Eine kleine Geschichte des Raumes«. *Praxis der Naturwissenschaften – Physik,* 50(3):21–30, April 2001.
[GJK+96] D. Giulini, E. Joos, G. Kiefer, J. Kupsch, I.-O. Stamatescu und H. D. Zeh. *Decoherence and the Appearence of a Classical World.* Berlin, 1996.
[Gla94] Sheldon L. Glashow. *From Alchemy to Quarks.* Pacific Grove, 1994.
[GM94] Murray Gell-Mann. *Das Quark und der Jaguar.* München, 1994.
[Goe76] Goethe. *Goethes Werke,* Band III *(Faust)*. München, 1976.
[Goe78] Goethe. *Goethes Werke,* Band XII. München, 1978.
[GR89] John Gribbin und Martin Rees. *Cosmic Coincidences – Dark Matter, Mankind, and Anthropic Cosmology*. New York, 1989.
[Ham98] Jürgen Hamel. *Geschichte der Astronomie*. Basel, 1998.
[Har92] Lucien Hardy. »Quantum Mechanics, Local Realistic Theories, and Lorentz-Invariant Realistic Theories.« *Phys. Rev. Lett.,* 68:2981, 1992.
[Har96] James B. Hartle. »Scientific Knowledge from the Perspective of Quantum Cosmology«. 1996. In: [CH96], S.116.
[Har98a] Lucien Hardy. »Spooky actions at a distance in quantum mechanics«. *Contemporary Physics,* 39:419, 1998.
[Har98b] P. M. Harman. *The Natural Philosophy of James Clerk Maxwell.* Cambridge, 1998.
[Hau00] Marc D. Hauser. »What Do Animals Think About Numbers?«. *American Scientist,* 88:144, March–April 2000.
[Haw80] Stephen W. Hawking. *Is the end in sight for theoretical Physics?* Cambridge UK, 1980.
[Haw91] Stephen W. Hawking. *Eine kurze Geschichte der Zeit*. Reinbek, 1991.
[Haw94] Stephen W. Hawking. *Anfang oder Ende?* München, 1994.
[Hei73] Werner Heisenberg. *Der Teil und das Ganze*. München, 1973.
[Hei84] Werner Heisenberg. *Schritte über Grenzen*. München, 1984.
[Her92] H. Hertz. *Untersuchungen über die Ausbreitung der elektrischen Kraft*. Leipzig, 1892.
[Her63] Heinrich Hertz. *Die Prinzipien der Mechanik*. Darmstadt, 1963.
[Her99] Heinrich Hertz. *Die Constitution der Materie*. Berlin, 1999.
[Hof85] Douglas R. Hofstadter. *Gödel, Escher, Bach – ein Endloses Geflochtenes Band*. Stuttgart, 1985.
[HPMe94] J. J. Halliwell, J. Perez-Mercador und W. H. Zurek (Hrg.). *Time Asymmetry.* Cambridge, 1994.

[Hr79] Paul Arthur Schilpp (Hrg.). *Albert Einstein als Philosoph und Naturforscher*. Braunschweig, 1979.

[Hr84] Hans Wußing (Hrg.). *Geschichte der Naturwissenschaften*. Köln, 1984.

[Hr91] Max Born (Hrg.). *Albert Einstein – Max Born Briefwechsel 1916 – 1955*. München, 1991.

[Hr96] Jürgen Mittelstraß (Hrg.). *Enzyklopädie Philosophie und Wissenschaftstheorie*, Bd. 1–4. Stuttgart, 1995 – 1996.

[Hr97] H. Harreis (Hrg.). Statistische Physik. *Praxis der Naturwissenschaften – Physik*, 46(8):1 – 35, Dezember 1997.

[Hum67] David Hume. *Eine Untersuchung über den menschlichen Verstand*. Stuttgart, 1967.

[Hun78] Friedrich Hund. *Geschichte der physikalischen Begriffe*, Teil I. Mannheim, 1978.

[Huy03] C. Huygens. *Über die Bewegung der Körper durch den Stoß*. Leipzig, 1903.

[Jak66] Stanley L. Jaki. *The Relevance of Physics*. Chicago, 1966.

[Jam95] Max Jammer. *Einstein und die Religion*. Konstanz, 1995.

[Kan] Immanuel Kant. »Prolegomena zu einer jeden künftigen Metaphysik, die als Wissenschaft wird auftreten können«, in: [Kan22], Bd. 4, S.368.

[Kan22] Immanuel Kant. Sämtliche Werke in sechs Bänden. Leipzig, 1921/22.

[KK99] Rudolf Kippenhahn und Wolfram Knapp. *Schwarze Sonne, roter Mond*. Stuttgart, 1999.

[Kle01] Konrad Kleinknecht. »Verletzung der Symmetrie zwischen Materie und Antimaterie«. *Physikalische Blätter*, 57(7/8):89, Juli/August 2001.

[Koy80] Alexandre Koyre. V*on der geschlossenen Welt zum unendlichen Universum*. Frankfurt/Main, 1980.

[Krä98] Otto Krätz. *Goethe und die Naturwissenschaften*. München, 1998.

[Kuh70] Thomas S. Kuhn. *The Structure of Scientific Revolutions*. Chicago, 1970.

[Kuh00] Wilfried Kuhn. *Physik 2*. Braunschweig, 2000.

[Liv00] Zülfü Livanelli. *Der Eunuch von Konstantinopel*. Zürich, 2000.

[Mac63] Ernst Mach. *Die Mechanik*. Darmstadt, 1963.

[Mer92] N. David Mermin. *New Literary History*, 23:855, 1992.

[MP43] W. S. McCulloch und W. Pitts. *Bull. Math. Biophys.*, 5:115, 1943.

[NC00] Michael A. Nielsen und Isaac L. Chuang. *Quantum Computation and Quantum Information*. Cambridge, 2000.

[New98] Isaac Newton. *Optik – II. und III. Buch*. Leipzig, 1898.

[New79] Isaac Newton. *Opticks*. New York, 1979.

[New88] Isaac Newton. *Über die Gravitation*. Frankfurt/Main 1988.

[New99] Isaac Newton. *Mathematische Prinzipien der Naturlehre*. Berlin, 1999.

[Nor97] John North. *Viewegs Geschichte der Astronomie und Kosmologie.* Braunschweig, 1997.

[Omn94] Roland Omnes. *The Interpretation of Quantum Mechanics.* Princeton, 1994.

[Omn99] Roland Omnes. *Quantum Philosophy.* Princeton, 1999.

[Opp87] Theodor Oppolzer. *Canon der Finsternisse,* Bd. 52 der *Denkschriften der Kaiserlichen Akademie der Wissenschaften, Mathematisch-Naturwissenschaftliche Klasse.* Kaiserliche Akademie der Wissenschaften, Wien, 1887.

[Pai86] A. Pais. *Raffiniert ist der Herrgott...* Braunschweig, 1986.

[Pan89] A. Pannekoek. *A history of Astronomy.* Mineola, New York, 1989.

[Ped93] Olaf Pedersen. *Early Physics and Astronomy.* Cambridge UK, 1993.

[Pen98] Roger Penrose. *Das Große, das Kleine und der menschliche Geist.* Heidelberg, 1998.

[Per95] Asher Peres. *Quantum Theory: Concepts and Methods.* Dordrecht, 1995.

[Pet94] Ivars Peterson. *Was Newton nicht wusste.* Basel, 1994.

[Pla01] Max Planck. *Vorträge Reden Erinnerungen,* herausgegeben von Hans Roos und Arin Hermann. Berlin, 2001.

[Ple91] Wolfgang H. Pleger. *Die Vorsokratiker.* Stuttgart, 1991.

[Pop94] Karl R. Popper. *Logik der Forschung.* Tübingen, 1994.

[Pop01] Karl. R. Popper. *Die Welt des Parmenides.* München, 2001.

[Red95] Michael Redhead. *From Physics to Methaphysics.* Cambridge, 1995.

[Ree98] Martin Rees. *Eine Geschichte des Universums.* Frankfurt/Main, 1998.

[Ree00] Martin Rees. *Just six numbers.* New York, 2000.

[Res64] Nicholas Rescher. *Hypothetical Reasoning.* Amsterdam, 1964.

[Rol96] H. Rollnik. *Quantenmechanik.* Braunschweig, 1996.

[Sam75] Shmuel Sambursky. *Der Weg der Physik.* Zürich, 1975.

[Sch29] E. Schrödinger. »Was ist ein Naturgesetz?« In: *Die Naturwissenschaften,* 17:9, 1929.

[Sch32] E. Schrödinger. *Über Indeterminismus in der Physik – Ist die Naturwissenschaft milieubedingt.* Leipzig, 1932.

[Sch87] Venan Schubert. *Der Raum.* Erzabtei St. Ottilien, 1987.

[Sch93] Erhard Scheibe. »Die Entstehung des wissenschaftlichen Realismus: Boltzmann, Planck, Einstein«. *Preprint des ZHS, Universität Leipzig,* (19), 1993.

[Sch97] Erhard Scheibe. *Die Reduktion physikalischer Theorien.* Berlin, 1997.

[SH01] Michael Serres und Nayla Farouki (Hrg.). *Thesaurus der Exakten Wissenschaften.* Frankfurt/Main, 2001.

[Sha96] Steven Shapin. *The scientific revolution.* Chicago, 1996.

[Sno67] C. P. Snow. *Die zwei Kulturen.* Stuttgart, 1967.

[Spe89] Rainer Specht. *Descartes*. Reinbek, 1989.

[Spi89a] Spinoza. *Werke – I*. Darmstadt, 1989.

[Spi89b] Spinoza. *Werke – II*. Darmstadt, 1989.

[Spr93] Barbara C. Sproul. *Schöpfungsmythen der östlichen Welt*. München, 1993.

[Squ90] Euan Squires. »Is the Universe mathematical?«. *Physics World*, S. 13, August 1990.

[Ste69] Wolfgang Stegmüller. *Wissenschaftliche Erklärung und Begründung*. Berlin, 1969.

[Ste01] Ian Stewart. *Flatterland*. London, 2001.

[Tho96] Kip. S. Thorne. *Gekrümmter Raum und verbogene Zeit*. New York, 1996.

[Thu01] Trinh Xuan Thuan. *Chaos and Harmony*. New York, 2001.

[Tomon] Michael Tomasello. *The cultural origins of human cognition*. Cambridge and London, 1999.

[TV99] Johannes Thomann und Matthias Vogel. *Schattenspur – Sonnenfinsternisse in Wissenschaft, Kunst und Mythos*. Naturhistorisches Museum Basel, Basel, 1999.

[Ver91] Jean-Pierre Verdet. *Der Himmel: Ordnung und Chaos der Welt*. Ravensburg, 1991.

[vL65] Justus von Liebig. *Induktion und Deduktion*. München, 1865.

[Vol88] Gerhard Vollmer. *Was können wir wissen – II: Die Erkenntnis der Natur*. Stuttgart, 1988.

[Wei93] Steven Weinberg. *Der Traum von der Einheit des Universums*. München, 1993.

[Wei96] Steven Weinberg. »Sokals Hoax«. *The New York Review of Books*, page 11, 8. August 1996.

[Wei97] Steven Weinberg. *Merkur* (1):55, 1997.

[Wey68] Hermann Weyl. *Gesammelte Abhandlungen – IV.* Herausgegeben von K. Chandrasekharan. Berlin, 1968.

[Wey00] Hermann Weyl. *Philosophie der Mathematik und Naturwissenschaft*. München, 2000.

[WH83] John Archibald Wheeler und W. H. Zurek (Hrg.). *Quantum Theory and Measurement*. Princeton, 1983.

[Whe82] John Archibald Wheeler. »The Computer and the Universe«. *Int. J. Theor. Phys.*, 21(6/7):557, 1982.

[Whe83a] John Archibald Wheeler. »Law without law«. In: [WH83], S. 182.

[Whe83b] John Archibald Wheeler. »On recognizing ›law without law‹«. *Am. J. Phys.*, 51:396, 1983.

[Whe83c] John Archibald Wheeler. »Physicists version of traveling salesman problem: statistical analysis«. *Am. J. Phys.*, 51(398), 1983.

[Whe90] John Archibald Wheeler. »Information, Physics, Quantum«. 1990. In: [(ed90b], S. 3.

[Whe94a] John Archibald Wheeler. *At Home in the Universe*. Woodbury, NY, USA, 1994.

[Whe94b] John Archibald Wheeler. »Beyond the Black Hole«. 1994. In: [Whe94a], S. 271.

[Whe94c] John Archibald Wheeler. »Time Today«. 1994. In: [HPMe94], S. 1.

[Wig60] Eugene P. Wigner. »The unreasonable effectiveness of mathematics in the natural sciences«. Commun. *Pure Appl. Math.*, 13:1, 1960.

[Win01] Edgar Wind. *Das Experiment und die Metaphysik*. Frankfurt/Main, 2001.

[Wit60] Ludwig Wittgenstein. *Schriften*. Frankfurt/Main, 1960.

Quellen der Abbildungen

Soweit nicht anders angegeben, stammen die Vorlagen für die Neuzeichnungen von Achim Norweg vom Autor.

1.1(a):	Übernahme aus [Kuh00].
1.1 (b) und (c):	Übernahmen aus [ea80], S. 37.
1.2:	Neuzeichnung Achim Norweg, München.
1.3:	Übernahme aus [(Hr79], S. 138, Fig. 8.
2.1:	Übernahme aus [KK99], S. 107.
2.2:	Übernahme aus [Ham98], (a) S. 111, (b) S. 68.
2.3:	Computerzeichnung des Autors.
2.4:	Neuzeichnung Achim Norweg, München.
2.5:	Neuzeichnung Achim Norweg, München.
2.6:	Übernahme aus [CE95], S. 260.
2.7:	Übernahme aus [(Hr96], Abb. 4.
2.8 (a) und (b):	Neuzeichnungen Achim Norweg, München.
2.9:	Übernahme aus [Bar89], S. 260, Abb. 5.13.
2.10:	Neuzeichnung Achim Norweg, München.
3.1 (a) – (e):	Neuzeichnungen Achim Norweg, München.
3.2:	Neuzeichnung Achim Norweg, München.
3.3:	Übernahme aus [FFSE88], S. 100.
3.4:	Übernahme aus [FFSE88], S. 105.
3.5 (a) und (b):	Übernahme aus [Thu01], S. 23.
3.6 (a) – (c):	Übernahme aus [Des91], Plate VI (a), Plate XII (b), Plate XXII (c).
3.6 (d):	Übernahme aus [Spe89], S. 70.
3.7:	Neuzeichnung Achim Norweg, München.
3.8 (a) – (c):	Übernahme aus [Gen94b], S. 210, Abb. 34.
3.9:	Neuzeichnung Achim Norweg, München, nach [Gen94], Abb. 2.
3.10 (a):	Neuzeichnung Achim Norweg, München, nach [Kuh00], S. 334.
3.10 (b):	Vorlage des Autors.
4.1:	Übernahme aus [Gla94], S. 298.
4.2:	Übernahme aus [Gen94a], S. 211, Abb. 60.
4.3 (a) und (b):	Neuzeichnungen Achim Norweg, München.
4.4 (a) – (d):	Neuzeichnungen Achim Norweg, München.
4.5 (a) und (b):	Neuzeichnungen Achim Norweg, München.
4.6:	Neuzeichnung Achim Norweg, München.

4.7 (a) und (b): Neuzeichnungen Achim Norweg, München.
4.8: Neuzeichnung Achim Norweg, München.
4.9 (a) und (b): Neuzeichnungen Achim Norweg, München.
4.10: Neuzeichnung Achim Norweg, München.
4.11 (a) – (c): Neuzeichnungen Achim Norweg, München.
4.12 (a) und (b): Übernahme aus [BP97], (a) S. 48, (b) S. 17.
5.1 (a): Neuzeichnung Achim Norweg, München.
5.1 (b): Neuzeichnung Achim Norweg, München, nach [Pet 94], S. 36
5.2: Übernahme aus [Pet94], S. 30.
5.3 (a) und (b): Neuzeichnungen Achim Norweg, München.
5.4: Neuzeichnung Achim Norweg, München.
5.5 (a) – (c): Neuzeichnungen Achim Norweg, München, nach [Hau00], Figure 3.
5.6 (a) – (c): Neuzeichnungen Achim Norweg, München, nach [Cas98], S. 332, Figure 6.2.
5.7 (a) und (b): Neuzeichnungen Achim Norweg, München.
5.8: Übernahme aus [Har96], S. 138, Figure 3.
5.9 (a) – (d): Übernahme aus [Gen94b], S. 147, Abb. 19.
5.10: Neuzeichnung Achim Norweg, München.
6.1 (a) – (d): Neuzeichnungen Achim Norweg, München.
6.2 (a) – (e): Neuzeichnungen Achim Norweg, München.
6.3: Neuzeichnung Achim Norweg, München.
6.4: Foto »01.03.2000. Der Urknall«, © Grüner + Schnell + Partner, München. Abdruck mit freundlicher Genehmigung von Grüner + Schnell + Partner.
6.5 (a) – (d): Neuzeichnungen Achim Norweg, München.
6.6 (a) und (b): Neuzeichnungen Achim Norweg, München.
6.7 (a) – (c): Neuzeichnungen Achim Norweg, München.
6.8 (a): Übernahme aus [Gen94], S. 33, Abb. 3.
6.8 (b): Übernahme aus [(Hr97], Titelblatt.
6.9 (a) und (b): Neuzeichnungen Achim Norweg, München.
6.10: Neuzeichnung Achim Norweg, München, nach [Sch29], S. 15.
6.11 (a) – (e): Neuzeichnungen Achim Norweg, München.
6.12: Neuzeichnung Achim Norweg, München.
6.13: Übernahme aus [Whe94], S. 20, Fig. 1.7.
7.1 (a): Übernahme aus [Gen94], S. 314, Abb. 93.
7.1 (b): Übernahme aus [Gen98], S. 260, Figure 83.
7.2: Neuzeichnung Achim Norweg, München.

Namenverzeichnis